LTE 丛书

移动通信核心网

庞韶敏　李亚波　编著

电子工业出版社.

Publishing House of Electronics Industry

北京·BEIJING

内 容 简 介

本书全面而系统地阐述了移动通信核心网，包括 3G、4G、5G 的核心网技术。3G 核心网分为电路交换（CS）域和分组交换（PS）域；4G LTE 核心网为演进的分组核心网（EPC）；IP 多媒体子系统（IMS）在分组域上提供 VoIP 业务，以及呈现、组管理和多媒体会议等业务；LTE 时代语音解决方案有 CSFB 和 VoLTE；5G 网络基于 SDN/NFV 实现网关控制转发分离、按需可定制、网络切片等。

本书内容丰富，结构清晰，可供广大从事移动通信工作的系统架构设计师、研发工程师及其他工程技术人员学习参考，也可作为高等院校相关专业师生的教学参考书。

图书在版编目（CIP）数据

移动通信核心网 / 庞韶敏，李亚波编著. —北京：电子工业出版社，2016.9
（LTE 丛书）
ISBN 978-7-121-29857-8

Ⅰ. ①移… Ⅱ. ①庞… ②李… Ⅲ. ①移动网 Ⅳ. ①TN929.5

中国版本图书馆 CIP 数据核字（2016）第 211994 号

策划编辑：宋　梅
责任编辑：宋　梅
印　　刷：北京盛通商印快线网络科技有限公司
装　　订：北京盛通商印快线网络科技有限公司
出版发行：电子工业出版社
　　　　　北京市海淀区万寿路 173 信箱　邮编　100036
开　　本：787×980　1/16　印张：27　字数：605 千字
版　　次：2016 年 9 月第 1 版
印　　次：2023 年 7 月第 7 次印刷
定　　价：78.00 元

凡所购买电子工业出版社图书有缺损问题，请向购买书店调换。若书店售缺，请与本社发行部联系，联系及邮购电话：（010）88254888，88258888。

质量投诉请发邮件至 zlts@phei.com.cn，盗版侵权举报请发邮件至 dbqq@phei.com.cn。

本书咨询联系方式：mariams@phei.com.cn。

前　　言

　　随着技术的进步和人类自身的发展，人类对通信的终极需求是实现任何人可以在任何时间、任何地点与其他任何人进行任何方式的沟通。由于移动通信的许多技术特征还不能很好地满足这一需求，使其成为当前通信领域发展最快、应用最广和最前沿的技术之一。

　　移动通信发展到现在，用户不仅要求有稳定、低廉的语音通信，而且还要求能够进行包括数据、视频、文本和图像等在内的多媒体通信，并且用户对移动宽带的需求呈爆炸性增长态势。针对这些需求，移动通信经历了1G、2G、3G时代，目前处于4G时代，将于2020年开启5G。

　　UMTS是基于WCDMA的3G标准，UMTS核心网服务于WCDMA和TD-SCDMA两种3G技术。UMTS核心网的CS域提供语音业务；PS域提供分组业务，即网页浏览、流媒体和FTP等数据类业务。在3GPP R5之后，UMTS核心网出现了IMS，IMS基于分组域提供VoIP以及众多的多媒体业务，打破了只有CS域提供语音业务的限制。

　　4G LTE有FDD-LTE和TD-LTE两大阵营，二者的区别就在于空中接口标准不一致，但LTE核心网EPC是一致的。在本书中，LTE核心网服务于TD-LTE和FDD-LTE两种4G技术。LTE时代语音解决方案有CSFB和VoLTE。

　　面向2020年及未来，移动互联网和物联网业务将成为移动通信发展的主要驱动力。5G将解决多样化应用场景下差异化性能指标带来的挑战。5G网络基于SDN/NFV技术实现了其架构设计和关键技术。

　　本书的内容安排大致如下：第一部分对移动核心网技术进行了概述，包括2G GSM网络、2.5G GPRS网络、3G UMTS网络、4G LTE网络和5G网络；第二部分阐述了UMTS核心网的电路域和分组域（CS和PS），具体包括网络架构和接口协议，以及用户标识、安全机制、移动性管理和业务提供等关键技术点；第三部分阐述了LTE核心网EPC，包括网络架构、接口协议、用户标识、默认承载与专用承载、状态管理、安全机制和移动性管理，重点介绍了核心网的信令流程，如附着、去附着、会话管理、TAU和切换等；第四部分阐述了IMS，具体包括网络架构、接口定义、协议体系、安全机制、用户标识、信令压缩、资源管理、组网路由、业务提供、计费方案、互连互通和网络融合等，并介绍了IMS业务，包括Presence、即时消息（IM）、组管理和POC等；第五部分的主题是业务融合，首先介绍了3G/4G业务的分类及LTE时代语音解决方案，然后介绍了CS/IMS业务融合技术，重点介绍了CSFB和VoLTE的架构和流程；第六部分为5G网络展望，首先介绍了SDN/NFV概念、5G网络组网设计，重点介绍了5G网络关键技术，包括网关控制转发分离、按需定制的移动网络、网络切片、网络能力开放、移动边缘计算等。

　　本书条理清晰、逻辑性强、内容充实、涵盖范围广，具有较强的技术性和实用性。本书介绍的内容主要基于各标准化组织最新发布的标准或草案，参考了大量的有关文献，并结合了作者丰富的工作经验编写而成。本书引用的部分资料和图表是为了知识内容的阐述和传授，无侵权意图，特此声明。

本书由庞韶敏和李亚波编著。特别感谢电子工业出版社宋梅编审为本书出版所做的大量耐心细致的工作。非常感谢唐雄燕、刘明、张歆浩、钱青海对本书编写工作的支持。在此还要感谢本书中所参考和引用的诸多资料的有关机构和作者。

由于编者水平和视野所限，以及编写时间仓促，加之移动通信技术发展日新月异，对于书中存在的不足之处，敬请各界同仁批评指正。

编 著 者

2016 年 7 月

目　　录

第一部分　移动核心网综述

第二部分 UMTS 核心网 CS 和 PS

第三部分　LTE 核心网 EPC

第四部分 IMS 网络技术

第五部分　业务融合

第六部分　5G 网络展望

第一部分　移动核心网综述

第 1 章　移动核心网概述

1.1　移动网络技术发展历程

回顾移动通信的发展历程，每一代移动通信系统都可以通过标志性能力指标和核心关键技术来定义。图 1-1 描述了移动网络技术发展历程。其中，第 1 代移动通信采用频分多址（FDMA），只能提供模拟语音业务；第 2 代移动通信主要采用时分多址（TDMA），可提供数字语音和低速数据业务；第 3 代移动通信（3G）以码分多址（CDMA）为技术特征，用户峰值速率达到 2 Mbps 至数十 Mbps，可以支持多媒体数据业务；第 4 代移动通信（4G）以正交频分多址（OFDMA）技术为核心，用户峰值速率可达 100 Mbps 至 1 Gbps，能够支持各种移动宽带数据业务；第 5 代移动通信（5G）面向 2020 年及未来，实现 10～20 Gbps 峰值速率、0.1～1 Gbps 用户体验速率、毫秒级的端到端时延、1 百万/平方千米的连接数密度。

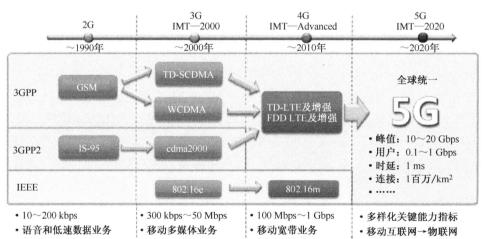

图 1-1　移动网络技术发展历程

第 1 代移动通信系统是模拟制式的蜂窝移动通信系统，典型代表是美国的 AMPS 系统（先进移动电话系统）和后来的改进型系统 TACS（总接入通信系统）等。第 1 代移动通信系统的主要特点是采用频分复用（FDMA）模拟制式，语音信号为模拟调制；蜂窝网，即小区制，由于实现了频率复用，大大提高了系统容量。但第 1 代移动通信系统的弊端明显，如频谱利用率低；业务种类有限；无高速数据业务；保密性差，易被窃听和盗号；设备成本高；体积大，质量大等。

为了解决模拟系统中存在的这些根本性技术缺陷，数字移动通信技术应运而生了，这就是以 GSM 和 IS—95 为代表的第 2 代移动通信系统。数字移动通信网相对于模拟移动通信网，提高了频谱利用率，支持多种业务服务，并与 ISDN 等兼容。GSM 采用 FDD 双工方式和 TDMA 多址方式，每个载频支持 8 个信道，信号带宽 200 kHz。第 2 代移动通信系统以传输语音和低速数据业务为目的，因此又称为窄带数字通信系统。

从 1996 年开始，为了解决中速数据传输问题，又出现了 2.5 代的移动通信系统，如 GPRS 和 IS—95B。

由于网络的发展，数据和多媒体通信有了迅猛的发展势头，所以第 3 代移动通信的目标就是宽带多媒体通信。第 3 代移动通信系统称为 IMT—2000（International Mobile Telecommunication—2000），意即该系统工作在 2 000 MHz 频段，最高业务速率可达 2 000 kbps，预期在 2000 年左右得到商用。3G 阶段无线接入技术发生了根本的改变，以 WCDMA 技术为主。主要有三种体制：WCDMA、cdma2000 和 TD-SCDMA。

TD-SCDMA 标准主要侧重无线接入网，就是 RAN 部分，还有终端部分。而 TD-SCDMA 核心网基于 3GPP 标准，和 WCDMA 基本共享一致。

WCDMA 和 TD-SCDMA 在核心网方面的特点是：

- 核心网基于 GSM/GPRS 网络的演进，保持与 GSM/GPRS 网络的兼容性；
- 核心网络可以基于 TDM、ATM 和 IP 技术，并向全 IP 的网络结构演进；
- 核心网络逻辑上分为电路域和分组域两部分，分别完成电路型业务和分组型业务；
- MAP 技术和 GPRS 隧道技术是移动性管理机制的核心。

2010 年年底，国际电信联盟（ITU）将 WiMax、HSPA+、LTE 正式纳入到 4G 标准里，加上之前就已经确定的 LTE-Advanced 和 WirelessMAN-Advanced 这两种标准，4G 标准已经达到了 5 种。4G 网络旨在提供与固定网络宽带一样的光纤级别的网速体验。

LTE（Long Term Evolution，长期演进）项目是 3G 的演进，它改进并增强了 3G 的空中接入技术，采用 OFDM 和 MIMO 作为其无线网络演进的唯一标准。主要特点是在 20 MHz 频谱带宽下能够提供下行 100 Mbps 与上行 50 Mbps 的峰值速率，相对于 3G 网络大大地提高了小区的容量，同时将网络延迟大大降低。

从字面上看，LTE-Advanced 就是 LTE 技术的升级版。LTE-Advanced 是一个后向兼容的技术，完全兼容 LTE，是演进而不是革命。

WiMAX（Worldwide Interoperability for Microwave Access，全球微波互连接入），其另一个名字是 IEEE 802.16。WiMAX 所能提供的最高接入速度是 70 Mbps。WirelessMAN-Advanced 就是 WiMax 的升级版，即 IEEE 802.11m 标准。其中，IEEE 802.16m 最高可以提供 1 Gbps 无线传输速率，还将兼容未来的 4G 无线网络。

LTE 是 3GPP 提出的演进标准，它定义了 TD-LTE 和 LTE FDD 两种方式。TD-LTE 与 LTE FDD 在技术规范上存在较大的共通性和统一性，二者共享相同的二层和三层结构，其物理层主要帧结构相关，关键技术基本一致；二者的区别就在于无线接入部分，空中接口标准不一致。

面向2020年及未来，移动互联网和物联网业务将成为移动通信发展的主要驱动力。5G 将解决多样化应用场景下差异化性能指标带来的挑战。从移动互联网和物联网主要应用场景、业务需求及挑战出发，可归纳出连续广域覆盖、热点高容量、低功耗大连接和低时延高可靠四个5G主要技术场景。

5G主要场景与关键性能挑战见表1-1。连续广域覆盖和热点高容量场景主要满足2020年及未来的移动互联网业务需求，也是传统的4G主要技术场景。低功耗大连接和低时延高可靠场景主要面向物联网业务，是5G新拓展的场景，重点解决传统移动通信无法很好地支持物联网及垂直行业应用问题。

表 1-1　5G 主要场景与关键性能挑战

场景	具体应用	关键挑战
连续广域覆盖	移动通信最基本的覆盖方式，以保证用户的移动性和业务连续性为目标，为用户提供无缝的高速业务体验	· 随时随地（包括小区边缘、高速移动等恶劣环境）为用户提供 100 Mbps 以上的用户体验速率
热点高容量	面向局部热点区域，为用户提供极高的数据传输速率，满足网络极高的流量密度需求	· 1Gbps 用户体验速率 · 数十 Gbps 峰值速率 · 数十 Tbps/km^2 的流量密度
低功耗大连接	主要面向智慧城市、环境监测、智能农业、森林防火等以传感和数据采集为目标的应用场景，具有小数据包、低功耗、海量连接等特点。这类终端分布范围广、数量众多	· 网络具备超千亿连接的支持能力，满足 100 万/平方千米连接数密度指标要求 · 终端具有超低功耗和超低成本
低时延高可靠	主要面向车联网、工业控制等垂直行业的特殊应用需求	· 为用户提供毫秒级的端到端时延 · 接近 100%的业务可靠性保证

5G 技术创新主要来源于无线技术和网络技术两方面。在无线技术领域，大规模天线阵列、超密集组网、新型多址和全频谱接入等技术已成为业界关注的焦点；在网络技术领域，基于软件定义网络（SDN）和网络功能虚拟化（NFV）的新型网络架构已取得广泛共识。

在连续广域覆盖场景，受限于站址和频谱资源，为了满足 100 Mbps 用户体验速率需求，除了需要尽可能多的低频段资源外，还要大幅提升系统频谱效率。大规模天线阵列是其中最主要的关键技术之一，新型多址技术可与大规模天线阵列相结合，进一步提升系统频谱效率和多用户接入能力。在网络架构方面，综合多种无线接入能力以及集中的网络资源协同与 QoS 控制技术，为用户提供稳定的体验速率保证。

在热点高容量场景，极高的用户体验速率和极高的流量密度是该场景面临的主要挑战，超密集组网能够更有效地复用频率资源，极大提升单位面积内的频率复用效率；全频谱接入能够充分利用低频和高频的频率资源，实现更高的传输速率；大规模天线、新型多址等技术与前两种技术相结合，可实现频谱效率的进一步提升。

在低功耗大连接场景，海量的设备连接、超低的终端功耗与成本是该场景面临的主要挑战。新型多址技术通过多用户信息的叠加传输可成倍提升系统的设备连接能力，还可通过免调度传输有效降低信令开销和终端功耗；F-OFDM 和 FBMC 等新型多载波技术在灵活使用碎片频谱、支持窄带和小数据包、降低功耗与成本方面具有显著优势；此外，终端直接通信（D2D）可避免基站与终端间的长距离传输，可实现功耗的有效降低。

在低时延高可靠场景，应尽可能降低空口传输时延、网络转发时延及重传概率，以满足极高的时延和可靠性要求。为此，需采用更短的帧结构和更优化的信令流程，引入支持免调度的新型多址和 D2D 等技术以减少信令交互和数据中转，并运用更先进的调制编码和重传机制以提升传输可靠性。此外，在网络架构方面，控制云通过优化数据传输路径，控制业务数据靠近转发云和接入云边缘，可有效降低网络传输时延。

1.2　移动网络标准化发展过程

1.2.1　UMTS 网络标准化发展过程

UMTS（Universal Mobile Telecommunications System，通用移动通信系统）是采用 WCDMA 空中接口技术的第 3 代移动通信系统，通常也把 UMTS 系统称为 WCDMA 通信系统。

由于 TD-SCDMA 与 WCDMA 在核心网技术方面共享一致，所以 UMTS 核心网同样适用于 TD-SCDMA 网络。UMTS 核心网基于 GSM/GPRS 网络的演进，保持与 GSM/GPRS 网络的兼容性。

本书所述移动核心网以 GSM/GPRS 和 UMTS 为主线。本节通过 3GPP 标准演进来说明 3G 核心网的演进过程，3GPP 的 UMTS 标准化工作历程如下所述。表 1-2 总结了 3GPP 版本演进过程中核心网电路域和分组域发展的特点。

（1）R99

1999 年年底，3GPP 通过了 Release 99 版（R99），其网络结构主要是基于演进的 GPRS 网络，无线子系统与核心网接口基于 ATM，2000 年 12 月基本冻结。R99 体系结构分为电路域和分组域。核心网因为考虑向下兼容，其发展滞后于接入网。接入网已分组化的 AAL2 语音仍须经过编 / 解码转换器转化为 64K TDM 语音，降低了语音质量；核心网的传输资源利用率低。

（2）R4

3G R4 版本于 2001 年 3 月完成，它的电路域实现了媒体网关和媒体网关控制器（MGC）相分离，利用了软交换技术思想。由于优化了语音编／解码转换器，改善了 WCDMA 系统网络内部语音分组包的时延，提高了语音质量，编／解码转换又只须在与 PSTN 互通的网关上实现，提高了核心网传输资源的利用率。

表 1-2　3GPP 版本演进

3GPP 版本	冻 结 时 间	核心网电路域特点	核心网分组域特点
R99	2000 年年底	① 和 GSM 核心网相同 ② 接入网已分组化的 AAL2 语音仍须经过编／解码转换器转化为 64K TDM 语音，传输资源利用率低	和 GPRS 核心网基本相同
R4	2001 年 3 月	① 利用了软交换思想，实现了呼叫控制和承载的分离 ② 基于 IP/ATM 组网时可采用 TrFO，节省传输资源	和 R99 GPRS 核心网基本相同
R5	2002 年 3 月冻结，之后有改动	对电路域不作要求	① 在分组域上叠加了 IP 多媒体子系统 IMS（呼叫控制和媒体网关控制进一步分离） ② 由于以分组域作为承载传输，可更好地实施对多媒体业务的控制
R6	2004 年	对电路域不作要求	① WLAN 可以通过 PDG 接入到 IMS ② 完善了网络互通和安全性等方面的内容，同时制定了 IMS 消息类业务相关的规范
R7	推迟到 2006 年	对电路域不作要求	IMS 支持 xDSL 和 Cable 接入方式
R8	2009 年 3 月	无	① 开展了 SAE 标准化工作，核心分组域为 EPC，控制面与用户面分离 ② 开展了 Common IMS 议题
R9	2010 年	无	SAE 紧急呼叫、增强型 MBMS、基于控制面的定位业务等

（3）R5

R5 核心网增加了 IMS-IP 多媒体子系统，实现了会话控制实体 CSCF 和承载控制实体 MGCF 在物理上的分离。它以分组域作为承载传输，更好地实施了对多媒体业务的控制。

（4）R6

R6 与 R5 采用相同的网络结构，在 R6 中，WLAN 可以通过 PDG（Packet Data Gateway，分组数据网关）接入到 IMS。本阶段的研究工作主要完善网络互通和安全性等方面的内容，同时制定 IMS 消息类业务相关的规范。

（5）R7

在 R7 中增加了固定宽带接入方式，如 xDSL 和 Cable 等。

（6）R8

R8 中开展了两项非常重要的标准化项目——LTE 和 SAE，核心网无电路域，只有分组域 EPC，并且控制面与用户面分离。除此之外，Common IMS 也是 R8 阶段的另一个重要议题。

（7）R9

针对 SAE 紧急呼叫、增强型 MBMS 和基于控制面的定位业务等课题的标准化，还开展了多 PDN 接入与 IP 流的移动性、Home eNodeB 安全性，以及 LTE 技术的进一步演进和增强的研究和标准化工作。

图 1-2 直观地展示了 GSM/GPRS/UMTSL/LTE 核心网发展历程。UMTS R99 CS 核心网基本与 GSM 核心网相同，UMTS R4 CS 核心网实现呼叫控制和承载的分离。UMTS PS 核心网基本与 GPRS 核心网相同。R5 以后，UMTS 核心网的电路域不再有发展，而发展变化是以 IMS 为核心在分组域展开的。分组域除了承担原有的提供分组数据业务以外，还需要为 IMS 提供承载。即 3GPP R5 后，UMTS 核心网由 CS、PS、IMS 组成。R8 开始了 LTE 和 SAE 的标准化，LTE 核心网不再有电路域，只有分组域 EPC，语音业务可以通过分组域上的 IMS 业务网提供。

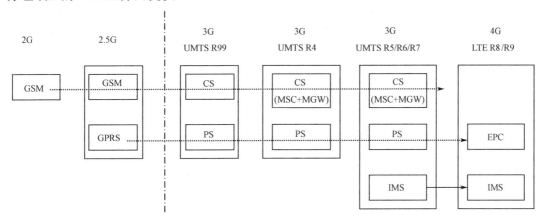

图 1-2　GSM/GPRS/UMTS/LTE 核心网发展历程

1.2.2　LTE 网络标准化发展过程

图 1-3 给出了 LTE 标准不同 Release 的演进时间点及代表技术。3GPP 自 2004 年 11 月启动 LTE 项目以来，就以频繁的会议全力推进 LTE 的研究工作。仅半年就完成了需求的制定，在 2006 年 9 月完成了研究阶段（Study Item，SI）的工作，2008 年年底基本完成工作阶段（Work Item，WI）的标准制定工作，以 MIMO 和 OFDM 技术为代表，形成了 LTE 标准的第一个完成版本——R8 版本。

从 2009 年初开始，3GPP 开始对 LTE R9 进行标准化工作，于 2009 年年底完成。除了对 R8 进行修订的同时，R9 也将基于 LTE 核心标准进行一定的增强和应用性扩展。

R10 版本属于 LTE-A 标准，开始时间是 2010 年年初，到 2011 年 3 月版本冻结。R10 在原有版本基础上引入了载波聚合、中继、上行 MIMO 和下行 8 流传输等技术，大大提高了 LTE 系统能力。

R11 的持续时间从 2011 年 3 月至 2012 年 9 月，代表项目包括增强的控制信道（ePDCCH）、多点协作传输（CoMP）、新载波类型（NCT）、TDD LTE 增强上下行干扰管理和话务适配（eIMTA，也被称为 Dy-namic TDD）研究项目、低成本机器通信（Low Cost MTC）研究项目等。

R12 版本于 2012 年 9 月开始，至 2014 年 6 月版本冻结，主要包括项目有 Small Cell Enhancements、eIMTA 工作项目、CoMP 增强、NCT、Low Cost MTC 工作立项、点对点通信（D2D）、3D 空间信道建模等。

R13 版本于 2014 年开始，至 2015 年年底冻结，主要包括项目有增强载波聚合、室内定位、增强 MIMO、增强多用户传输、增强 MTC 等。

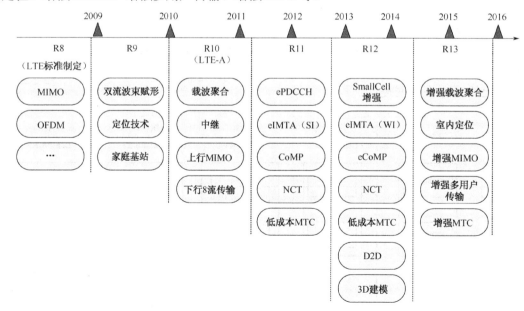

图 1-3　LTE 标准发展演进

（1）R8——LTE 最初版本

LTE 最初版本 3GPP R8 主要定义了以下内容。

① 高峰值数据速率：下行 300 Mbps，上行 75 Mbps，上行链路采用 4×4 MIMO，以及 20 MHz 带宽。

② 高频谱效率。

③ 灵活带宽：1.4 MHz, 3 MHz, 5 MHz, 10 MHz, 15 MHz and 20 MHz。

④ IP 数据包在理想无线条件下时延为 5 ms。

⑤ 简化网络架构。

⑥ OFDMA 下行和 SC-FDMA 上行。

⑦ 全 IP 网络。

⑧ MIMO 多天线方案。

⑨ 成对（FDD）和非成对频谱（TDD）。

（2）R9——增强型 LTE

R9 是最初的 LTE 增强版，只是对 R8 做了一些补充，以及基于 R8 做了一些小小的改进，主要包括以下内容。

① PWS（Public Warning System，公共预警系统）： 在自然灾害或其他危急情况下，公众应该能及时收到准确的警报。加上 R8 引入的 EWTS（地震海啸预警系统），R9 引入了 CMAS（商用手机预警系统），以便在灾后电视、广播信号和电力等中断的情况，该预警系统仍能够以短信的方式及时向居民通报情况。

② Femto Cell： Femto Cell 基本上用于办公室或家中，并通过固话宽带连接连接到运营商网络。3G Femto Cell 被部署于世界各地，为了让 LTE 用户也能用上 Femto Cell，R9 引入了 Femto Cell。

③ MIMO 波束赋型：在 eNB 估算位置，直接将波束指向 UE，波束赋形可以提升小区边缘吞吐率，在 R8 中，LTE 只支持单层波束赋形，R9 将之扩展至多层波束赋形。

④ 自组织网络（SON）：为了减少人力成本，SON 的意思是，网络自安装、自优化、自修复。SON 的概念在 R8 中就引入，不过，当时主要针对 eNB 自配置，到了 R9，根据需求增加了自优化部分。

⑤ EMBMS：有了多媒体广播多播业务（MBMS），运营商可以通过 LTE 网络提供广播服务。虽然这一想法并不新颖，广播服务早已运用于传统网络，但 LTE 中的 MBMS 信道是从数据速率和容量的角度发展而来的。R8 完成了在物理层对 MBMS 的定义，R9 完成了更高层的定义。

⑥ LTE 定位： R9 定义了三种 LTE 定位方法，即 A-GPS（辅助 GPS）、OTDOA（到达时间差定位法）和 E-CID（增强型小区 ID）。主要目的是为了在紧急且用户无法确定自己位置的情况下，提升用户位置信息的准确性。

（3）R10——LTE-A

R10 属于 LTE-A 标准。由于 ITU IMT-Advanced 提出了 R8 无法实现的更高速率要求，为此，R10 提出了很多重要的功能和提升。ITU IMT-Advanced 提出的主要需求包括 1 Gbps DL / 500 Mbps UL 吞吐率、高频谱效率、全球漫游等。

R10 主要新增了以下内容。

① 增强型上行链路多址（Enhanced Uplink Multiple Access）：R10 引入了分簇单载波频分多址（Clustered SC-FDMA）。R8 的 SC-FDMA 只允许频谱连续块，而 R10 允许频率选择性调度。

② MIMO 增强：LTE_A 允许下行 8×8 MIMO，在 UE 侧，它允许上行 4×4 MIMO。

③ 中继节点（Relay Node）：在弱覆盖环境下，Relay Node 或低功率 eNB 扩展了主 eNB 的覆盖范围，Relay Nodes 通过 Un 接口连接到 Donor eNB (DeNB)。

④ 增强型小区间干扰协调（eICIC）：eICIC 主要应付异构网络（HetNet）下的干扰问题，eICIC 使用功率、频率或时域来减小 HetNet 下的频率干扰。

⑤ 载波聚合（CA）：对于运营商来说，载波聚合是去利用他们手上的碎片频谱资源来提升终端用户速率的最低成本的办法。通过合并 5 个 20 MHz 载波，LTE-A 支持最高 100 MHz 载波聚合。

⑥ 支持异构网络（HetNet）：将宏蜂窝小区和 Small Cell 结合组成异构网络。

⑦ 增强型 SON：针对网络自修复流程，R10 提出了增强型 SON。

（4）R11——增强型 LTE-A

R11 主要包括以下内容。

① 增强型载波聚合：包括多时间提前量（TAS），用于上行链路载波聚合；非连续的带内载波聚合；为支持 TDD LTE 载波聚合，物理层的变化。

② 协作多点传输（COMP）：是指地理位置上分离的多个传输点，协同参与为一个终端的数据（PDSCH）传输或者联合接收一个终端发送的数据（PUSCH）。

③ ePDCCH：为了提升控制信道容量，R11 引入了 ePDCCH。ePDCCH 使用 PDSCH 资源传送控制信息，而不像 R8 的 PDCCH 只能使用子帧的控制区。

④ 基于网络的定位：这是一种上行定位技术，其原理是基于 eNB 测量的参考信号的时间差来实现的。

⑤ 最小化路测（MDT）：为了减少对路测的依赖，R11 推出了新的解决方案，它独立于 SON，MDT 基本上依赖于 UE 提供的信息。

⑥ 机对机通信的 Ran 过载控制：当过多设备接入网络时，网络可以禁止一些设备向网络发送连接请求。

⑦ In Device Co Existence：移动终端设备通常有多个射频通路，比如 LTE、3G、蓝牙、WLAN 等，为了减轻多路并存带来的干扰，R11 提出了如下解决方案，包括基于 DRX 时

域解决方案、频域解决方案和 UE 自主否认。

⑧ 智能手机电池节能技术：UE 可以通知网络是否需要进入省电模式或普通模式，根据 UE 的请求，网络可以修改 DRX 参数。

（5）R12——更强的增强型 LTE-A

① 增强型 Small Cell：主要内容包括在密集区域部署 Small Cell，宏小区和 Small Cell 之间的载波聚合等。

② 增强型载波聚合：R12 允许 TDD 和 FDD 之间载波聚合，还允许 3 载波聚合。

③ 机器对机器通信（MTC）：未来几年内，机器对机器通信可能会爆发性增长，很可能会引起网络信令、容量不足问题。为了应付这种情况，新的 UE Category 被定义，作为对 MTC 的进一步优化。

④ WiFi 和 LTE 融合：LTE 和 WiFi 之间融合，运营商可以更好管理 WiFi。在 R12 中，提出了 LTE 和 WIFI 之间的流量转移和网络选择机制。

⑤ LTE 未授权频谱（LTE-U）：丰富的未授权频谱资源，可以增加运营商网络容量和性能。

（6）R13——满足不断增长的流量需求

① 增强型载波聚合：R13 的目标是支持 32 个 LTE 成员载波（CC）聚合，而在 R10 中，仅支持 5 CC。

② 增强型机对机通信（MTC）：更低的 UE Category，进一步减少物联网设备使用带宽、能耗，延长设备电池使用时间。

③ 增强型 LTE-U：为了面向高增长的流量需求，R13 的目标是，主小区使用授权频谱，从小区使用未授权频谱。

④ 室内定位：R13 将致力于提升现有的室内定位技术，也探索新的定位方法，提高室内定位的准确性。

⑤ 增强的多用户传输技术：R13 将采用叠加编码来提升下行多用户传输技术。

⑥ 增强型 MIMO：R13 将致力于多达 64 天线端口的更高阶 MIMO 系统。

1.2.3　5G 网络标准化发展过程

（1）ITU

ITU 于 2015 年启动 5G 国际标准制定的准备工作，首先开展 5G 技术性能需求和评估方法研究，明确候选技术的具体性能需求和评估指标，形成提交模板；2017 年 ITU-R 发出征集 IMT－2020 技术方案的正式通知及邀请函，并启动 5G 候选技术征集；2018 年年底启动 5G 技术评估及标准化；计划在 2020 年年底形成商用能力。

（2）3GPP

全球业界普遍认可将在 3GPP 制定统一的 5G 标准。从 2015 年年初开始，3GPP 已启动 5G 相关议题讨论，初步确定了 5G 工作时间表。3GPP 5G 研究预计将包含 3 个版本：R14、R15、R16。具体而言，R14 主要开展 5G 系统框架和关键技术研究；R15 作为第一个版本的 5G 标准，满足部分 5G 需求，例如，5G 增强移动宽带业务标准；R16 完成全部标准化工作，于 2020 年年初向 ITU 提交候选方案。3GPP 无线接入网工作组（RAN）计划在 2016 年 3 月启动 5G 技术研究工作。

3GPP 业务需求工作组（SA1）最早于 2015 年启动"Smarter"研究课题，该课题于 2016 年一季度前完成标准化。

3GPP 系统架构工作组（SA2）于 2015 年年底正式启动 5G 网络架构的研究课题"NextGen"，立项书明确了 5G 架构的基本功能愿景，包括：

- 有能力处理移动流量、设备数快速增长；
- 允许核心网和接入网各自演进；
- 支持如 NFV、SDN 等技术，降低网络成本，提高运维效率、能效，灵活支持新业务。

R14 阶段，SA2 进行 5G 网络架构需求和关键特性的梳理。SA2 计划在 2018 年输出第一版的 5G 网络架构标准，并于 2019 年年中完成面向商用的完备规范版本。

另外，为了保证 5G 网络能部署在成熟的 NFV 技术之上，ETSI NFV ISG 需要考虑对齐 5G 网络研究标准化进程，提供可商用的虚拟化电信网平台版本。5G 网络标准化进程如图 1-4 所示。

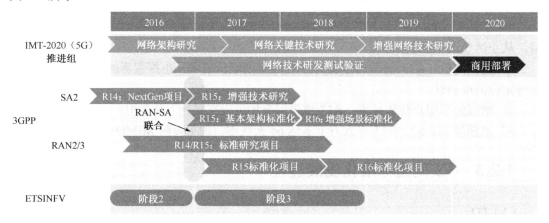

图 1-4　5G 网络标准化进程

1.3　2G GSM 网络

1.3.1　GSM 网络历史和现状

　　GSM（Global System for Mobile Communications）意为全球移动通信系统，其开发目的是让全球各地可以共同使用一个移动电话网络标准，让用户使用一部手机就能行遍全球。GSM 是一种起源于欧洲的移动通信技术标准，是第 2 代数字蜂窝移动通信技术。

　　蜂窝移动通信的出现可以说是移动通信的一次革命，其频率复用大大提高了频率利用率并增大了系统容量，网络的智能化实现了越区转接和漫游功能，扩大了客户的服务范围。但模拟蜂窝移动系统有 4 大缺点：各系统间没有公共接口；很难开展数据承载业务；频谱利用率低无法适应大容量的需求；安全保密性差，易被窃听，易做"假机"。尤其是在欧洲系统间没有公共接口，相互之间不能漫游，对客户造成很大的不便。

　　GSM 数字移动通信系统源于欧洲。为了方便全欧洲统一使用移动电话，需要一种公共的系统，1982 年，北欧国家向 CEPT（欧洲邮电行政大会）提交了一份建议书，要求制定 900 MHz 频段的公共欧洲电信业务规范。在这次大会上，成立了在欧洲电信标准学会（ETSI）技术委员会下的"移动特别小组（Group Special Mobile）"，简称"GSM"，来制定有关的标准和建议书。GSM 系统有几项重要特点：防盗拷能力佳，网络容量大，手机号码资源丰富，通话清晰，稳定性强不易受干扰，信息灵敏，通话死角少，手机耗电量低。GSM 系列主要有 GSM900（900 MHz），DCS1800（1 800 MHz）和 PCS1900（1 900 MHz）3 部分，三者之间的主要区别是工作频段的差异。

　　我国自从 1992 年在嘉兴建立和开通第一个 GSM 演示系统，并于 1993 年 9 月正式开放业务以来，全国各地的移动通信系统中大多采用 GSM 系统，使得 GSM 系统成为目前我国最成熟和市场占有量最大的一种数字蜂窝系统，中国移动和中国联通各拥有一张 GSM 网，为世界最大的移动通信网络。

　　目前我国主要的两大 GSM 系统为 GSM 900 和 GSM1800，由于采用了不同频率，因此适用的手机也不尽相同。不过目前大多数手机基本是双频手机，可以自由在这两个频段间切换，自动选择最佳信道进行通话，即使在通话中，手机也可在两个网络之间自动切换而用户毫无察觉。欧洲国家普遍采用的系统除 GSM900 和 GSM1800 外，还加入了 GSM1900，手机为 3 频手机。在我国，随着手机市场的进一步发展，现也已出现了 3 频手机，即可在 GSM900\GSM1800\GSM1900 三种频段内自由切换的手机，真正做到了一部手机可以畅游全世界。

1.3.2　GSM 系统的网络结构

图 1-5 为 GSM 网络结构。GSM 标准定义的 GSM 网络由 4 部分组成：移动台（Mobile Station，MS）、基站系统（Base Station System，BSS）、网络交换系统（Network Switching System，NSS）和操作维护系统（Operations and Maintenance System，OMS）。

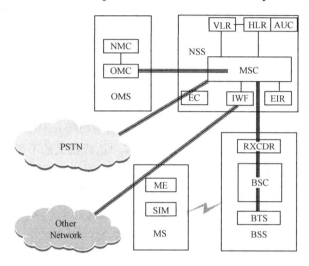

图 1-5　GSM 网络结构

1．移动台（MS）

移动台（Mobile Station，MS）是用户端终止无线信道的设备，通过无线空中接口 Um 给用户提供接入网络业务的能力。移动台由两部分组成：移动设备（Mobile Equipment，ME）和用户识别模块（Subscriber Identity Module，SIM）。ME 用于完成语音、数据和控制信号在空中的接收和发送；SIM 用于识别唯一的移动台使用者。SIM 是一张符合 GSM 规范的"智能卡"，内部包含了与用户有关的、被存储在用户这一方的信息，移动电话上只有装上了 SIM 卡才能使用。

2．基站系统（BSS）

基站系统（BSS）提供移动台与移动交换中心（MSC）之间的链路。BSS 由以下 3 部分组成。

- 基站控制器（Base Station Controller，BSC）：BSC 可以控制单个或多个 BTS，对所控制的 BTS 下的 MS 执行切换控制；传递 BTS 和 MSC 间的话务和信令，连接地面链路和空中接口信道。
- 基站收发信台（Base Transceiver Station，BTS）：BTS 包含射频部件，这些射频

部件为特定小区提供空中接口，可支持一个或多个小区；提供到移动台（MS）的空中接口链路，能够对移动台和基站进行功率控制。

● 变码器（Transcoder，XCDR）：将来自移动交换中心 MSC 的语音或数据输出（64 kbps PCM）转换成 GSM 规程所规定的格式（16 kbps），以便更有效地通过空中接口在 BSS 和移动台之间进行传输（即将 64 kbps 压缩成 16 kbps）；反之，可以解压缩。

3. 网络交换系统

网络交换系统具有 GSM 网络的主要交换功能，还具有用户数据和移动管理所需的数据库。网络交换系统由移动业务交换中心（MSC）、访问位置寄存器（VLR）、归属位置寄存器（HLR）、鉴权中心（AUC）、移动设备识别寄存器（EIR）、互通功能部件（IWF）和回声消除器（EC）等组成。

（1）移动交换中心（MSC）

MSC（Mobile Switching Center）是 GSM 网络系统的核心部件，负责完成呼叫处理和交换控制，实现移动用户的寻呼接入、信道分配、呼叫接续、话务量控制、计费和基站管理等功能，还可以完成 BSS 和 MSC 之间的切换和辅助性的无线资源管理等，并提供连接其他 MSC 和其他公用通信网络（如 PSTN 和 ISDN 等）的链路接口功能。MSC 与其他网络部件协同工作，实现移动用户位置登记、越区切换、自动漫游、用户鉴权和服务类型控制等功能。

（2）归属位置寄存器（HLR）

HLR（Home Location Register）是一种用来存储本地用户信息的数据库，一个 HLR 能够控制若干个移动交换区域。在 GSM 通信网中，通常设置若干个 HLR，每个用户必须在某个 HLR（相当于该用户的原籍）中登记。登记的内容分为两种：一种是永久性的参数，如用户号码、移动设备号码、接入优先等级、预定的业务类型以及保密参数等；另一种是暂时性需要随时更新的参数，即用户当前所处位置的有关参数，即使用户漫游到了 HLR 所服务的区域外，HLR 也要登记由该区传送来的位置信息。这样做的目的是保证当呼叫任一不知处于哪一个地区的移动用户时，均可由该移动用户的 HLR 获知它当时处于哪一个地区，进而建立起通信链路。

相应地，HLR 存储两类数据：一是用户永久性参数信息，包括 MSISDN、IMSI、用户类别、Ki 和补充业务等参数；二是暂时性用户信息，包括当前用户的 MSC/VLR、用户状态（登记／已取消登记）、移动用户的漫游号码。

（3）访问位置寄存器（VLR）

VLR（Visit Location Register）是一种存储来访用户信息的数据库。一个 VLR 通常为一个 MSC 控制区服务。当移动用户漫游到新的 MSC 控制区时，它必须向该地区的 VLR 申请登记。VLR 要从该用户的 HLR 查询有关的参数，要给该用户分配一个新的漫游号码（MSRN），并通知其 HLR 修改该用户的位置信息，准备为其他用户呼叫此移动用户时提供路由信息。当移动用户由一个 VLR 服务区移动到另一个 VLR 服务区时，HLR 在修改该用户的位置信息后，还要通知原来的 VLR，删除此移动用户的位置信息。因此，VLR 可看作一个动态的数据库。

VLR 存储的信息有：移动台状态（遇忙／空闲／无应答等）、位置区域识别码（LAI）、临时移动用户识别码（TMSI）和移动台漫游码（MSRN）。

（4）鉴权中心（AUC）

AUC（AUthentication Center）的作用是可靠地识别用户的身份，只允许有权用户接入网络并获得服务。由于要求 AUC 必须连续访问和更新系统用户记录，因此，AUC 一般与 HLR 处于同一位置。

AUC 产生的为确定移动用户身份及对呼叫保密所需的鉴权和加密的 3 个参数分别是：随机码 RAND（RANDom number）、符合响应 SRES（Signed RESponse）和密钥 Kc（Ciphering Key）。

（5）设备识别寄存器（EIR）

EIR（Equipment Identity Register）是存储移动台设备参数的数据库，用于对移动台设备的鉴别和监视，并拒绝非法移动台入网。

EIR 数据库由以下几个国际移动设备识别码（IMEI）表组成：白名单，保存那些已知分配给合法设备的 IMEI；黑名单，保存已挂失或由于某种原因而被拒绝提供业务的移动台的 IMEI；灰名单，保存出现问题（例如，软件故障）的移动台的 IMEI，但这些问题还没有严重到使这些 IMEI 进入黑名单的程度。

在我国，基本上没有采用 EIR 进行设备识别。

（6）互通功能部件（IWF）

IWF（InterWorking Function）提供使 GSM 系统与当前可用的各种形式的公众和专用数据网络的连接。IWF 的基本功能是：完成数据传输过程的速率匹配；协议的匹配。

（7）回声消除器（EC）

EC（Echo Canceller）用于消除移动网和固定网（PSTN）通话时移动网络的回声。对于全部语音链路，在 MSC 中，与 PSTN 互通部分使用一个 EC。即使在 PSTN 连接距离很短时，GSM 固有的系统延迟也会造成不可接收的回声，因此 NSS 系统需要对回声进行控制。

4．操作维护系统（OMS）

OMS（Operation and Maintenance System）提供在远程管理和维护 GSM 网络的能力。OMS 由网络管理中心（Network Management Center，NMC）和操作维护中心（Operations and Maintenance Center，OMC）两部分组成。

NMC 总揽整个网络，处于体系结构的最高层，它从整体上管理网络，提供全局性的网络管理，用于长期性规划。

OMC 提供区域性网络管理，用于日常操作，供网络操作员使用，支持的功能有：事件 / 告警管理、故障管理、性能管理、配置管理和安全管理。

1.4　2.5G GPRS 网络

1.4.1　GPRS 网络概况

随着语音业务的普及与成熟，通信市场的不断扩大，用户的需求不断提高，不仅希望网络能支持语音业务，还希望能得到数据业务的服务。GSM 虽然也支持数据业务，但速率太低，费用太高。为了满足用户需求，同时扩大自己的业务，运营商选择了在原有系统的基础上添加有限的设备来实现 2.5G 技术——GPRS。

GPRS（General Packet Radio Service）是通用分组无线业务的简称，能提供比现有 GSM 网 9.6 kbps 更高的数据速率。由于在 GPRS 系统中采用了新的信道编码方式，一个信道的最大速率可以达到 21.4 kbps；而在 GPRS 系统中，可以把原来在 GSM 系统中分配给 8 个用户的无线资源分配给一个用户使用；这样每个用户可用的最高数据速率为 21.4 kbps×8=171.2 kbps（理论值）。

GPRS 采用包交换技术（多个用户占用一个无线资源或一个用户占用多个无线资源），替代了 GSM 中使用的电路交换技术（一个用户占用一个无线资源）。引入 GPRS 系统可充分利用 GSM 系统在非繁忙时的空闲资源。所以，GPRS 系统提高了无线资源的利用率，从而降低了用户所需费用。

GPRS 采用与 GSM 相同的频段、频带宽度、突发结构、无线调制标准、跳频规则以及相同的 TDMA 帧结构。GPRS 的网络是在 GSM 语音业务的基础上，增加了高速数据的处理部分。因此，在 GSM 系统的基础上构建 GPRS 系统时，GSM 系统中的绝大部分部件都不需要进行硬件改动，只须进行软件升级。

1.4.2　GPRS 网络结构

如图 1-6 所示，在 GSM 系统的基础上，GPRS 在无线部分和数据部分都新引入了网络单元。在 BSS 系统中加入 PCU（Packet Control Unit），用来进行无线方面的数据处理；加入 GPRS-CN（GPRS 核心网）来连接无线网络与 Internet 等数据业务网络，SGSN 属于无线管理和数据管理公用部分，GGSN 则完全属于数据管理部分。

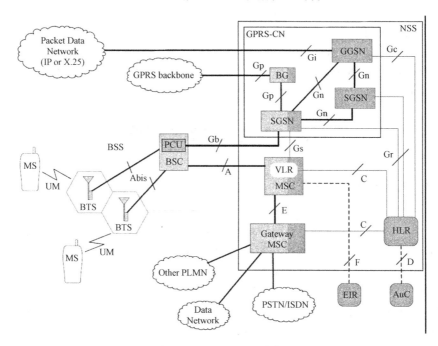

图 1-6　GPRS 网络结构

（1）移动台（MS）

GPRS 的移动台（MS）在 GSM 的基础上添加了一些功能。GPRS 手机按 Class（等级）划分，有以下几个等级。

- Class A：GPRS 手机能同时检测 GPRS/GSM 网络，同时工作；
- Class B：同时连接检测两网，不能同时在两网工作，语音优先；
- Class C：开机后，只能选一个网。

（2）BSS 系统中的 PCU

分组控制单元（Packet Control Unit，PCU）与 BSC 协同工作，提供无线数据的处理功能，如逻辑链路与物理链路的映射、帧中继处理、信令消息和用户数据传送，以及射频链路控制（RLC）和介质访问控制（MAC）的预加载和数据的编码。

（3）GPRS 核心网

GPRS 核心网组件包括 GPRS 服务节点（Serving GPRS Support Node，SGSN）、GPRS 网关节点（Gateway GPRS Support Node，GGSN）和边界网关（Border Gateway，BG）。SGSN 相当于 GSM 中的 MSC，在 GPRS 服务区内对 MS 进行探测和追踪。GGSN 实现 GPRS 网络与外网的连接，拆封外部数据网信息包到相应的数据网络。SGSN 和 GGSN 一起为移动用户提供可靠、安全的数据通道。

① SGSN：

SGSN 通过 Gb 接口提供与无线分组控制器 PCU 的连接，进行移动数据的管理，如用户身份识别、加密和压缩等功能；通过 Gr 接口与 HLR 相连，进行用户数据库的访问及接入控制；通过 Gn 接口与 GGSN 相连，提供 IP 数据包到无线单元的传输通路和协议变换等功能；SGSN 还可以提供与 MSC 的 Gs 接口连接以及与 SMSC 之间的 Gd 接口连接，用以支持数据业务和电路业务的协同工作和短信收发等功能。

SGSN 的主要功能如下所述。

- 移动性管理：负责路由区更新、附着和分离等流程；
- 安全管理：负责鉴权和三元组与五元组的转换等；
- 会话管理：负责 PDP 上下文的激活和修改等；
- 计费：负责收集计费信息，生成相应的计费话单。

② GGSN：

GGSN 负责 GPRS 网络与外部数据网的连接，提供 GPRS 与外部数据网之间的传输通路，进行移动用户与外部数据网之间的数据传送工作。GGSN 起到路由器的作用，它与数据网中的其他网络单元，如 PIX、DNS、DHCP 和 RADIUS 等设备协同完成数据业务的接入和传送等功能。GGSN 与 SGSN 之间的接口为 Gn 接口，采用 GTP 协议；GGSN 与数据网络之间为 Gi 接口，采用 IP 协议。

GGSN 的主要功能如下所述。

- 会话管理：负责 PDP 上下文的激活、修改和地址分配等；
- 与外部网的互通：以透明方式或非透明方式接入外部网及所涉及的隧道功能等；
- 路由选择和数据转发：对来自外部网的数据进行 GTP 隧道封装并转发给 SGSN，对 SGSN 转发来的数据选择路由并转发给外部数据网；
- 计费：负责收集计费信息，生成相应的计费话单。

③ BG（Border Gateway）：

BG 是运营商的分组域核心网之间互连的关口，通过 BG 实现运营商之间 Gp 接口的互通。BG 可以实现一定的路由和安全策略控制，保障运营商分组域核心网的安全。

（4）计费网关（Charging Gateway，CG）

CG 的主要功能是实时采集 GPRS 话单、临时存储和缓冲 GPRS 话单、备份话单、GPRS

话单预处理及向计费中心传送 GPRS 话单等。

1.4.3　GPRS 演进到 EGPRS

EGPRS（Enhanced GPRS）采用 8PSK 调制方式，可使每时隙的吞吐量从 GPRS 的 21.4 kbps 增加到 59.2 kbps。这样，当 8 时隙复用时，系统最大吞吐量可以从 GPRS 的 171.2 kbps 提高到 473.6 kbps。

EGPRS 与 GPRS 系统差别不大，EGPRS 对现有 GPRS 系统的影响基本上仅限于基站子系统部分。基站部分需要增加新的能够处理 EGPRS 调制方式的收、发机和能够处理无线接口上新分组规程的软件，核心网不需要更多变化。由于升级简单，从 GPRS 系统过渡到 EGPRS 系统的投资和周期都不大。

EGPRS 业务属于 EDGE 业务的一种。EDGE（Enhanced Data rate for GSM Evolution，改进数据率 GSM 服务）能提供 3 组业务：EGPRS 业务、T-ECSD 业务（透明增强型电路交换业务）和 NT-ECSD（非透明增强型电路交换业务）。

1.5　3G UMTS 核心网 CS&PS&IMS

1.5.1　UMTS 简介

随着移动用户市场的不断扩大，用户对移动网络所提供的服务要求也日趋增高，尤其在数据服务方面。GPRS 所能提供的数据速率最大为 171.2 kbps（理论值），仍然不是很理想。因为 GPRS 网络对频率的应用以及调制技术基本与 GSM 相同，都不能满足速率的要求。

UMTS 系统采用 CDMA 技术，使得频率利用率大大提高，同时调制技术的改善（QPSK），使得 UMTS 系统抗干扰的能力加强。由于 UMTS 支持的传输速率高（384 kbps），所以它可提供丰富的增值服务，从而为运营商带来新的利润增长点。考虑到现存的 2.5G 网络，UMTS 系统可在此基础平滑过渡，即只需增加无线部分，而核心网部分基本不变。

1.5.2　UMTS R99 网络结构

R99 版本最大的特征是在网络结构上继承了广泛采用的第 2 代移动通信系统——GSM/GPRS 核心网结构。与 GSM 不同的是在 WCDMA 无线接入网部分引入了全新的无线接口 WCDMA，并采用了分组化传输，更有利于实现高速移动数据业务的传输。在接口方面引入了基于 ATM 的 Iub、Iur 和 Iu 接口，该版本功能在 2000 年 3 月确定，目前标准已相当完善，后续版本将都向 2002 年 3 月版兼容。

图 1-7 是 UMTS 系统 R99 网络结构，UMTS 系统可分为 3 部分：用户终端、无线接入网和核心网。核心网兼容 2G 和 3G 接入，本节只介绍 3G 用户终端和 UTRAN。

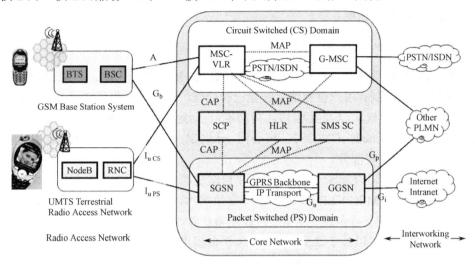

图 1-7 UMTS R99 网络结构

（1）用户设备

用户设备（User Equipment，UE）是用户端终止无线信道的设备，通过空中无线接口 Uu 给用户提供接入网络业务的能力。它主要包括射频处理单元、基带处理单元、协议栈模块和应用层软件模块等。UE 由移动设备（Mobile Equipment，ME）和用户识别模块（User Service Identity Module，USIM）两部分组成。

（2）UMTS 陆地无线接入网（UMTS Terrestrial Radio Access Network，UTRAN）

UTRAN 从功能和位置上看非常类似于 GSM 系统中的 BSS。一个 UTRAN 由几个无线网络系统（Radio Network System，RNS）组成，每个 RNS 又由一个无线网络控制器（Radio Network Controller，RNC）和它下面所带的多个 Node B 组成。

① RNC（Radio Network Controller）：

RNC 是无线网络控制器，用来控制和管理它下面所带的 Node B，主要完成连接建立、断开、切换、宏分集合并及无线资源管理控制等功能，其位置和功能非常类似于 GSM 中的 BSC，具体功能有：执行系统信息广播与系统接入控制、切换和 RNC 迁移等移动性管理，宏分集合并，功率控制，以及无线承载分配等无线资源管理和控制功能。

② Node B：

Node B 是 WCDMA 系统的基站（即无线收、发信机），负责一个或多个小区的无线收发，通过标准的 Iub 接口和 RNC 互连，主要完成 Uu 接口物理层协议的处理，其主要功能是扩频、调制、信道编码与解扩，以及解调和信道解码，还包括数字基带信号和空中射频信号的相互转换等功能。

Node B 由射频收发放大、射频收发系统 TRX、基带部分、传输接口单元和基站控制部分几个逻辑功能模块构成。

（3）核心网（Core Network，CN）

UMTS 核心网的功能有：呼叫（包括语音和数据）的处理和控制、信道的管理和分配、越区切换和漫游的控制、用户位置信息的登记和处理、用户号码和移动设备号码的登记和管理、对用户实施鉴权，以及互连和计费功能。从逻辑上可分成核心网–电路域（Core Network-Circuit Switched，CN-CS），核心网–分组域（Core Network-Packet Switched，CN-PS），以及两者共有部分。

- CN-CS 域：可以基于 2G 的 MSC 平台演进而成，用于向用户提供电路型业务的连接，包括 MSC/VLR 和 GMSC 等交换实体以及用于与其他网络互通的 IWF 实体等。CS 域支持多速率 AMR 语音视频业务。
- CN-PS 域：可以基于 2.5G 的 GPRS 平台演进而成，用于向用户提供分组型业务的连接，包括 SGSN、GGSN 以及与其他 PLMN 互连的 BG 等网络实体。PS 业务支持 FTP、WWW、VOD、NetTv 和 Netmeeting 等业务。
- 两者共有部分：UMTS 还具有一些 CN-CS 和 CN-PS 域共用的网络实体，如 HLR/AuC、SMS SC 和 SCP 等。SMS SC 是短信中心，使用 MAP 协议，短信业务可以通过 CN-CS 域或 CN-PS 域提供。SCP 是移动智能网业务控制点，使用 CAP 协议，对于预付费用户，CN-CS 域或 CN-PS 域的业务都可以实现预付费控制。

1.5.3　UMTS R4 网络结构

UMTS R4 在 CS 域有很大改进，主要体现在：呼叫控制与承载层相分离，语音和信令实现分组化。MSC Server 处理信令，MGW（媒体网关）处理语音和数据业务。MSC Server 采用 H.248 协议（MEGACO 协议）对 MGW 进行控制，如图 1-8 所示。

当基于 IP 的 CS 核心网与基于 TDM 的电路交换网，如 PSTN、ISDN 和 PLMN 互通时，可通过信令网关 SG 完成信令的 IP 承载与 TDM 承载之间的转换。SG 可以是独立设备，或是集成在其他物理实体中，如在 MSC Server 和 MGW 中，SG 采用 IETF 制定的 SIGTRAN 协议。

在 UMTS R99 以前的电路域核心网中，MSC 业务实现、呼叫控制和底层的交换矩阵属于电路交换，如图 1-9 所示。UMTS R4 以后，电路域核心网由 "MSC Server+MGW+SG" 组成，核心网内部可以实现分组交换，称为软交换。这样 UMTS R99 到 UMTS R4 电路域实现了从电路交换到软交换的过渡。

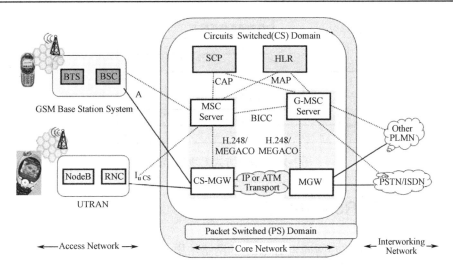

图 1-8　UMTS R4 网络结构

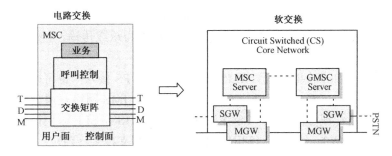

图 1-9　从电路交换到软交换

WCDMA Iu 接口基于 ATM 承载，编／解码单元 TC 归属于 MGW，当 R4 网络内两个移动终端之间进行语音通信时，整个路径上传送 WCDMA 终端所用的 AMR 语音，不需要经过两次 TC 编／解码转换。这种方式称为 TrFO（Transcoder Free Operation），即免编／解码操作。而传统的语音传送模式是从 AMR 语音到 G.711 PCM 语音，再到 AMR 语音的转换，如图 1-10 所示。

采用 TrFo 的好处有：避免语音编／解码操作对于语音质量的损伤，有利于提高语音质量；节省语音编／解码器（Tc）开销，降低设备投资成本；3G 网络内部以及 3G 网络与其他网络互通的语音在 R4 软交换网内都以 AMR 编码的形式传递，节省传输带宽。

UMTS R4 网络将 TC 推到了移动网络的边缘，即与 PSTN 网络和传统 GSM/CDMA 网络相连的关口局 MGW 中。

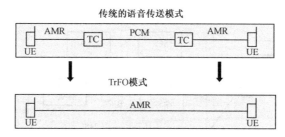

图 1-10　TrFO 方式无须 TC 转换

1.5.4　UMTS R5 网络结构

　　IMS 定义了 UMTS 核心网向全 IP 演进的网络结构。IMS 是 Internet 的业务模式和传统电信网络的管理模式相结合的产物，既具备了 Internet 丰富灵活的业务提供能力，又继承了传统电信网严谨的管理体系和优良的服务质量。

　　UMTS R5 核心网增加了 IMS（IP Multimedia Subsystem），实现了会话控制实体 CSCF 和承载控制实体 MGCF 在物理上的分离。它以分组域作为承载传输，更好地实施了对多媒体业务的控制。

　　IMS 的体系结构如图 1-11 所示，IMS 网络可以通过 PS 接入，也可以通过其他接入网络接入（如 WLAN 和 xDSL），可以与 CS 域以及其他的 IMS 网络互通。IMS 网络的功能实体大致分为：会话管理与路由类（CSCF）、数据库类（HSS，SLF）、网间配合类（BGCF、MGCF、MGW 和 SGW）、服务类（MRFC 和 MRFP）和支撑类（PDF）几类。

　　IMS 的功能实体描述如下。

- 代理呼叫会话控制功能（Proxy Call Session Control Function，P-CSCF）：是 IMS 系统中用户的第一个接触点，转发所有 SIP 客户端的注册和呼叫，根据主叫 / 被叫的 SIP URI 去找到其相应的归属域；
- 问询呼叫会话控制功能（Interrogating CSCF，I-CSCF）：是归属域的入口，为每个呼叫找到相应的 S-CSCF；
- 服务呼叫会话控制功能（Serving CSCF，S-CSCF）：是整个 IMS 的控制核心，位于归属网络，完成用户注册认证、会话控制、URI 解析和应用服务器触发等功能；
- 归属用户服务器（Home Subscriber Server，HSS）：是用户数据库服务器，包括用户身份、注册信息、接入参数和服务触发信息等；
- 签约关系定位功能（Subscription Location Function，SLF）：当部署了多个 HSS 时，能够找到给定用户签约的 HSS，向 I-CSCF 和 S-CSCF 提供用户标识到 HSS 名的解析；

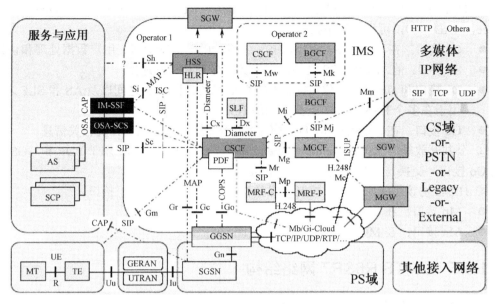

图 1-11 IMS 体系结构

- 媒体资源控制器（Media Resource Function Controller，MRFC）和媒体资源处理器（Media Resource Function Processor，MRFP）的功能：根据 S-CSCF 和／或应用服务器的调用，MRFC 通过 H.248 协议控制 MRFP 完成相应的媒体流编／解码、转换、混合和播放，在系统中起到会议桥和 IVR 的作用；
- 媒体网关控制功能（Media Gateway Controller Function，MGCF）：是使 IMS 用户和 CS 用户可以进行通信的网关；
- 媒体网关（Media Gateway，MGW）：提供 CS 网络（PSTN 和 GSN）和 IMS 之间的用户平面链路；
- 出口网关控制功能（Breakout Gateway Control Function，BGCF）：负责选择到 CS 域的出口位置，其一是选择同一网络中的 MGCF 和 MGW，其二是选择不同 IMS 网络中的另一个 BGCF，并由其选择 MGCF 来实现到 CS 域的出口。

从图 1-9 可以看出，IMS 网络中的主要协议有 SIP、Diameter、COPS 和 H.248。

① 会话初始化协议（Session Initiation Protocol，SIP）根据其功能可用于网络网络接口（Network and Network Interface，NNI）、用户网络接口（User and Network Interface，UNI）和 IMS 服务控制接口（IMS Service Control，ISC）。

- NNI：完成会话控制消息交换，在 CSCF 之间以及与其他功能实体间交换的是接口消息，在 BGCF 之间以及与其他功能实体间交换的都是 SIP 消息，包括的接口有 Mw、Mm、Mr、Mg、Mi、Mj 和 Mk；
- UNI：是 UE 与 P-CSCF 之间的 Gm 接口，完成注册、会话控制和事务处理；
- ISC：S-CSCF 和业务平台 AS 之间接口，用于服务控制。

② Diameter 协议基于远程拨入用户认证服务（Remote Authentication Dial In User Service，RADIUS），可用于以下接口。

- Cx 接口：在 I-CSC /S-CSC 和 HSS 之间，用于位置管理、用户数据处理和认证；
- Sh 接口：在 AS 和 HSS 之间，用于数据处理和订阅通知；
- Dx 接口和 Dh 接口：分布位于 I-CSC /S-CSCF 和 SLF 之间以及 AS 和 SLF 之间，用于在多个 HSS 环境中查找正确的 HSS；
- Gq 接口：在 P-CSCF 和 PDF 之间，用于交换承载控制和计费相关信息。

③ 公共开放策略服务（Common Open Policy Service，COPS）用于 PDF 和 GGSN 之间的 Go 接口，交换与策略和决策相关的信息。

④ H.248 协议用于媒体网关控制和媒体资源的控制，包括以下接口。

- Mp 接口：在 MRFC 与 MRFP 之间；
- Mn 接口：在 MGCF 与 IM-MGW 之间。

1.5.5　UMTS R6&R7 网络结构

R6 与 R5 采用相同的网络结构，在 R6 中，WLAN 可以通过 PDG（Packet Data Gateway，分组数据网关）接入到 IMS。本阶段的研究工作主要完善网络互通和安全性等方面的内容，同时制定 IMS 消息类业务相关的规范。

在 R7 中增加了固定宽带接入方式，如 xDSL 和 Cable 等。图 1-12 是 R7 网络结构，未来网络是全 IP 的网络，IMS 是统一的控制核心。IMS 定义了 UMTS 核心网向全 IP 演进的网络结构。IMS 的设计思想与具体的接入方式无关，以便 IMS 服务可以通过任何 IP 网络来访问，如 GPRS、WLAN、xDSL 和 Cable 等。

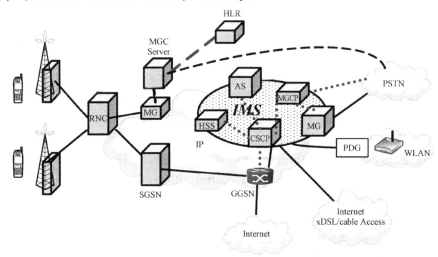

图 1-12　R7 网络结构

1.6　4G LTE 核心网 EPC&IMS

1.6.1　LTE 网络简介

LTE（Long Term Evolution，长期演进）项目是 UMTS 的演进，从 3GPP R8 开始，R9 和 R10 进一步研究和标准化。LTE 在空中接口方面用频分多址（OFDM/FDMA）替代了 UMTS 使用的码分多址（CDMA），并大量采用了多输入输出（MIMO）技术和自适应技术提高数据速率和系统性能。借助 LTE，3GPP 标准有望在较长的时间内保持对其他无线通信标准的竞争优势。

LTE 定义了 LTE-FDD 和 LTE-TDD 两种方式。TD-LTE 与 FDD-LTE 在技术规范上存在较大的共通性和统一性，二者共享相同的二层和三层结构，其物理层主要帧结构相关，关键技术基本一致；二者的区别就在于无线接入部分，空中接口标准不一致。

在网络架构方面，LTE 取消了 UMTS 标准中采用的无线网络设备 RNC 节点，代之以全新的扁平结构；在核心网方面，只存在分组域 EPC。

1.6.2　LTE 网络结构

图 1-13 为 LTE 网络与 UMTS 网络。LTE 网络由 E-UTRAN（Evolved UTRAN）和 EPC（Evolved Packet Core）组成，又称为 EPS（Evolved Packet System）。E-UTRAN 由多个 eNodeB 组成，eNodeB 间存在 X2 接口。EPC 由 MME、SGW、PGW 和 PCRF 组成。EPC 与 E-UTRAN 间使用 S1 接口。

对比 UMTS 网络，LTE 核心网不再具有电路域 CS 部分，只具有分组域 EPC，只提供分组业务。对语音业务的实现，LTE 可以通过 IMS 系统实现 VoIP 业务。

对比 UMTS 核心网，在 LTE 核心网 EPC 中，MME 和 SGW 一起实现了 SGSN 功能，PGW 实现了 GGSN 功能。但 LTE 核心网 EPC 实现了控制面和用户面分离，MME 实现控制面功能，SGW 实现用户面功能。

在 E-UTRAN 中，不再具有 3G 中的 RNC 网元，RNC 的功能分别由 eNodeB、核心网 MME 及 SGW 等实体实现。eNodeB 间使用 X2 接口，采用网站（Mesh）的工作方式，X2 的主要作用是尽可能减少由于用户移动导致的分组丢失。

HSS 可以作为一个共有的中心数据库设备，服务于 LTE 核心网、UMTS 核心网和 IMS 应用网络。HSS 与 EPC 的接口为 S6a，使用 Diameter 协议；HSS 与 3G CS 核心网的接口是 C/D，使用 MAP 协议；HSS 与 3G PS 核心网的接口是 Gc/Gr，使用 MAP 协议；IMS 与 HSS 也可以有接口，使用 Diameter 协议。

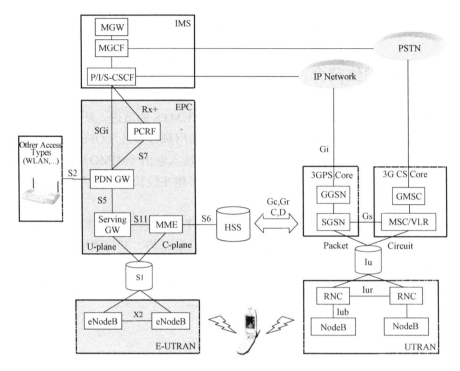

图 1-13　LTE 网络与 UMTS 网络

1.7　5G 网络架构

1.7.1　5G 网络简介

随着 4G 技术成熟并广泛商用，移动通信开始朝着面向 2020 年及未来的 5G 的发展阶段迈进。最早于 2012 年，国际电信联盟（ITU）开始组织全球业界启动 5G 愿景、流量预测和未来技术趋势等前期研究，提出 5G 将在大幅提升"以人为中心"的移动互联网业务体验的同时，全面支持"以物为中心"的物联网业务，实现人与人、人与物以及物与物的智能互联的总体愿景。以 ITU 的 5G 前期研究成果为指引，来自全球移动通信产业不同领域的研发力量逐步聚集，全面启动 5G 关键技术研发工作。

与之前历代移动通信系统以多址接入技术革新为换代标志不同，5G 内涵更加广泛，由空口多址技术向端到端网络延伸。网络基础设施将成为支撑关键能力指标、满足多场景部署要求和实现高效运营的关键环节，与新型无线空口技术共同推进 5G 发展。

面对 5G 极致的体验、效率和性能要求，以及"万物互联"的愿景，网络面临全新的挑战与机遇。5G 网络将遵循网络业务融合和按需服务提供的核心理念,引入更丰富的无线接入网拓扑,提供更灵活的无线控制、业务感知和协议栈定制能力;重构网络控制和转发机制,改变单一管道和固化的服务模式;利用友好开放的信息基础设施环境,为不同用户和垂直行业提供高度可定制化的网络服务,构建资源全共享、功能易编排、业务紧耦合的综合信息化服务使能平台。

1.7.2　5G 网络架构

未来的 5G 网络将是基于 SDN、NFV 和云计算技术的更加灵活、智能、高效和开放的网络系统。5G 网络逻辑架构如图 1-14 所示,包括接入云、控制云和转发云三个域。

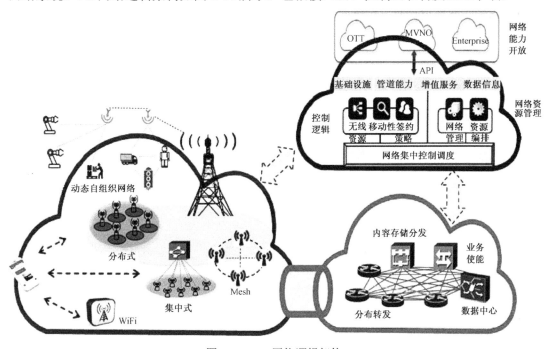

图 1-14　5G 网络逻辑架构

接入云支持多种无线制式的接入,融合集中式和分布式两种无线接入网架构,适应各种类型的回传链路,实现更灵活的组网部署和更高效的无线资源管理。接入平面包含各种类型的基站和无线接入设备。基站间交互能力增强,组网拓扑形式丰富,能够实现快速灵活的无线接入协同控制和更高的无线资源利用率。

5G 的网络控制功能和数据转发功能将解耦,形成集中统一的控制云和灵活高效的转发云。

控制云实现局部和全局的会话控制、移动性管理和服务质量保证,构建面向业务的网络能力开放接口,从而满足业务的差异化需求,提升业务的部署效率。控制平面为传统空口（LTE、WiFi 等）和 5G 新空口提供统一的网络接口。控制面功能分解成细粒度的网络功能（Network Function，NF）组件，通过按需编排的网络功能，按照业务场景特性定制专用的网络服务，并在此基础上实现精细化网络资源管控和能力开放。

转发云基于通用的硬件平台，在控制云高效的网络控制和资源调度下，实现海量业务数据流的高可靠、低时延、均负载的高效传输。转发平面包含用户面下沉的分布式网关，集成边缘内容缓存和业务流加速等功能，在集中的控制平面的统一控制下，完成业务数据流转发和边缘处理。

基于"三朵云"的新型 5G 网络架构是移动网络未来的发展方向，但实际网络发展在满足未来新业务和新场景需求的同时，也要充分考虑现有移动网络的演进途径。5G 网络架构的发展会存在局部变化到全网变革的中间阶段，通信技术与 IT 技术的融合会从核心网向无线接入网逐步延伸，最终形成网络架构的整体演变。

第二部分　UMTS 核心网 CS 和 PS

第 2 章　UMTS CS 和 PS 核心网协议

2.1　UMTS R99 接口协议体系

　　图 2-1 为 UMTS R99 协议体系，网络系统架构依次分为用户终端、无线接入网、核心网和互通网络。UMTS 网络系统与 GSM/GPRS 网络相比，核心网部分网元及接口协议基本没有变化；无线接入网部分，3G 无线接入网称为 UTRAN，2G 无线接入网称为 BSS。

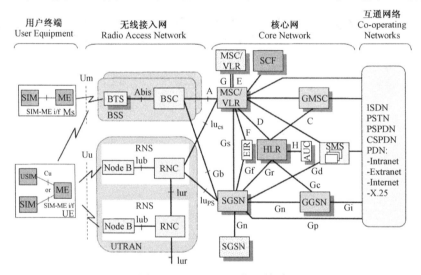

图 2-1　UMTS R99 协议体系

　　按照网络结构的划分，UMTS R99 协议体系分为核心网 CS 接口协议、核心网 PS 接口协议、2G 无线接入网接口协议和 3G 无线接入网（UTRAN）接口协议。表 2-1～表 2-4 分类介绍了 UMTS 接口、协议和功能。

表 2-1　UMTS-CS 接口及协议

接口名称	连接实体	信令协议	功　　能
Iu-CS	RNC-MSC	RANAP	RNS 管理、呼叫处理和移动性管理
A	BSC-MSC	BSSAP	BSS 管理、呼叫处理和移动性管理
B	MSC-VLR	MAP	MSC 从 VLR 中获得用户信息

续表

接口名称	连接实体	信令协议	功　　能
C	MSC-HLR	MAP	当 MS 被呼时，HLR 传递路由信息；短信业务
D	VLR-HLR	MAP	鉴权、位置更新、在呼叫建立时检索用户数据、补充业务和 VLR 恢复
E	MSC-MSC	MAP	切换、MSC 间切换后的呼叫控制和短信业务
F	MSC-EIR	MAP	MSC 与 EIR 交换与 IMEI 有关的信息，检查 IMEI 的合法性
G	VLR-VLR	MAP	位置更新：当 MS 漫游到一个新的 VLR 后向前 VLR 索取 IMSI；鉴权：将鉴权参数由先前 VLR 传送给当前的 VLR
H	HLR-AuC	—	当 HLR 接收到一个请求用户鉴权和加密数据的消息时，如 HLR 没有这些信息，则向 AuC 请求这些数据
—	MSC-SCP	CAP	实现电路域的智能业务
—	MSC-PSTN MSC-ISDN	ISUP/ TUP	实现 MSC 与 PSTN/ISDN 间的互通

表 2-2　UMTS-PS 接口及协议

接口名称	连接实体	信令协议	功　　能
Iu-PS	RNC-SGSN	RANAP	RNS 管理、会话管理和移动性管理
Ga	GSN-CG	GTP'	GTP'基于 UDP/IP 或者 TCP/IP 协议栈，主要完成计费信息的输出功能
Gb	SGSN-BSC	BSSGP	小区、PCU 及路由区等的管理功能
Gc	GGSN-HLR	MAP	GGSN 通过 Gc 接口到 HLR 查询用户相关信息
Gd	SGSN-SMS	MAP	实现短信的收发功能
Ge	SGSN-SCP	CAP	实现分组的智能业务
Gf	SGSN-EIR	MAP	SGSN 和 EIR 交换与 IMEI 有关的信息，检查 IMEI 的合法性
Gi	GGSN-PDN	TCP/IP	实现外部分组网络的互连
Gp	GSN-GSN (Inter PLMN)	GTP	基于 GTP 协议实现隧道传输功能，包括信令面 GTP-C 和用户面 GTP-U。GTP-C 完成隧道的管理和其他信令消息的传输功能，GTP-U 传输用户面的数据包
Gn	GSN-GSN (Intra PLMN)	GTP	
Gr	SGSN-HLR	MAP	鉴权、路由区更新、在会话建立时检索用户数据及 SGSN 恢复
Gs	SGSN-MSC	BSSAP+	SGSN 可通过 Gs 接口向 MSC/VLR 发送 MS 位置信息或接收到来自 MSC/VLR 的寻呼信息

表 2-3　2G 无线接入网（BSS）接口及协议

接口名称	连接实体	信令协议	接口描述
Abis	BTS-BSC	LAPD	无线网络子系统（BSS）内接口
Um	MS-BTS	LAPDm	称为空中接口

表 2-4　3G 无线接入网（UTRAN）接口及协议

接口名称	连接实体	信令协议	接口描述
Iub	Node B-RNC	NBAP	无线网络子系统（RNS）内接口
Iur	RNC-RNC	RNSAP	在不同的 RNC 之间进行软切换时，移动台所有数据都是通过 Iur 接口从正在工作的 RNC 传到候选 RNC
Uu	UE-RNS		空中接口，UMTS 系统中最重要的开放接口

2.2　UMTS R4 接口协议体系

UMTS R4 核心网实现了呼叫控制与承载层相分离，以及语音和信令的分组化。

如图 2-2 图所示，MSC Server 采用 H.248 协议（Mc 接口）对 MGW 进行控制，MSC Server 间信令通信协议为 BICC（Nc 接口），MGW 间媒体流通信协议为 Nb UP，这些都基于分组协议 IP 或 ATM。表 2-5 为 UMTS R4 接口、协议及功能描述。

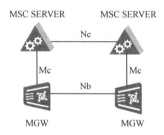

图 2-2　UMTS R4 接口协议

表 2-5　UMTS R4 接口、协议及功能描述

接口名称	连接实体	信令协议	功能
Mc	MSC Server-MGW	H.248	动态共享 MGW 物理节点资源
Nc	MSC Scrver-MSC Server	BICC	信令传输方式可以有很多种形式，包括 IP
Nb	MGW-MGW	Nb UP	Nb 上的用户数据传输和承载控制可以有不同的方式，如 RTP/H.245、AAL2/Q.AAL2 和 STM/none

2.3　UMTS 核心网与无线接入网间接口协议

2.3.1　GSM A 接口

（1）GSM 系统接口协议

如图 2-3 所示，GSM 系统协议栈分 3 层。L1 为物理层；L2 为数据链路层；L3 层是实

际负责控制和管理的协议层。在 MS 侧，L3 包括 3 个基本子层：无线资源管理（RR）、移动性管理（MM）和接续管理（CM）。在 MSC 侧，L3 包括 BSSMAP、MM 和 CM。可以看出，在 MS 和 MSC 间，MM 和 CM 是透明传递的。

CM 子层包含呼叫控制（CC）单元、补充业务管理（SS）单元和短信业务管理（SMS）单元。

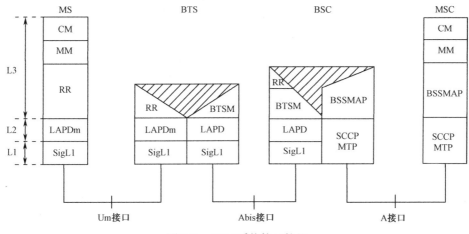

图 2-3　GSM 系统接口协议

（2）A 接口

A 接口是 GSM 网络子系统（NSS）与基站子系统（BSS）之间的标准接口，在物理实体上表现为 MSC 与 BSC 之间的接口。

如图 2-4 所示，A 接口采用了 BSSAP 协议，BSSAP 协议描述了两类消息：BSSMAP 消息和 DTAP 消息，其中 BSSMAP 消息负责业务流程控制，需要相应的 A 接口内部功能模块处理。对于 DTAP 消息，A 接口仅相当于一个传输通道，在基站子系统中，DTAP 消息被直接传递至无线信道；在移动交换子系统中，DTAP 消息被传递到相应的功能处理单元。

DTAP 消息分为移动管理（MM）消息和呼叫控制（CC）消息。移动管理（MM）消息包括有关鉴权、CM 业务请求、识别请求、IMSI 分离、位置更新、MM 状态和 TMSI 再分配等消息。呼叫控制（CC）消息包括有关提醒、呼叫进行、连接、建立、修改、释放、断连、通知、状态查询和启动 DTMF 等消息。

BSSMAP 消息可以分为无连接消息和面向连接消息。无连接消息包括有关（群）阻塞／解闭（Blocking and Unblocking）、切换（Handover）、资源（Resource）、复位（Reset）和寻呼（Paging）等消息，此切换类消息包括切换候选者询问和切换候选者询问响应消息。面向连接消息包括有关指配（Assignment）、切换（Handover）、清除（CLEAR）以及加密（CIPHER）等消息，此切换类消息包括切换请求、切换请求证实、切换命令、切换完成以及切换失败消息。

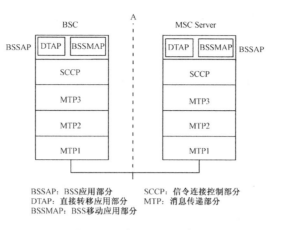

图 2-4　A 接口协议结构

2.3.2　GPRS Gb 接口

Gb 接口是 BSS 与 SGSN 间的接口，其物理连接为 E1，Gb 接口使用帧中继协议进行通信。

GPRS 系统分为用户面和控制面。用户面实现用户信息传送及相关信息传送控制过程；控制面提供控制及支持用户面功能，如 GPRS 附着与分离、PDP 上下文激活与去激活和用户移动性管理等。

如图 2-5 所示，在用户平面中，Gb 协议栈中的 SNDCP、LLC、BSSGP（Base Station System GPRS protocol）和 NetworkService 互相配合，将 GTP-U 发送来的 N-PDU 传送到 BSS/MS 或将 BSS/MS 来的数据送到 GTP-U。

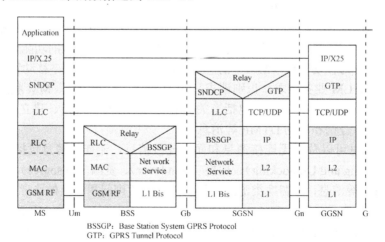

图 2-5　Gb 协议栈在用户平面中的位置

如图 2-6 所示，在控制平面中，Gb 协议栈中的 LLC、BSSGP 和 NetworkService 为 GMM/SM 提供透明的非确认的信令传送通道。

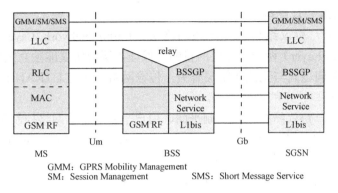

图 2-6　Gb 协议栈在控制平面中的位置

2.3.3　3G Iu 接口

如图 2-7 所示，Iu 接口规定了核心网和 UTRAN 之间的接口，一个 RNC 存在 3 种不同的 Iu 接口：

- 与 CS 域连接的 Iu-CS，面向电路交换域；
- 与 PS 域连接的 Iu-PS，面向分组交换域；
- 与 BC 域连接的 Iu-BC，面向广播域。

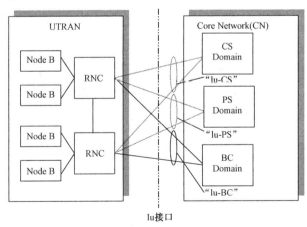

图 2-7　核心网和 UTRAN 间的接口

Iu 接口具有的功能有：Iu 连接管理、无线接入承载（RAB）管理、Iu 接口用户平面管理、SRNS 重定位、SRNS 上下文转移、安全性管理、Iu 协调（寻呼协调）和位置管理等。

1．Iu-CS 与 Iu-PS 协议结构

图 2-8 为 Iu-CS 协议结构。

在水平方向上，协议结构包括无线网络层（Radio Network Layer）和传输网络层（Transport Network Layer）两层。分层的目的是保证各层的协议能独立发展，依赖性最小。所有 UTRAN 相关问题只与无线网络层有关，传输网络层只是 UTRAN 接口采用的标准化传输技术，与 Iu 接口特定的功能无关。

在垂直方向上，协议结构包括控制平面、用户平面和传输网络控制平面 3 个平面。

- 控制平面的高层应用协议是 Radio Access Network Application Part（RANAP），负责 CN 和 RNS 之间的信令交互；
- 用户平面的高层应用协议是 Iu UP 协议，包括数据流和用于传输数据流的数据承载；
- 传输网络控制平面只在传输层，不包括任何无线网络控制平面的消息。

与 2G 相比，CS 域信令面与用户面分离是 3G 的一个突破。

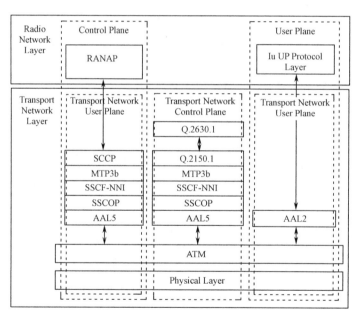

图 2-8　Iu-CS 的协议结构

图 2-9 为 Iu-PS 协议结构，分为控制平面和用户平面。由于每个呼叫不需要单独专用的微通道，PS 域没有 SVC 的分配与释放流程，所以不需要传输网络的控制面。无线网络层控制平面的协议也是 RANAP，功能与 Iu-CS 相同。单个用户的数据包的相关性标识通过 GTP-U 协议实现（RANAP 分配 TEID 与 GTP-U 联系）。

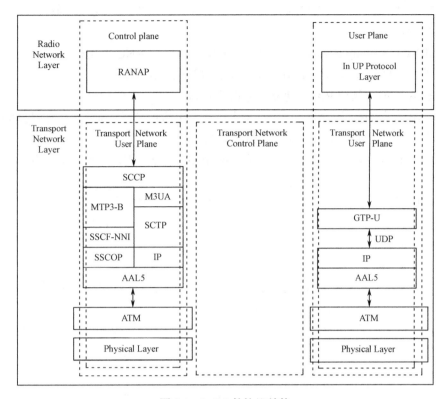

图 2-9　Iu-PS 的协议结构

在网络 IP 化的大趋势下，Iu 接口也出现 IP 化趋势。Iu 接口 IP 化后，协议栈简化，相应的配置也会简化，CS/PS 信令协议栈、CS 承载协议栈和 PS 承载协议栈如图 2-10 所示。

图 2-10　CS/PS 信令协议栈、CS 承载协议栈和 PS 承载协议栈

2．RANAP 协议

Iu 接口无线网络层控制平面 CS 域和 PS 域的高层协议均采用 RANAP（Radio Access Network Application Part），其遵从的技术规范为 3GPP TS25.413。RANAP 是 SCCP 的用户，

使用 SCCP 提供的基本面向连接的业务（2 类业务）和基本的无连接业务（0 类业务）。

RANAP 的主要功能如下所述。

- SRNC（Serving RNC）重定位：将 SRNC 从一个 RNC 重定位到另一个 RNC，包括相关的 Iu 资源（如 RABs 和信令连接）的重定位。
- RAB 管理：包括 RABs 建立、修改和释放。
- RAB 建立的排队（本版本暂未实现）：是为了将被请求的但暂时不能处理的 RABs 放进一个队列，并向对等实体指示队列情况。
- RAB 释放请求：当 RNC 侧检测到 RAB ID 对应的用户平面资源发生故障时，一般情况下，会向 CN 发起 RAB 释放请求消息。
- Iu 连接资源的释放：准确释放和一个 Iu 连接有关的所有资源。
- Iu 接口流量控制（Overload Control）：在 RNC 和 CN 间的信令流量过载时，根据一定的算法进行信令流量的调整。
- 复位 Iu 接口：复位 Iu 接口。
- 发送 UE 公共 ID（Common ID）消息：发送 UE 的公共识别号码给 RNC。
- 寻呼：CN 对一个特定的 UE 发寻呼消息。
- 控制对 UE 活动的跟踪：对一个特定的 UE 设置跟踪模式，同时也可以去活原来建立的跟踪。
- 在 UE 和 CN 之间传送 NAS（Non Access Stratum）消息。这个功能有两种情况：一种是透明传送初始的 NAS 信令消息（从 UE 到 CN），用于建立 Iu 接口信令连接；另一种是在已经存在的 Iu 接口信令连接基础上透明传送 NAS 信令消息，它和前者对信令消息的处理有所不同。
- 安全模式控制：CN 向 UTRAN 传送用于加密和完整性保护的信息，并设置安全模式。
- 位置报告控制：CN 控制 UTRAN 报告 UE 位置的模式。
- 位置报告：RNC 向 CN 报告确切的位置信息。
- 常规错误状态报告：上报常规的错误状态（有些特殊的错误信息不在此报告的定义之内）。

RANAP 的基本过程从应答方式上可以分为 CLASS 1、CLASS 2 和 CLASS 3 三类。

Class 1：有应答（成功／失败）。这种类型应答的"成功"指基本过程成功执行并收到对端成功应答；"失败"指过程执行失败并收到对端失败应答或者定时器超时而未收到应答。还有一种"成功和失败"的结果是指过程发出的不同请求得到不同的成功或失败的应答，也属于有应答的一种。

Class 2：无应答。这种类型的基本过程被假定为总是执行成功的。

Class 3：多应答（一个或多个应答）。这种类型包含多种应答，包括对基本过程发起的请求的成功或失败的不同执行结果和此请求的临时状态信息的应答报告。

RANAP 的 3 类主要消息如表 2-6～表 2-8 所示。

表 2-6　Class 1（有应答）

Elementary Procedure	Initiating Message	Successful Outcome	Unsuccessful Outcome
		Response Message	Response Message
Iu Release	IU Release Command	IU Release Complete	
Relocation Preparation	Relocation Required	Relocation Command	Relocation Preparation Failure
Relocation Resource Allocation	Relocation Request	Relocation Request Acknowledge	Relocation Failure
Relocation Cancel	Relocation Cancel	Relocation Cancel Acknowledge	
SRNS Context Transfer	SRNS Context Request	SRNS Context Response	
Security Mode Control	Security Mode Command	Security Mode Complete	Security Mode Reject
Reset	Reset	Reset Acknowledge	
Reset Resource	Reset Resource	Reset Resource Acknowledge	

表 2-7　Class 2（无应答）

Elementary Procedure	Message
RAB Release Request	RAB Release Request
Iu Release Request	IU Release Request
Relocation Detect	Relocation Detect
Relocation Complete	Relocation Complete
SRNS Data Forwarding Initiation	SRNS Data Forward Command
SRNS Context Forwarding from Source RNC to CN	Forward SRNS Context
SRNS Context Forwarding to Target RNC from CN	Forward SRNS Context
Paging	Paging
Common ID	Common ID
Location Reporting Control	Location Reporting Control
Location Report	Location Report
Initial UE Message	Initial UE Message
Direct Transfer	Direct Transfer

表 2-8　Class 3（多应答）

Elementary Procedure	Initiating Message	Response Message
RAB Assignment	RAB Assignment Request	RAB Assignment Response×N（$N \geqslant 1$）

2.4　UMTS 核心网协议描述

2.4.1　基于 No.7 的信令协议

在 GSM/GPRS 网络中，MAP、CAP、BSSAP、BSSAP+和 ISUP 协议都采用 No.7 信令系统，基于 TDM 传输方式，如图 2-11 所示。在 UMTS R99 中，核心网部分也基本没有变化。

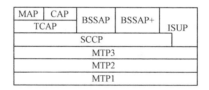

图 2-11　GSM 协议体系结构

1. MAP 协议

MAP（Mobile Application Part）即移动应用部分，MAP 协议定义了为实现移动台漫游功能而在移动系统通信网络实体之间进行的信息交换方式。这里的网络实体包括 MSC Server、VLR、SGSN、HLR、SMC 和 GMLC。在 UMTS 网络中，C、D、E、G、Gc、Gd、Gr 和 Lg 接口都可以传递 MAP 消息。在 UMTS 网络中，支持 MAP 的接口如图 2-12 所示。

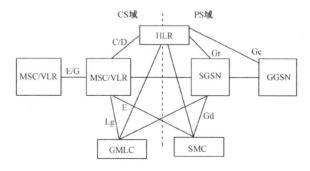

图 2-12　UMTS 网络中支持 MAP 的接口

MAP 信令部分在 No.7 信令协议栈结构中的位置如图 2-13 所示。

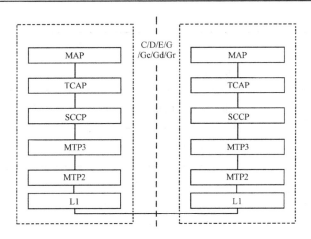

图 2-13　MAP 接口在协议栈中的位置

主要的 MAP 操作如表 2-9 所示。

表 2-9　MAP 操作

MAP 操作名称	用　　途
UpdateLocation 位置更新	用于发生跨 VLR 位置更新或用户数据未被 HLR 证实时 VLR 向 HLR 发起位置更新流程
CancelLocation 位置删除	用于位置更新时 HLR 删除前 VLR 的用户信息，或用户数据修改引发的独立位置删除，以及操作人员删除用户位置信息
ProvideRoamingNumber 提供漫游号码	用于用户作被呼叫时 HLR 向用户漫游的 VMSC 获取漫游号码，以便 GMSC 寻址到被叫所在位置建立呼叫
insertSubscriberData 插入用户数据	用于位置更新时 HLR 向 VLR 插入用户的签约数据，以及修改用户数据时独立插入用户数据过程
deleteSubscriberData 删除用户数据	用于操作员删除用户数据时 HLR 独立删除 VLR 中的用户签约数据
sendRoutingInformation 取路由信息	用于用户作被呼叫时 GMSC 向 HLR 获取用户位置信息，包括漫游号码和前转号码
performHandover 执行切换	用于 Phase 1 的切换请求
sendEndSignal 发送终止信息	用于切换终止
PerformSubsequentHandover 执行后续切换	用于 Phase 1 的后续切换请求
forwardSM 前转短信	用于移动始发短信和移动终结短信

续表

MAP 操作名称	用　　途
reportSM-DeliveryStatus 短信失败状态报告	用于短信下发失败时的报告
sendAuthenticationInfo 获取鉴权集	用于 VLR 向 HLR 获取鉴权集
sendIMSI 获取用户 IMSI	通过 MSISDN 获取用户的 IMSI
readyForSM 短信用户准备就绪	用于短信用户位置更新或内存可用时的通知
purgeMS VLR 用户删除	用于 VLR 报告 HLR VLR 的用户删除操作
prepareHandover 准备切换	用于非 Phase 1 的切换请求
PrepareSubsequentHandover 准备后续切换	用于非 Phase 1 的后续切换请求

2. ISUP 协议

ISUP（Integrated Services Digital Network User Part，ISDN 用户部分）是 SS7 公共信道信令系统的用户部分（UP）中的一种，它定义了包括语音业务和非语音业务（如电路交换数据通信）控制所必须的信令消息、功能和过程。

ISUP 协议支持基本的承载业务，即在用户终端之间建立、监视和释放 64 kbps 电路，向用户提供低层的信息传递能力。ISUP 还支持补充业务，如主叫线识别与识别限制、呼叫转移、呼叫保持、呼叫等待和三方通话等。

当 MSC 作为 GMSC 时，提供与固定网络交换设备或其他移动网络设备的接口，通过 No.7 信令系统的 ISUP 信令控制呼入与呼出，如图 2-14 所示。

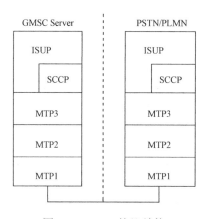

图 2-14　ISUP 协议结构

下面介绍一些常用的 ISUP 消息。

- IAM：初始地址消息。前向发这个消息以初始化出局电路的占用情况，并且传送号码以及其他与呼叫路由和处理相关的信息。
- CPG：呼叫进展消息。在呼叫建立或激活阶段前向或后向发送这个消息，表示一个重要事件已经接入。
- ACM：地址全消息。表示已收到路由呼叫到被叫时所需的所有地址信号。
- ANM：应答消息。表示已经应答呼叫。在半自动电话机中，这个消息有监督功能；在全自动电话机中，这个消息用于与计费信息的合并。
- REL：释放消息。前发或后发这个消息，表示由于所述原因正在释放该电路，并且准备在收到释放完成消息后把该电路置于空闲状态。
- RLC：释放完成消息。前发或后发这个消息以响应收到的释放消息，或者如果适用于复位电路消息，并且有关电路已经置于空闲状态，前发或后发这个消息。

3．CAP 协议

CAP 即 CAMEL 应用部分，用于实现智能网功能实体 gsmSSF（或 GPRS 网中的 gprsSSF）、gsmSRF 和 gsmSCF 之间的信令交互，从而实现对 CAMEL 业务的支持。

MSC 一般都具备 SSP 功能，提供与 SCP 的 CAP（CAMEL Application Part，CAMEL 应用部分）协议接口，以支持智能呼叫处理流程。CAP 用于实现智能网功能实体（SSP 和 SCP）之间的信令交互，从而实现对 CAMEL 业务的支持。

在 No.7 信令系统中，CAP 消息作为 TCAP 消息的成分部分传递，CAP 信令部分在 No.7 信令协议栈如图 2-15 所示。

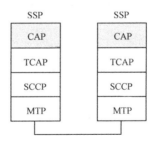

图 2-15　CAP 在协议栈中的位置

4．BSSAP+协议（Gs 接口）

Gs 接口是 SGSN 和 MSC 之间的接口，由 BSSAP+（Base Station Subsystem Application Part+，基站子系统应用部分+）协议定义了一组信令流程，完成 SGSN 和 MSC 之间消息的交互功能。

安装 Gs 接口后，可以支持的功能有：SGSN 与 MSC/VLR 关联的建立和维护；GPRS

的联合移动性管理规程，包括联合 IMSI/GPRS 附着／分离和联合位置区／路由区更新；
电路寻呼协调功能。从而较大地提高无线资源利用率。

Gs 接口使用标准 No.7 信令接口，SGSN 作为一个信令点通过 No.7 信令网与 MSC/VLR
连接，如图 2-16 所示。

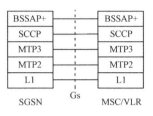

图 2-16　Gs 接口协议栈

2.4.2　Sigtran 协议栈

在 3GPP R4 后，UMTS 核心网逐渐 IP 化。No.7 信令系统的协议 MAP、CAP、BSSAP、
BSSAP+和 ISUP 保持应用层不变，通过 Sigtran 协议实现底层传输从 TDM 方式转向 IP
方式。

SIGTRAN（Signaling Transport，信令传输协议）支持通过 IP 网络传输传统电路交换
网 SCN 信令，保证已有的 SCN 信令应用可以未经修改地使用，利用标准的 IP 传输协议
作为传输底层，通过增加自身的功能来满足 SCN 信令的特殊传输要求。SIGTRAN 协议
栈担负 SG 和 MGC 间的通信，有适配和传输两个主要功能。

SIGTRAN 协议栈和 No.7 信令协议栈的对应关系如图 2-17 所示，SIGTRAN 协议栈包
括 SCTP 和所有的适配层。

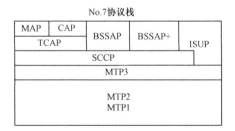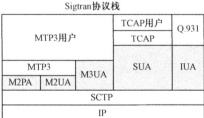

图 2-17　SIGTRAN 协议栈和 No.7 信令协议栈的对应关系

其中，SCTP（Stream Control Transfer Protocol）是流控制传输协议，SIGTRAN 协议栈
定义了 6 个适配层，分别是：

- M2UA（MTP2-User Adaptation Layer）——MTP2 用户适配协议，M2UA 的用户
  是 MTP3，以客户–服务器模式提供 MTP2 业务。

- M2PA（MTP2-User Peer-to-Peer Adaptation Layer）——MTP2 用户对等适配协议，M2PA 的用户是 MTP3，以对等实体模式提供 MTP2 的业务，如 SG 到 SG 的连接。
- M3UA（MTP3 User Adaptation Layer）——MTP3 用户适配协议，M3UA 的用户是 SCCP 和 ISUP，以客户–服务器模式与对等实体一起提供 SCCP 业务。
- SUA（SS7 SCCP-User Adaptation Layer）——SS7 SCCP 用户适配协议，SUA 的用户是 TCAP，以对等实体架构提供 SCCP 的业务，或其他基于事务处理部分。
- IUA （ISDN Q.921-User Adaptation Layer）——ISDN Q.921 用户适配协议，它的用户是 ISDN 的第 3 层（Q.931）实体，提供 ISDN 数据链路层业务。
- V5UA（V5.2-User Adaption Layer）——V5 用户适配层协议，提供 V5.2 的业务。

如图 2-18 所示，MGC（MSC Sserver）基于 IP 承载，SEP（PSTN 局）基于 TDM 承载，上层应用都是 ISUP 消息，通过 SG 实现底层承载方式的转换，从而使 MGC 和 SEP 实现 ISUP 消息的透明通信。M3UA 和 SCTP 属于 SIGTRAN 协议栈部分。

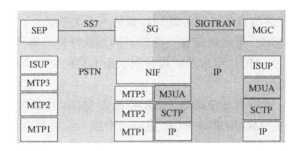

图 2-18　通过 M3UA 接入 MGC（MSC Server）

2.4.3　H.248 协议

H.248 协议是 MSC Server（MGC）与 MGW 之间 Mc 接口的协议，可以基于 IP 或 ATM 承载，如图 2-19 所示。

H.248（MeGaCo）是媒体网关控制协议，引入了终节点（Termination）和关联（Context）的概念。终节点发送和 / 或接收一个或者多个媒体流，关联表明了在一些终节点之间的连接关系。

H.248 中定义了 8 个命令，它们分别是 Add、Modify、Subtract、Move、AuditValue、AuditCapability、Notify 和 ServiceChange。

- Add：向一个关联添加一个终节点。
- Modify：修改一个终节点的特性、事件和信号。

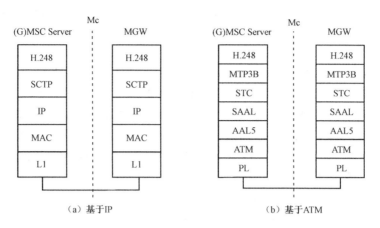

图 2-19 H.248 协议栈

- Subtract：将一个终节点从一个关联中删除。
- Move：将一个终节点从一个关联转移到另一个关联。
- Audit Value：MGC 用来获取有关终节点的当前特性、事件、信号和统计信息。
- Audit Capability：MGC 用来获取媒体网关所允许的终节点的特性、事件和信号的所有可能值的信号。
- Notify：MGW 使用 Notify 命令向 MGC 报告 MGW 中所发生的事件。
- Service Change：MG 用来向 MGC 报告一个或一组终节点将要退出服务，或刚刚返回服务；或向 MGC 进行注册。MGC 使用该命令通知 MG 将一个终节点或者一组终节点投入服务，或者退出服务。

2.4.4　BICC

BICC 是 MSC Server 与 MSC Server 之间 Nc 接口的协议。可以基于 IP、ATM 和 TDM 承载，如图 2-20 所示。

BICC 协议是与承载无关的呼叫控制协议，用于 MSC Server 之间，可建立、修改和终结呼叫。呼叫控制协议基于 N-ISUP 信令，沿用 ISUP 中的相关消息，并利用 APM（Application Transport Mechanism）机制传送 BICC 特定的承载控制信息，因此可以承载全方位的 PSTN/ISDN 业务。呼叫与承载的分离，使得异种承载的网络之间的业务互通变得十分简单，只需要完成承载级的互通，业务不用进行任何修改。

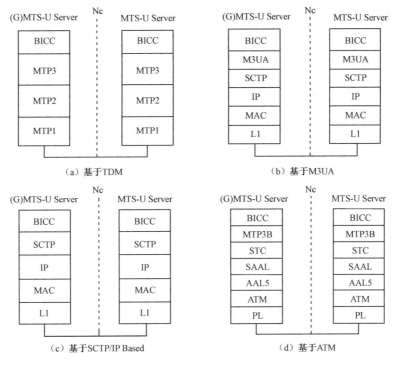

图 2-20　BICC 协议栈

2.4.5　Nb 接口

　　Nb 接口作为 UMTS 网络 CS 域业务承载 MGW 设备之间的接口，提供核心网络不同 MGW 之间的业务连接通道，包括端局 MGW 设备及关口局 MGW 设备之间的连接。

　　Nb 接口在呼叫控制与承载分离的体系结构中，根据业务流和控制流不同相应分为用户面和控制面两部分，其中用户面传输业务流，基于 Nb UP 实现；控制面完成承载特性的协商，通过 Nb CP 来实现。

　　Nb 接口上的底层有两种传输方式，分别基于 IP 传输和基于 ATM 传输。根据承载方式不同，使用的协议也不相同。对于 IP 方式承载业务，用户面使用 RTP/RTCP 协议，基于 UDP/IP 完成语音业务流的承载功能，如图 2-21 所示。

　　当基于 IP 传输时控制面使用 IPBCP（IP Bear Control Protocol，IP 承载控制协议，Q.1970）。IP 传输时的承载特性协商是通过 Mc 接口和 Nc 接口提供的隧道来完成的。IPBCP 主要用于在 BICC 呼叫建立时进

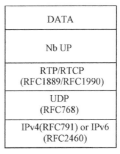

图 2-21　IP 承载用户面协议栈结构

行信息交换和协商功能，包括媒体流的特性、端口数、IP 地址等。IPBCP 使用 SDP 定义的编解码方式对交互信息进行处理。IPBCP 消息的传输建立在一个可信的、有序的、点到点的、提供显著传输服务的两个节点之间。

2.4.6　GTP 协议

Gn 接口是同一个 PLMN 内 GSN 节点间的接口，Gp 接口是不同的 PLMN 内 GSN 间的接口。Gn/Gp 接口遵循 3GPP 技术规范 TS 29.060（V3.6.0），协议栈结构如图 2-22 所示。

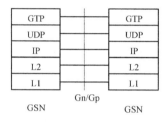

图 2-22　GTP 协议

GTP（GPRS Tunnel Protocol，GPRS 隧道协议）利用隧道协议在骨干网的 GPRS 支持节点（GSN）间传输信令和用户数据，分为控制面协议（GTP-C）和用户面协议（GTP-U）。

第 3 章　UMTS CS 和 PS 核心网基础

3.1　网　络　编　码

3.1.1　GSM 网 LAI 和 CGI

（1）位置区识别码（LAI）

移动台开机后从小区广播消息中得到 LAC，和 SIM 卡中的 LAC 相比较，如果和 SIM 卡中存储的 LAC 的值不同，则移动台就决定进行正常的位置更新；若相同，就不进行位置更新。即位置区码（LAC）用于移动台的位置更新过程。

$$LAI=MCC+MNC+LAC$$

- MCC=移动国家码，识别国家，与 IMSI 中 MCC 相同。
- MNC=移动网号，识别不同的 GSM PLMN 网，与 IMSI 中的 MNC 相同。
  其中，PLMN−ID=MCC+MNC。
- LAC=位置区号码，识别一个 GSM PLMN 网中的位置区。LAC 的最大长度为 16 bit，一个 GSM PLMN 中可以定义 65 536 个不同的位置区。每个 VLR 控制数个 LAI，当用户从一个 LAI 移动到另一个 LAI 时，LAI 在 VLR 中得到更新。

（2）小区全球识别码（CGI）

CGI 用于识别一个位置区内的小区，它由位置区识别码（LAI）加小区识别码（CI）构成。图 3-1 为 CGI 的组成。

$$CGI=MCC+MNC+LAC+CI$$

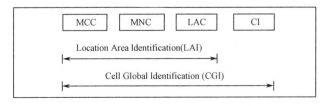

图 3-1　CGI 的组成

3.1.2　GPRS 网 RA 和 RAI

路由区（Routing Area，RA）：在 GPRS 通信网络中，将各个位置区的服务范围再划分为若干个路由区，而每个路由区中又包含一些小区。在 GSM 系统中，寻呼在位置区 LA 内进行，而由于数据业务的随机性，GPRS 系统中数据业务的寻呼量较大。因此，在 GPRS 系统中将 LA 进一步细化，分为最多 256 个路由区。空闲模式下的 MS 在 SGSN 中保存 RA 信息，当数据业务到达时，只在相应的 RA 内进行寻呼，从而减小了网络负荷。

路由区标识（RAI）的组成方式为

$$RAI=LAI+RAC=MCC+MNC+LAC+RAC$$

小区、路由区和位置区之间的大小关系是：一个路由区由一至多个小区组成，一个位置区由一至多个路由区组成。

3.1.3　UMTS 网中 SA 和 SAI

在 UMTS 网中，核心网 CS 域的位置区及 PS 域路由区分别与 GSM 和 GPRS 相似。

$$CN\ CS\ Domain\text{-}ID = MCC+MNC+LAC$$

$$CN\ PS\ Domain\text{-}ID = MCC+MNC+LAC+RAC$$

不同的是，在 UMTS 中，增加了 SAC 和 SAI 的概念。

SAC（Service Area Code，服务区码）用于在位置区内唯一标识一个服务区，为 4 字节十六进制编码。SAI（Service Area Identification，服务区标识码）用于在全球范围内唯一标识一个服务区。

$$SAI=MCC+MNC+LAC+SAC$$

3.1.4　CS 核心网编码

移动用户可以与市话网用户、综合业务数字网用户和其他移动用户进行接续呼叫，因此必须具有多种识别号码。

（1）移动用户的 ISDN 编号（MSISDN）

MSISDN 是在公用交换电话网编号计划中唯一地识别移动电话的签约号码，采用 E.164 编号，有 13 位长；是主叫用户呼叫被叫移动用户所需拨的用户号码。

$$MSISDN=CC+NDC+SN$$

在中国，MSISDN = CC（国际码）（86）+NDC（国内移动接入码）（3 位）+SN（用户号码）。目前，中国国内移动接入号中国移动网为 135～139，中国联通网为 130～134。

（2）国际移动用户识别码（IMSI）

国际移动用户识别码用于识别 GSM/PLMN 网中的用户，简称用户识别码，根据 GSM 建议，IMSI 最大长度为 15 位十进制数字。

$$IMSI=MCC+MNC+MSIN$$

在中国，MCC 为移动国家码（中国为 460）；MNC 为移动网号，识别移动所归属的移动网，中国移动网号为 00，中国联通网号为 01。MSIN 为移动用户识别码。

当移动台在网络上登录或申请某种业务时，移动台必须将 IMSI 报告给网络（在不能使用 TMSI 的情况下），网络则根据 IMSI 中的移动国家号（MCC）来判断该用户是否为国际漫游用户。

在现网中，可以做到不同的 IMSI 使用同一个 MSISDN。简言之，MSISDN 不是唯一的，IMSI 却是用户唯一的身份识别象征。

（3）国际移动设备识别码（IMEI）

IMEI 是唯一的，用于识别移动设备的号码。用于监控被窃或无效的移动设备，长度 15 位。

$$IMEI=TAC+FAC+SNR+SP$$

其中，TAC（Type Approval Code）为型号批准码；FAC（Final Assembly Code）为最后装配码，由厂家编码。

（4）移动用户漫游号（MSRN）

当移动台漫游到另一个移动交换中心业务区时，该移动交换中心将给移动台分配一个临时漫游号码，用于路由选择。漫游号码格式与被访地的移动台 PSTN/ISDN 号码格式相同。当移动台离开该区后，被访位置寄存器（VLR）和归属位置寄存器（HLR）都要删除该漫游号码，以便再分配给其他移动台使用。

$$MSRN=MSC\ ID+ABC（由\ MSC\ 分配）$$

（5）切换号码（HON）

当移动用户进行切换时，为了选择路由，由目的 MSC 临时分配一个切换号码，此号码与 MSRN 相似。

（6）临时移动用户识别码（TMSI）

为安全起见，在空中传送用户识别码时用 TMSI 来代替 IMSI，因为 TMSI 只在本地有效（即在该 MSC/VLR 区域内）。VLR 控制新 TMSI 的分配，并将它们报告给 HLR。TMSI 将频繁地更新，使得跟踪呼叫非常困难，从而为用户提供了高保密性。

3.1.5　PS 核心网编码

除了 CS 域核心网的编号计划外，PS 也增加了一些新的编号计划，其新增部分如下所述。

（1）P-TMSI

与 TMSI 类似，为了保证用户身份的保密性，SGSN 可以对访问用户分配临时移动用户身份标识 P-TMSI，并将 P-TMSI 与用户的 IMSI 信息相关联。

TMSI 和 P-TMSI 之间的区别为：

- P-TMSI 可以采用非加密模式分配，而 TMSI 则必须采用加密模式分配。
- P-TMSI 的高两位为 11，而 TMSI 的高两位则分别为 00、01 或 10。
- P-TMSI 仅在它所分配的路由区中唯一，一旦出了这个路由区，则需要采用 P-TMSI 与 RAI 一起唯一标定 MS。SGSN 另外分配一个 P-TMSI 签名（3 比特）来表示 MS 的 GMM 上下文，在下一次附着或者路由区更新过程中 P-TMSI 签名将与 P-TMSI 一起传送到网络。

即使在 NOM I 模式下进行位置区和路由区联合更新或者 IMSI/GPRS 联合附着时，TMSI 仍将由 VLR 分配，P-TMSI 由 SGSN 分配。

P-TMSI 通常在路由区变化时重新分配，但是如果发生 SGSN 变化，则必须重新分配。

（2）TID

TID 即 Tunnel Identification，相当于 IMSI+NSAPI。Gn 接口上数据的传送相当于通过 Tunnel（GTP 隧道协议）进行传送，采用不同的 IMSI 以及相同 IMSI 的不同数据接入进程（由 NSAPI 表示，采用不同的隧道），从而保证了数据传送的独立性以及准确性。

GPRS 用户 IMSI 在网络层可以有一个或几个网络层地址（即 PDP 地址）。在 PDP 数据报的整个选路过程中，在 GPRS 骨干网内可采用隧道标识 TID≤IMSI，NSAPI＞来标识 PDP 数据流。

（3）NSAPI

网络业务接入点标识，表示 PDP 类型和 PDP 地址的组合，相当于用户的不同进程标识。不同协议如 IPv4 和 IPv6 的 NSAPI 不同。

（4）BVCI

用以标定 BSSGP 上一条虚电路，在 NSEI 中编号唯一。

（5）NSVC

对应 Gb 接口上的 PVC（永久虚电路）。

（6）DLCI

NSVC 的本地标识号。

（7）NSEI

控制 Gb 接口上一组 NSVC 之间链路分担和广播信息的发送。

（8）TLLI

用以表示特定的一条逻辑链路。在一个 RA 内，TLLI 与 IMSI 一一对应，RA 区域内部网络层路由选择是通过 NSAPI 和 TLLI 共同进行的。TLLI 为 32 比特，GPRS 系统中存在 4 种不同的 TLLI，它们从 P-TMSI 中产生或者直接产生。

- 本地 TLLI：由 MS 产生，最高两位为 11，其余 30 比特与 P-TMSI 相应位置上的信息相同。它只在与此 P-TMSI 相关的路由区中有效。两种情况下 MS 使用本地 TLLI 表示逻辑链路标识：即在新的路由区中进行路由更新后没有分配 P-TMSI，或者在周期性路由更新过程中。
- 外部 TLLI：由 MS 产生，最高两位为 10，其余 30 比特与 P-TMSI 相应位置上的信息相同。MS 在 GPRS 附着或者进行非周期性路由更新时使用外部 TLLI。
- 随机 TLLI：由 MS 产生，最高 5 位为 01111，其余 27 比特随机选择。MS 在进行匿名 PDP 上下文激活或者 MS 中不存在 P-TMSI 时使用随机 TLLI。
- 辅助 TLLI：由 SGSN 产生，最高 5 位为 01110，其余 27 比特独立设定。在收到 MS 发起匿名 PDP 激活请求时 SGSN 分配辅助 TLLI，以防止在一个 SGSN 区域内使用匿名 PDP 上下文时随机 TLLI 的不明确性。

3.1.6　E.164/E.212/E.214

- E.164：移动用户的 ISDN 号码（MSISDN）。移动网元 ID 号码如 MSC ID 或 HLR ID，也为 E.164 号码。E.164 用于呼叫被叫或网元间通信。
- E.212：国际移动用户识别码（IMSI）。在移动网络中，每个用户都分配有一个唯一的 IMSI，此号码在整个移动网络中有效，用于用户身份的识别。E.212 码主要用于来访用户进行登记和位置更新。
- E.214：MGT、MS 的 GT 地址。交换机的 GT 表中没有 E.212 码，而采用 E.214 码分析。需要将 E.212 码转换为 E.214 码，即将 46000 替换为 86139 来传递。当

　　MS 在漫游位置区时，它在 VLR 中的唯一信息为 IMSI。要找到 MS 所在的 HLR，必须得到 MS 的国家代码（CC）和网络号（NC）。MGT 用于完成这个工作。

图 3-2 为 E.164/E.212/E.214 组成结构。

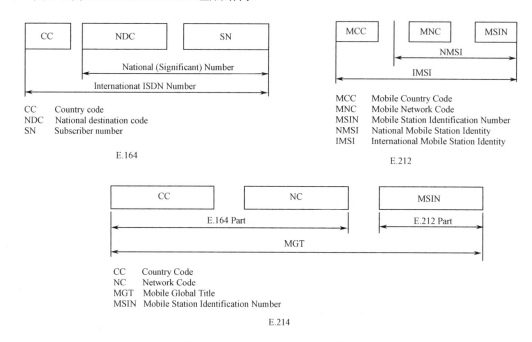

图 3-2　E.164/E.212/E.214 组成结构

　　当移动用户向 HLR 发起位置更新或者取鉴权集时，MSC/SGSN 没有 HLR 的号码，也没有用户的 MSISDN 号码，唯一可以寻址 HLR 的信息是该用户的 IMSI 号码。IMSI 首先转换为 GT 码，再采用 GT 码进行 HLR 寻址。E.212 向 E.214 转换的模式如图 3-3 所示。

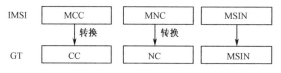

MCC：移动国家码（Mobile Country Code）
MNC：移动网络码（Mobile Network Code）
MSIN：移动用户标识号
CC：国家码
NC：网络号

图 3-3　E.212 向 E.214 转换示意图

　　IMSI-GT 转换过程：将 IMSI 的 MCC+MNC 转换成 GT 的 CC+NC，MSIN 直接映射。如中国移动目前已启用了两个网号 460 00 和 460 02，E.212 与 E.214 之间的转接关系为

● 　460 00 + MSIN→86 139 +MSIN；

● 　460 02 + MSIN→86 138 +MSIN。

在信令转接点的 GT 表中，GT 编码分为 E.164 码和 E.214 码。在 GT 寻址过程中，不需要直接翻译到所要寻找的 MSC/HLR，而是翻译到对方的信令转接点，再由对方的信令转接点查找到具体的 MSC/HLR，这就是 GT 翻译的优势所在。

3.2　移动台类型

GPRS 移动终端可以分为 A 类、B 类和 C 类 3 种类型，它们对于分组业务和电路业务的并行支持能力各不相同。

（1）A 类移动终端

A 类终端支持电路域和分组域业务的并行操作，即在移动用户进行一种业务的情况下，它仍能够收听另一种业务的寻呼信道并做出响应，如图 3-4 所示。

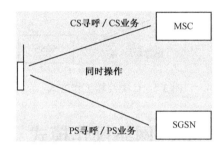

图 3-4　A 类终端工作方式

（2）B 类移动终端

B 类终端支持电路域和分组域业务的操作，但是在移动用户进行一种业务的情况下，它不能接收另一种业务的寻呼请求，如图 3-5 所示。

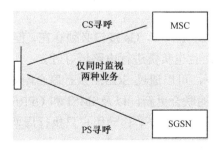

图 3-5　B 类终端工作方式

在网络操作模式（NOM III）下，B 类终端可以（但不是必须）在电路域优先的前提下试图收听两种业务的寻呼信道，但是相对于 NOM I 和 NOM II 来讲，它不是必需的要求。如果 B 类终端不能同时监视分组域寻呼信道和电路域寻呼信道，它将作为 C 类模式使用，这时的电路域操作具有优先权。

（3）C 类移动终端

C 类移动终端只支持电路域或只支持分组域业务的操作，因此所有单纯的 GPRS 终端和非 GPRS 终端都是 C 类终端。C 类终端或者附着在 GPRS 上，或者附着在 GSM 上，如图 3-6 所示。

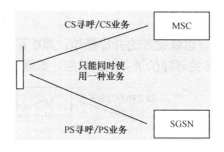

图 3-6　C 类终端工作方式

3.3　网络操作模式

网络操作模式 NOM 在 SYS-INFO13、PACK-SYS-INFO1 和 PACK-INFO13 消息上广播，它根据是否存在 Gs 接口和是否存在 PCCCH 这两方面情况来区分，总共可分为 3 种不同的类型。

3.3.1　网络操作模式 I（NOM I）

在网络操作模式 I（NOM I）下，Gs 接口必须存在，但 PCCCH 可以不存在。SGSN 不仅负责进行分组域寻呼，而且也负责进行电路域寻呼。

在 Gs 接口存在的情况下，可以通过 SGSN 执行联合附着和注册过程，包括 IMSI 和 GPRS 联合附着、LA 和 RA 的联合更新，以及 IMSI 和 GPRS 联合去附着等，SGSN 负责将这些过程通知给 VLR。在 NOM I 下，移动用户只执行周期性路由区更新而不执行周期性位置更新。SGSN 负责对 VLR 进行信息更新。

网络操作模式 I 工作过程如图 3-7 所示。

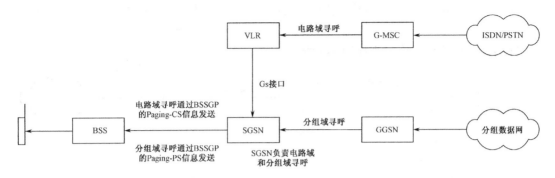

图 3-7　网络操作模式（NOM Ⅰ）

3.3.2　网络操作模式Ⅱ（NOM Ⅱ）

在 NOM Ⅱ模式下，不存在 VLR 与 SGSN 之间的 Gs 接口，也不存在 PCCCH，因此不存在 VLR 和 SGSN 之间的协调。电路域寻呼消息通过 A 接口由 MCR/VLR 传送到 BSC，再通过 PCH 传送到移动用户；SGSN 只负责分组域寻呼，它通过 Gb 接口将寻呼信息传送到 BSC/PCU，再由 BSC/PCU 通过 PCH 将寻呼消息传送到 MS。

在 NOM Ⅱ模式下，MS 将独立执行 IMSI 附着、GPRS 附着、LA 更新、RA 更新、IMSI 去激活、GPRS 去激活、周期性位置更新和周期性路由更新等操作。

网络操作模式Ⅱ工作过程如图 3-8 所示。

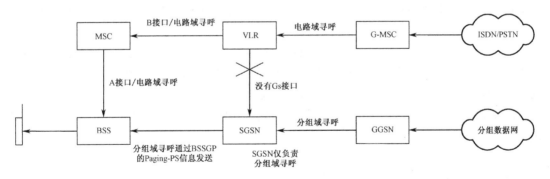

图 3-8　网络操作模式（NOM Ⅱ）

3.3.3　网络操作模式Ⅲ（NOM Ⅲ）

在 NOM Ⅲ模式下，VLR 和 SGSN 之间不存在 Gs 接口，但是存在 PCCCH 信道。由于不存在 VLR 和 SGSN 之间的协调，A 类用户需要分别通过 PCH 和 PPCH 收听电路域和分组域寻呼信息。B 类用户如果无法收听这两种寻呼信道，它将进入级别 C 的操作模式（即电路域优先模式）。

在 NOM Ⅲ模式下，MS 将独立执行 IMSI 附着、GPRS 附着、LA 更新、RA 更新、IMSI 去激活和 GPRS 激活，以及周期性位置更新和周期性路由更新等过程。

网络操作模式Ⅲ工作过程如图 3-9 所示。

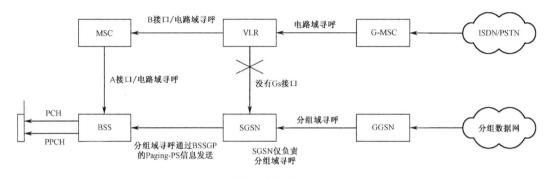

图 3-9　网络操作模式（NOM Ⅲ）

3.4　移动性管理状态

3.4.1　GSM 移动台状态

移动台（MS）的状态包括开机和关机两种。MS 关机，也称为分离状态，此时 MS 与移动通信系统间不能进行任何联系，即网络不能呼叫到 MS，MS 也无法告诉网络其所处位置区的变化。

MS 开机后，又存在着两种状态：一种就是空闲状态；另外一种就是通话状态。当 MS 处于空闲状态时，系统可成功寻呼到 MS，MS 被认为是"附着"。空闲状态可以进行网络选择、小区选择、小区重选、位置更新和事件寻呼。

通话状态下会出现信道立即指配、鉴权加密、主叫呼叫、被叫呼叫和短信等事件，如果用户在移动中，会发生切换事件。

3.4.2　GPRS 移动性管理状态

GPRS 移动用户的移动管理（MM）状态与移动用户的 3 种 MM 状态相关，不同的状态具有不同的功能和信息，MM 和 SGSN 中的信息统称为 MM 上下文。

（1）Idle 状态

在 Idle 状态下，用户没有附着在 GPRS 网络上，MS 和 SGSN 上下文信息中不存在用户位置和路由信息，不能够执行与用户相关的移动管理过程。在这种状态下，用户可以执行 PLMN 选择、GPRS 小区选择和重选操作。

　　MS 可以接收点到多点广播信息的传送，点到点信息和寻呼信息无法传送，因此用户可以认为处于不可达状态。为了接收在 MS 和 SGSN 中的 MM 上下文信息，MS 需要执行 GPRS 附着过程。

　　（2）Standby 状态

　　在 Standby 状态下，用户附着在 GPRS 网络上，MS 和 SGSN 中保存有与用户 IMSI 相关的 MM 上下文信息，MS 可以接收 PEM-M 数据、PTP 信令信息和寻呼信息，也可能通过 SGSN 接收电路域寻呼信息，但是不能进行 PTP 数据信息的收、发操作。

　　MS 可以完成 GPRS 路由区更新、GPRS 小区选择和重选工作。如果 MS 进入一个新的 RA，它将告知 SGSN，而如果只是同一个 RA 下的小区变化，它将不用通知 SGSN，因此，SGSN MM 上下文信息中位置信息包括 MS 的 RAI 信息，而不包含具体的小区信息。

　　Standby 状态下的 MS 可以发起 PDP 激活或者去激活过程，在数据收发其中之前，它首先需要激活 PDP 上下文信息。如果 SGSN 需要传送信息 MS，它需要在路由区中发送寻呼请求信息，当 MS 回应寻呼信息后，MS 中的 MM 状态将变为 Ready 状态，相应地，当 SGSN 接收到 MS 的数据和信令信息后，它的 MM 信息将变为 Ready。

　　MS 或者网络可以发起 GPRS 去激活过程进入 Idle 状态。当用户可用计数器超时后，SGSN 可执行绝对去激活（Implicit Detach）过程将 SGSN 中的 MM 状态变为 Idle，在这种情况下，MM 和 PDP 上下文信息将被删除。

　　（3）Ready 状态

　　在 Ready 状态下，SGSN 中 MM 上下文信息中的位置信息为小区信息，因此它了解移动用户所在的小区信息。MS 可以自主发起小区选择和重选过程，也可以由网络控制发起这个过程。

　　小区号以及 RAC 和 LAC 信息将包含在 MS 所发送的数据包中的 BSSGP 包头中。在这种状态下，MS 可以收发 PDP PDU 信息，网络不需要对用户发送寻呼信息，下行数据信息可以发送到用户真正所在的小区中去。用户可以接收 PTM-M 数据，也可以发起 PDP 去激活过程。

　　只有在 Ready 时限超时的情况下，MS 才会从 Ready 状态转移到 Standby 状态；只有在 GPRS 去激活的情况下，MS 才会直接从 Ready 状态转移到 Idle 状态。

　　（4）状态转换

　　GMM 状态之间的转换如图 3-10 所示。

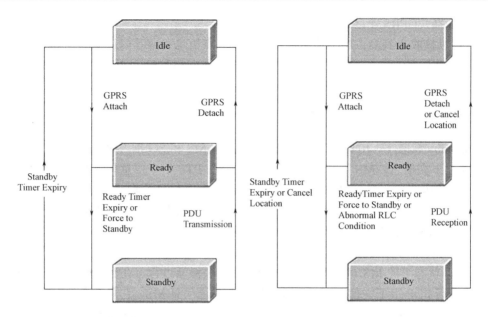

图 3-10　MS 的 SGSN GMM 状态及状态转换

① 从 Idle 转为 Ready：

● GPRS 附着——MS 请求接入并与 SGSN 之间建立起逻辑链路。在 MS 和 SGSN 中建立起 MM 上下文信息。

② 从 Ready 转为 Idle：

● GPRS 去附着——MS 或网络请求 MM 和 PDP 上下文信息变为 Idle 和 Inactive 状态，MS 和 SGSN 中的 MM 和 PDP 上下文信息将被删除，GGSN 中的 PDP 上下文信息也将被删除。

● 位置取消——SGSN 从 HLR 中接收到 MAP Cancel Location 消息，并去除 MM 和 PDP 上下文。

③ 从 Ready 转为 Standby：

● Ready 时限超时——MS 和 SGSN MM 上下文转为 Standby 状态。

● 强制到 Standby——SGSN 在 Ready 时限超时前发送立即转为 Standby 状态命令。

● RLC 异常情况——由于无线不可恢复的终端原因造成无线接口数据发送异常。

④ 从 Standby 转为 Idle：

● 绝对去激活——SGSN 中的 MM 和 PDP 上下文信息将变为 Idle 和 Inactive 状态，MS 和 SGSN 中的 MM 和 PDP 上下文信息将被删除，GGSN 中的 PDP 上下文信息也将被删除。

● 位置取消——SGSN 从 HLR 中接收到 MAP Cancel Location 消息，并去除 MM 和 PDP 上下文。

⑤ 从 Standby 转为 Ready:

- PDU 传送——MS 发送 LLC PDU 到 SGSN（可能为寻呼响应）。
- PDU 接收——SGSN 接收到 MS 发送的 LLC PDU 信息。

3.4.3　3G PS 域移动性管理状态

3G 分组域中的移动性管理状态与 GPRS 移动性管理状态相似，但状态名称不同。3G 分组域中的移动性管理状态有以下 3 种：

- PMM-Detached——与网络分离状态；
- PMM-Idle——附着但无 Iu 接口上的信令连接状态；
- PMM-Connected——附着且有 Iu 接口上的信令连接状态。

图 3-11 为 UMTS 系统分组域移动性管理的状态迁移图。

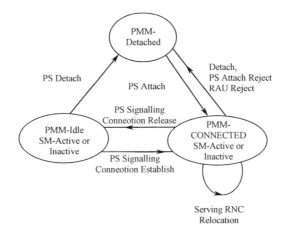

图 3-11　UMTS 系统分组域移动性管理的状态迁移图

3.5　手机终端和用户卡

USIM（Universal Subscriber Identity Module）卡如果只包括 USIM 逻辑模块，称为纯 USIM 卡（只兼容 3G 终端）；如果同时包括 USIM 和 SIM 两个逻辑模块，称为复合 USIM 卡（兼容 2G 终端和 3G 终端）。

3G 终端在机卡接口上具备后向兼容性，兼容 USIM 卡（包括复合 USIM 卡和纯 USIM 卡）和 2G 的 SIM 卡；2G 终端兼容 2G 的 SIM 卡和 3G 的复合 USIM 卡，不兼容纯 USIM 卡。

3G 双模终端无论插入 SIM 卡或 USIM 卡（复合 USIM 卡或纯 USIM 卡），都可以接入 2G 无线网络或 3G 无线网络。2G 终端插入 SIM 卡或复合 USIM 卡，只可以接入 2G 无线网络。

3.6　终端开机过程

当 UE 开机后或在漫游中，它的首要任务就是找到网络并和网络取得联系，只有这样，才能获得网络服务，开机流程如图 3-12 所示，一般包括：

●　PLMN 选择和重选；
●　小区的选择和重选；
●　位置登记（终端开始和网络有信令交互）。

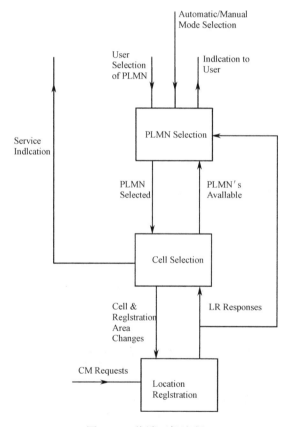

图 3-12　终端开机流程

3G 终端开机过程的标准 PLMN（Public Land Mobile Network）选择流程，其优先顺序是：RPLMN（Registered PLMN，上次登录的 PLMN）；HPLMN（Home PLMN，用户归属的 PLMN）；UPLMN（User Controlled PLMN，用户控制的 PLMN 列表）；OPLMN（Operator

Controlled PLMN，运营商控制的 PLMN 列表）；VPLMN（Visited PLMN，拜访网络下发的 PLMN 列表）。除 VPLMN 外，每一类 PLMN 都有对应的 ACT（Access Technology，标识 GSM/GPRS 技术还是 UMTS 技术，以实现同一 PLMN 下 GSM/GPRS 优先还是 UMTS 优先）。

RPLMN 为上次登录的 PLMN，存储在终端和 USIM/SIM 卡中，终端应维持 RPLMN 列表与 USIM/SIM 卡中的 RPLMN 列表的同步。RPLMN 对应的 ACT 存储在终端上。

UPLMN 为用户控制的 PLMN 列表，OPLMN 为运营商控制的 PLMN 列表，该两个 PLMN 列表及相应的 ACT 均存储在 USIM 卡/SIM 卡两个专用文件中，终端应能够识别 USIM 卡/SIM 卡中的这些文件并能够读取，进而进行 PLMN 选择操作。

HPLMN 为用户归属的 PLMN，HPLMN 和 ACT 均存储在 USIM/SIM 卡内的专用文件中。

VPLMN 为拜访地网络下发的 PLMN 列表，终端应能够根据相应的机制进行 VPLMN 选择。

EHPLMN（Equivalent Home PLMN），即对等归属网络，可以解决一网双号（网络只能广播一个网号"460 00"，用户侧有 2 个网号"460 00"和"460 02"）问题；USIM 卡中引入 EHPLMN 文件，能够配合终端彻底解决一网双号甚至一网多号带来的"终端周期搜网、出现漫游标识、耗电较快"等问题。

3.7　GSM/GPRS/UMTS CS/UMTS PS

（1）2G 与 3G 核心网

3G 核心网最大限度地继承了 2G 核心网机制，CS 继承了 GSM 核心网，PS 继承了 GPRS 核心网。相同点包括：网络编码、移动性管理（位置更新和切换）、TMSI 机制、CS 呼叫控制、PS 会话管理、短信业务和移动智能网业务等。

不同点主要包括：核心网与无线接入网的接口协议不同，鉴权机制不同。

（2）CS 与 PS 核心网

CS 核心网主要功能是呼叫控制，实现语音和视频类通信业务；PS 核心网主要功能是会话控制，实现数据类业务。CS 域业务对实时性要求高，切换过程中通话不断，切换完成后再进行位置更新。当 PS 域发生切换时，数据传输会中断，先完成路由更新，再继续数据传输。

CS 核心网和 PS 核心网其实现机制有很多相似性，只是 CS 域控制的核心是 MSC，PS 域控制的核心是 SGSN。相似机制包括：位置更新、鉴权机制、TMSI/P-TMSI 机制、消息类业务实现和智能网业务实现。

第 4 章　UMTS CS 和 PS 核心网信令流程

4.1　CS 和 PS 位置更新

移动用户随时随地有可能改变其所在位置。不管移动用户从城东跑到城西，从上海赶到北京，或是从中国飞到美国，只要是在网络覆盖的范围内，我们都要保证他随时随地能接到电话。因此，网络必须随时知道手机所在的位置。为了确保网络能实时掌握用户所在位置并及时更新用户位置，当手机改变所在的位置区域时，必须同时将这一改变通知网络系统，这一过程称之为位置更新（Location Updating）。

根据位置更新情况的不同，可分为 3 种：普通位置更新（Normal）、开关机时位置更新（IMSI Attach/IMSI Dettach）和周期性位置更新（Periodic Registration）。

位置管理的主要流程是位置更新，还包含一些基本流程，如鉴权、向前 VLR（PVLR）/SGSN 获取用户识别、到 HLR 获取鉴权集、位置删除、插入用户数据和隐式 IMSI/GPRS 分离等。

4.1.1　CS 域开关机时位置更新（IMSI 附着）

当移动台关机时就不能完成移动终接呼叫。如果没有 IMSI 附着和分离流程，当上述情况出现时，在主叫和被叫 MSC 之间会建立一条电路，并执行寻呼流程，宝贵的电路资源和无线资源都被浪费，并且还无法收取费用。

IMSI 附着和分离流程就是要解决这个问题的。在 VLR 中为 IMSI 设立标志，当 IMSI 可用时，将该标志置为 IMSI 附着。当 IMSI 不可用时，将该标志置为 IMSI 分离。

图 4-1 为 IMSI 附着流程，在 MS 发送的 Location Updating Request 消息中，注明了位置更新的类型是 IMSI 附着。

当移动台正常关机时，移动台发送 RIL3-MM IMSI Detach 消息，MSC 收到该消息后，置 IMSI 分离标记，避免无线资源和电路资源的浪费。

在 IMSI Detach 过程中，HLR 并没有得到该用户已脱离网络的通知。当该用户被寻呼，HLR 向主叫的拜访 MSC/VLR 要漫游号码（MSRN）时，MSC/VLR 通知 HLR 该用户已脱离网络，不再需要发送寻找该客户的寻呼消息。

当 MS 重新进入活动状态时，如果位置区自从 IMSI 分离后已改变，则通过普通位置更新流程来完成；如果未改变，则通过 IMSI 附着流程完成。

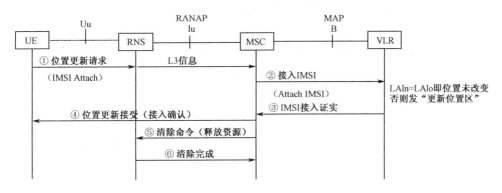

图 4-1　IMSI 附着流程

4.1.2　CS 域普通位置更新

普通位置更新指移动台在开机或移动过程中，当收到的位置区标识与移动台中存储的位置区识别码（LAI）不一致时，移动台发起位置更新请求，通知网络更新该移动台的位置区识别。

根据位置更新请求消息中位置区是否属于同一 MSC/VLR 的位置区，是否需要 IMSI 参与，位置更新流程分为：同一个 MSC/VLR 区域内部的位置更新、跨越不同 MSC/VLR 区域的使用 IMSI 发起的位置更新和跨越不同 MSC/VLR 区域的使用 TMSI 发起的位置更新。

1. 同一个 MSC/VLR 区域内部的位置更新

图 4-2 为同一个 MSC/VLR 区域内部的位置更新，即 MS 所属的 MSC/VLR 没有变化，该流程中不需要 HLR 参与。

① MS 发起位置更新请求 Location Updating Request，消息中携带 MS 的 TMSI/IMSI 和 LAI 号且注明是普通位置更新类型（Normal）。

② MSC 向 VLR 发送位置区更新 Update Location Area 消息。

③ VLR 发起鉴权和加密流程（该流程可选）。

④ VLR 进行位置更新处理，更新 MS 的位置消息，存储新的 LAI 号，并向 MSC 发送位置更新确认消息 Update Location Area ACK。

⑤ MSC 向 MS 发送位置更新接收消息 Location Updating Accept，同时携带 TMSI 号码。

⑥ MSC 释放信道资源，完成位置更新流程。

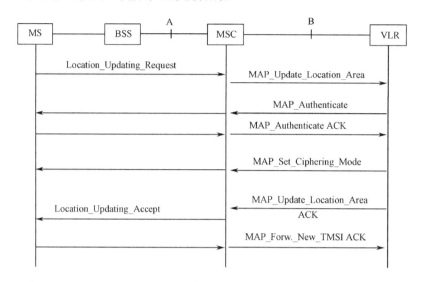

图 4-2　同一个 MSC/VLR 区域内部的位置更新

2. 跨越不同 MSC/VLR 区域的位置更新（IMSI 发起）

MS 从 MSC-A 的一个位置区（LAI-1）移动到 MSC-B 的一个位置区（LAI-2），当 MS 进入新的 VLR 或 MS 首次登录，或相关网络数据丢失时，此时 MS 使用 IMSI 发起位置更新。图 4-3 是跨越不同 MSC/VLR 区域的位置更新。

① MS 移动到 MSC-B 的位置区（LAI-2），监听 BCCH 信道的新位置区信息，发现和 SIM 卡上的 MSC-A 的位置区（LAI-1）信息不同。

② MS 向 MSC-B 发送带 IMSI 的位置更新请求消息 Location Updating Request。

③ VLR-B 发送 D 接口位置更新消息 Update Location。

④ HLR 向 PVLR 发送位置删除消息 Cancel Location，PVLR 收到消息后删除该 MS 的所有消息，并向 HLR 回送删除位置确认消息。

⑤ HLR 向 VLR-B 发送消息 Insert_Subscriber_Data 消息，插入用户数据，VLR-B 登记该 MS 信息，如 IMSI 和 LAI 等签约信息。

⑥ HLR 向 MSC-B 回送带 HLR 号的位置更新确认消息 Update Location ACK。

⑦ MSC-B 向 MS 发送 Location Updating Accept 消息通知其修改 SIM 卡中的 LAI。

⑧ SIM 卡位置更新确认。

位置更新结果如下所述。

- SIM 卡中的 LAI 改变为 LAI-2；
- HLR 中登记了该 MS 目前的位置信息：MSC-B/VLR-B 号码；
- 新的 VLR-B 中存储了该用户签约数据、位置信息和状态信息；
- PVLR 中的该用户数据被彻底删除。

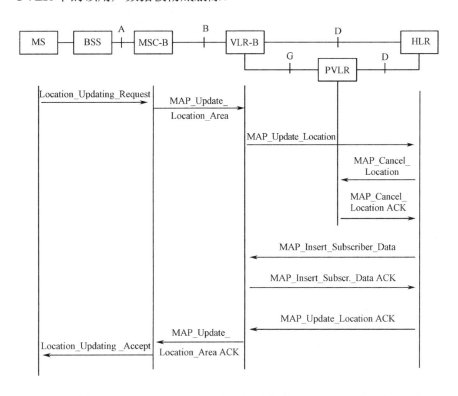

图 4-3　跨越不同 MSC/VLR 区域的位置更新（IMSI 发起）

3. 跨越不同 MSC/VLR 区域的位置更新（TMSI 发起）

当 MSC/VLR 接收到用户采用 TMSI 发起的位置更新请求，发现 TMSI 未知，且该 UE 未在该 VLR 登记过时，则 VLR 根据旧的 TMSI 和 LAI 号导出前一个 VLR（PVLR）的地址，并向 PVLR 发起取用户 IMSI 和鉴权集的流程。新的 VLR 根据 IMSI 向 HLR 发起位置更新（Updadte_Location），如图 4-4 所示。

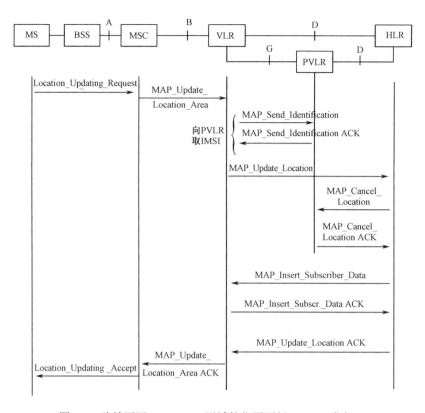

图 4-4　跨越不同 MSC/VLR 区域的位置更新（TMSI 发起）

4.1.3　PS 域开关机时位置更新（GPRS 附着／显式分离）

1．GPRS 附着过程（CS 和 PS 联合附着）

GPRS 附着指 GPRS 用户附着到 GPRS 网络中的过程，而后用户的信息保存在 SGSN 设备中。

如果网络配置了 Gs 接口，并且手机同时支持 CS 业务和 PS 业务，当手机进入新的路由区，或者已经发生 GPRS 附着的手机发起 IMSI 附着，或者同时发起 GPRS 附着和 IMSI 附着时，就会发起联合位置更新流程。SGSN 和 VLR 之间会建立关联，两者相互保留对方的 ISDN 号码。

在 SGSN 中，需要建立一张 RAI（Routing Area Identity）和 VLR 的对应表，在需要建立关联时，SGSN 根据 RAI 找到相应的 VLR。因为一次联合位置更新可同时完成路由区（RA）和位置区（LA）的位置更新，而只使用一个无线接口，所以联合位置更新具有节省无线接口资源的优点。联合位置更新的典型流程如图 4-5 所示。

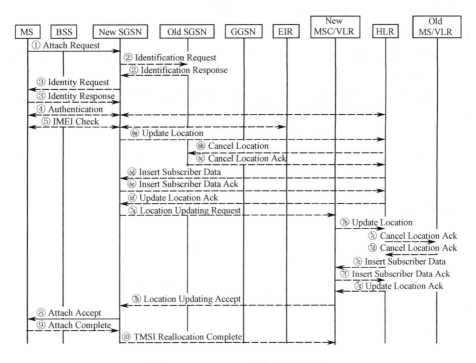

图 4-5　GPRS/ IMSI 联合附着流程

① 用户通过发送附着请求消息发起附着流程。用户在附着请求消息中携带有 IMSI 或 P-TMSI，如果用户没有合法的 P-TMSI，用户会带上 IMSI；如果用户有合法的 P-TMSI，用户应该使用 P-TMSI 和配对的路由区标识。附着类型指示用户请求执行何种附着过程，即 GPRS 附着、联合附着，以及已经 IMSI 附着的 GPRS 附着。

② 如果用户使用 P-TMSI 附着，并且自上次附着改变了 SGSN，新 SGSN 应该发送身份识别请求给老 SGSN，带上用户的 P-TMSI。老 SGSN 回应身份识别响应消息，包含用户的 IMSI 和鉴权集。

③ 如果用户在老 SGSN 为未知，新 SGSN 应该发起身份识别请求给用户，身份类型指示 IMSI。用户应该报告自己的 IMSI 给 SGSN。

④ 如果用户的移动性管理上下文在网络侧不存在，鉴权过程是必需的。

⑤ 移动台设备检查功能定义在身份检查流程中，此功能在现网一般未实现。

⑥ 如果 SGSN 号码自从上次分离后发生改变，或者是用户的第一次附着，SGSN 应该发起到 HLR 的位置更新。

⑦ 如果 SGSN 和 MSC/VLR 之间配置有 Gs 接口，且位置更新类型为联合 RA/LA 位置更新 IMSI Attatch。

⑦a 新 SGSN 发送 Location Update Request 消息（带有新位置区标识、IMSI、SGSN 号码和位置区更新类型）给 VLR。

⑦b 新 VLR 发送 Update Location 消息（带有新 VLR 号码）给 HLR。

⑦c～⑦g HLR 删除老 VLR 的数据，插入用户签约数据到新 VLR。

⑦h 新 VLR 分配新 TMSI，通过 Gs 接口回应 Location Update Accept（带有 VLR 号码、TMSI）消息给 SGSN。

⑧ SGSN 为用户构造 MM 上下文，新 SGSN 回应用户路由更新接受消息（带有 P-TMSI、VLR TMSI 和 P-TMSI 签名）。

⑨ 用户发送附着完成消息给 SGSN 以确认新分配的 TMSI。

⑩ 如果 TMSI 发生改变，SGSN 发送 TMSI 重分配完成消息给 VLR 以确认重分配的 TMSI。

2．GPRS 分离过程

GPRS 分离（去附着）过程，可以有以下 3 种情况。

- UE 发起的分离：如终端关机；
- SGSN 发起的分离： 如与 PURGE MS 流程配套使用，删除"不活动用户"；
- HLR 发起的分离：如用户销户，HLR 发起的分离流程与 SGSN 发起的分离流程在 IU 接口是基本一致的。

如图 4-6 所示，UE 发起的分离流程如下所述。

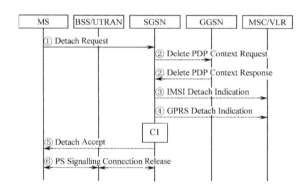

图 4-6　UE 发起的分离流程

① 用户发送分离请求消息（带有 Detach Type、P-TMSI 和 P-TMSI Signature）给 SGSN，从而发起分离流程。Detach Type 指示将要进行何种类型的分离流程，即 GPRS 分离、IMSI 分离和联合分离。

② SGSN 向 GGSN 发送"删除 PDP 上下文请求"消息，实现 GGSN 中属于该用户的激活的 PDP 上下文的去活，GGSN 以删除 PDP 上下文响应消息予以确认。

③ 如果存在 Gs 接口，且如果是 IMSI 分离后，SGSN 应该发送 IMSI 分离指示消息给 VLR。

④ 如果用户需要在 GPRS 分离同时保留 IMSI 附着，SGSN 应该发送 GPRS 分离指示消息给 VLR。VLR 删除和 SGSN 的关联，并且不再通过 SGSN 发起寻呼和 Location Update。

⑤ 如果用户不是因为关机发起分离，SGSN 应该回应分离接受消息给用户。

⑥ 如果用户发起 GPRS 分离，SGSN 释放 PS 域信令连接。

如图 4-7 所示，SGSN 发起的分离流程如下所述。

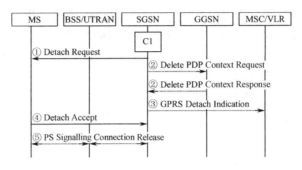

图 4-7　SGSN 发起的分离流程

① SGSN 以分离请求消息（带有分离类型）通知用户已经被分离。分离类型指示用户是否被要求重新附着和重新激活分离前激活的 PDP 上下文，如果是，在分离完成后，附着流程将会发起。

② SGSN 通知 GGSN 删除 PDP 上下文请求消息，GGSN 以删除 PDP 上下文响应消息确认 SGSN 的删除请求。

③ 如果用户是联合附着，SGSN 应该发送 GPRS 分离指示消息（带有用户 IMSI）通知 VLR。

④ 用户可能在收到 SGSN 的分离请求后的任何时候发送分离接受消息给 SGSN。

⑤ 在收到用户的分离接受消息后，如果分离类型不要求用户重新附着，那么 SGSN 将释放分组域的信令连接。

如图 4-8 所示，HLR 发起的分离流程如下所述。

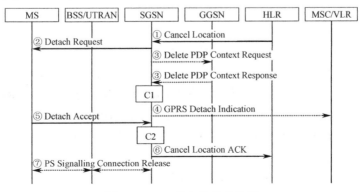

图 4-8　HLR 发起的分离流程

① 如果 HLR 请求 SGSN 立即删除用户的 MM 和 PDP 上下文，HLR 发送 Cancel Location（IMSI, Cancellation Type）消息给 SGSN，Cancellation Type 字段设为 Subscription Withdrawn。

② SGSN 通过向 MS 发送 Detach Request（Detach Type）消息给 MS，通知 MS 被分离。Detach Type 应该指示 MS 不需要进行新的 Attach 和 PDP 上下文的激活。

③ SGSN 向 GGSN 发送 Delete PDP Context Request 消息给 GGSN，GGSN 认为此 MS 已经被去激活。GGSN 向 SGSN 发送一个确认消息 Delete PDP Context Response。

④ 如果 MS 同时处于 IMSI-attached 和 GPRS-attached 状态，SGSN 向 VLR 发送一个 GPRS Detach Indication（IMSI）消息。

⑤ 步骤②后，MS 可以在任何时间向 SGSN 发送 Detach Accept Message 消息。

⑥ SGSN 向 HLR 发送 Cancel Location ACK（IMSI）消息，确认 MM 和 PDP 的上下文已经删除掉。

⑦ 在收到用户的分离接受消息后，如果分离类型不要求用户重新附着，那么 SGSN 将释放分组域的信令连接。

4.1.4　PS 域路由区更新

PS 域路由区（RA）更新过程包括周期性 RA 更新过程、同一 SGSN 内部的 RA 更新过程、不同 SGSN 之间的 RA 更新过程，以及 RA/LA 联合更新过程。

不同 SGSN 间的 RA 更新过程如图 4-9 所示。

① 用户发送路由区更新请求消息（带有 P-TMSI、老 RAI、老 P-TMSI 签名和路由更新类型）给新 SGSN。

② 因为路由区更新跨越 SGSN 间，并且用户处于 PMM-IDLE 状态，新 SGSN 发送 SGSN 上下文请求消息（带有用户老 P-TMSI、老 RAI 和老 P-TMSI 签名）给老 SGSN，以得到用户的 MM 上下文和 PDP 上下文。老 SGSN 回应 SGSN 上下文响应消息（Cause、IMSI、MM 上下文和 PDP 上下文）。

③ 进行安全流程。

④ 新 SGSN 发送 SGSN 上下文确认消息给老 SGSN。

⑤ 因为是 SGSN 间的路由更新，并且用户处于 PMM-IDLE 状态，新 SGSN 发送修改 PDP 上下文请求消息（新 SGSN 地址、协商的 QoS 和 TEID）给相关的 GGSN。GGSN 更新它的 PDP 上下文，回应修改 PDP 上下文响应消息给 SGSN。

⑥ SGSN 以 Update Location 消息（SGSN 号码、SGSN 地址和 IMSI）通知 HLR 关于 SGSN 的改变。

⑦ 以后流程同 "GPRS/ IMSI 联合附着流程"。

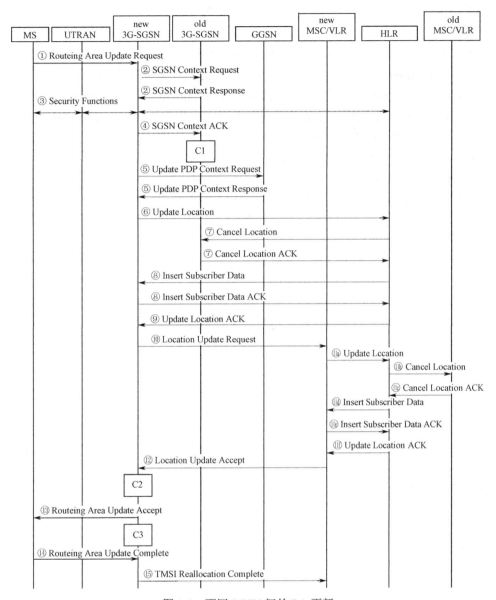

图 4-9　不同 SGSN 间的 RA 更新

4.1.5　周期性位置更新

当移动台突然进入网络覆盖不到的区域，或者突然掉电时，移动台还来不及发送 L3-MM IMSI Detach 消息就和网络分离。显然，在这种情况下，VLR 是无法给 IMSI 置分离标记的，如果该 IMSI 作为被叫，电路资源和无线资源就要被浪费。

　　解决这个问题的办法是：移动台发起周期性位置更新流程，即任何移动台无论是否进入新的位置区，都要定时（例如，每隔 30 min）发起一次位置更新流程，指定的周期到时后，没有发起周期性位置更新流程，则 VLR 将该 IMSI 置为分离。周期性位置更新的周期可以人为设定，从 6 min 到 24 h 不等，甚至可以设为无穷大（不进行周期性位置更新）。

　　在 MSC/VLR 或 SGSN 中设置"隐式 IMSI 分离（Implicit IMSI detach）定时器"，在隐式 IMSI 分离定时器超时后，VLR 自动把用户状态设置为"分离"。隐式 IMSI 分离定时器实际就是一个时间记数器，记录 MS 未活动（位置更新和打电话等）的时间。当记数器达到自动设置"分离"的时间时，VLR 把用户的状态设置为"分离"。

　　一般在 MSC/VLR 中设置的"隐式 IMSI 分离时间"大于"周期位置更新时间"，这样用户在"隐式 IMSI 分离时间"内发起了周期性位置更新，VLR 就不会发起隐式 IMSI 分离了。只有用户到无信号区，在隐式分离设置的时间段内没有发起周期性位置更新，VLR 才会发起隐式 IMSI 分离。

　　周期性位置更新的周期选择要根据网络质量和信令链路利用率等因素综合考虑。周期选择过短，信令链路资源和无线资源的很大比例都要投入到周期性位置更新中来，有可能会影响其他用户的接通率。周期选择过长，对无线资源和电路的无谓占用就会增多。所以周期性位置更新的周期是网络质量和网络资源综合平衡的结果。

　　周期性位置更新流程与普通位置更新流程一致。

4.2　2G 与 3G 安全机制

　　无线通信本身的特点是，既方便用户接入，也容易被潜在的非法用户窃听，因此，安全问题总是同移动通信网络密切相关。安全机制包括鉴权、加密、完整性保护和使用 TMSI 等。

4.2.1　2G 安全机制

　　在 GSM 系统中，为了保证只有有权用户可以访问网络，并可以选定加密模式对随后空口传输的信息加密，采用了 GSM 用户鉴权，增强了用户信息在无线信道上传送的安全性。

1. GSM 鉴权原理

　　GSM 鉴权功能用以决定用户是否有权接入 PLMN 网络。通过鉴权，可以防止非法用户（比如盗用 IMSI 和 KI 复制而成的卡）使用网络提供的服务。

　　鉴权的原理如图 4-10 所示。当用户购机入网时，运营商将 IMSI 号和用户鉴权键 Ki 一起分配给用户，同时将该用户的 IMSI 和 Ki 存入 AUC。这样，GSM 鉴权参数信息存储在"MS 的 SIM 卡"和"AUC"中。

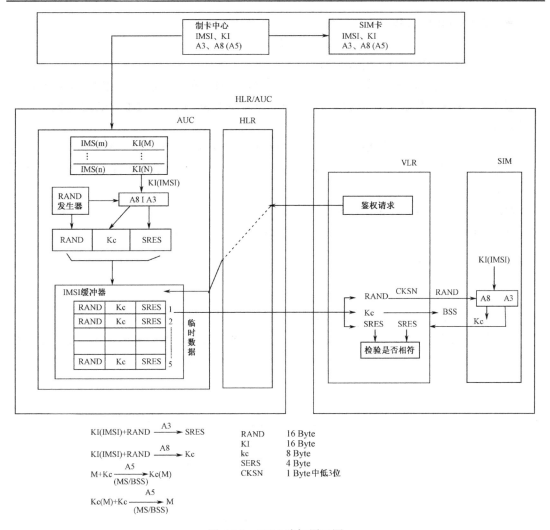

图 4-10　GSM 鉴权原理图

- 在 SIM 卡中，固化数据有 IMSI、Ki、A3（鉴权算法）和 A8（加密算法），这些内容不会更改；临时的网络数据有 TMSI、LAI、Kc 和 CKSN，以及被禁止的 PLMN，还有业务相关数据。
- AUC 中包含用于生成随机数（RAND）的随机数发生器、鉴权键 Ki 及各种安全算法（这些安全算法和 SIM 卡中的算法相一致）。

2G 鉴权三元组包括的元素有：RAND（Random Number）、SRES（Signed Response）和 Kc（Ciphering Key）。AUC 的基本功能是产生三参数组（RAND、SRES 和 Kc），其中：

- RAND 由随机数发生器产生；
- SRES 由 RAND 和 Ki 用 A3 算法得出；
- Kc 由 RAND 和 Ki 用 A8 算出。

三参数组产生后存于 HLR 中，当需要鉴权时，由 MS 所在服务区的 MSC/VLR 从 HLR 中装载 1～7 套三参数组为此 MS 服务，这样可以减少 MSC/VLR 与 HLR/AUC 之间信号传送的频次。

在鉴权过程中，MSC 向 MS 发送一组鉴权三元组中的 RAND 号码，MS 据此加上自身 SIM 内存储的 IMSI 和 Ki 作为 A3 运算的输入参数，算出鉴权的响应 SRES，并将其送回 MSC/VLR。

MSC 将原参数组 SRES 和 MS 返回的 SRES 比较，若相同，则认为合法，鉴权成功，网络允许 MS 接入；否则认为不合法，鉴权失败，拒绝为其服务。

2．GSM 鉴权流程

鉴权总是由 MSC/VLR 启动，并最终判断是否成功。鉴权功能通常是伴随以下这些操作而启动的：呼叫建立、位置更新、某些补充业务激活和短信交换（SMS）等。

在 MSC/VLR 中可关闭或开放鉴权功能，并可设置为每次通信中都启动鉴权程序，或若干次通信才启动一次鉴权功能，以减少信令流量。对于切换操作，一般都不需要进行鉴权操作。

GSM 鉴权流程如图 4-11 所示。

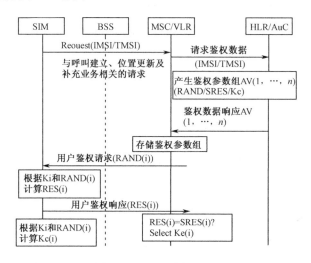

图 4-11　GSM 鉴权流程

鉴权流程可以分为对用户鉴权和 VLR 请求用户的鉴权数据两个过程。

（1）对用户鉴权

当用户请求服务时，审核其是否有权访问网络。

① MSC/VLR 送鉴权请求给用户，鉴权请求中有一个随机数（RAND）。

② 用户用收到的 RAND 在 SIM 卡上算出回答响应（SRES），放在鉴权响应中并送回给 MSC/VLR。

③ MSC/VLR 将收到的 SRES 和 VLR 中所存的内容进行比较，若相同，则鉴权成功，可继续进行用户所请求的服务；否则，拒绝为该用户服务。

（2）VLR 请求用户的鉴权数据

用户所在 VLR 从 HLR 取得鉴权数据"鉴权三元组"，在下列两种情况下，VLR 要请求鉴权数据：

① 用户在 VLR 中没有登记，当用户请求服务时，VLR 就向用户所属的 HLR，或可能的话从用户先前访问的 VLR 中取得鉴权数据。

② 用户在 VLR 中有登记，但当 VLR 中所存的该用户的鉴权三元组只剩下两组时，VLR 自动向 HLR 请求用户的鉴权数据。

3．GSM 加密

加密的目的是保证用户数据在空中接口传输的安全性，使得用户的通话和信令不被窃听。MSC 在启动加密模式时，将密钥 Kc 告知 BSS，这样 Kc 只在有线部分传送。Kc 是通过鉴权请求消息中的 RAND 与 Ki 经 A8 算法得到的。由此可知，加密功能总是和鉴权功能一起使用的。

GSM 系统中无线链路信息加 / 解密使用 Kc 密钥和 A5 算法，同时在基站（BTS）和手机间进行。过程是：用 Kc 和当前帧号 Fn（22 bit）作为 A5 算法的输入，计算密钥流，对消息进行逐位异或加密，将密文从移动台传递到基站（BTS）；基站接收到加密的信息后，用相同的密钥流逐位异或解密。

4．GSM 系统存在的安全隐患

GSM 系统在一定程度上增强了用户在无线信道上传送的安全性，然而随着技术的进步，攻击者有了更先进的工具，GSM 在得到广泛使用的同时，它在安全方面存在的问题也凸显出来：

● 认证是单向的，只有网络对用户的认证，而没有用户对网络的认证。非法的设备（如基站）可以伪装成合法的网络成员，从而欺骗用户，窃取用户信息。

● 加密不是端到端的，只在无线信道部分加密（即在 MS 和 BTS 之间），在固定网中没有加密（采用明文传输），给攻击者提供了机会。

- 在 GSM 网络中，没有考虑数据完整性保护的问题，如果数据在传输的过程中被篡改也难以发现。
- GSM 中使用的加密密钥长度是 64 bit，采用现在的解密技术，可以在较短时间内被破解。
- 加密算法是固定不变的，没有更多的密钥算法可供选择，缺乏算法协商和加密密钥协商的过程。

5. GPRS 系统中的鉴权和加密

GPRS 系统使用 SGSN 代替 MSC/VLR 执行类似 GSM 系统的鉴权机制，但是在 GPRS 系统中，鉴权过程中 SGSN 还负责选择加密算法，并负责启动加密过程。

在 GPRS 系统中，加密是在 SGSN 和 MS 之间由 LLC 层负责执行的。采用 GPRS 加密算法 GEA，可以保证 MS 与 SGSN 之间链路上数据的完整性和私密性。

4.2.2　3G 安全机制

1. 3G 安全机制概述

针对 GSM 存在的安全问题，在鉴别机制、数据完整性检验、密钥长度和算法选定等方面，3G 的安全性能远远优于 2G。3G 系统主要进行了如下改进。

- 实现了双向认证，不但提供网络对用户的鉴权，也提供了用户对网络的鉴权，可有效地防止伪基站攻击。
- 提供了接入链路信令数据的完整性保护。
- 密钥长度增加为 128 bit，改进了算法。
- 3GPP 接入链路数据加密延伸至无线接入控制器（RNC）。
- 3G 的安全机制还具有可拓展性，为将来引入新业务提供安全保护措施。

UMTS 鉴权参数为 UMTS 鉴权向量是五元组（Quintet）：RAND（Random Number，网络质询随机数）、XRES（Expected Response，用户应答的期望值）、CK（Cipher Key，加密密钥）、IK（Integrity Key，完整性密钥）和 AUTN（Authentication Token，网络身份确认标记）；这 5 个元素组成一个 UMTS 鉴权向量，即（RAND、XRES、CK、IK 和 AUTN）。

- RAND：RAND 是网络提供给 UE 的不可预知的随机数，UE 用它来计算鉴权响应参数 RES（或 RES+RES_EXT）及安全保密参数 IK 和 CK。RAND 长度为 16 octet。
- AUTN（Authentication Token）：AUTN 的作用是提供信息给 UE，使 UE 可以用它来对网络进行鉴权。AUTN 的长度为 16 octet。
- XRES：XRES 是期望的 UE 鉴权响应参数，用于和 UE 产生的 RES（或 RES+

RES_EXT）进行比较，以决定鉴权是否成功。XRES 的长度为 4~16 octet。

- CK：CK 为 UMTS 的加密密钥。CK 长度为 16 octet。
- IK：UMTS 的完整性保护密钥，长度为 16 octet。

UMTS 鉴权向量的生成过程如所示图 4-12 所示，UMTS 鉴权相关的其他参数介绍如下所述。

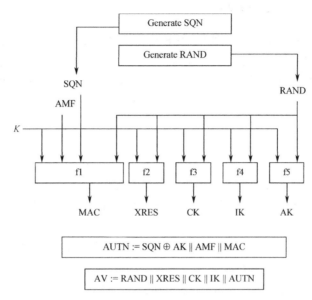

图 4-12　UMTS 鉴权向量的生成

- AUTS：其作用是给网络提供必要的信息以启动再鉴权流程。当 MS 返回鉴权失败且失败原因为"同步失败"时，带有此参数。AUTS 的长度为 14 octet。
- SQN（Sequence Number）：当计算 MAC 值和 AUTN 时，需要用 SQN。USIM 和 HE（Home Environment）保存了计数器 SQNMS 和 SQNHE，这个计数器是用于网络鉴权的。系列号 SQNMS 对每个用户而言都是独立的计数器，它指示了 USIM 收到的最大的系列数值。
- AMF（Authentication and Key Management Field）：可以用来指示生成某一个鉴权向量所使用的算法和密钥。用来指示 SQNMS 和 SQN 之间的最大许可差值；如果 SQN - SQNMS < AMF，而且 SQN > SQNMS，则 SQN 正确。USIM 对密钥有一个有效期的限制，其时间可以通 AMF 来调整。
- AK（Anonymity Key）：其作用是加密 AUTN 中的 SQN。它根据 RAND 和 K（Auc 和 HE 之间共享的长期有效的密钥）计算得到，或者可以取 AK=0。
- MAC（Message Authentication Code）：包含在 AUTN 中，根据 SQN、RAND、AMF 和 K 计算得到。接收者要重新计算 MAC 并与收到的 MAC 比较，判断是否 MAC 失败。

2．3G 鉴权流程

UMTS 鉴权流程如图 4-13 所示，"VLR 请求用户的鉴权数据"和"鉴权流"分别介绍如下。

（1）VLR 请求用户的鉴权数据

当用户接入网络需要鉴权时，如果 VLR 中还有该 UE 的鉴权五元组，则 HLR 不参与鉴权过程，MSC/VLR 选取一组未使用过的鉴权五元组向量并向 UE 发起鉴权请求。

如果 MSC/VLR 没有可用五元组，则发起到 HLR/Auc 取鉴权集的消息。HLR/Auc 收到取鉴权集请求后，通过鉴权响应将鉴权五元组集返回给 MSC/VLR。

（2）鉴权流程

① MSC/SGSN 通过向 UE 发送"Authentication Request"鉴权请求消息来触发鉴权过程，该请求消息中携带所选取的鉴权向量中的 RAND、AUTN 和 CKSN 参数。

② USIM 执行用户鉴权网络功能，检查参数 AUTN 是否能被接受，如果不能，则鉴权失败。

否则用户鉴权网络成功，UE 继续计算出 RES 及 CK 和 IK，并将 RES 通过"Authentication Response"消息回送给 MSC/VLR。

③ MSC/VLR 收到 Authentication Response 后，比较鉴权向量组中的 XRES 和 UE 返回的 RES，相同则用户合法，鉴权成功；否则网络鉴权用户失败。

鉴权成功后，UE 计算并存储 USIM 卡中的 CK 和 IK，MSC/VLR 中保存的鉴权向量组中的 CK 和 IK 可用于后续的加密过程。如果鉴权失败，则 UE 删除刚才所保存的 CK 和 IK。

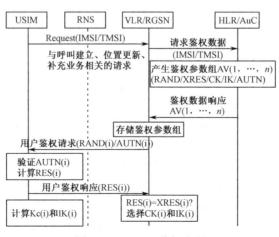

图 4-13　UMTS 鉴权流程

图 4-14 为 USIM 中的鉴权处理原理，实现 3G UE 对网络的鉴权。

首先使用 f5 算法由 RAND 计算 AK，并从 AUTN 中将序列号 SQN 恢复出来，SQN=（SQN⊕AK）⊕AK；USIM 计算出 XMAC，将它与 AUTN 中的 MAC 值进行比较。如果不同，用户发送一个"用户认证拒绝"信息给 VLR/SGSN，放弃该鉴权过程。在这种情况下，VLR/SGSN 向 HLR 发起一个"鉴权失败报告"过程，然后由 VLR/SGSN 决定是否重新向用户发起一个鉴权认证过程。

同时，用户还要验证接收到的序列号 SQN 是否在有效的范围内，若不在，MS 向 VLR 发送同步失败消息，并放弃该过程。

如果 XMAC 和 SQN 的验证都通过，那么 USIM 计算出 RES，发送给 VLR/SGSN，比较 RES 是否等于 XRES，如果相等，网络就认证了用户的身份。

最后，用户计算出 CK 和 IK。

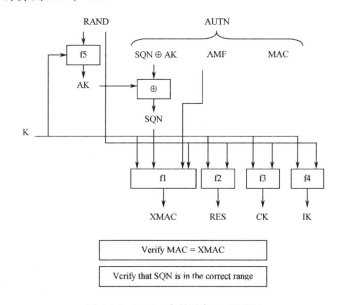

图 4-14 USIM 中的鉴权处理原理

3．3G 加密和完整性保护

（1）加密

UMTS 加密的目的是保证用户数据在空中接口传输的安全性。当网络启动加密模式时，在加密命令中携带加密算法和密钥 CK，RNC 和 UE 完成加密算法的协商后启动加密过程。在加密启动后，UE 使用根据 RAND 计算出来的 CK 进行加 / 解密，NODEB 使用 MSC/VLR 下发的 CK 进行加 / 解密。

在鉴权五元组中，CK 和 IK 不在空中接口上传送，因为密钥只要被传送，就有被窃听的危险。

网络侧向无线接入网侧发送加密信息。在此过程中，核心网的网络侧将与无线接入网协商对用户终端进行加密的算法，使得用户在后续的业务传递过程中使用此加密算法；在终端用户发生切换后，尽可能仍使用此加密算法——即用于加密的有关参数会送到切换的目的 RNC。

（2）完整性保护

完整性保护目的是通过校验信令数据的合法性，确保信令在发出后未被非法修改，而且信令数据的起源是所要求的发送方。

当网络启动加密模式时，在加密命令中携带完整性保护算法和密钥 IK，RNC 和 UE 完成完整性保护算法的协商后启动完整性保护过程。在完整性保护启动后，UE 使用根据 RAND 计算出来的 IK 进行完整性保护处理，NODEB 使用 MSC/VLR 下发的 IK 进行完整性保护处理。

加密和完整性保护流程如图 4-15 所示。

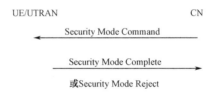

图 4-15　加密和完整性保护流程

① CN 发送 Security Mode Command 消息给 UE/UTRAN，该消息启动安全模式控制流程，并给出 UTRAN 可用的加密（如果有）和完整性保护算法。

② UTRAN 收到 Security Mode Command 消息后，根据 UE/UTRAN 的能力，从中选择合适的算法，然后触发运行相应无线接口流程，并启动加密设备（如果适用）和完整性保护。

- 当 UTRAN 的无线接口流程成功运行完成后，UTRAN 返回 Security Mode Complete 消息，内容包含所选用的完整性保护和加密算法。信令数据始终用最后收到的加密信息进行加密和最后收到的完整性信息进行完整性保护。
- 如果 UE 或 UTRAN 不支持列表中指定的加密算法或完整性算法，则返回 Security Mode Reject 消息，原因值为"要求的加密算法或／和完整性算法不支持"；如果无线接口安全控制流程失败，原因值为"无线接口控制流程失败"；如果加密或完整性保护已激活，CN 要求改变算法，但 UE 或 UTRAN 不支持改变后的算法，原因值为"改变的加密算法或／和完整性算法不支持"。

4.2.3　2G/3G 网络共存时双模手机鉴权加密机制

双模手机就是能兼容两种不同移动通信系统的手机，这里提到的双模手机是指能兼容 GSM（2G）和 UMTS（3G）两种通信系统的手机。

网络演进有一个过程，2G 网络和 3G 网络会长期共存。当用户使用双模手机时，无论用 SIM 卡或 USIM 卡都可以接入到 2G 或 3G 网络。

为了支持 2G 鉴权和 3G 鉴权的兼容性，3G 网络侧设备必须提供的功能有：

● 3G HLR 必须支持"3G 鉴权五元组"向"2G 鉴权三元组"的转换功能；

● 3G MSC 必须支持"3G 鉴权五元组"和"2G 鉴权三元组"之间的双向转换功能。

当双模手机用户开户为 GSM 用户时，使用 SIM 卡；当双模手机用户开户为 3G 用户时，使用 USIM 卡。2G 鉴权加密是指网络下发鉴权三元组进行鉴权加密的过程；3G 鉴权加密是指网络下发鉴权五元组进行鉴权加密的过程。

（1）GSM 用户（SIM 卡）双模手机的鉴权

3G 网络建设的初级阶段，大部分用户还是 2G 用户，使用 SIM 卡。开户为 GSM 用户的双模手机的鉴权如图 4-16 所示。

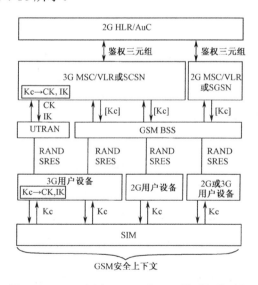

图 4-16　GSM 用户（SIM 卡）双模手机的鉴权

① 当 VLR/SGSN 向 2G HLR/AuC 请求鉴权数据时，HLR/AuC 生成 GSM 鉴权三元组。HLR/AuC 向请求鉴权数据的 VLR/SGSN 分发鉴权三元组，不管 VLR/SGSN 是 2G 还是 3G 类型的。

② 当用户通过 2G 接入网接入时，VLR/SGSN（2G 或 3G）直接执行 GSM 鉴权过程，建立 GSM 安全上下文。

③ 如果用户通过 UTRAN 接入，3G VLR/SGSN 同 2G 用户之间进行 GSM 的鉴权过程后，在 SIM 卡上存储了密钥 Kc。VLR/SGSN 和用户终端设备同时通过 Kc 计算出 UMTS 的 CK 和 IK，然后 3G VLR/SGSN 将利用 CK 和 IK 为用户提供安全保护，但由于此时用户安全特性的核心仍是 GSM 密钥 Kc，所以用户并不具备 3G 的安全特性。

（2）UMTS 用户（USIM 卡）双模手机的鉴权

当双模手机用户开户为 UMTS 用户，使用 USIM 卡时，鉴权如图 4-17 所示。

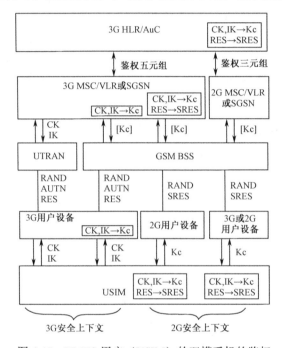

图 4-17　UMTS 用户（USIM）的双模手机的鉴权

① 3G HLR/AuC 鉴权矢量的分发会根据请求鉴权数据的 VLR/SGSN 的类型而不同。如果请求鉴权数据的是 3G VLR/SGSN，将使用 3G 鉴权矢量；而当请求鉴权的是 2G VLR/SGSN 时，HLR/AuC 会将 3G 鉴权五元组转化为 GSM 鉴权三元组，2G VLR/SGSN 将存储鉴权三元组。

② 当 UMTS 用户通过 UTRN 接入时，3G VLR/SGSN 进行 3G 鉴权，为用户建立 3G 安全上下文。

③ 当通过 GSM BSS 接入，且核心网是 2G MSC/VLR 时，使用 GSM 鉴权机制。其中 Kc 由 CK 和 IK 得到，SRES 由 RES 得到。

④ 当使用 3G 移动台，且核心网是 3G MSC/VLR 或 SGSN 时，在通过 GSM BSS 接入时，3G VLR/SGSN 存储 3G 鉴权五元组，其中 GSM 密钥 Kc 从 UMTS CK 和 IK 计算获得。

⑤ 当使用 2G 移动台，且核心网是 3G MSC/VLR 或 SGSN 时，在通过 GSM BSS 接入

时，3G VLR/SGSN 存储 3G 鉴权五元组。3G VLR/SGSN 和 USIM 都可通过 3G 鉴权算法得到与鉴权矢量中相同的 XRES、CK 和 IK，计算出 2G 的 SRES 和 Kc。SRES 在 VLR/SGSN 进行比较，Kc 用作空中数据的加密。

4.2.4　临时身份识别（TMSI/P-TMSI）

2G 或 3G 用户都有一个唯一的身份标识 IMSI，在无线信道上发送 IMSI，很容易被人为截取以进行用户追踪。为了减少 IMSI 在无线信道上的传输，GSM 系统采用临时用户身份 TMSI，GPRS 采用 P-TMSI。在对用户身份保护方面，3G 完全继承了 2G 的特点。在 3G 电路域，在 VLR 处存储 TMSI 和 IMSI 之间的对应关系；在 3G 分组域，在 SGSN 处存储 P-TMSI 和 IMSI 之间的对应关系。

这样一般来说，只有在用户开机或者 VLR/SGSN 数据丢失的时候 IMSI 才被发送，平时仅在无线信道上发送移动用户相应的 TMSI/P-TMSI。

TMSI 由 MSC/VLR 管理，当 MS 首次在一个位置区注册时分配给它，并在 MS 离开该位置区时注销。TMSI 被用来唯一识别一个位置区的 MS。网络通过 TMSI 识别用户，所有的信令数据交互不再使用 IMSI，从而达到保密的目的。

TMSI 重分配的时机是用户位置更新、呼叫建立和补充业务等过程，当新 TMSI 重分配成功后，前一次分配的 TMSI 将被删除。在位置更新时进行的 TMSI 重分配流程，是与位置更新接受融合在一起的，如图 4-18 所示。

图 4-18　位置更新时的 TMSI 重分配图

① MSC/VLR 发起 TMSI 重分配流程，MSC/VLR 产生一个新 TMSI，存储 TMSI 与 IMSI 的对应关系，同时发送新 TMSI 和新 LAI 给 MS。

② MS 收到新分配的 TMSI 后，自动删除旧 TMSI 并记录新的 TMSI，然后回发一个响应消息给 MSC/VLR。MSC/VLR 收到响应后，删除旧 TMSI 与 IMSI 的对应关系。

4.3　CS 呼叫控制流程

R4 版本 CS 呼叫流程不同于 R99 版本 CS 呼叫流程之处是采用了呼叫控制和承载分离的方式，即 MSC 和 MGW 之间采用 H.248 协议进行承载控制。R4 版本 CS 呼叫流程区别于 2G GSM 呼叫流程的又一个特点是采用 Iu 接口与 RNC 通信，而非通过 A 接口与 BSC 通信。其中，HLR 相关的 MAP 协议流程相同。

4.3.1 局内 3G 用户呼叫 3G 用户

1. 呼叫建立

本节介绍的场景是主、被叫用户在同一个 MSC 下的呼叫建立,即局内呼叫,如图 4-19 所示。分为主叫流程和被叫流程两部分。

（1）主叫流程

① 主叫 UE 向网络侧发送 CM Service Request 消息,消息中包括的参数有:移动识别 IMSI、classmark2、CKSN 和 CM 业务请求类型（MO 移动始发呼叫建立）。

② 网络侧发起与主叫 UE 间的鉴权、加密过程（在此过程中可能需要发起向 HLR/AUC 获取鉴权集的过程）。

③ 主叫 UE 收到业务接受消息或加密完成后会发送 Setup 消息给网络,核心网收到 Setup 消息后会向主叫回送 CalL Proceeding 消息。

④ MSC 向 MGW 发送 Add Request 消息,并向 RNC 发起 RAB 指配过程。在指配过程中有一个传输控制面和用户面的建立过程（Q.AAL2 建立过程和 IUUP 的初始化过程）,该过程和⑤过程为并行过程。

⑤ MSC 对被叫 ISDN 号码（E.164 地址）进行分析,发现是移动手机号码,于是 MSC 根据被叫 ISDN 号码的 GT 路由信息,向被叫 HLR 查询路由信息,HLR 向被叫所属 VLR 获取漫游号码（MSRN）;MSC 取得被叫的漫游号码后,得知被叫用户是本局用户,直接根据被叫的位置区发起对被叫的寻呼过程（PAGING）。

（2）被叫流程

① 网络收到被叫的 Paging Response 消息,当没有鉴权时跳到③。
② 核心网进行鉴权和加密的过程。
③ 核心网发送 Setup 消息给被叫 UE。
④ 当 MSC 收到被叫 UE 的 Call Confirmed 消息后,向 MGW 发送 Add Request 消息。
⑤ 向 RNC 发起 RAB 指配过程。在指配过程中有一个传输控制面和用户面的建立过程（Q.AAL2 建立过程和 IUUP 的初始化过程）。
⑥ 核心网等待被叫手机的 Alerting 消息,收到后,向主叫用户传送该消息。
⑦ 核心网等待被叫 UE 摘机,即 Connect 消息,收到后,向主叫用户传送该消息。
⑧ 主叫用户收到 Connect 消息后,向网络发送 Connect ACK,网络向被叫用户发送 Connect ACK。
⑨ 主、被叫手机进入通话状态。

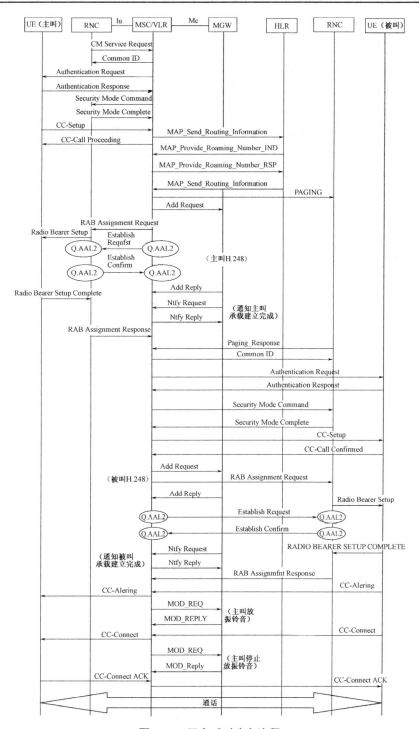

图 4-19　局内呼叫建立流程

2．呼叫释放

局内呼叫释放流程如图 4-20 所示，主叫先挂机。

① 通话一段时间后，如果主叫 UE 拆线，主叫发送 Disconnect 消息给网络，网络传送该消息给被叫 UE，提示拆线。

② 网络向主叫发送 Release 消息，开始释放目前该事务上的资源，被叫向网络发送 Release 消息开始释放目前该事务上的资源；主叫收到 Release 后，响应消息 Release Complete，网络响应被叫 Release Complete 消息。

③ 网络主动发送 IU Release Command 开始信令面的释放过程。

④ 信令面的释放过程会触发用户面的释放过程。MSC 向 MGW 发送 SUB_REQ 消息，请求释放用户面。

⑤ 信令面和用户面都释放完成之后，开始传输控制面的释放。

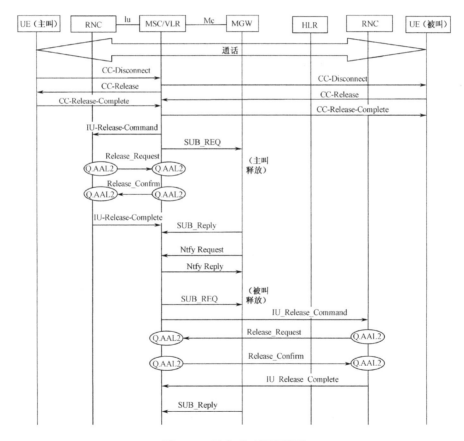

图 4-20　局内呼叫释放流程

4.3.2　3G 用户呼叫外网用户

① 当 3G 用户呼叫外网（不同运营商的网络，如 PSTN，如图 4-21 所示）用户时，MSC 分析被叫号码为外网用户，并得到相应的路由信息，即需要经过 GMSC（关口局）。

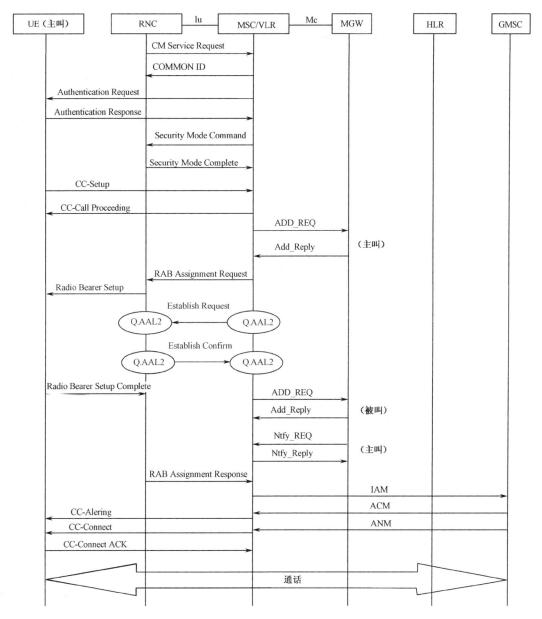

图 4-21　3G 用户呼叫 PSTN 用户

② MSC 和 GMSC 之间传送的是 ISUP 消息，MSC 发送 IAM 消息到 GMSC，然后经 PSTN，呼叫到达被叫用户。

③ PSTN 用户振铃，GMSC 发送 ACM 消息给 MSC，MSC 发送 Alerting 消息给主叫。

④ PSTN 用户摘机，GMSC 发送 ANM 消息给 MSC，MSC 发送 Connect 消息给主叫。

⑤ 主叫 UE 回送 Connect ACK 消息到 MSC。主叫 UE 和被叫 PSTN 用户间建立通话。

4.3.3　外网用户呼叫 3G 用户

① 外网（其他运营商网络，如 PSTN，如图 4-22 所示）用户拨打 3G 用户手机号码，PSTN 发送 IAM 消息到 GMSC。

② GMSC 向被叫所属的 HLR 发送 MAP_Send_Routing_Information 消息获取被叫的漫游号码，HLR 通过 MAP_Send_Routing_Information ACK 消息回送漫游号码给 GMSC。

③ GMSC 根据漫游号码确定路由，向被叫拜访的 MSC 发送 IAM 消息（GMSC 和 MSC 之间传送的是 ISUP 消息）。

④ MSC 向被叫用户发起 Paging 过程，并完成鉴权、加密过程，然后向被叫 UE 发送 CC-Setup 消息。被叫振铃。

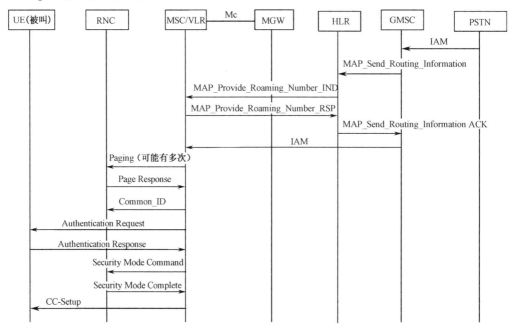

图 4-22　PSTN 用户呼叫 3G 用户

4.3.4　彩铃业务实现流程

彩铃业务，又称为个性化回铃音业务，是一项由被叫用户定制，为主叫用户提供一段悦耳的音乐来替代普通回铃音的业务。彩铃业务为运营商和内容提供商带来了丰厚的收入。在 GSM 网络中，一般为语音彩铃；在 3G CS 网络中，可以实现音 / 视频的多媒体彩铃。

图 4-23 是一种彩铃业务的实现方案，称为主叫交换机 SS_Code 触发方式。

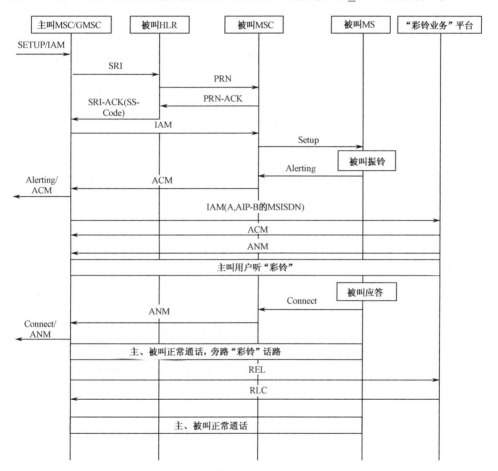

图 4-23　主叫交换机 SS_Code 触发

① Setup/IAM/IAI：主叫 MSC/GMSC 收到主叫用户的 Setup 消息，或者 GMSC 收到外网入局的 ISUP IAM 消息。

② SRI：主叫 MSC/GMSC 向被叫 HLR 发 SRI，查询路由信息，利用扩展域带有的彩铃支持标志。

③ PRN：被叫 HLR 向被叫 MSC 发 PRN，请求 MSRN。

④ PRN_ACK：被叫 MSC/VLR 分配 MSRN，向 HLR 回送 PRN_ACK。

⑤ SRI_ACK：HLR 向主叫 MSC/GMSC 回送 SRI_ACK，根据 SRI 信令中带有的彩铃支持信息标志，SRI_ACK 中带有 MSRN 以及彩铃业务码 SS_Code（254）。

⑥ IAM：主叫 MSC/GMSC 根据彩铃业务码将本呼叫置上彩铃标志，并由主叫 MSC/GMSC 向被叫侧发送 BICC IAM（基于 IP）或 ISUP IAM（基于 TDM）。

⑦ Setup：被叫 MSC 收到被叫 MS 的寻呼响应（表示被叫空闲），发出呼叫建立消息 Setup。

⑧ Alerting：被叫 MS 终端振铃，同时返回振铃消息给被叫 MSC。

⑨ ACM：被叫 MSC 向主叫侧 MSC 回振铃信令 BICC ACM 或者 ISUP ACM，其中用户状态为空闲。

⑩ Alerting：主叫 MSC 向主叫移动用户发送 Alerting 消息，或者 GMSC 向外网交换机发送 ISUP ACM。

⑪ IAM：主叫 MSC 收到被叫 MSC 回送的 BICC ACM 或者 MSC/GMSC 收到被叫 MSC 回送的 ISUP ACM 后，因为有彩铃呼叫标志，暂时挂起与被叫侧的话路连接，同时向被叫用户所属的彩铃平台发送 IAM 消息，被叫号码为"业务码+被叫 MSISDN"。

⑫ ACM：彩铃平台根据主被叫用户号码得出所需的铃音，向主叫侧回送 ISUP ACM 消息并开始播放铃音，这时起主叫用户开始听到被叫定制的彩铃音乐。

⑬ Connect：被叫用户接听来话，终端向被叫 MSC 发送 Connect 消息。

⑭ ANM：被叫 MSC 向主叫侧 MSC 发送 BICC ANM 应答消息，或者 ISUP ANM 应答消息。

⑮ Connect/ANM/ANC：主叫 MSC 向主叫用户发送 Connect 消息，或者 GMSC 向外网转发 ISUP ANM/ANC 消息，同时，主叫 MSC/GMSC 将彩铃话路挂起，转而打开到被叫 MSC 的话路连接，使主、被叫用户正常对话，彩铃音停止。

⑯ REL：主叫侧 MSC/GMSC 向彩铃平台发送拆线信令 ISUP REL 或者 BICC REL 消息，拆线原因值为正常拆线。

⑰ REL COM：彩铃平台向主叫侧 MSC/GMSC 回送 ISUP REL COM 信令，表示拆线完毕。

4.4　PS 会话管理流程

会话管理功能（Session Management，SM）实现分组数据协议（Packet Data Protocol，PDP）上下文的管理。PDP 上下文是一组与 PDP 相关的信息，各网元（MS、SGSN 和 GGSN）根据 PDP 上下文中的信息，实现 PDP 数据的传送及管理。

会话管理功能包括 PDP 上下文的激活、修改和去激活等操作。

- PDP Context 激活流程建立用户面的分组传输路由；
- PDP Context 修改流程修改激活的 PDP Context 的 QoS 和 TFT，在发生 RAU 改变时，也需要修改 SGSN 到 GGSN 之间的隧道路由；
- PDP Context 去激活流程用于拆除激活的 PDP Context。

MS 在进行数据传输之前，要先进行 PDP 上下文的激活；在数据传输过程中，根据 QoS 的不同需要，可以对 PDP 上下文进行修改；数据传输完成后，对 PDP 上下文进行去激活，释放网络资源。

一个用户可以有多个签约的 PDP 地址，每一个 PDP 地址可能包含一个或多个会话，每个会话有两种状态：激活态（Active）和非激活态（Inactive）。非激活的会话不包含路由信息，不能进行数据的转发。PDP 的状态机模型如图 4-24 所示。

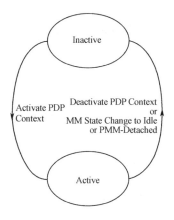

图 4-24　PDP 状态机模型

2G 网络与 3G 网络 PS 会话流程类似，本章以 3G PS 会话管理流程为例进行介绍。

4.4.1　PDP Context 激活

PDP Context 激活包括 3 种情况：MS 发起的 PDP Context 激活、网络侧发起的 PDP Context 激活和二次 PDP 激活。

1. MS 发起的 PDP Context 激活

UE 附着到 GPRS 网络后，当它要想和外部数据网络通信（如收、发电子邮件等）时，将触发 PDP 激活。PDP 激活后，网络为移动台分配 IP 地址，使 UE 成为 IP 网络的一部分。图 4-25 是 MS 发起的 PDP 激活流程。

① 移动台 MS 主动发起"PDP 激活请求"消息，该消息中包含 NSAPI、PDP 类型（IPv4 或 IPv6）、PDP 地址（IMSI 在网络层中的地址）、被请求的 QoS 和 APN（Access Point

Name，接入点名）。

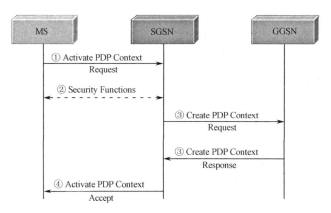

图 4-25　MS 发起的 PDP 激活

② MS 和 SGSN 间进行安全功能流程。

③ SGSN 收到激活请求后向 GGSN 发起"建立 PDP 上下文请求"消息，GGSN 回应响应。

④ SGSN 发起 RAB 建立过程，并发送"PDP 激活接受"给 UE。

图 4-26 说明了 SGSN 在 PDP 激活流程中的作用，当 SGSN 收到来自移动台的 APN 时，通过向 DNS 发送查询请求，得到给定 APN 对应的 GGSN（GPRS 网关）地址。之后，SGSN 就向相应的 GGSN 发送"创建 PDP Context 请求"，并在 GTP 隧道还没有打开时打开它。用 TID 来区分 SGSN 和 GGSN 之间的隧道。

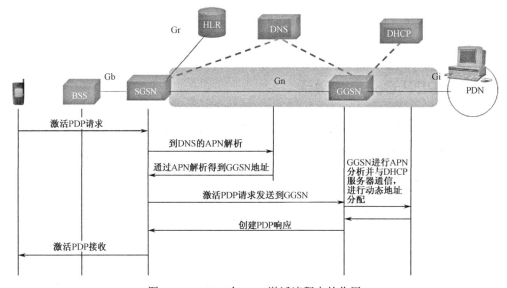

图 4-26　SGSN 在 PDP 激活流程中的作用

GGSN 一旦收到"创建 PDP Context 请求",就进行 APN 分析,并与 DHCP 服务器通信,进行动态地址分配,这样 GGSN 向 SGSN 返回的响应消息中包括了"移动台的 IP 地址"。

2. 网络侧发起的 PDP Context 激活

对于一个还没有创建 PDP Context 的移动用户来说,如果网络侧有发送数据到用户的需求,也可以由网络侧发起 PDP Context 激活过程,如图 4-27 所示。

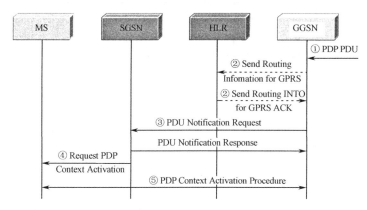

图 4-27　网络侧发起的 PDP Context 激活

① 当 GGSN 收到 PDP PDU 时,它就判定由网络发起的 PDP Context 激活过程已经开始。

② GGSN 向 HLR 发送 Send Routing Information for GPRS(包含 IMSI 参数),HLR 返回响应消息(包含 IMSI、SGSN 地址或原因)。

● 如果 MS 可达,HLR 返回消息中包含 SGSN IP 地址,HLR 将此 GGSN 添加到该用户的 GGSN-List 中;

● 否则,返回错误原因。

③ 如 SGSN 存在,则 GGSN 发送"PDU Notification Request"(包含 IMSI、PDP Type、PDP Address 和 APN)请求消息给 SGSN;SGSN 返回应答消息"PDU Notification Response"确认将要请求 MS 激活 PDP Context 过程。

④ SGSN 向 MS 发送 Request PDP Context Activation 消息(包含 TI、PDP Type、PDP Address 和 APN),要求 MS 发起激活 PDP Context 请求。

⑤ MS 发起"PDP Context 激活"过程。

3. 二次 PDP 激活

二次 PDP Context 激活(Secondary PDP Context Activation)使用户可以对同一 APN、同一用户地址建立两个 PDP 上下文,这两个 PDP 上下文可以使用不同的 QoS,为不同的业务服务。在激活之后，二次激活的 PDP Context 和一次激活的 PDP Context 是完全对等的。这些上下文用 TFT（Traffic Flow Template）进行区分和标识。

当发生 R99 到 R98/97 的路由区更新时，对共享地址和 APN 的激活的 PDP Context（s），保存 QoS 最高的 PDP Context，其他的 PDP Context 将被去激活。

二次 PDP 激活流程如图 4-28 所示。在二次激活执行过程中，APN 选择和地址协商不必执行，流程与 PDP Context Activation 过程类似。

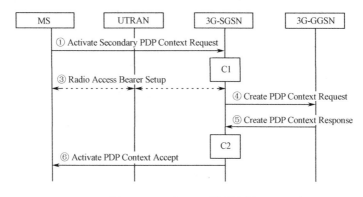

图 4-28　二次 PDP 激活流程

二次激活的 PDP Context 与已激活的 PDP Context 只有 QoS Profile 不同，每个 PDP Context 使用唯一的 TI 和 NSAPI。当传输下行 N-PDU 时，GGSN 按 TFT 匹配选择合适的 PDP Context；当 MS 发送数据时，按 QoS 选择不同的 PDP Context。

4.4.2　PDP Context 去激活

PDP Context 去激活有 3 种情况：MS 发起 PDP 去激活、SGSN 发起 PDP 去激活和 GGSN 发起 PDP 去激活。图 4-29 是 MS 发起的 PDP 去激活过程。

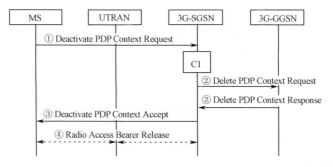

图 4-29　MS 发起的 PDP Context 去激活

① 移动台 MS 主动发起"PDP 去激活请求"（包含 NSAPI 信息）。

② SGSN 发起"删除 PDP 上下文请求"（包含 TID 信息）给 GGSN，GGSN 执行清除 PDP 上下文关系操作并返回响应消息给 SGSN。

③ SGSN 发送"PDP 去激活接受"消息给移动台用户。

④ 通过 RAB 指配释放流程，释放与该 PDP 相关的 RAB ID。

4.4.3　PDP Context 修改

PDP Context 修改包含以下 3 种情况。

- SGSN 发起的 PDP 修改：修改 QoS；
- GGSN 发起的 PDP 修改：修改改变传输路由的 QoS 或用户的 PDP Address；
- MS 发起修改流程的目的是为了改变 PDP Context 的 QoS 或 TFT。

4.4.4　PDP Context 保留过程和 RAB 重建

在 RNC 发起 RAB 释放和 IU 释放时，可以不释放 PDP Context，而是把 PDPContext 保留下来，不进行任何更改，RAB 将在以后的 Sevice Request 过程中重建，从而恢复数据传送。

（1）MS 发起 Service Request 进行 RAB 重建

当 MS 有上行的数据传输需求，PDP Context 处于激活状态而 RAB 不存在时，MS 发起 Sevice Request 过程，为激活的 PDP Context 重建 RAB。过程描述如图 4-30 所示。

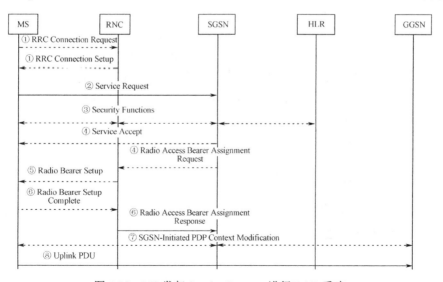

图 4-30　MS 发起 Service Request 进行 RAB 重建

① 如果没有 RRC 连接，建立 RRC 连接。

② MS 向 SGSN 发送 Service Request（P-TMSI、RAI、CKSN 和 Service Type）消息，Service Type=data。

③ 执行安全流程。

④ SGSN 向 MS 发送 Service Accept，对用户每个处于激活状态、但 RAB 已释放的 PDP Context 进行 RAB 的重新建立。

⑤ RNC 向 MS 发起"RAB 建立"消息。

⑥ MS 发送"RAB 建立完成"消息给 RNC，RNC 发送 RAB 分配完成消息给 SGSN。

⑦ 如果建立的 RAB 的 QoS 发生改变，执行 SGSN 发起的 PDP Context 修改流程，将 QoS 通知 MS 和 GGSN。

⑧ MS 进行上行数据传送。

（2）SGSN 触发 Service Request 过程进行 RAB 重建

当 SGSN 收到下行的信令或数据包后，发现用户处于 PMM-IDLE 状态，则要发起寻呼。MS 在收到寻呼后发送 Sevice Request 请求，sevice type= paging response。如果是由于 SGSN 收到数据包引起的 Service Request 过程，则要调用 RAB Assignment 过程，进行 RAB 重建。

4.4.5　3G PS QoS 协商

3G 系统不再局限于 2G 的"Best-of-Effort"低速数据业务，而是可以通过 QoS（服务质量）保证机制的支持，实现业务的分级服务及用户的分类服务功能。3G 分组域中的 QoS 参数的前 5 字节保留了 2G 中的 QoS 参数内容，另外增加了 8 字节的其他参数，包括业务类型，传输顺序，是否传输错误 SDU，上、下行最大比特率，最大 SDU 尺寸，剩余 SDU 错误率，SDU 错误率，传输时延，业务处理优先级和保证的上、下行最大比特率等。

1. 3GPP 定义的业务类别和特点

图 4-31 所示为 3GPP 定义的业务类别与网络 QoS 要求的关系，其中横轴是 QoS 时延和时延抖动指标，纵轴是丢包／误码率。表 4-1 列出了 3GPP 业务类别及其特点。

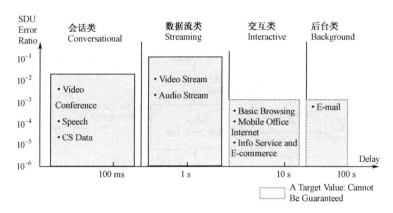

图 4-31　3GPP 定义的业务类别

表 4-1　3GPP 业务类别及其特点

业 务 级 别	业 务 特 点	业务应用示例
会话级别（Conversational）	对时延和时延抖动要求严格，对丢包／误码率有较强容忍度	VoIP 及分组域的可视电话
流级别（Streaming）	对时延抖动要求严格，对时延、丢包／误码率有较强容忍度	流媒体
交互级别（Interactive）	对时延性要求较高，对时延抖动没有要求，对丢包／误码率要求高	位置服务和 WAP 浏览
后台级别（Background）	对时延要求不高，对时延抖动没有要求，对丢包／误码率要求高	手机邮箱

2．3G PS QoS 协商机制

3G 系统 QoS 保证机制可以实现业务的分级服务及用户的分类服务功能：

● 不同的业务可分配不同的资源以保证其所属业务级别的业务质量，同时使网络具有合理的资源利用率；

● 不同的用户可签约不同的服务级别，从而获得其所属类型的质量要求。

3G 网络服务质量（QoS）的实现机制如下：

● HLR 中对每个用户所能够获得的业务类型应设置相应的 QoS 参数；

● 终端采用 3GPP 规定的标准 QoS 协商流程，发起业务时需携带 QoS 参数；

● 网络侧需要能够根据 HLR 中签约数据和业务的 QoS 需求来分配资源，保证业务质量。

如图 4-32 所示，SGSN 是协商 QoS 的中枢。签约的 QoS 称为 QoS（S），指用户在 HLR 配置的 QoS 签约信息，在用户附着网络后，HLR 就把用户签约 QoS 信息下发 SGSN；请求的 QoS 称为 QoS（R），指终端请求 PDP 上下文建立时的 QoS 需求；协商确定的 QoS，称为 QoS（N）。

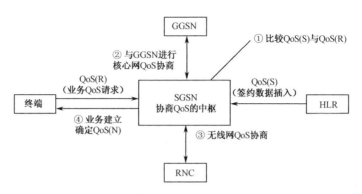

图 4-32　协商 QoS 的中枢 SGSN

QoS 协商流程如图 4-33 所示。SGSN 作为协商 QoS 的中枢，依次进行：

① 比较请求的 QoS（R）和用户签约的 QoS（S），如果 QoS（R）符合要求，则使用。

② 使用 Create PDP Context Request/Response，同 GGSN 进行 QoS 协商。

③ 同 RNC 进行无线网 QoS 协商，若无线资源无法满足请求的 384 kbps，则降低要求为 144 kbps，重新发起 RAB 请求。

④ SGSN 最终确定该终端用户的 QoS（N）值，业务建立。

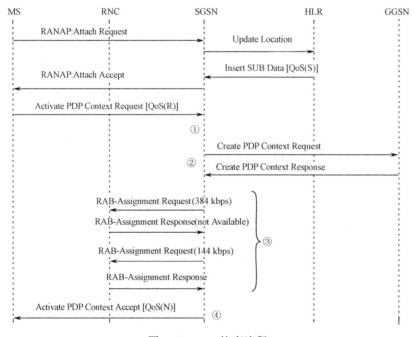

图 4-33　QoS 协商流程

4.5　CS 和 PS 切换

切换过程是移动通信区别于固定通信的一个显著特征之一，切换的目的是维持移动台从一个小区移动到另一个小区时通话或数据传输可以继续进行。切换的原因既可能是由用户终端（MS）的移动所引起的，也有可能是由频谱变化、容量要求和网络管理需要引起的。

切换按其切换位置分可分为小区内部切换、同 BSC/RNC 内不同小区间切换、同 MSC/SGSN 内不同 BSC/RNC 小区间切换和 MSC/SGSN 间小区切换。

WCDMA 支持的切换包括软切换、硬切换、前向切换和系统间切换。软切换和硬切换主要由网络侧发起，前向切换主要由 UE 发起，而系统间切换既有网络侧发起的情况，又有 UE 发起的情况。

GSM/GPRS 只有硬切换，没有软切换。只有 3G 才有软切换。

软切换是 WCDMA 系统所特有的，只能发生在同频小区间，先建立目标小区的链路，后中断源小区的链路，从而避免通话的"缝隙"。软切换会比硬切换占用更多的系统资源。

软切换类型可以分为：同一个 Node B 不同扇区间的更软切换，同一个 RNC 不同 Node B 间的软切换和有 Iur 接口的跨 RNC 间的软切换。

硬切换与软切换的主要差别是先中断 UE 和系统源小区的链路，然后建立目标小区的链路，通话会产生"缝隙"。硬切换类型有手机在不同频率间的异频硬切换，以及无 Iur 接口的跨 RNC 或跨 MSS 的同频硬切换。

2G 切换的过程可分为两个阶段，第一阶段是测量数据的收集与评估。2G 无线子系统下行链路的性能和来自邻区的信号强度的测量在 MS 中进行，其测量结果被送往 BSS 进行处理评估。第二阶段是切换的启动和执行，由 BSS 定义门限值并作出切换决定。

3G 切换过程的阶段是：测量控制→测量报告→切换判决→切换执行。测量主要由 UE 完成，进行测量控制和测量执行，并出测量报告。切换判决主要由 RNC 完成，是以测量为基础的，进行资源申请与分配。切换执行由 RNC/Node B/UE 共同完成。

4.5.1　3G CS 域切换流程

无论 2G 还是 3G，CS 域通话切换的流程都是基本相似的。不同点在于 2G 网络 MSC 和 BSS 间采用 A 接口，3G 网络 MSC 和 RNS 间采用 Iu 接口。相同功能的切换消息有直接的对应关系，如表 4-2 所示。

表 4-2　2G/3G 切换消息对照表

2G A 接口切换消息（MSC-BSS）	3G Iu 接口切换消息（MSC-RNS）
A-Handover-Required	Iu-Relocation-Required
A-Handover-Command	Iu-Relocation-Command
A-Handover-Request	Iu-Relacation-Request
A-Handover-Request-Ack	Iu-Relacation-Request-ACK
A-Handover-Detect	Iu-Relocation-Detect
A-Handover-Complete	Iu-Relocation-Complete
A-Clear-Command	Iu-Release-Command
A-Clear-Complete	Iu-Release-Complete

下面我们以 3G CS 域 MSC 局内和局间切换为例进行介绍。

1．3G CS 域 MSC 局内切换

对于最平常的情况，当 UMTS 移动用户在通话过程中从当前的 3G 服务区移动到同一个 MSC 下的另外一个 3G 服务区时，如果该用户的 SRNC（服务 RNC）发现新服务小区能够为其提供更可靠的服务，于是 SRNC 就会决定发起切换，变更该用户的服务 RNC，让其在新小区内获得更好的服务。图 4-34 是 MSC 局内切换流程。

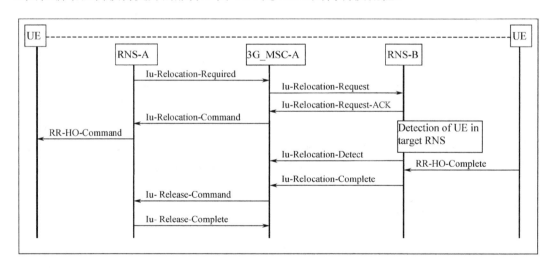

图 4-34　MSC 局内切换流程

① 当前 UE 提供服务的接入网 RNS-A 经过切换判决后决定触发切换流程，向其上级 MSC-A 发送切换要求（Iu-Relocation-Required）。切换要求中携带有期望为用户提供服务

的接入网 RNS-B 的地址信息，称为目标 RNS（TRNS）。

② MSC-A 收到切换要求后，进行相应的查表操作，发现切换目标是自己下属的 RNS，于是，MSC 会根据切换要求构造对应的切换请求消息（Iu-Relocation-Request），并将该消息发送给 RNS-B。

③ RNS-B 收到来自 MSC 的切换请求消息之后，依据消息中的相关信元要求，分配用户接入所需的资源，并为保证服务质量进行相关的 QoS 配置。等待相关的资源分配完成之后，RNS-B 向 MSC-A 返回一条切换请求确认消息（Iu-Relocation-Request-ACK），通知 MSC 资源分配完成，可以通知移动用户接入。

④ MSC-A 根据切换请求确认消息中的相关内容构造切换命令消息（Iu-Relocation-Command），将其发送给 RNS-A，并由 RNS-A 继续利用消息 RRC-HO-Command 通知 UE，命令移动用户接入新小区。

⑤ 当 RNS-B 检测到了移动用户的接入动作时，RNS-B 会向 MSC-A 发送切换检测到消息（Iu-Relocation-Detect）。

⑥ 当用户完成接入操作之后，移动用户向 RNS-B 报告接入完成（RR-HO-Complete），RNS-B 向 MSC-A 发送切换完成消息（Iu-Relocation-Complete），告知 MSC-A RNS-B 已经可以为该移动用户提供所需服务。

⑦ MSC-A 收到切换完成消息之后，向原来为用户提供服务的 RNS-A 发送释放命令消息（Iu-Release-Command），要求其释放原来的资源；RNS-A 收到资源释放命令之后就释放相关的资源，释放完成后用释放完成消息（Iu-Release-Complete）通知 MSC-A，至此切换完成。

2. 3G CS 域 MSC 局间切换

图 4-35 是 MSC 局间切换流程，MSC-A 和 MSC-B 间是 E/G 接口，使用 MAP 和 ISUP 消息。

① 为当前 UMTS 移动用户提供服务的接入网 RNS-A 经过切换判决后决定触发切换流程，向其上级 MSC-A 发送切换要求（Iu-Relocation-Required）。切换要求中携带有期望为用户提供服务的接入网 RNS-B 的地址信息，称为目标 RNS（TRNS）。

② MSC-A 收到切换要求后，进行相应的查表操作，发现切换的目标服务区是别的 MSC（MSC-B）所属的 RNS 控制的服务区，于是，MSC 会将切换要求打包成具体的信元，放在对应 MAP 消息 MAP-Prepare-Handover req 中，通过 MAP 信令发送给 MSC-B。

③ MSC-B 收到 MAP-Prep-Handover-req 之后，根据该消息中所带的内容，构造对应的切换请求（IU-Relocation-Request），然后将该消息发送给目标 RNS（RNS-B）。

④ RNS-B 收到切换请求消息之后，根据消息中的内容为用户分配相应的资源，与此同时，MSC-B 侧也会同步进行相关资源的分配。等资源分配完成之后，RNS-B 向 MSC-B 发送切换请求确认消息（IU-Relocation-Request-ACK）。在进行资源分配的过程中或资源分

配完成之后，MSC-B 还会向其拜访位置寄存器 VLR-B 发起获取切换号码的过程，MSC-B 用消息 MAP-Allocate-Handoer-Number req.向 VLR-B 发出获得切换号码的请求，VLR-B 分配切换号码后，用消息 MAP-Send-Handover-Report req.将分配结果返回给 MSC-B。

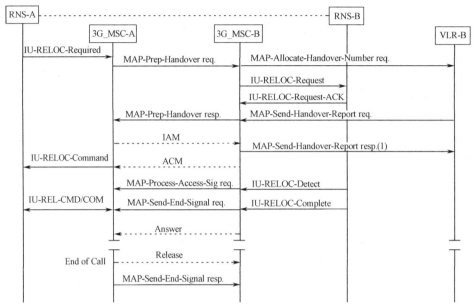

NOTE 1:Can be sent at any time after the reception of IAM

图 4-35　MSC 局间切换流程

⑤ MSC-B 收到切换请求确认消息和分配好的切换号码之后，就向 MSC-A 发送消息 MAP-Prep-Handover-resp 通知 MSC-A 切换准备完成，该消息含有切换号码，MSC-A 可以通过该号码实现到 MSC-B 的话路路由。

⑥ MSC-A 收到 MAP-Prep-Handover-resp 之后，如果是话路切换（需要在两个局间建立中继电路的切换）就开始建立对应的中继电路，由 MSC-A 向 MSC-B 发送初始地址消息信令（IAM），申请占用相关的中继电路，MSC-B 在占用相关的中继电路后，向 MSC-A 返回地址完成消息信令（ACM），中继电路占用完成。

⑦ 局间电路建立完成之后，MSC-A 利用从 MAP-Prep-Handover-resp.解析出的内容构造切换命令消息（IU-RELOC-Command）发送给切换请求侧 RNS-A，命令移动用户进行切换。

⑧ 移动用户收到切换命令之后，便开始接入 RNS-B，RNS-B 检测到移动用户的接入后，向 MSC-B 发送切换检测到消息（IU-RELOC-Detect），MSC-B 再将该消息打包在 MAP 信令 MAP-Process-Access-Sig req.中发送给 MSC-A，开始等待接收切换完成消息。MSC-A 收到相应的 MAP 信令之后，也开始等待切换完成消息的到来。

⑨ 移动用户完成在 RNS-B 侧的接入后，RNS-B 向 MSC-B 发送切换完成消息，MSC-B

将该消息打包在 MAP 信令 MAP-Send-End-Signal req.中发送给 MSC-A，然后开始进行一些切换完成后的处理〔如向局间电路发送应答消息（Answer）等〕。

⑩ MSC-A 收到 MAP-Send-End-Signal req.之后，认为切换已经完成，于是开始释放原来移动用户在 RNS-A 侧所占用的资源，向 RNS-A 发送释放请求消息（IU-REL-CMD），RNS-A 在资源释放完成之后返回 IU-REL-COMP 消息给 MSC-A。之后，移动用户可以继续保持通话，直至通话结束，然后 MSC-A 控制释放两者之间的局间电路，并用 MAP 信令 MAP-Send-End-Signal resp 通知 MSC-B 释放完成，中断两者之间的 MAP 对话连接。

4.5.2 3G PS 域切换流程

PS 域切换是指 PS 域在数据传输中时发生的切换，PS 域切换是通过路由区更新来实现的。图 4-36 是 3G PS 域切换流程（有省略），切换之前 MS 处于 PMM-CONNECTED 状态，此流程与"PS 域路由区更新"流程（MS 处于 PMM-IDLE 状态）相似。

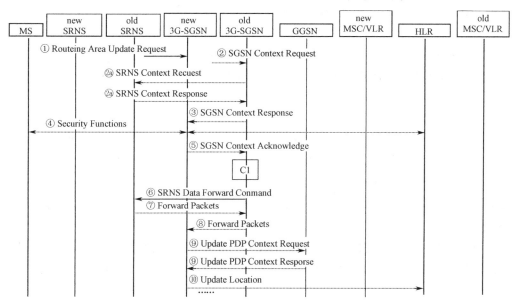

图 4-36 3G PS 域切换流程（有省略）

① MS 向新 3G-SGSN 发起路由区更新请求（old RAI、old P-TMSI Signature、Update Type），更新类型将指明是路由区更新或者联合 RA/LA 更新或者带 IMSI 附着的联合 RA/LA 更新。

② 新 3G-SGSN 向旧 3G-SGSN 发送 SGSN Context Request 消息（old RAI、TLLI、old P-TMSI Signature、New SGSN Address）获取 MM and PDP Contexts，旧 3G-SGSN 验证 MS 的 PTMSI 签名。

②ⓐ 因为 MS 处在 PMM-Connected 状态，旧 3G-SGSN 向 SRNS 发送 SRNS Context Request（IMSI）消息。

②ⓐ SRNS 收到此消息后，开始缓存并且停止向 MS 发送 PDUs，向旧 3G-SGSN 返回 SRNS Context Response（IMSI、GTP-SNDs、GTP-SNUs、PDCP-SNUs）。SRNS 将在每一个 PDP 上下文中包括将发送到 MS 的下一个 GTP 序列号以及下一个将被送到 GGSN 的上行 PDU 的序列号。对每一个确认模式的激活的 PDP 上下文，SRNS 还包括了上行 PDCP-SNU。PDCP-SNU 是预期从 MS 收到的每一个激活的无线承载的下一个按序接收的 PDCP 序列号。3G-SGSN 将去掉 PDCP 序号的高 8 位，将 PDCP 转换成为 SNDCP 的 N-PDU。

③ 旧 3G-SGSN 向新 3G-SGSN 发送 SGSN Context Response（MM Context，PDP Contexts），对每一个 PDP 上下文，旧 3G-SGSN 将会加入下一个上行发到 GGSN 的 GTP PDU 的 GTP 序列号以及下一个在序列中下行发到 MS 的 GTP 序列号。每个 PDP 上下文也包括给下一个将被以确认模式发送给手机的序列中的下行 N-PDU 的 SNDCP 发送的 N-PDU 序号（值是 0），还包括给下一个将以确认模式从 MS 收到的序列中的上行 N-PDU 的 SNDCP 接收 N-PDU 序号（通过 PDCP-SNU 转换）。

④ 执行安全功能。

⑤ 新 3G-SGSN 向旧 3G-SGSN 发送 SGSN Context Acknowledge 消息，通知 3G-SGSN 现在 2G-SGSN 可以接收激活的 PDP 上下文的相关的数据。旧 3G-SGSN 将上下文中的 Gs 关联、GGSN 和 HLR 的信息置为无效，这使得如果切换没有完成，MS 返回旧 SGSN 发起路由区更新时会更新 HLR。

⑥ 如果手机处于 PMM-Connected 状态，则旧 3G-SGSN 向 SRNS 发送数据转发命令 SRNS Data Forward Command（RAB ID、Transport Layer Address、Iu Transport Association）。SRNS 发送带 PDCP 下行序列号（高 8 位已经被去掉）部分已经发送的以及发送但没有确认的 PDCP-PDUs，并且开始复制和发送已缓存的 GTP PDU 到旧 3G-SGSN。

⑦ SRNS 将会在收到 SRNS Data Forward Command 后启动数据转发 Forward Packets。

⑧ 旧 3G-SGSN 将 GTP PDUs 按隧道方式传送给新 3G-SGSN，GTP 头中的序列号（从 PDCP 序号得到）不应改变。

⑨ 因为是 SGSN 间的路由更新，新 SGSN 发送修改 PDP 上下文请求消息（新 SGSN 地址、协商的 QoS 和 TEID）给相关的 GGSN。GGSN 更新它的 PDP 上下文，回应修改 PDP 上下文响应消息给 SGSN。

⑩ SGSN 以 Update Location 消息（SGSN 号码、SGSN 地址和 IMSI）通知 HLR SGSN 的改变。

4.5.3　3G RNC 迁移

RNC 迁移指 UE 的服务 RNC 从一个 RNC 变成另一个 RNC 的过程，根据发生迁移时 UE 所处位置的不同可以分为静态迁移和伴随迁移两种情况，或者说 UE 不涉及的（UE Not Involved）和 UE 涉及的（UE Involved）两种情况。

根据触发迁移的原因又可以将迁移分为以下 4 种。

① 静态迁移：在 DRNC 增加 RL 之后导致的迁移。在发生静态迁移之前，UE 就已经在 DRNC 中建立 RL 并和 DRNC 建立连接，因此静态迁移是 UE 不涉及的迁移。

② 硬切换伴随迁移：进行跨 RNC 的硬切换导致的迁移。硬切换伴随迁移过程中 UE 拆除和 SRNC 的连接，建立和 DRNC 的连接，因此硬切换伴随迁移是 UE 涉及的迁移。

③ 前向切换伴随迁移：UE 先在 SRNC 中建立 RRC 连接，此后进入 DRNC 小区中发起前向切换（小区更新或 URA 更新）导致的迁移。在发生前向切换伴随迁移之前 UE 就已经进入 DRNC 并在 DRNC 中发送了 CELL Update 或者 URA Update 消息，因此前向切换伴随迁移是 UE 不涉及的迁移。

④ 系统间切换：在系统间切换过程中 UE 拆除和 SRNC 之间的连接，建立和 GSM 系统之间的连接，因此系统间切换过程是 UE 涉及的迁移。

静态迁移过程如图 4-37 所示。发生静态迁移的条件是 UE 在 DRNC 中已经建立无线链路，而且只在 DRNC 中有无线链路。此时 SRNC 和 DRNC 之间占用了 IUR 接口传输资源，通过迁移过程，可释放 SRNC 和 CN 的 IU 接口连接，释放 IUR 接口连接，建立 DRNC 和 CN 的 IU 连接，迁移之后，原 DRNC 变成 SRNC。

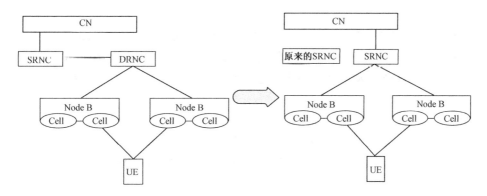

图 4-37　静态迁移过程

在 WCDMA 中，由于存在两个 CN 域，如果在发生迁移时，UE 和两个域都有连接，那么这两个域必须同时迁移。静态迁移的信令流程如图 4-38 所示。

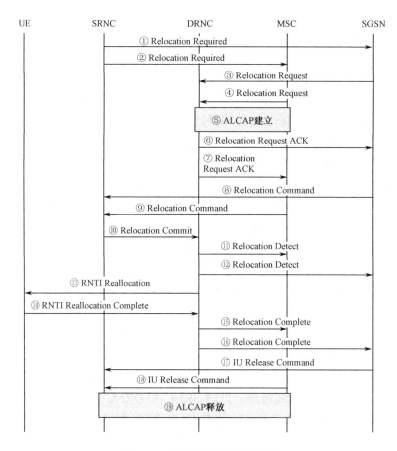

图 4-38　静态迁移的信令流程

① SRNC 向 SGSN（PS 域的 CN）发送要求迁移消息 Relocation Required。

② SRNC 向 MSC（CS 域的 CN）发送要求迁移消息 Relocation Required。

③ SGSN 向 DRNC 发送迁移请求消息 Relocation Request，要求 DRNC 做好迁移准备（即准备所需资源）。

④ MSC 向 DRNC 发送迁移请求消息 Relocation Request。

⑤ DRNC 采用 ALCAP 协议发起 Iu 接口用户面承载的建立。

⑥ DRNC 向 SGSN 发送迁移请求应答消息 Relocation Request ACK，通知 SGSN 迁移所需的资源已经准备好。

⑦ DRNC 向 MSC 发送迁移请求应答消息 Relocation Request ACK，通知 MSC 迁移所需的资源已经准备好。

⑧ SGSN 向 SRNC 发送迁移命令 Relocation Command，通知 SRNC 可以进行迁移。

⑨ MSC 向 SRNC 发送迁移命令 Relocation Command，通知 SRNC 可以进行迁移。

⑩ SRNC 通过 Iur 接口向 DRNC 发送迁移触发消息 Relocation Commit。如果存在支持无损迁移的 RAB，那么数据转发所需的 PDCP 和 GTP-U 的序列号从这条消息带过去，然后 SRNC 就启动数据转发。DRNC 收到 Relocation Commit 消息后成为 SRNC。

⑪ DRNC 向 SGSN 发送迁移检测消息 Relocation Detect，通知 SGSN 检测到迁移触发。

⑫ DRNC 向 MSC 发送迁移检测消息 Relocation Detect，通知 MSC 检测到迁移触发。

⑬ DRNC 向 UE 发送 UTRAN 移动信息消息 Rnti Reallocation，消息中包含新的 U-RNTI 等信息。

⑭ UE 向 DRNC 发送 UTRAN 移动信息确认消息 RNTI Reallocation Complete。

⑮ DRNC 向 SGSN 发送迁移完成消息 Relocation Complete，通知 SGSN 迁移已成功结束。

⑯ DRNC 向 MSC 发送迁移完成消息 Relocation Complete，通知 MSC 迁移成功结束。

⑰ SGSN 向原 SRNC 发送 Iu 释放命令 IU Release Command，通知其释放 PS 域的 Iu 连接。

⑱ MSC 向原 SRNC 发送 Iu 释放命令 IU Release Command，通知其释放 CS 域的 Iu 连接。

⑲ 原 SRNC 采用 ALCAP 协议发起 Iu 接口用户面承载的释放。

成功释放后，SRNC 向 MSC 发送 Iu 释放完成消息 IU Release Complete，SRNC 向 SGSN 发送 Iu 释放完成消息 IU Release Complete，静态迁移过程结束。

4.5.4　2G/3G 互操作

1. CS 域中 3G 到 2G 切换

从前面的介绍已经知道，2G 中 CS 域和 3G 中 CS 域的切换流程是基本相似的，只是 2G 网络 MSC 和 BSS 间采用 A 接口，3G 网络 MSC 和 RNS 间采用 Iu 接口。从 UMTS 到 GSM 的局间系统间切换流程如图 4-39 所示。

① 为当前 UMTS 移动用户提供服务的接入网 RNS-A 经过切换判决后决定触发切换流程，向其上级 MSC-A 发送切换要求（Iu-Relocation-Required）。切换要求中携带有期望为用户提供服务的接入网 BSS-B 的地址信息，通常情况下是目标小区的 CGI（Cell Global ID.）。

② MSC-A 收到切换要求后，进行相应的查表操作，发现切换的目标服务区是别的 MSC（MSC-B）所属的 BSS 控制的服务区，于是，MSC-A 会将切换要求打包成具体的信

元，放在对应 MAP 消息 MAP-Prepare-Handover req.中，通过 MAP 信令发送给 MSC-B。在这个过程中，由于目标局是 2G MSC，因此 MSC-A 在打包切换要求时，就要完成从 UMTS 消息到 GSM 消息的映射转换，生成一个 GSM 系统能够识别的切换请求消息（A-Handover-Request）放在 MAP 信令中，带给 MSC-B。

③ MSC-B 收到 MAP-Prep-Handover-req 之后，根据该消息中所带的内容，构造对应的切换请求（A-Handover-Request），然后将该消息发送给目标 BSS。

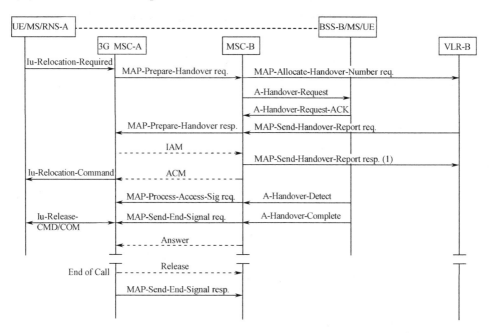

图 4-39　从 UMTS 到 GSM 的局间系统间切换流程

2．PS 域中 2G 向 3G 切换

GPRS 到 WCDMA 的切换，和一次正常的跨 SGSN 的 PS 域切换没有太大的差别，只是切换的目标小区是 WCDMA 而已。图 4-40 是 PS 域中 2G 向 3G 的系统间切换。切换前，与 MS 间的数据传输通过旧 2G-SGSN 进行切换完成后，数据传输通过新 3G-SGSN 进行。

对于 CS/PS 并发业务切换，先完成语音实时切换，然后位置更新成功，PS 域业务在语音结束后自动恢复。

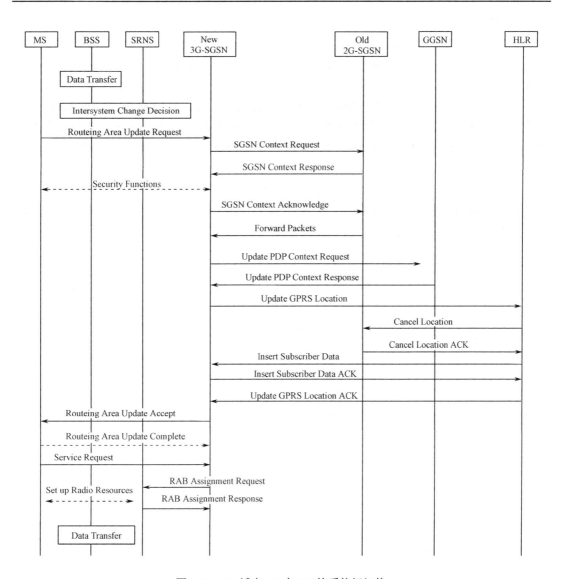

图 4-40　PS 域中 2G 向 3G 的系统间切换

4.6　短 信 业 务

短信业务是一项基本的电信业务，是移动网络系统提供给用户的一种有别于语音传输的通信方式。短信是指通过移动网络的信令通道传输有限长度的文本信息。短信业务主要包括点到点短信业务与小区广播短信业务。点到点短信业务即一条短信从一个手机终端发送到指定被叫用户手机终端。小区广播短信业务即通过 BSC 向一个指定区域中所有短信用户发送短信的业务类型。

本章只详细介绍点到点的短信业务。这种方式是通过 SMMO（移动始发短信业务）将短信从发起终端发送到短信中心（SMC），再通过 SMMT（移动终止短信业务）将短信从 SMC 发送到被叫终端。

当手机发送短信时，可以选择 GSM 方式，或 GPRS 方式。GSM 方式通过 MSC 将短信发送到 SMC；GPRS 方式通过 SGSN 将短信发送到 SMC。从短信业务实现流程来看，GSM 方式和 GPRS 方式基本相同。2G 和 3G 对于短信业务的实现，除了 A 接口与 Iu 接口不同外，无其他区别。

安装了 Gd 接口后，能够通过 GPRS 发送短信，减少对 SDCCH 的占用，从而减少 SMS 业务对语音业务的影响。可以由运营商来选择优先通过 MSC 还是由 SGSN 来传送 SMS。到目前为止，现有网络中使用 GSM 方式居多，所以本章介绍 GSM 方式的点对点短信业务。

4.6.1　移动始发短信流程

移动始发短信是用户通过手机将短信发往短信中心的过程。手机中已经设置有短信中心的地址。移动始发短信的流程如图 4-41 所示。

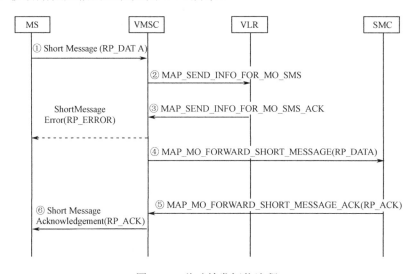

图 4-41　移动始发短信流程

① 用户发出短信以后，手机通过 A 接口（GSM 网络）或者 Iu 接口（UMTS 网络）将短信发往 MSC。

② MSC 收到从 A 接口或者 Iu 接口来的短信业务请求以后，根据短信始发手机的 MSISDN 发起到 VLR 中的移动始发短信用户数据检查请求。

③ VLR 检查用户签约信息以及本局是否支持短信业务。将检查结果发送给 MSC。

④ MSC 分析数据检查结果，如果本局不支持 SMMO，或者存在 ODB 短信闭锁，则直接向手机回送短信发送拒绝（RP_ERROR）信息；否则，从移动始发短信中取出短信中心地址，将短信前转给短信中心。

⑤ 短信中心收到移动始发短信前转请求以后，检查数据的有效性，如果检查通过，则回送 MSC 移动始发前转短信响应。

⑥ MSC 在收到短信中心的响应以后，将短信发送结果回送给手机。

4.6.2　移动终止短信流程

移动终止短信过程是短信中心将短信下发到目的用户的过程。移动终止短信流程如图 4-42 所示。

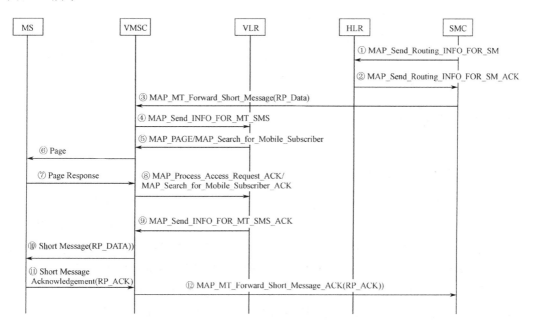

图 4-42　移动终止短信流程

① 短信中心收到移动始发短信以后，从移动始发短信中取出被叫号码，利用该被叫号码向 HLR 发起短信获取路由信息过程。

② HLR 收到短信获取路由信息消息后，在数据库中检索该用户的信息，若用户不存在、漫游不允许、ODB 闭锁、终止短信业务不被支持、MNRF（移动用户不可及标志）或者 MCEF（内存溢出标志）被设置或用户已被漫游地 MSC/VLR 删除，则向短信中心返回获取路由失败原因（在被叫 MSC 位置信息有效但 MNRF 被置位的情况下，若用户短信优先级低，则返回失败响应；否则仍然返回短信路由信息）；否则，直接向短信中心回送被

叫用户所在的 VMSC 的号码。

③ 短信中心通过 VMSC 号码向 VMSC 下发短信前转请求。

④ VMSC 收到短信中心的短信前转请求以后，发起到 VLR 中的 SMMT 用户数据检查请求。

⑤ VLR 查询用户当前的签约数据及移动管理状态，若用户由于 SMMT 不被支持、当前已关机、MNRF 被设置、漫游不允许等原因不能被寻呼，则 MSC 向短信中心网关返回终止短信失败响应，否则，如果手机当前的位置区已知，则在特定的位置区向手机发起寻呼过程；如果手机当前的位置区未知，则在整个 MSC 区域发起寻呼过程。

⑥ MSC 向手机发起寻呼。

⑦ 手机向 MSC 回送寻呼响应。

⑧、⑨和⑩ MSC 收到手机的寻呼响应以后，如果需要，则发起接入过程。接入过程完成以后，通过 A 接口（2G）或者 Iu 接口（3G）向手机下发短信。

⑪和⑫ MSC 收到手机的短信下发结果以后，将结果通知短信中心，如果有多条短信下发（短信中心的短信前转请求消息中有 RP-MMS 标志位），则保持该连接，重复③、⑩、⑪、⑫过程，否则，释放所有连接。

4.6.3　短信提醒流程

（1）移动用户可及提醒短信中心流程

在移动终结短信流程中，如果因为寻呼无响应，用户无应答等原因导致短信下发失败，短信中心会向 HLR 发起"短信状态报告"，从而将失败的移动终止短信被叫用户的 MSISDN 和始发短信中心地址信息通知 HLR，由 HLR 存储在被叫用户的数据记录中（称为短信等待数据 MWD），并置位 HLR 中的 MNRF（移动用户不可及标志）标志。同时，短信中心暂存下发失败的短信。当手机主动发起呼叫或者作为被叫或者因位置更新而重新接入网络时，MSC 会向 HLR 发起短信准备就绪通知，通知原因为"移动用户可及"。移动用户可及提醒 SMC 流程如图 4-43 所示。

① 手机主动发起呼叫或者作为被叫或者因位置更新而重新接入网络。

② MSC 向 VLR 发起接入过程（手机作为主叫业务接入时或者手机作为被叫而发起寻呼响应时）或者位置更新用户数据检查（手机进行位置更新时）。

③ VLR 检查用户数据，如果发现该用户的 MNRF 已经置位，则清除该标志位，同时向 HLR 发起短信准备就绪的通知，通知原因为"移动用户可及"。如果是位置更新流程，则直接向 HLR 发起位置更新请求。

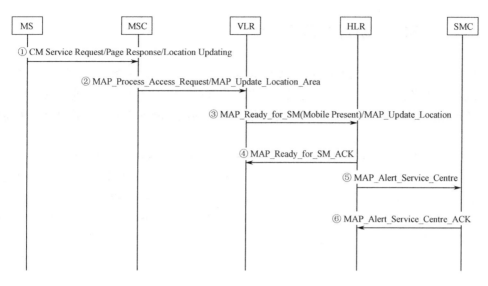

图 4-43　移动用户可及提醒 SMC 流程

④ HLR 如果收到的是短信准备就绪通知，则检查用户动态数据，如果 MNRF 被置位，则清除该位，向短信中心发起 AlertSC 通知，同时回 VLR 短信准备就绪通知响应；如果 HLR 收到的是位置更新请求示并且该用户的动态数据中 MNRF 被置位，则清除该标志位，向短信中心发起 AlertSC 通知，同时进行正常的位置更新流程。

⑤ 短信中心收到 HLR 的 AlertSC 通知消息后，回送 HLR 响应，然后选择适当的时机重新尝试短信下发。

（2）手机内存可用提醒短信中心流程

当手机因为内存溢出而导致移动终结短信下发失败时，短信中心会向 HLR 发起"短信状态报告"，从而将下发失败的短信对应的被叫用户 MSISDN 和始发短信中心地址信息通知 HLR，由 HLR 存储在被叫用户的数据记录中，称为短信等待数据，并置位 HLR 中的"内存溢出标志"，同时，短信中心暂存下发失败的短信。如果手机因删除一条短信而使手机的内存可用于新的短信接收，则手机将向 MSC 发起"内存可用"通知，MSC 收到该信息后，向 HLR 发起短信准备就绪通知，通知原因为"内存可用"。

4.7　移动智能网

对于移动智能网技术，3G 的 CS 与 GSM 类似，3G PS 与 GPRS 类似。本章将以 GSM 和 GPRS 移动智能网为内主题展开介绍。

4.7.1　GSM 移动智能网及结构

智能网的基本思想是：MSC 仅完成最基本的接续功能，而智能业务的形成均由智能层来完成，从而将交换与业务分开实现，使电信业务运营商能经济、有效地提供客户所需要的各类电信新业务，使运营商对网络有更强的控制功能，能够方便、灵活地获取所需的信息。

智能层一般由 SCP（业务控制点）、SSP（业务交换点）、SMS（业务管理系统）、SCE（业务生成环境）和 IP（Independent Intelligent Peripheral，独立智能外设）等几部分组成。

SSP 可检测出智能业务请求，并与 SCP 通信，允许 SCP 中的业务逻辑影响呼叫处理过程；SCP 能根据 SSP 上报来的业务键启动不同的业务逻辑，根据业务逻辑向相应的 SSP 发出呼叫控制指令；SMS 是一种计算机系统，一般具备 5 种功能，即业务逻辑管理、业务数据管理、用户数据管理、业务监测以及业务量管理；SCE 的功能是根据客户的需求生成新的业务逻辑，为业务设计者提供友好的图形编辑界面；IP 是协助完成智能业务的特殊资源，通常具有各种语音功能，如语音合成、播放录音通知、接收双音多频拨号及语音识别等。

GSM CAMEL Phase3 的网络结构如图 4-44 所示，它在 GSM 网络中增加了几个功能实体：gsmSSF（业务交换功能）、gsmSRF（专用资源功能）和 gsmSCF（业务控制功能）。其中，gsmSCF 与 gsmSSF 以及 gsmSCF 与 gsmSRF 之间采用 CAP Phase3 协议接口，MSC 与 gsmSRF 之间采用内部协议接口，其他采用 MAP Phase3 接口。

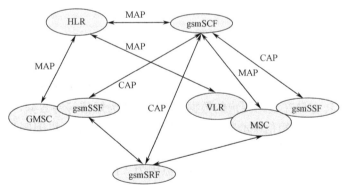

gsmSCF：GSM业务控制功能　　　　gsmSSF：GSM业务交换功能
gsmSRF：GSM专用资源功能

图 4-44　GSM CAMEL Phase3 的网络结构

CAP 为 CAMEL 应用部分，用于实现智能网功能实体 gsmSSF、gsmSRF 和 gsmSCF 之间的信令交互，从而实现对 CAMEL 业务的支持。

专门用于实现 gsmSCF 的设备称为 SCP，用于实现 gsmSSF 的设备称为 SSP，用于实现 gsmSRF 的设备称为 IP。

现网中 MSC 设备一般除具有 MSC 和 VLR 功能外，还同时具有 SSP 和 IP 功能，即 MSC 可承担 VMSC/SSP/IP 或 GMSC/SSP/IP 的角色，采用 CSI（CAMEL Subscription Information）触发方式，提供业务交换功能和特殊资源功能。

CAMEL Phase3 网络结构中的各功能实体介绍如下。

（1）归属位置寄存器（HLR）

HLR 存储 CAMEL 用户的签约数据，如 O-CSI、D-CSI、T-CSI、VT-CSI、M-CSI、SMS-CSI 和 SS-CSI 等。O/D/VT/M/SMS/SS-CSI 在用户进行位置更新时，由 HLR 通过用户数据流程插入用户当前所在的 VLR；O/D/T-CSI 通过取路由信息流程从 HLR 发送给 MSC、HLR 和 SCP 之间具有 MAP 信令的接口，SCP 可以利用"任何时间查询（AnyTimeInterrogation）"操作来获取 CAMEL 用户的位置信息和用户状态。

（2）移动关口交换中心（GMSC）

当 GMSC 处理需要 CAMEL 支持的呼叫时，GMSC 从 HLR 中接收 O/T-CSI，向 gsmSSF 请求指令。在处理过程中，GMSC 监视所有的呼叫状态或事件，并在呼叫处理过程中通知 gsmSSF，使 gsmSSF 可以控制 GMSC 中的呼叫处理。

（3）移动交换中心（MSC）

当 MSC 处理需要 CAMEL 支持的呼叫时，MSC 从 VLR 中接收 O/D/VT-CSI，向 gsmSSF 请求指令。在处理过程中，MSC 监视所有的呼叫状态或事件，并在呼叫处理过程中通知 gsmSSF，使 gsmSSF 可以控制 MSC 中的呼叫处理。在 MSC 处理补充业务调用通知时，当 ECT（Explicit Call Transfer）、CD（Call Deflection）和 MPTY（Multi Party）时，MSC 从 VLR 中接收 SS-CSI，指示 MSC 应该向 gsmSCF 发起补充业务调用通知。当 MSC 处理 MO SMS 时，MSC 从 VLR 中接收 SMS-CSI，根据 SMS-CSI 决定是否触发智能业务。

（4）拜访位置寄存器（VLR）

VLR 将漫游区内用户的 O-CSI、D-CSI、VT-CSI、M-CSI、SMS-CSI 和 SS-CSI 作为用户数据的一部分存储下来。VLR 在用户移动性管理事件完成之后，根据签约情况发起到 SCP 的移动事件通知过程。M-CSI 中的内容指示了哪一种移动性管理事件将上报给 SCF。

（5）GSM 业务交换功能（gsmSSF）

gsmSSF 与 GMSC/MSC 相结合为呼叫控制功能和业务控制功能之间通信提供了一组所要求的功能。专门实现 gsmSSF 功能的物理实体称为 SSP。gsmSSF 功能主要功能有：

- 扩展 GMSC/MSC 的逻辑，包括智能业务控制触发的识别及与 SCF 间的通信；
- 管理 GMSC/MSC 与 SCF 之间的信令；
- 按要求修改 GMSC/MSC 中的呼叫连接处理功能，在 gsmSCF 控制下处理智能呼叫。

（6）GSM 业务控制功能（gsmSCF）

gsmSCF 存储了相应智能业务的业务控制逻辑，实现对移动智能业务的灵活控制。专门实现 gsmSCF 功能的物理实体称为 SCP。

（7）GSM 专用资源功能（gsmSRF）

gsmSRF 提供了在实施智能业务时所需要的专用资源，它包括专用资源提供功能和资源管理功能。专门实现 gsmSRF 功能的物理实体称为 IP。

专用资源提供的功能指在实施 IN 业务时所需的专用资源音发生器以及录音通知的产生与播放功能。

资源管理功能包括管理资源的状态以及控制资源的动作。资源状态主要包括忙、闲和闭塞等。控制资源的动作是指正确地控制各类资源的动作，并提供 SRF 与其他功能实体交换信息所必须的功能，以达到各类资源的有效充分利用。

4.7.2　GPRS 移动智能网

与 GPRS 的互连是 CAMEL3 阶段引入的重要技术。通过与 GPRS 的互连，可以将 CAMEL 业务的应用范围扩展到数据业务，从而大大提高 CAMEL 业务的服务内容，丰富业务属性。可以提供包括 GPRS 预付费、GPRS 移动虚拟专用网业务、GPRS 上网卡、GPRS 信息类业务、移动商务、GPRS 位置类业务和 GPRS 网上银行等多种移动智能业务。

GPRS 移动智能网的功能体系结构如图 4-45 所示，与 GSM 移动智能网的体系结构类似，gsmSCF 通过与 gprsSSF 之间的信令交互，利用业务逻辑来控制 GPRS 的数据传送过程。

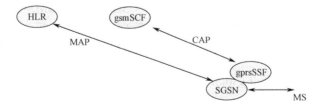

图 4-45　GPRS 移动智能网的功能体系结构图

HLR 中存储的用户数据信息包括 GPRS-CSI,通过"插入用户数据"操作插入到 SGSN 中。当 SGSN 处理 GPRS MS 附着请求、PDP Context 激活和路由区更新时,SGSN 根据 GPRS-CSI 向 gsmSCF 请求,并接受 gsmSCF 的控制或监视。gsmSSF 与 gsmSCF 之间采用 CAP 协议,用于 gsmSCF 控制 gsmSSF 上的 GPRS 会话和每个 PDP Context。

GPRS 移动智能网的业务触发及业务流程,与 GSM 移动智能网类似,下面都是以 GSM 移动智能网为例进行介绍的。

4.7.3　移动智能网的业务触发机制

在移动智能网中,智能业务的触发根据用户数据中的 CSI（CAMEL Subscription Information）数据或 MSC 中的 N-CSI（Network CAMEL Subscription Information,网络 CAMEL 签约信息）进行。N-CSI 标识由 PLMN 服务运营商为所有用户提供的基于全网的业务,存储在 MSC 中。用户数据中的 CSI 包括 O-CSI、D-CSI、T-CSI、VT-CSI、M-CSI、SMS-CSI 和 SS-CSI,存储在 HLR 中。

- O-CSI：始发（Originating）CAMEL 签约信息;
- D-CSI：拨号业务（Dialled Services）CAMEL 签约信息;
- T-CSI：终结（Terminating）CAMEL 签约信息;
- VT-CSI：MSC 终结（VMSC Terminating）CAMEL 签约信息;
- M-CSI：移动性管理事件通知（Mobility Management event Notification）CAMEL 签约信息;
- SMS-CSI：短信业务（Short Message Service）CAMEL 签约信息;
- SS-CSI：补充业务通知（Supplementary Service Notification）CAMEL 签约信息。

其中,O-CSI 包括以下内容。

- TDP（Trigger DP,触发 DP）清单：TDP 清单指示所应触发的 DP。O-CSI 采用 DP2 和 DP4。
- gsmSCF 地址：对某个特定用户,用来接入到 gsmSCF 的地址。该地址为 E.164 号码,用来进行路由寻址。不同的 gsmSCF 地址与不同的 TDP 相关联。
- 业务键：由 gsmSCF 用来识别需要采用的业务逻辑。
- 默认呼叫处理：当 gsmSSF 与 gsmSCF 之间的对话出现差错时或者呼叫受限于 gsmSSF 里的 CallGap 时,默认呼叫处理指示对呼叫应给予释放还是继续。
- DP 触发准则：指示 gsmSSF 是否应向 gsmSCF 请求指令。
- CAMEL 能力处理：指示 gsmSCF 所要求的 CAMEL 业务阶段。

4.7.4　主要 CAP 消息介绍

（1）启动 DP（Initial DP，IDP）

此操作信息由 gsmSSF 发送给 gsmSCF。BCSM 检测 DP 点，当需要触发智能呼叫流程时，由 gsmSSF 产生"启动 DP"，在"启动 DP"操作中包含了 gsmSCF 需要的各种信息，如主叫号码、被叫号码、主叫位置信息、被叫位置信息和用户状态等。

（2）请求报告 BCSM 事件（Request Report BCSM Event，RRBE）

此操作信息由 gsmSCF 发送给 gsmSSF。gsmSCF 可以根据业务需求利用"请求报告 BCSM 事件"要求得知 gsmSSF 本次呼叫的相关 BCSM 事件。gsmSSF 收到此操作信息后，将把本次呼叫 gsmSCF 需要上报的 BCSM 事件记录下来，而当该 BCSM 事件发生时，通过"BCSM 事件报告"操作通知 gsmSCF。

（3）BCSM 事件报告（Event Report BCSM，ERB）

此操作信息由 gsmSSF 发送给 gsmSCF。gsmSSF 记录 gsmSCF 发送的 RRBE 消息中要求上报的事件，如果检测到需上报的事件已发生，则通过"BCSM 事件报告"通知 gsmSCF，gsmSCF 根据事件的类型进行下一步的处理。

（4）申请计费（Apply Charging）

此操作信息由 gsmSCF 发给 gsmSSF，用于控制本次呼叫的呼叫时长。在"申请计费"操作信息中含有本次呼叫的最大呼叫时长和费率切换时长等控制参数，实际的呼叫时长在呼叫到达最大呼叫时长或者用户拆线时由 gsmSSF 通过发送"申请计费报告"来通知 gsmSCF。

（5）申请计费报告（Apply Charging Report，ACR）

此操作信息由 gsmSSF 发给 gsmSCF，gsmSSF 在实际呼叫时长到达相应"申请计费"操作规定的最大呼叫时长时或者用户拆线时向 gsmSCF 发送此操作信息，通知呼叫的实际时长以及其他相关信息。

（6）提供计费信息（Furnish Charging Information，FCI）

此操作信息由 gsmSCF 发送给 gsmSSF。根据业务的要求，gsmSCF 向 gsmSSF 发送"提供计费信息"消息，通过该消息来控制 gsmSSF 的计费信息输出。

（7）继续（Continue）

此操作信息由 gsmSCF 发送给 gsmSSF，gsmSCF 通过"继续"操作信息命令 gsmSSF 将当前悬置的呼叫继续往下处理。

（8）连接（Connect）

此操作信息由 gsmSCF 发送给 gsmSSF，gsmSCF 可以根据业务的需求通过"连接"操作改变当前呼叫的某些参数，如被叫地址和主叫号码显示等，使当前呼叫按照业务的要求进一步往下进行。

（9）拆除呼叫（ReleaseCall）

此操作信息由 gsmSCF 发送给 gsmSSF。gsmSCF 可以根据业务需求在呼叫的任何时刻利用"拆除呼叫"操作要求 gsmSSF 拆除对应的呼叫。

4.7.5　预付费业务处理流程

1．移动预付费用户呼叫普通 WCDMA 用户

预付费用户在 MSCa/VLR/SSP 覆盖范围内，由 O-CSI 触发业务，呼叫流程如图 4-46 所示。

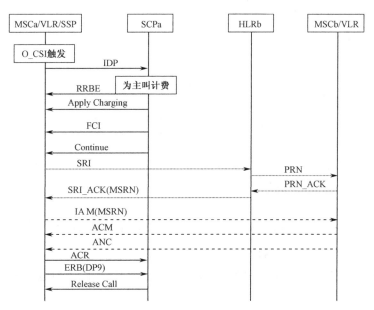

图 4-46　预付费用户呼叫普通 WCDMA 用户流程（O-CSI 触发）

① MSCa/VLR/SSP 收到呼叫后,根据主叫的签约信息 O-CSI 触发业务,将 MSCa/VLR/SSP 所在位置的长途区号，放在 IDP 消息中的 Location Number 参数中，并向 SCPa 发送 IDP 消息。

② SCPa 收到 IDP 消息后，先分析主叫用户账户。账户有效，则转向③。

③ SCPa 根据主叫位置和被叫号码确定主叫费率，并将余额折算成通话时长，发送 RRBE、AC、FCI 和 Continue 到 MSCa/VLR/SSP。

④ MSCa/VLR/SSP 收到 Continue 消息后，向被叫的 HLRb 发起 SRI 消息，得到被叫的 MSRN，进行呼叫接续。

⑤ 通话结束，主、被叫任一方挂机，MSCa/VLR/SSP 上报挂机事件和计费报告。

2. PSTN 或普通 WCDMA 用户呼叫预付费用户

PSTN 或普通 WCDMA 用户呼叫预付费用户，根据 T-CSI 触发业务，呼叫流程如图 4-47 所示。

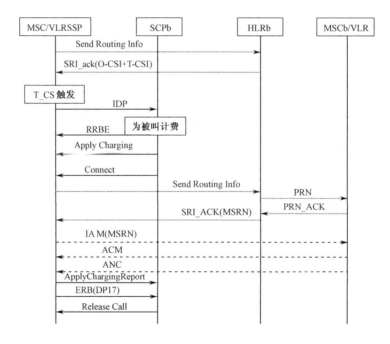

图 4-47　PSTN 或普通 WCDMA 用户呼叫预付费用户（T-CSI 触发）

① MSCa/VLR/SSP 收到 PSTN 或 WCDMA 用户发起的呼叫后，判断出主叫用户不是预付费用户，则向被叫 HLRb 发送 SRI 消息，若被叫是预付费用户，则返回签约信息"O-CSI+T-CSI"。

② MSCa/VLR/SSP 由 T-CSI 数据中得到被叫 SCPb 的地址，向 SCPb 发送 IDP 消息，

因 PSTN 接入的 GMSC 或普通 GSM 的始发 MSC 具有 SSP 功能，故将 GMSC/SSP 或始发 MSC/SSP 所在位置长途区号放在 IDP 消息中的参数 Location number 中。可见预付费被叫业务是在触发"GMSC/SSP 或始发 MSC/SSP"，而非终结 MSC/SSP。

③ SCPb 收到 IDP 消息后，先分析被叫用户账户。若账户有效，则 SCPb 根据被叫归属地和被叫实际位置（见 Location Information 参数）确定费率，并折算成通话时长，向 MSCa/VLR/SSP 发送 RRBE、AC 和 Connect。

④ MSCa/VLR/SSP 收到 Connect 消息后，向被叫 HLRb 再次发送 SRI 消息，此次 SRI 消息抑制 T-CSI，得到被叫的 MSRN。

⑤ MSCa/VLR/SSP 根据被叫的 MSRN 进行接续。

⑥ 通话停止，主、被叫任一方挂机，MSCa/VLR/SSP 上报挂机事件和计费报告。

第三部分　LTE 核心网EPC

第5章 LTE 网络结构与协议

5.1 LTE 网络架构

5.1.1 非漫游架构

图 5-1 为 3GPP 接入、非漫游的 LTE 网络架构。UE 通过 E-UTRAN 接入 EPC 核心网，PDN-GW 通过 SGi 接入运营商网络。当用户没有漫游时，信令和媒体都通过归属网络接续，所有的网元也都通过归属网络提供。LTE 系统的控制平面通过 S1-MME 接口与 MME 相连，用户平面通过 S1-U 接口直接与 S-GW 相连。

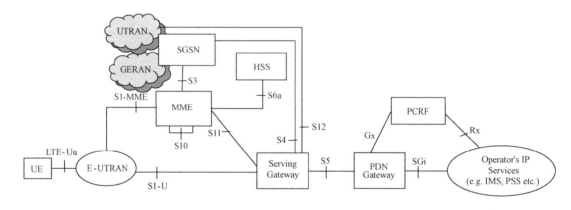

图 5-1　3GPP 接入、非漫游的 LTE 网络架构

在图 5-1 中，S-GW 和 P-GW 分离，它们之间的参考点是 S5 接口。在设备实现时，还可以采用 S-GW 和 P-GW 合一的方案，此时，S5 接口被看作内部接口。由于 EPC 核心网支持多种接入方式，3GPP 标准定义了 S5 接口既可以采用 GTP 协议，也可以采用 PMIP 协议。

5.1.2　漫游架构

如果用户漫游到其他运营商的网络中，则根据用户的需要、运营商间的漫游协议和运营商的策略等，用户的信令和媒体流数据可以由不同的网络来提供，相应的漫游结构也有所不同。在漫游情况下，网络可分为归属地 PLMN（HPLMN）和拜访地 PLMN（VPLMN）两大部分。

第一种漫游场景：HSS 和 P-GW 以及相应的策略控制设备都在归属地，其他设备则都在漫游地。此时，漫游用户的所有业务都回到归属网络运营商网络，其结构如图 5-2 所示。当 P-GW 和 S-GW 分属于归属网络和拜访网络时，两网元间的接口称为 S8。

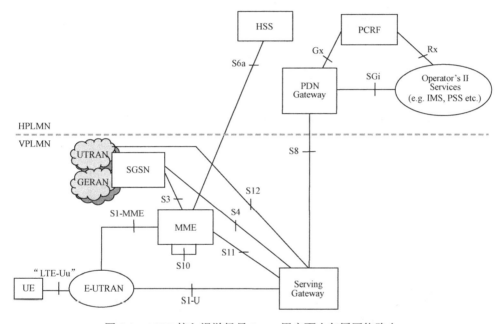

图 5-2　3GPP 接入漫游场景 1——用户面由归属网络路由

第二种漫游场景：如图 5-3 所示。HSS 在归属地，归属运营商的 H-PCRF 也需要参加策略控制，需要把用户的策略控制参数传递给漫游地的 V-PCRF。用户面由本地疏导，漫游用户使用归属网络的业务，如使用归属网络的 IMS 业务等。H-PCRF 和 V-PCRF 间的接口是 S9。

第三种漫游场景：如图 5-4 所示。用户面由本地疏导，漫游用户使用拜访网络的业务，如使用拜访网络的 IMS 业务等。

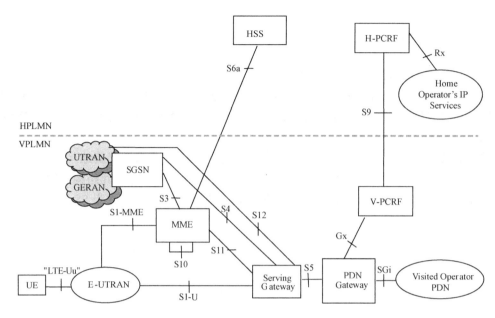

图 5-3　3GPP 接入漫游场景 2——用户面由本地疏导，业务由归属网络提供

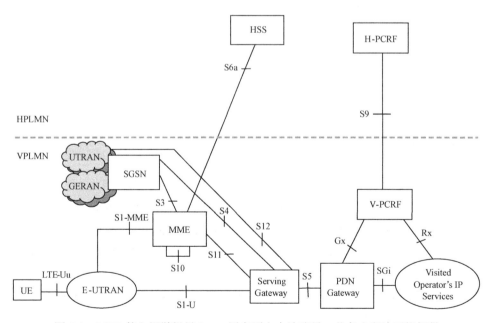

图 5-4　3GPP 接入漫游场景 3——用户面由本地疏导，业务由拜访网络提供

5.2　EPC 协议栈

LTE 核心网接口协议分为控制面和用户面。图 5-5 是控制面协议栈，图 5-6 是用户面协议栈。

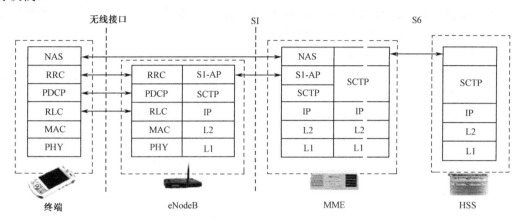

图 5-5　控制面协议栈

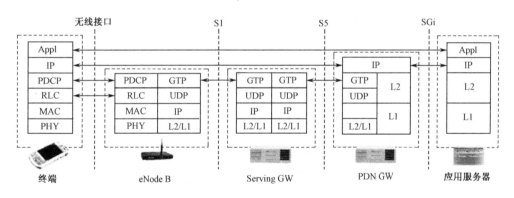

图 5-6　用户面协议栈

控制平面实现 E-UTRAN 和 EPC 的信令传输，包括 RRC 信令、S1-AP 信令和 NAS 信令。NAS（Non Access Stratum，非接入层）是完全独立于接入技术的功能和过程，包括会话管理、用户管理、安全管理和计费。RRC（Radio Resource Control，无线资源控制）层属于接入层，支持所有终端和 eNodeB 间的信令过程，包括移动过程和终端连接管理。NAS 信令通过 RRC 协议和 S1-AP 协议传递。

用户平面协议栈最左端是终端，最右端是应用服务器。应用层只存在于终端和服务器中，是基于 IP 传输的。应用层数据分组在到达目的地之前通过核心网中的网关（SGW 和 PGW）进行路由。应用层数据不但包括用户提供语音和网页浏览的数据，还包括应用层相关的信令，如 SIP 和 RTCP。

用户面最重要的协议是 GTP（GPRS Tunnelling Protocol，GPRS 隧道协议）。GTP 隧道对于终端和服务器来说完全透明，因为它仅更新 EPC 和 E-UTRAN 节点间的中间路由信息。隧道建立过程是会话建立过程的一个重要组成部分。对终端来说，对应不同的 EPS 承载。

在 UE 和 eNodeB 中，控制平面和用户平面协议栈都具有以下层的功能。

- PDCP（Packet Data Convergence Protocol，分组数据汇聚协议）层：主要作用是头压缩，并且实现加密和完整性保护。
- RLC（Radio Link Control，无线链路控制）层：提供可靠的数据传输，实现数据分段和自动重传请求（Automatic Request，，ARQ）机制。每个 RLC 流和逻辑信道是一一对应的关系。
- MAC（Medium Access Control，媒体接入控制）层：负责数据调度和快速重传。MAC 层的主要任务是进行逻辑信道和传输信道间的映射和复用，数据流可以被复用到一个传输信道上，也可以复用到多个传输信道上。MAC 层也支持快速 ARQ（HARQ）。
- PHY（物理）层：进行信道编码和调制后将数据发送到无线接口。

5.3　EPC 协议汇总

表 5-1 是 EPC 接口和协议汇总。其中，E-UTRAN 与 EPC 间的接口是 S1；EPC 内的协议主要有 GTP 和 Diameter。

表 5-1　EPC 接口和协议汇总

接　　口	连 接 网 元	协　　议
S1-MME	eNodeB — MME	S1-AP/SCTP/IP/L2/L1
S1-U	eNodeB — S-GW	GTP-U/ UDP/IP/L2/L1
S3	SGSN — MME	GTP-C/ UDP/IP/L2/L1
S4	SGSN — S-GW	GTP-C/ UDP/IP/L2/L1 GTP-U/ UDP/IP/L2/L1
S5	S-GW — P-GW	GTP-C / UDP/IP/L2/L1 GTP-U / UDP/IP/L2/L1 PMIP Tunneling Layer
S6a	MME — HSS	Diameter/SCTP/IP/L2/L1
S7 (Gx)	PCRF — P-GW (PCEF)	Diameter/SCTP/IP/L2/L1
S8	S-GW — P-GW (Inter PLMN)	Same as S5
S9	V-PCRR — H-PCRF	Diameter/SCTP/IP/L2/L1
S10	MME — MME	GTP-C/ UDP/IP/L2/L1

续表

接　　口	连　接　网　元	协　　议
S11	MME — S-GW	GTP-C/ UDP/IP/L2/L1
S12	UTRAN — S-GW	GTP-U/ UDP/IP/L2/L1
S13	MME — EIR	
SGi	P-GW — Operator's IP network	DHCP, Radius, L2TP, GRE
Rx	PCRF — Operator's IP Service	Diameter/SCTP/IP/L2/L1

5.4　S1 接口协议

　　S1 接口分为控制面和用户面，控制面协议为 S1-MME，用户面协议为 S1-U，如图 5-7 所示。一个 eNodeB 可以连接到多个 MME 或 SGW，这种灵活的组网方式称为 S1-flex。同时还引入了 Pool 的概念，一个或几个 MME 和 SGW 组成一个 Pool，Pool 可以重叠。

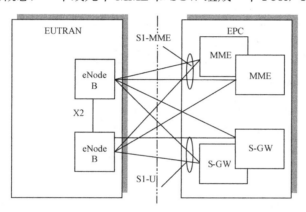

图 5-7　S1 接口——S1-MME 和 S1-U

S1-Flex 具有以下优势：

● 通过核心网节点扩展，S1 可以减少切换过程（在连接模式）或跟踪区域更新过程（在空闲模式）所涉及的核心网内节点数。

● S1-Flex 使得网络更加健壮，当一个核心网节点出现故障时，可以通过同一个 Pool 内的其他节点补偿。

● 一个 eNodeB 可以连接到多个 MME，通过控制可以使其连接到负载较轻的核心网节点，来平衡和分散网络开销。

（1）S1 用户平面接口

　　S1 用户平面（S1-U）协议栈为 GTP-U/UDP/IP/L2/L1，主要传输 eNodeB 和 SGW 之间的用户数据。

（2）S1 控制平面接口

S1 控制平面（S1-MME）协议栈为 S1-AP/SCTP/IP/L2/L1，支持 eNodeB 和 MME 间的一系列信令功能和过程。

S1-AP 的基本过程从应答方式上分为 Class 1 和 Class 2 两类。如表 5-2 和表 5-3 所示。

● Class 1：有应答，成功或失败的应答；

● Class 2：无应答。

表 5-2　S1AP 基本过程，Class 1（有应答）

Elementary Procedure	Initiating Message	Successful Outcome	Unsuccessful Outcome
		Response message	Response message
Handover Preparation	HANDOVER REQUIRED	HANDOVER COMMAND	HANDOVER PREPARATION FAILURE
Handover Resource Allocation	HANDOVER REQUEST	HANDOVER REQUEST ACKNOWLEDGE	HANDOVER FAILURE
Path Switch Request	PATH SWITCH REQUEST	PATH SWITCH REQUEST ACKNOWLEDGE	PATH SWITCH REQUEST FAILURE
Handover Cancellation	HANDOVER CANCEL	HANDOVER CANCEL ACKNOWLEDGE	
E-RAB Setup	E-RAB SETUP REQUEST	E-RAB SETUP RESPONSE	
E-RAB Modify	E-RAB MODIFY REQUEST	E-RAB MODIFY RESPONSE	
E-RAB Release	E-RAB RELEASE COMMAND	E-RAB RELEASE RESPONSE	
Initial Context Setup	INITIAL CONTEXT SETUP REQUEST	INITIAL CONTEXT SETUP RESPONSE	INITIAL CONTEXT SETUP FAILURE
UE Context Release	UE CONTEXT RELEASE COMMAND	UE CONTEXT RELEASE COMPLETE	
UE Context Modification	UE CONTEXT MODIFICATION REQUEST	UE CONTEXT MODIFICATION RESPONSE	UE CONTEXT MODIFICATION FAILURE
Reset	RESET	RESET ACKNOWLEDGE	
S1 Setup	S1 SETUP REQUEST	S1 SETUP RESPONSE	S1 SETUP FAILURE
eNB Configuration Update	ENB CONFIGURATION UPDATE	ENB UPDATE CONFIGURATION ACKNOWLEDGE	ENB CONFIGURATION UPDATE FAILURE
MME Configuration Update	MME CONFIGURATION UPDATE	MME CONFIGURAION UPDATE ACKNOWLEDGE	MME CONFIGURATION UPDATE FAILURE
Write-Replace Warning	WRITE-REPLACE WARNING REQUEST	WRITE-REPLACE WARNING RESPONSE	

表 5-3　S1AP 基本过程，Class 2（无应答）

Elementary Procedure	Message
Handover Notification	HANDOVER NOTIFY
E-RAB Release Request	E-RAB RELEASE REQUEST
Paging	PAGING
Initial UE Message	INITIAL UE MESSAGE
Downlink NAS Transport	DOWNLINK NAS TRANSPORT
Uplink NAS Transport	UPLINK NAS TRANSPORT
NAS non delivery indication	NAS NON DELIVERY INDICATION
Error Indication	ERROR INDICATION
UE Context Release Request	UE CONTEXT RELEASE REQUEST
DownlinkS1 CDMA2000 Tunneling	DOWNLINK S1 CDMA2000 TUNNELING
Uplink S1 CDMA2000 Tunneling	UPLINK S1 CDMA2000 TUNNELING
UE Capability Info Indication	UE CAPABILITY INFO INDICATION
eNB Status Transfer	eNB STATUS TRANSFER
MME Status Transfer	MME STATUS TRANSFER
Deactivate Trace	DEACTIVATE TRACE
Trace Start	TRACE START
Trace Failure Indication	TRACE FAILURE INDICATION
Location Reporting Control	LOCATION REPORTING CONTROL
Location Reporting Failure Indication	LOCATION REPORTING FAILURE INDICATION
Location Report	LOCATION REPORT
Overload Start	OVERLOAD START
Overload Stop	OVERLOAD STOP
eNB Direct Information Transfer	eNB DIRECT INFORMATION TRANSFER
MME Direct Information Transfer	MME DIRECT INFORMATION TRANSFER

　　S1-AP 协议的主要功能如下所述。

　　① UE 上下文管理：包括 UE 上下文的建立（Initial Context Setup）、修改（UE Context Modification）和释放（UE Context Release）。

　　② 承载管理：包括承载的建立（E-RAB Setup）、修改（E-RAB Modify）和释放（E-RAB Release）。

　　③ 切换（Handover）过程：包括用户在不同 eNodeB 间或不同 3GPP 技术间移动时的 S1 接口切换功能。

　　④ NAS 信令传输过程：对应于 UE 和 MME 间的信令传输，对基站来说这种信令的传输是透明的，因此 UE 和 MME 间的信令也被称为 NAS 信令。

　　⑤ 寻呼（Paging）过程：当移动用户作为被叫用户时。

5.5　X2 接口协议

X2 是 eNodeB 间的协议，X2 协议栈（控制面和用户面）如图 5-8 所示。

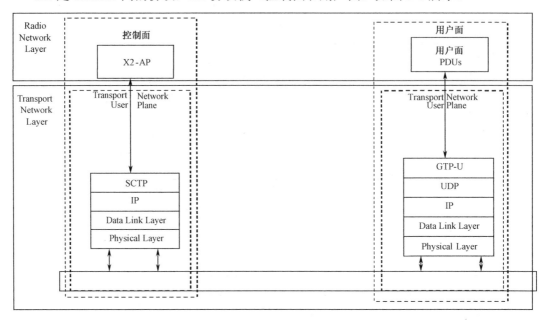

图 5-8　X2 协议栈（控制面和用户面）

（1）X2 用户平面接口

X2 用户平面接口（X2-U 接口）主要用于在 eNodeB 间传输用户数据。这个接口只在终端从一个 eNodeB 移动到另一个 eNodeB 时使用，用于实现数据的转发。X2 用户平面使用 GTP-U 协议。

（2）X2 控制平面接口

X2 控制平面接口（X2-C 接口）支持 eNodeB 间的信令，与用户移动有关，目的是在 eNodeB 间传递用户上下文信息。另外，X2-C 接口支持负载指示，该过程的主要目的是向相邻的 eNodeB 发送负载状态指示信令，支持负载平衡管理或最优化切换门限和切换判决。

eNodeB 间的信令传递要求可靠地传输，因此 X2-C 接口在 IP 层上使用 SCTP 来保证可靠性。

5.6　GTP 协议

GTP（GPRS Tunnelling Protocol）的基本功能是提供网络节点之间的隧道的建立。GTP 分为 GTP-C 和 GTP-U，分别对应于 GTP 控制平面和 GTP 用户平面。GTP 控制平面主要用于核心网承载的建立维护以及核心网节点之间的其他信息交互；GTP 用户平面用于为每个承载在核心网节点之间传输用户数据。GTP 的控制平面和用户平面使用不同版本的 GTP 协议，GTP-C 使用 GTPv2，GTP-U 使用 GTPv1。

GTP 会话与 SAE 中的 PDN 连接的概念是等同的。一条 GTPv2 隧道管理消息可以同时对同一会话内的多个承载进行操作。GTPv2 隧道管理消息分为会话控制和承载控制两类。

（1）会话控制消息

会话控制消息用于对 PDN 连接进行操作，即会话建立和会话释放。会话控制消息包括以下 2 组。

① 创建会话请求（Create Session Request）和创建会话响应（Create Session Response）：用于在目标节点创建 GTP 会话。应用场合有两种，分别为初始建立 PDN 连接的场景和移动性过程的场景。初始建立 PDN 连接即 UE 的附着过程及 UE 发起的 PDN 连接建立过程；而移动性过程则为伴随 S-GW 改变的 RAU、RAU 或切换过程等。

② 删除会话请求（Delete Session Request）和删除会话响应（Delete Session Response）：用于删除目标节点的 GTP 会话。应用场合也有两种，分别为 PDN 连接删除场景和 UE 移动性场景。PDN 连接删除场景包括注销过程（Detach）和 PDN 连接释放过程；而移动性过程也是伴随 S-GW 改变的 RAU、RAU 或切换过程等。

PDN 连接建立过程中的会话消息是建立一个默认承载的操作；而移动性过程和 PDN 释放过程中的会话消息是对会话中的所有承载进行操作的。

（2）承载控制消息

当会话建立起来之后，只要不是释放会话，对会话中的承载进行创建、删除和修改都是通过承载控制消息进行的。承载控制消息可以是处理一个承载，也可以是处理多个承载。承载控制消息包括以下 3 组。

① 创建承载请求（Create Bearer Request）和创建承载响应（Create Bearer Response）：创建承载请求及响应消息用于专用承载的建立。由于默认承载是在创建一个 PDN 连接（即一个 GTP 会话）时建立的，并在这个 PDN 连接期间一直保持，Create Bearer Request 消息只用于专用承载建立。

② 修改承载请求（Modify Bearer Request）和修改承载响应（Modify Bearer Response）：修改承载可以修改某个或某些承载的 TFT 和 QoS 等信息。

③ 删除承载请求（Delete Bearer Request）和删除承载响应（Delete Bearer Response）：删除承载消息用于专用承载的删除，并不用于删除默认承载。

承载控制消息除了对承载进行管理之外，也可以对 UE 的会话属性进行修改，如修改控制平面隧道 TEID 和 IP 地址或释放 UE 的 IP 地址等。

5.7　S6a 接口消息

S6a 接口消息使用的协议是 Diameter/SCTP/IP/L2/L1。S6a 接口消息如表 5-4 所示，是 MME 与 HSS 之间的消息，类似于 MAP 消息功能。

表 5-4　S6a 消息汇总

MME--HSS	S6a 接口消息	功　　能
→	Authentication Information Request	鉴权信息请求
←	Authentication Information Answer	鉴权信息响应，消息里携带 EPS 安全向量（(RAND, XRES, AUTN, KASME)
→	Update Location Request	位置更新请求
←	Update Location Answer	位置更新响应，消息中包含了签约数据
←	Cancel Location Request	HSS 发起删除 MME 中的用户记录
→	Cancel Location Answer	
←	Insert Subscriber Data Request	HSS 向 MME 插入用户签约数据
→	Insert Subscriber Data Answer	
←	DeleteSubscriber Data Request	HSS 发起删除 MME 中保存的部分或全部的用户数据
→	DeleteSubscriber Data Answer	
→	Purge UE Request	MME 通知 HSS 删除去附着用户的签约数据和 MM 上下文
←	Purge UE Answer	
→	Notify Request	当用户状态变化，或用户终端改变，或用户当前 APN 的 PDN GW 信息改变时，MME 向 HSS 发送此消息
←	Notify Answer	
←	Reset Request	HSS 设备重启，向 MME 发送此消息
→	Reset Answer	

5.8　网 元 功 能

5.8.1　E-UTRAN

E-UTRAN 实体 eNodeB 的主要功能包括：

① 无线资源管理——包括无线承载控制、无线许可控制、连接移动性控制、上行和下行资源动态分配／调度。

② 头压缩及用户平面加密。

③ 当从提供给 UE 的信息中无法获知去往 MME 的路由信息时，选择 MME。

④ 根据用户的 QoS 签约信息，进行上行和下行的承载级别的速率调整，同时能对上行和下行承载级别进行准入控制。

5.8.2　MME

MME 是核心网唯一的控制平面设备，它的主要功能是接入控制、移动性管理、会话管理、网元选择和存储用户承载信息。

① 接入控制。MME 通过鉴权功能实现网络和用户之间的相互鉴权和密钥协商，确保用户请求的业务在当前网络是可以授权使用的。鉴权包括对用户的 IMSI 和 GUTI（Globally Unique Temporary Identiy）的校验，验证其合法性。

② 移动性管理。MME 支持的移动性管理程序，包括附着、去附着、跟踪区更新、切换和寻呼等。

③ 会话管理。对建立会话所必须的承载的管理，包括默认承载和专用承载。

④ 网元选择。MME 需要为用户选择相应的用户平面网元，包括 P-GW 和 S-GW 的选择。

⑤ 信息存储。MME 需要保存用户的状态、MM 上下文和 EPS 承载上下文信息。主要包括用户标识、跟踪区信息、鉴权信息、安全算法、通信网元的地址、用户的 PDN 连接参数和用户的 QoS 参数等。

⑥ 业务连续性。MME 还能支持 EPS 与传统 2G/3G 系统间的业务互通，包括 CSFB（CS FallBack，电路域业务回落）和 SRVCC（Single Radio Voice Call Continuity，单网络接入语音业务连续性）。

5.8.3　S-GW（Serving Gateway）

S-GW 位于用户平面，对每一个接入到 LTE 的 UE，一次只能有一个 S-GW 为之服务。S-GW 的主要功能是进行会话管理、路由选择和数据转发、QoS 控制、计费以及存储信息等。

① 会话管理。SGW 能对承载进行建立、修改和释放，能存储 EPS 承载上下文。

② 路由选择和数据转发。当 eNodeB 间切换时，SGW 作为本地锚定点，在路径转换后，通过立即向源 eNodeB 发送一个或多个"结束标记"来协助完成 eNodeB 的重排序功能。当 3GPP 内发生不同接入技术之间的切换时，SGW 是移动性锚点，通过 SGW 和 SGSN 间的 S4 接口，在 2G/3G 系统和 PGW 间实现业务路由。

在 E-UTRAN 空闲模式下，SGW 能缓存下行数据并触发网络侧服务请求流程。

③ QoS 控制。SGW 支持 EPS 承载的主要 QoS 参数。在上行链路中，SGW 能基于 QCI 进行数据包传送级标记（如设置 DSCP）。

④ 计费。SGW 支持用户和 QCI 分类的运营商间的计费，SGW 支持根据每个 UE、PDN 和 QCI 的上行链路和下行链路的计费。

5.8.4　P-GW（PDN GW）

P-GW 位于用户平面，是面向 PDN 终结于 SGi 接口的网关。如果 UE 访问多个 PDN，UE 将对应一个或多个 P-GW。P-GW 的主要功能包括 IP 地址分配、会话管理、PCRF 选择、路由选择、数据转发、QoS 控制、计费、策略和计费执行等。

① UE 的 IP 地址分配。用户 UE 的 IP 地址是由 P-GW 来分配的，可以是静态分配的地址，也可以是动态分配的地址。

② 会话管理。P-GW 支持 EPS 承载管理功能，包括承载建立、修改和释放，应能存储和处理 EPS 承载上下文，能根据 APN 进行域名解析并寻址到相应外部数据网。

③ PCRF 选择。在多个 PCRF 服务于一个 P-GW 的情况下，P-GW 应能对 PCRF 进行选择。

④ 路由选择和数据转发。P-GW 能将从上一个节点收到的数据（GTP-U PDU）转发给路由中的下一个节点，并对 GTP-U PDU 排序。

⑤ QoS 控制。P-GW 中包含 EPS 承载的 QoS 参数。默认承载初始的承载级别 QoS 参数由网络根据签约数据来分配，但 P-GW 可以在和 PCRF 交互后或者基于本地配置来改变这些值。支持基于用户的包过滤，上、下行服务水平门限控制，基于业务的上、下行速率控制和基于 AMBR 的下行链路速率控制。

⑥ 计费功能。P-GW 能够与离线计费系统进行通信，并为每个 UE 提供计费功能；支持上、下行服务等级计费。

⑦ 策略和计费执行功能。PCEF（Policy and Charging Enforcement Function，策略和计费执行功能）包含业务数据流的检测、策略执行和基于流的计费功能。

5.8.5　PCRF

PCRF（Policy and Charging Function，策略计费控制单元）包含策略控制决策和基于流计费控制的功能，向 PCEF 提供关于服务数据流检测、门控、基于 QoS 和基于流计费的网络控制功能。

在非漫游场景时，在 HPLMN 中只有一个 PCRF 跟 UE 的 IP-CAN 会话相关。PCRF 终结于 Rx 接口和 Gx 接口。在漫游场景中，当业务流是本地疏导时，可能会有两个 PCRF 与一个 UE 的 IP-CAN 会话相关：归属网络 H-PLMN 中的 H-PCRF 和拜访网络 V-PLMN 中的 V-PCRF。

5.8.6　HSS

HSS（Home Subscriber Server）是用于存储用户签约信息的数据库，归属网络中可以包含一个或多个 HSS。服务于 LTE 网络的 HSS，与 2G/3G 网络中的 HLR 以及 IMS 网络中的 HSS 类似，或者同一个 HSS 网元可以同时服务于 LTE 网络、2G/3G 网络和 IMS 网络。

HSS 负责保存跟用户相关的信息，包括：

① 用户标识、编号和路由信息。

② 用户安全信息，用于鉴权和授权的网络接入控制信息。

③ 用户位置信息。HSS 支持用户注册并存储系统间的位置信息。

④ HSS 能产生用于鉴权、完整性保护和加密的用户安全信息。

⑤ HSS 负责与不同域和子系统中的呼叫控制和会话管理实体进行联系。

5.8.7　SGSN

为了实现和 EPS 系统的互通，2G/3G 网络中的 SGSN 设备需要增加下列功能。

① 当在 2G/3G 和 E-UTRAN 3GPP 接入网间移动时，SGSN 支持与 MME 和 S-GW 间的接口信令。

② 能进行 PDN 和 S-GW 的选择。

③ 当 UE 切换到 E-UTRAN 网络时，能进行 MME 的选择。

④ 具有 S4 接口和 Gn/Gp 接口，S4-SGSN 用于与 LTE 的 S-GW 连接，Gn/Gp SGSN 用于与 Rel 8 以及 Rel 8 之前版本的 GGSN 连接，S4-SGSN 与 Gn/Gp SGSN 通过 S16 接口连接。

5.9　节点选择功能

5.9.1　P-GW 选择

P-GW 选择功能在 MME 中实现，该功能利用 HSS 提供的用户签约信息和其他可能的附加标准，为 3GPP 接入分配一个 P-GW，以提供 PDN 连接。

对于每一个签约的 PDN，HSS 提供如下信息：

● 一个 P-GW 的标识和一个 APN。

● 一个 APN 和对该 APN 的指示，该指示说明是否允许由 VPLMN 分配 P-GW，还是只能由 HPLMN 分配 P-GW。

● HSS 能指示哪一个 APN 所对应的签约的 PDN 是这个 UE 默认的 APN。

目前，3GPP 定义的 P-GW 选择具体过程如下：

① UE 在初始接入网络时，使用网络提供的默认 APN 建立 PDN 连接。

② 当 UE 已经连接到一个或多个 PDN 时，由 UE 为 P-GW 选择功能提供请求的 APN。如果这个 APN 为合法签约的 APN，则使用这个 APN 导出一个 P-GW 地址用于建立 PDN 连接；否则使用签约数据中提供的默认 APN 导出 P-GW 地址并建立 PDN 连接。

③ 如果 HSS 提供了 P-GW 的 IP 地址，则在使用静态 IP 地址的情况下，或者该选择功能发生在 UE 由非 3GPP 接入切换到 3GPP 接入的情况下，MME 直接选择该 P-GW；否则，MME 可以按照一般方法另外选择 P-GW。

④ 如果 HSS 提供了一个 PDN 的 APN，并且签约允许在 VPLMN 中为这个 APN 分配一个 P-GW，P-GW 选择功能的结果为在 VPLMN 中得到的一个 P-GW 地址。如果 VPLMN 不能给出一个 P-GW 地址，或者签约不允许 VPLMN 为这个 APN 分配一个 P-GW，则应从 HPLMN 为这个 APN 导出一个 P-GW 地址。

⑤ P-GW 地址采用 DNS 功能，根据 APN、用户签约信息和其他信息导出。

⑥ 如果用户签约信息中给出了 APN-OI Replacement 字段，则在构造 P-GW 的域名时将 APN-OI 字段的值替换为收到的 APN OI Replacement 字段值；否则，或当以上 P-GW 域名解析失败时，P-GW 的域名将用 ".mnc<MNC>.mcc<MCC>.gprs" 串附加构造而成。

⑦ 如果 DNS 功能提供一张 P-GW 地址的列表，则 MME 从这张列表中选择一个 P-GW；如果选出的 P-GW 不可用，则从这张列表中另外选择一个 PGN GW。

⑧ 如果 UE 提供了一个 PDN 的 APN，这个 APN 就被用于导出一个 P-GW 地址。

5.9.2　S-GW 选择

S-GW 选择功能在 MME/S4 SGSN 中实现，该功能基于网络的拓扑结构为 UE 选择一个可用的 S-GW。在 S-GW 服务重叠区域，S-GW 的选择要减少 S-GW 改变的可能性，同时还需要考虑到 S-GW 之间的负荷均衡。

如果一个漫游用户从仅支持 GTP 协议的网络漫游到一个 PMIP 协议的网络，选择的本地 P-GW 需要支持 PMIP 协议，而接入归属地的 P-GW 时要用 GTP。此时，所选择的 S-GW 需要同时支持 GTP 和 PMIP 两种协议，以便为该 UE 同时建立本地疏导和归属地会话业务。对于同时支持 GTP 和 PMIP 的 S-GW，MME/SGSN 应该告诉这个 S-GW 在 S5/S8 接口应该采用哪种协议。

如果网络配置了合设的 S-GW 和 P-GW，则在非漫游情况下，先选择 PGW，然后尽量选择与 P-GW 合设的 S-GW，从而减轻网络负担，缩短时延。

在 S-GW 选择时，还可能利用 DNS 功能解析出一个可服务于该 UE 位置的 S-GW 的地址列表。

5.9.3　MME 选择

MME 的选择功能基于网络的拓扑结构，为服务的 UE 选择一个可用 MME。在 MME 服务重叠区域，eNodeB 对 MME 的选择要减少 MME 改变的可能性，同时还要尽可能地考虑 MME 之间的负荷均衡。

5.9.4　SGSN 选择

SGSN 选择功能基于网络的拓扑结构，为服务的 UE 选择一个可用 SGSN。在 SGSN 服务重叠区域，SGSN 的选择要减少 SGSN 改变的可能性，同时还要尽可能地考虑 SGSN 之间的负荷均衡。

5.9.5　PCRF 选择

P-GW 和 AF 与 PCRF 的关系是多对多的关系。P-GW 和 AF 可以对应一个或多个 HPLMN 网络的 PCRF，或在本地疏导的漫游情景中，P-GW 和 AF 可对应于一个或多个 VPLMN 网络的 PCRF。

P-GW 实现以下两种 PCRF 的选择功能：

- 第一种，如果一个 Diameter 域只对应一个 PCRF，P-GW 可以采用静态配置的方法选择 PCRF；
- 第二种，如果一个 Diameter 域有多个独立的 PCRF，P-GW 通过 DRA（Diameter Routing Agent）方式进行 PCRF 的选择。

第6章　LTE 核心网概念与特性

6.1　EPS 系统中的标识

（1）全球唯一临时标识符（Globally Unique Temporary UE Identity，GUTI）

MME 要给 UE 分配全球唯一临时标识符（GUTI），目的是提供 UE 永久标识 IMSI 的保密性。GUTI 结构如图 6-1 所示。GUTI 包括以下两部分：

● 用于唯一标识分配 GUTI 的 MME，称为 GUMMEI；
● 用于唯一标识该 MME 中的 UE，称为 M-TMSI。

在寻呼时，UE 是用 S-TMSI 来进行寻呼的。S-TMSI 是由 MMEC 和 M-TMSI 组成的。

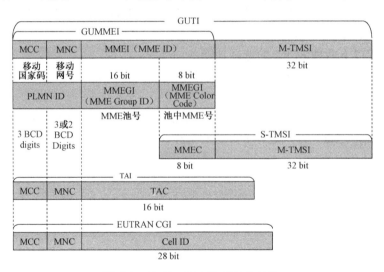

图 6-1　GUTI、TAI 和 CGI 的结构

（2）跟踪区域标识符（TAI）和跟踪区列表

TAI 用于标识跟踪区域。TAI 由 MCC、MNC 和 TAC 组成。

E-UMTS 作为 UMTS 的增强，UE 可以向多个跟踪区域注册，多个跟踪区域组成 TA 列表。这样，只要 UE 仍然在它所注册的 TA 列表内，除了周期性的 TA 更新外，UE 无须任何 TA 更新。多个 TA 注册机制有助于位于跟踪区域边缘的终端降低 TA 更新的次数。

　　UE 的 TAI 由 MME 来负责进行分配，MME 可以在用户附着或跟踪区更新时，将跟踪区列表发给用户。UE 认为它向整个 TA 列表进行了注册，直到它进入一个不属于列表的 TA 或从网络得到了更新列表。

　　（3）eNB S1-AP UE ID

　　该标识符用于在 S1-MME 参考点的 eNodeB 侧临时标识 UE。在一个 eNodeB 内，它是唯一的。

　　（4）MME S1-AP UE ID

　　该标识符用于在 S1-MME 参考点的 MME 侧临时标识 UE。在一个 MME 内，它是唯一的。

　　（5）EPS 承载标识符（EPS Bearer Identity，EBI）

　　EPS 承载标识符是由 MME 分配的，用于唯一标识 UE 接入到 E-UTRAN 的一个 EPS 承载，在承载建立过程中传递给 S-GW/P-GW 使用。

　　EPS 无线承载用于 UE 和 eNodeB 间传输 E-RAB 分组，EPS 无线承载与 EPS 承载之间存在一一映射关系，这种映射是由 E-UTRAN 来实现的。

　　EPS 承载标识符使用的一个场景就是在专用承载修改但没有 QoS 更新程序时。在这个程序中，MME 要在 NAS 信令中将 EPS 承载标识符传递给 UE，以用于将更新的 TFT 和相关的 EPS 承载绑定起来。

　　（6）TEID（Tunnel Endpoint ID）

　　在基于 GTP 通信的两个节点间使用 GTP 隧道，每个 GTP 隧道在一个节点的标识同时使用 IP 地址、UDP 端口和 TEID。

6.2　EPS 系统的承载与 QoS

6.2.1　EPS 承载架构

　　EPS 承载业务架构如图 6-2 所示，能实现端到端的 QoS。EPS 承载业务架构沿用了 UMTS 系统相似的 QoS 框架，分层次、分区域，即每一层的承载业务都通过其下一层的承载业务来提供。

　　端到端 QoS 业务可以分为两部分：EPS 承载和外部承载。其中，外部承载用于连接核心网和外部网节点间的业务承载。EPS 承载则可以分为 EPS 无线承载、S1 承载和 S5/S8 承载三部分。EPS 承载相当于 2G GPRS 和 3G UMTS 中使用的"PDP 上下文"。

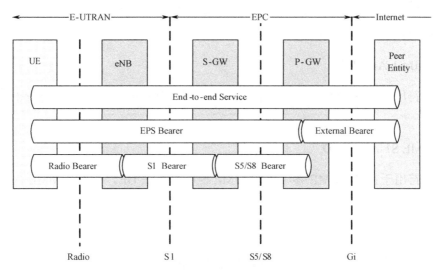

图 6-2　EPS 承载业务架构

6.2.2　QoS 参数

在 EPS 系统中，承载级别的 QoS 参数包括：

- QCI——QoS Class Identifier，QoS 分类识别码。
- ARP——Allocation and Retention Priority，分配和保持优先。
- GBR——Guaranteed Bit Rate，保证的比特速率。
- MBR——Maximum Bit Rate，最大比特速率。
- AMBR——Aggregate Maximum Bit，聚合最大比特速率，分为 UE-AMBR 和 APN-AMBR。

其中，QCI 和 AMBR 两个参数是 EPS 系统新增加的，其余参数沿用 UMTS 系统。

GBR 和 MBR 表示了每个承载业务的比特速率，而 UE-AMBR/APN-AMBR 表示了每组承载业务的比特速率。这些 QoS 参数的每一个都有一个上行部分和一个下行部分。

按照承载所支持的业务类型，承载可分为两类：GBR 承载和 Non-GBR 承载。每个 EPS 承载，无论是 GBR 承载还是 Non-GBR 承载，都包含 QCI 和 ARP 两个参数。

QCI 是一个数量等级，用来代表控制承载级别的包传输处理的接入点参数，例如，调度权重、接入门限、列队管理门限和链路层协议配置等。

ARP 包含优先等级和抢占与允许抢占标记等几个信息，其主要目的是在资源限制的情况下决定接受还是拒绝承载的建立或者修改请求。另外，ARP 可以被用在特殊资源限制时

（例如，在 Handover 时），决定丢弃哪个承载。一旦承载成功建立后，承载的 ARP 将对承载级别的包传输处理没有任何影响。

每个 GBR 承载包含了 GBR 参数和 MBR 参数，MBR 大于 GBR。GBR 表示能由 GBR 承载提供的比特速率，MBR 表示 GBR 承载能提供的最大比特速率。GBR 承载主要用于语音、视频和实时游戏等业务，采用专用承载和静态调度的方式进行承载。

Non-GBR 承载则主要用于各种数据业务的承载。为了提高承载资源的统计复用效果，EPS 系统引入了汇聚的概念，并定义了 AMBR 参数来实现资源的利用率。AMBR 的目的是，当一个 UE 或一个 APN 的多个 Non-GBR 承载存在时，如果其中一些 Non-GBR 不传输数据，则其他活动的 Non-GBR 承载都可以共享整个的 AMBR 资源。

而对于 GBR 承载，由于是预留资源方式，因此不应用 AMBR。

考虑到 eNodeB 和 PGW 之间不同的承载实现要求，将 AMBR 划分为 UE-AMBR 和 APN-AMBR 两种类型。

UE-AMBR 参数是关于某个 UE 的、所有 Non-GBR 承载的、所有 APN 连接比特速率总和的上限。UE-AMBR 作为 UE 的签约数据保存在 HSS 中，用于指示 UE 针对不同 PDN 接入的参数属性，并通过网络注册流程由 HSS 传送给 MME。当 UE 建立起到某个 PDN 的第一条数据连接时，相应的上、下行 UE-AMBR 就可以通过默认承载建立流程，传送到 eNodeB，由 eNodeB 完成其控制和执行。

APN-AMBR 参数是关于某个 APN 的、所有 Non-GBR 承载的比特速率总和的上限。APN-AMBR 参数存储在 HSS 中，针对每个 APN 的签约参数，它限制同一个 APN 中所有 PDN 连接的累计比特速率。其中，下行 APN-AMBR 由 PGW 负责执行，上行 APN-AMBR 由 UE 和 PGW 负责执行。

6.2.3　标准 QCI 属性

表 6-1 为标准 QCI 属性。QCI 1～4 为 GBR 承载类型；QCI 5～9 为 Non-GBR 承载类型。

表 6-1　标准 QCI 属性

QCI	资源类型	优先级	数据包时延预算	数据包丢失率	服 务 举 例
1	GBR	2	100 ms	10^{-2}	语音会话
2		4	150 ms	10^{-3}	视频会话（实况流业务）
3		3	50 ms	10^{-3}	实时游戏
4		5	300 ms	10^{-6}	非会话类视频（缓存流业务）
5	Non-GBR	1	100 ms	10^{-6}	IMS 信令

续表

QCI	资源类型	优先级	数据包时延预算	数据包丢失率	服务举例
6		6	300 ms	10^{-6}	视频（缓存流业务） 基于 TCP 的业务（如 WWW、E-mail、聊天聊天、FTP、P2P 文件共享、逐行扫描视频等）
7		7	100 ms	10^{-3}	语音 视频会话（实况流业务） 交互式游戏
8		8	300 ms	10^{-6}	视频（缓存流业务） 基于 TCP 的业务（如 WWW、E-mail、聊天聊天、FTP、P2P 文件共享、逐行扫描视频等）
9		9			

表 6-1 中的参数描述如下。

① 资源类型（Resource Type）：用来决定和业务或者承载级别的 GBR 值相关的专有网络资源能否被恒定地分配。GBR 的 SDF 集合需要动态策略和计费控制，而 Non GBR 的 SDF 集合可以只通过静态策略和计费控制。

② 优先级（Priority）：优先级别用来区分相同或不同 UE 的 SDF 集合。每个 QCI 都和一个优先级别相关联。其中，优先级别 1 是最高的优先级别。

③ 数据包时延预算（Packet Delay Budget）：用来表示数据包在 UE 和 P-GW 之间可能被延迟的时间。对于某一个 QCI，PDB 的值在上行和下行方向上是相同的。PDB 的目的是支持时序和链路层功能的配置。

④ 数据包丢失率（Packet Loss Rate）：定义为已经被发送端链路层处理但没有被接收端成功传送到上一层的 SDU 的比率的上限。PLR 说明了非拥塞情况下数据包丢失速率的上限值。PLR 的目的是考虑合适的链路层协议配置。对于某一个 QCI，PLR 的值在上行和下行方向上是相同的。

6.2.4 EPS 默认承载和专用承载

EPS 承载由 EPS 无线承载、S1 承载和 S5/S8 承载三部分组成，是一个在 UE 和 P-GW 间使用的逻辑概念。

- 默认承载（Default Bearer）：在 UE 初始附着过程中按照用户签约的默认 QoS 等级建立一个默认承载，在 PDN 连接业务存在期间会始终保持这个默认承载，给 UE 提供"永远在线"的 IP 连接。
- 专用承载（Dedicated Bearer）：连接到相同 PDN 的其他 EPS 承载称为专用承载。

默认承载一定是 Non-GBR 承载；专用承载可以是 GBR 承载，也可以是 Non-GBR 承载。

PDN 连接是指在 UE 与一个 PLMN 外部分组数据网络（PDN）之间，EPS 系统提供的 IP 连接，PDN 连接业务可支持一个或多个业务数据流（SDF）传输。

通过 UE 的初始附着过程，建立起一个 PDN 连接，一个默认承载建立。根据业务需求，网络侧发起专用承载建立，可以存在一个或多个专用承载。

图 6-3 为一个 PDN 连接（即一个 GTP 会话）上存在一个默认承载和一个专用承载的情况。默认承载和专用承载可以分别承载不同的业务类型。

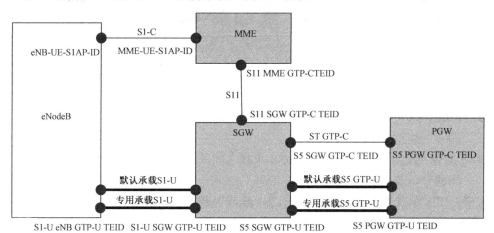

图 6-3　一个 PDN 连接上的默认承载和专用承载

6.2.5　EPS 承载建立

由 EPS 承载传送的基本数据流称为服务数据流（Service Data Flow，SDF），由 IP 的五元组（源 IP 地址、目的 IP 地址、源端口号、目的端口号和 IP 层以上的协议 ID）描述，以此来识别应用和服务。SDF 可以用来连接到 Web、媒体服务器或邮箱服务器等。

一个 EPS 承载唯一标识 SDF 的一个集合体，对应相同承载级别 QoS 的多个 SDF 集合，每个 SDF 对应 TFT（Traffic Flow Template，传输流模板）中的一个数据包过滤器，即每个 EPS 承载与这 UE 的上行 TFT 和 P-GW 的下行 TFT 关联。

基于 GPT 协议的 EPS 承载如图 6-4 所示。

首先，UE 通过 UL TFT 将一组上行 SDF 绑定成一个 EPS 承载。这里，一组 SDF 集合也可以成为 TFA（Traffic Flow Aggregates，传输流汇聚）。若在 UL TFT 中包含多个上行分组数据包过滤器，则 TFA 将可以复用相同的 EPS 承载。

- UE 通过创建 TFA 与无线承载之间的绑定，实现 UL TFT 与无线承载之间的一一映射；

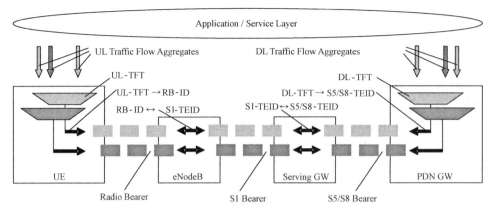

图 6-4　基于 GTP 协议的 EPS 承载

● eNodeB 通过创建无线承载与 S1 承载之间的绑定，实现无线承载与 S1 承载之间的一一映射；
● SGW 通过创建 S1 承载与 S5/S8 承载之间的绑定，实现 S1 承载与 S5/S8 承载之间的一一映射。

最终，EPS 承载数据通过无线承载、S1 承载以及 S5/S8 承载的级联，实现 UE 对外部 PDN 网络之间 PDN 连接业务的支持。

6.3　UE 的 IP 地址分配

UE 必须获得至少一个 IP 地址以访问网络，地址分配可以在默认承载建立时进行，也可以在默认承载建立之后进行。如果在默认承载建立时，UE 没有获得 IP 地址，则 UE 应发起地址分配流程（如 DHCP）以获得 IP 地址。

在 EPS 系统中，一个 PDN 连接可以包含一个默认承载和多个专用承载。专用承载使用其对应的默认承载的 IP 地址，不再为专用承载分配单独的 IP 地址。

当 UE 连接多个 PDN 时，其地址分配机制和单个 PDN 时一样，即每个 PDN 的默认承载分别进行地址分配。

在 EPS 系统中网络支持 3 种类型的 IP 地址，即 IPv4 地址、IPv6 地址和 IPv4/v6 地址。

根据 IP 地址池所在位置的不同，可以有 3 种分配 IP 地址的方式：HPLMN 分配、VPLMN 分配和外部 PDN 分配。HPLMN 可以分配动态或静态的 IP 地址，VPLMN 只能分配动态的 IP 地址，而外部 PDN 可以分配动态或静态的 IP 地址。静态 IP 地址一般是用户在签约时获取的，在地址池中已经预留。

如果 IP 地址是通过默认承载建立方式分配获取的，则不存在 IP 地址租期续订。但对于通过 DHCP 方式获取的 IP 地址，IP 地址的租期续订通过 DHCP 续订机制实现。

IP 地址的释放是随着 PDN 连接的释放而一起释放的，UE 能在本地隐式释放所分配的

IP 地址。对于 IP 地址是通过 DHCP 方式获取的情况，如果 PDN 连接没有释放而需要释放 IP 地址，则可以通过 EPS 特定的删除地址过程来实现。这种方式是可以用于 IPv4/v6 情形下因为租期原因或其他原因而要释放某一个 IP 地址的情况。

为了避免冲突，所释放的 IP 地址不能立即指派给其他 UE 使用。

6.4　EPS 状态管理

EPS 有 3 种状态管理模型，分别是：

- EMM（EPS Mobility Management，EPS 移动性管理）模型；
- ECM（EPS Connection Management，EPS 连接性管理）模型；
- ESM（EPS Session Management，EPS 会话管理）模型。

6.4.1　NAS 协议

EPS 中大多数的 NAS（Non Access Stratum，非接入层）功能和过程是从 GSM 和 UMTS 网络中继承来的，由于 EPS 只有分组域，MME 支持 EMM（EPS 移动性管理）和 ESM（EPS 会话管理）。

EMM 支持用户注册、注销、寻呼、业务请求、跟踪区域更新、GUTI 重分配、鉴权和安全等功能。ESM 支持 EPS 链路的建立、更改、释放以及 QoS 协商等基本功能集。

NAS 消息按照 EMM 和 ESM 分类如表 6-2 所示。

表 6-2　NAS 消息分类汇总

EMM 消息	ESM 消息
Attach Request	Activate Default EPS Bearer Context Request
Attach Accept	Activate Default EPS Bearer Context Accept
Attach Complete	Activate Default EPS Bearer Context Reject
Attach Reject	
Detach Request	Activate Dedicated EPS Bearer Context Request
Detach Accept	Activate Dedicated EPS Bearer Context Accept
	Activate Dedicated EPS Bearer Context Reject
Tracking Area Update Request	
Tracking Area Update Accept	Modify EPS Bearer Context Request
Tracking Area Update Complete	Modify EPS Bearer Context Accept
Tracking Area Update Reject	Modify EPS Bearer Context Reject
Service Request	Deactivate EPS Bearer Context Request
Service Reject	Deactivate EPS Bearer Context Accept

续表

EMM 消息	ESM 消息
Paging	PDN Connectivity Request
	PDN Connectivity Reject
GUTI Reallocation Command	
GUTI Reallocation Complete	PDN Disconnect Request
	PDN Disconnect Reject
Authentication Request	
Authentication Response	Bearer Resource Modification Request
Authentication Reject	Bearer Resource Modification Reject
Authentication Failure	
Identity Request	ESM Information Request
Identity Response	ESM Information Response
Security Mode Command	
Security Mode Complete	ESM Status
Security Mode Reject	
EMM Status	
EMM Information	
Downlink NAS Transport	
Uplink NAS Transport	

6.4.2　EMM

　　EMM 状态模型有两种状态：EMM-DEREGISTERED 和 EMM-REGISTERED，描述的是 UE 在网络中的注册状态。EMM 状态的改变是由于移动性管理过程产生的，比如附着过程和 TAU 过程。UE 和 MME 中的移动性管理状态分别如图 6-5 和图 6-6 所示。

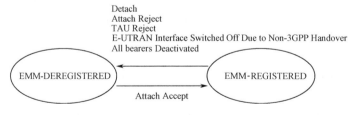

图 6-5　UE 中的 EMM 状态模型

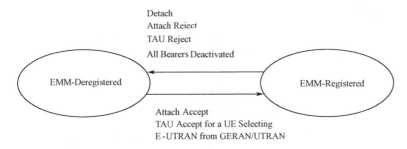

图 6-6　EMM 中的 EMM 状态模型

（1）EMM-Deregistered

如果 UE 是在 EMM-DEREGISTERED 状态，则 MME 中的 EMM 上下文中没有 UE 有效的位置和路由信息，UE 在 MME 中是不可及的。

但是，在 EMM-Deregistered 状态，UE 和 MME 中是有可能保存一些 UE 的上下文的，比如鉴权信息，这样能避免每次附着时都要运行 AKA 程序。

（2）EMM-Registered

UE 通过 E-UTRAN 或者 GERAN/UTRAN 成功地执行了附着程序（Attach Accept）后，UE 就进入了 EMM-Registered 状态。MME 进入 EMM-Registered 状态后，可以通过 UE 从 E-UTRAN 中触发附着程序，也可以通过 UE 从 GERAN/UTRAN 选择 E-UTRAN 而触发 TAU 程序（TAU Accept）。在 EMM-Registered 状态，UE 就可以正常使用业务了。

在执行完去附着程序（Detach）后，UE 和 MME 中的状态就会变为 EMM-Deregistered。

收到附着拒绝（Attach Reject）和 TAU 拒绝（TAU Reject）消息后，UE 和 MME 中的状态行为取决于拒绝消息中的"原因值"，但是大部分情况下，UE 和 MME 中的状态都会变成 EMM-Deregistered。

如果 UE 所有的承载都释放了，比如完成了从 E-UTRAN 向 Non-3GPP 接入的切换以后，那么 UE 和 MME 中的 EMM 状态应该变为 EMM-Deregistered。

当隐式去附着定时器超时时，MME 可以随时执行隐式去附着程序，执行完后，MME 中用户的状态变为 EMM-Deregistered。

6.4.3　ECM

EPS 连接管理状态（ECM）描述的是 UE 和 EPC 间的信令连接性，也有两种状态：ECM-Idle 和 ECM-Connected。UE 和 MME 的 ECM 模型分别如图 6-7 和图 6-8 所示。

在 ECM-IDLE 状态，UE 和网络间没有 NAS 信令连接，在 E-UTRAN 中也没有 UE 上下文，没有 S1-MME 连接。

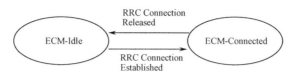

图 6-7　UE 中的 ECM 状态模型

图 6-8　MME 中的 ECM 状态模型

在 ECM-Connected 状态下，UE 和网络间有信令连接，包括 RRC 连接和 S1-MME 连接。从图 6-9 可知，"ECM Connected=RRC Connection+S1 Connection"。

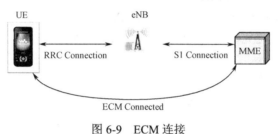

图 6-9　ECM 连接

6.4.4　EMM 和 ECM 状态转换

图 6-10 是 EMM 和 ECM 状态转换图。

- 当用户刚刚开机时，UE 处于 EMM-Deregistered 和 ECM-Idle 状态；
- 完成 Attach 附着过程，建立 RRC 连接和 S1 连接，默认承载建立，可以传输数据，UE 的状态为 EMM-Registered 和 ECM-Connected；
- 如果 UE 处于长时间不活动状态，eNodeB 发起 S1 释放过程，而后 RRC 连接和 S1 连接都释放，UE 的状态转换为 EMM-Registered 和 ECM-Idle；
- 如果有新的数据需要传输，这时 RRC 连接和 S1 连接重新建立，UE 的状态转换为 EMM-Registered 和 ECM-Connected；
- 这时发起去附着过程，UE 释放无线资源，释放 C-RNTI、S-TMSI 和 IP 地址，UE UE 的状态转换为 EMM-Deregistered 和 ECM-Idle。

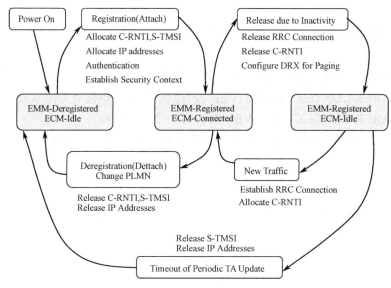

图 6-10 EMM 和 ECM 状态转换

表 6-3 是关于以下 3 种情况的分析。

● 在 EMM-Deregistered 和 ECM-Idle 状态，UE 对于网络不可知。

● 在 EMM-Registered 和 ECM-Connected 状态，UE 可以接收发送数据，UE 的位置被识别到小区级别，UE 具有被分配的 IP 地址和 GUTI。此时 UE 移动，由切换流程控制。

● 在 EMM-Registered 和 ECM-Idle 状态，UE 没有数据的收发，依然存在被分配的 IP 地址和 GUTI。UE 的位置被识别到 TA 级别，可以执行小区重新。

表 6-3 EMM 和 ECM 状态分析

EMM-Deregistered ECM-Idle	EMM-Registered ECM-Connected	EMM-Registered ECM-Idle
网络上下文: 不存在 EPC 上下文和 RRC 上下文	网络上下文: EPC 上下文和 RRC 上下文	网络上下文: EPC 上下文
分配的 ID: IMSI	分配的 ID: IMSI, S-TMSI per TAI; 1 个或多个 IP 地址; C-RNTI	分配的 ID: IMSI, S-TMSI per TAI; 1 个或多个 IP 地址
UE 位置: 网络不可知	UE 位置: 识别到小区（Cell）级别	UE 位置: 识别到 TA（TA list）级别
移动性: PLMN/cell selection	移动性: 网络控制的切换（Handover）	移动性: 小区（Cell）重选
UE 的无线活动性: 无	UE 的无线活动性: DL w/o DRX; UL w/o DTX	UE 的无线活动性: 寻呼 DL DRX; 无上行 UL

6.4.5　ESM

ESM（EPS Session Management，EPS 会话管理）状态有以下两种。

● BEARER CONTEXT INACTIVE：没有默认承载，也没有专用承载；

● BEARER CONTEXT ACTIVE：至少有一个承载存在。

UE 和 MME 中的 ESM 状态转换模型分别如图 6-11 和图 6-12 所示。

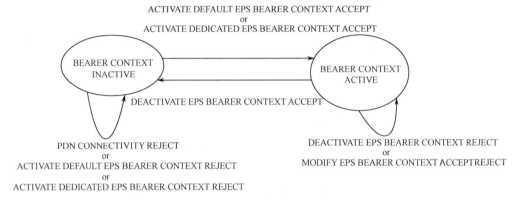

图 6-11　UE 中的 ESM 状态转换

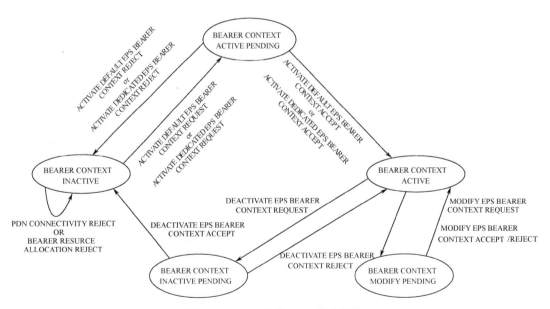

图 6-12　MME 中的 ESM 状态转换

6.5　用户数据存储

当 UE 未附着前，核心网网元 MME、SGW 和 PGW 中不存在该 UE 相关的任何信息。只有 UE 本身含有自己 IMSI 和密钥 CK/IK 信息；HSS 中有该 UE 的签约信息，如 IMSI、MSISDN、密钥 CK/IK 和签约的 UE-AMBR 等。

当 UE 完成附着后，创建了默认承载，然后有可能再创建专用承载，或者会建立多个 PDN 连接。此时，HSS、UE、MME、SGW 和 PGW 中都动态更新该 UE 相关数据存储。表 6-4 描述了 HSS 和 UE 中的数据存储；表 6-5 描述了 MME, SGW 和 PGW 中的数据存储。

表 6-4　HSS 和 UE 中的数据存储

HSS	UE
IMSI	IMSI
MSISDN	EMM State
IMEI / IMEISV	GUTI
K_{ASME}	ME Identity
MME Identity	Tracking Area List
MME Capabilities	Last Visited TAI
MS PS Purged from EPS	Selected NAS Algorithm
ODB parameters	Selected AS Algorithm
Access Restriction	eKSI
EPS Subscribed Charging Characteristics	K_{ASME}
Subscribed-UE-AMBR	NAS Keys and COUNT
APN-OI Replacement	Temporary Identity used in Next update (TIN)
URRP-MME	UE Specific DRX Parameters
VPLMN LIPA Allowed	
Subscribed Periodic RAU/TAU Timer	每个激活的 PDN 连接包含:
	APN in Use
每个签约数据包含一个或多个 PDN 签约上下文:	APN-AMBR
Context Identifier	Assigned PDN Type
PDN Address	IP Address(es)
PDN Type	Default Bearer
APN-OI Replacement	
Access Point Name (APN)	
EPS subscribed QoS profile	PDN 连接中的每个 EPS 承载包含:
Subscribed-APN-AMBR	EPS Bearer ID
EPS PDN Subscribed Charging Characteristics	TI
VPLMN Address Allowed	EPS bearer QoS
PDN GW identity	TFT
PDN GW Allocation Type	
PLMN of PDN GW	

表 6-5　MME、SGW 和 PGW 中的数据存储

MME	SGW	PGW
IMSI	IMSI	IMSI
ME Identity	ME Identity	ME Identity
MSISDN	MSISDN	MSISDN
MM State（包括 EMM 和 ECM）	MME TEID for S11	RAT Type
GUTI	MME IP address for S11	
Tracking Area List	SGW TEID for S11/S4 (控制面)	
TAI of last TAU	SGW IP address for S11/S4 (用户面)	
E-UTRAN Cell Global Identity	Last known Cell Id	
Authentication Vector	Last known Cell Id age	
UE Radio Access Capability		使用中的每个 APN 包含:
UE Network Capability		APN in Use
eKSI		APN-AMBR
K_{ASME}		
NAS Keys and COUNT		
Access Restriction		
ODB for PS parameters		
MME IP address for S11		
MME TEID for S11		
SGW IP address for S11/S4	每个 PDN 连接包含:	APN 中的每个 PDN 连接包含:
SGW TEID for S11/S4	APN in Use	IP Address(es)
eNodeB Address in Use	EPS PDN Charging Characteristics	PDN type
eNB UE S1AP ID	PGW Address in Use (控制面)	EPS PDN Charging Characteristics
MME UE S1AP ID	PGW TEID for S5/S8 (控制面)	SGW Address in Use (控制面)
Subscribed UE-AMBR	SGW IP address for S5/S8 (控制面)	S GW TEID for S5/S8 (控制面)
UE-AMBR	SGW TEID for S5/S8 (c 控制面)	P GW IP address for S5/S8 (控制面)
Subscribed Periodic RAU/TAU Timer	Default Bearer	P GW TEID for S5/S8 (控制面)
		Default Bearer
每个激活的 PDN 连接包含:		
APN in Use		
APN Restriction		
APN Subscribed		
PDN Type		
IP Address(es)		
EPS PDN Charging Characteristics	PDN 连接中的每个 EPS 承载包含:	PDN 连接中的每个 EPS 承载包含:
VPLMN Address Allowed	EPS Bearer Id	EPS Bearer Id

续表

MME	SGW	PGW
PDN GW Address in Use (控制面)	TFT	TFT
PDN GW TEID for S5/S8 (控制面)	PGW Address in Use (用户面)	SGW Address in Use (用户面)
EPS subscribed QoS profile	PGW TEID for S5/S8 (用户面)	SGW TEID for S5/S8 (用户面)
Subscribed APN-AMBR	SGW IP address for S5/S8 (用户面)	PGW IP address for S5/S8 (用户面)
APN-AMBR	SGW TEID for S5/S8 (用户面)	PGW TEID for S5/S8 (用户面)
Default bearer	SGW IP address for S1-u, S12 and S4 (用户面)	EPS Bearer QoS
PDN 连接中的每个承载包含:	SGW TEID for S1-u, S12 and S4 (用户面)	
EPS Bearer ID	eNodeB IP address for S1-u	
IP address for S1-u	eNodeB TEID for S1-u	
TEID for S1-u	EPS Bearer QoS	
PDN GW TEID for S5/S8 (用户面)		
PDN GW IP address for S5/S8 (用户面)		
EPS bearer QoS		
TFT		

6.6　EPS 安全机制

与现有的 UMTS 网络相似, EPS 系统也使用 3 种安全机制: 认证、加密和完整性保护。

EPS 的认证和密钥协商(AKA)过程与 3G UMTS 使用的过程相同。业界公认的 UMTS AKA 过程对 EPS 网络应用来说足够安全。具体参见本书 4.2.2 节的描述。

在用户认证之前, MME 首先获得 UE 的 IMSI, 然后 MME 从 HSS/AuC 中获取鉴权向量组。鉴权向量由 AuC 生成, 包括 RAND、XRES、K_{ASME} 和 AUTH, 其中 K_{ASME} 由 CK 和 IK 根据一定的运算生成。

EPS 安全机制是在 UMTS 安全架构基础上引申增强而来的, 典型的增强不直接使用 CK 和 IK 进行加密和完整性保护。图 6-13 描述了 EPS 中的分层密钥体系。

EPS 系统定义了一个接入安全管理实体(Acess Security Management Entity, ASME), 用于在接入网络中从 HSS 获取上层密钥。对 E-UTRAN 接入网络而言, ASME 的功能由 MME 来完成。

(1) UE 和 HSS 之间共享的密钥

● K: 存储在 USIM 和认证中心 AuC 的永久密钥, 它实际上作为 GSM、UMTS 和 EPS 系统中所有密钥生成算法的基础。

- CK/IK：AuC 和 USIM 在 AKA 认证过程中生成的密钥对。

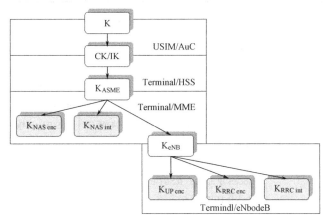

图 6-13　EPS 中的分层密钥体系

（2）UE 和 MME（ASME）之间共享的中间密钥

- K_{ASME}：UE 和 HSS 根据 CK/IK 推演得到的中间密钥，用于推演下层密钥。

（3）UE 和 eNodeB 之间共享的中间密钥

- K_{eNB}：UE 和 MME 根据 K_{ASME} 推演得到的中间密钥，用于推演下层密钥。

（4）UE 和 MME 之间共享的密钥

- K_{NASint}：UE 和 MME 根据 K_{ASME} 推演得到的密钥，用于保护 UE 和 MME 间 NAS 业务的完整性。
- K_{NASenc}：UE 和 MME 根据 K_{ASME} 推演得到的密钥，用于保护 UE 和 MME 间 NAS 业务的保密性。

（5）UE 和 eNodeB 之间共享的密钥

- K_{UPenc}：UE 和 eNodeB 根据 K_{eNB} 和加密算法的标识符推演得到的密钥，用于保护 UE 和 eNodeB 间 UP 平面的保密性。
- K_{RRCint}：UE 和 eNodeB 根据 K_{eNB} 和完整性算法的标识推演得到的密钥，用于保护 UE 和 eNodeB 间 RRC 信令的完整性。
- K_{RRCenc}：UE 和 eNodeB 根据 K_{eNB} 和加密算法的标识推演得到的密钥，用于保护 UE 和 eNodeB 间 RRC 信令的保密性。

6.7　策略控制与计费（PCC）

EPS 应用 TS23.203 定义的 PCC 架构进行 QoS 策略和计费控制，如图 6-14 所示。

- AF 是应用功能实体，产生动态的应用级 Session 信息，接收 IP-CAN 具体信息和通知；
- PCRF 完成策略的决策控制功能；
- PCEF 完成策略执行功能；
- SPR 是用户签约信息库，负责提供签约策略和用户相关信息。

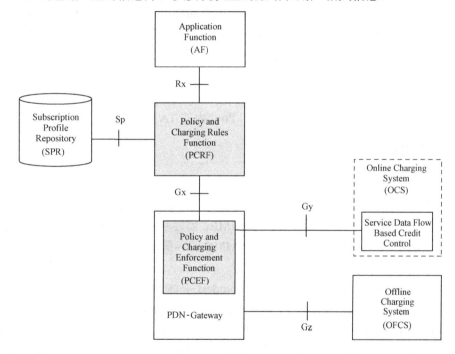

图 6-14　策略控制和计费（PCC）架构

　　EPS 系统需要支持动态的 PCC 控制和静态的 PCC 控制。动态 PCC 控制通过配置基于用户和业务的 PCC 规则来实现动态策略和计费控制。静态 PCC 控制是在 PCEF 中预先配置静态 PCC 规则，该静态 PCC 规则通常不基于用户签约数据。

　　在使用动态的 PCC 规则时，SDF 业务级 QoS 参数以 PCC 规则形式通过 Gx 接口从 PCRF 传输给 PCEF。每一个业务数据流（SDF）对应一个 PCC 规则。这些业务级 QoS 参数包含 QCI、ARP 和授权的上、下行 GBR 及 MBR 参数。

　　为了能进行计费控制，PCC 规则应能够识别业务流，并且指定其对应的计费参数。同时，为了实现计费应用与承载之间的计费关联，需要通过 PCC 来完成应用计费标识和承载计费标识间的对应。目前，3GPP 规范要求 PCC 应能够支持按照流量、时长、事件、内容等多种计费模式。

按照计费信息的收集，可以分为在线计费和离线计费两大类。对于在线计费，用户预先缴纳费用并转换为使用业务的额度（如时间和流量）。用户额度实时影响业务使用，额度耗尽后可终止业务、降低体验或改变计费策略。对于离线计费系统，S-GW 和 P-GW 采集计费信息，支持产生 CDR 话单。

6.8　负载均衡与容灾功能

3GPP Pool 方案是由 3GPP 组织在 R5 阶段提出的标准，该方案能实现灵活的负载均衡，并具有良好的容灾功能。该方案又称为 Flex 方案，即无线接入网节点可以和 Pool 内的多个核心网节点建立连接。根据采用 Flex 方案的接口不同，有 A-Flex、Gb-Flex、Iu-Flex 和 S1-Flex 等多种场景的应用。

在 EPS 系统中，MME Pool 由一个或多个 MME 组成，是完整的 TA 区集合，不同的 MME Pool 之间可以相互叠加，UE 在 MME Pool 内的 TA 区移动时无须更换服务 MME。

1. MME 间负荷均衡

MME 间负荷均衡功能以均衡 Pool 内 MME 间负荷为目的。MME 间负荷均衡功能允许新进入 MME Pool 内的 UE 根据 Pool 内 MME 间负荷均衡定向到 Pool 内合适的 MME 上。eNodeB 为了根据 MME 间的负荷均衡选择 MME，需要获知 Pool 内 MME 的负荷情况，为 Pool 内每个 MME 设置一个权重，权重根据 MME 的容量相对于 Pool 内其他 MME 的容量来设置。

eNodeB 能够根据 MME 的指示来设置 eNodeB 上该 MME 的权重，比如 MME Pool 内新加入一个 MME，该 MME 启动之后向池内所有的 eNodeB 发起权重修改，将该 MME 的权重值设为很高的值以尽快增加该 MME 的负荷；当负荷达到设定值时，该 MME 再通知 eNodeB 将权重降低。另外，eNodeB 上的 MME 的权重信息也应能够通过操作维护系统进行设置。

2. MME 间负荷重分配

MME 间负荷重分配功能允许将注册在某 MME 的部分或者全部 UE 迁移到 MME Pool 内其他 MME。比如由于运营商策略引起的 MME 间负荷重分配或者由于 MME 的维护引起的负荷重分配。由于 MME 负荷均衡是依照权重来为接入网络的用户选择服务 MME 的，所以 Pool 内每个 MME 的负荷情况应该相似，即 Pool 内过载 MME 不存在 Pool 内部 MME 间负荷重分配问题。

如果运营商需要将某个 MME 间的负荷迁移到池内的其他 MME 上，则首先让该 MME

通知池内所有 eNodeB，该 MME 停止服务（可以通过将该 MME 的权重降为 0 的方式实现），阻止新接入的用户选择该 MME 接入。

如果要卸载 ECM-Connected 模式的 UE，MME 发起释放原因值为"load balancing TAU required"的 S1 释放流程。S1 和 RRC 连接释放后，UE 发起 TAU 流程，并指示 eNB 该 RRC 连接建立是为负载均衡。MME 不应该立即释放所有的 S1 连接。MME 可以等待 S1 连接释放。当 MME 的负荷需要全部卸载时，MME 可以为所有余下的 UE 发起 S1 释放流程来完成卸载。如果寻呼 UE 失败并且 ISR 激活，MME 考虑 UE 可能在 GERAN 和 UTRAN 覆盖区则会调整寻呼重传策略（如限制重传数）。

卸载执行 TAU 或者附着的 UE，MME 会正常完成该流程，随后 MME 发起 S1 释放流程，释放原因值为"load balancing TAU required"。随后 UE 发起 TAU 流程，并指示 eNB 该 RRC 连接建立是为了负载均衡。

当 UE 指示 eNB 该 RRC 连接建立是为了负载均衡时，eNB 会选择一个不同 GUMMEI 的 MME。为了卸载 ECM-IDLE 状态的 UE，MME 首先将该 UE 寻呼至 ECM-Connected 状态，然后按照 ECM-Connected 状态的 UE 的卸载方式来卸载 UE。

3. MME 过载控制

MME 过载控制是指 eNodeB 根据过载控制策略减少转发给过载的 MME 的消息数量，甚至不向过载的 MME 转发 NAS 消息，从而使 MME 从过载状态中恢复正常。

当 MME 发生过载时，MME 发送 Overload Start 通知 eNB 该 MME 过载。如果用户发起 NAS 信令，eNodeB 根据池中其他 MME 的负荷状况，为该 UE 选择池内的其他非过载 MME 接入。一旦收到 MME 发送的 Overload Stop 消息，eNodeBs 认为该 MME 恢复正常服务。

MME 可以通过 OVERLOAD START 消息，请求 eNodeB 在一段时间执行以下限制：

- 拒绝非紧急的移动始发的数据传输引起的 RRC 连接建立或者非紧急的移动始发的 CS 业务的 RRC 连接建立；
- 拒绝所有用于 EPS 移动性管理信令的新的 RRC 连接建立请求（如 TAU 请求或者 Attach 请求）；
- 只允许紧急会话的 RRC 连接建立。

6.9　ISR 功能

空闲模式下信令缩减（Idle Mode Signalling Reduction，ISR）用于空闲状态的 UE 进行系统间小区重选时减少与网络的信令交互。空闲模式包括 EPS 中的 ECM-IDLE、UMTS 中的 PMM-IDLE 和 GPRS 中的 GPRS STANDBY 状态。

ISR 功能实现遵循以下原则：

- 当 ISR 激活时，MME 和 SGSN 都注册到 HSS，HSS 同时保持两个系统的 PS 注册，即双注册。
- 当 ISR 功能激活或取消时，核心网节点（MME 和 SGSN）需要通知 UE 这种变化。
- 当 UE 在 UTRAN 中处于 URA_PCH 状态时，重选到 E-UTRAN 小区时不涉及 ISR，而是将 URA_PCH 以激活模式处理，执行 TAU 完成接入到 E-UTRAN。
- 当 ISR 功能激活，空闲模式用户面终止在 S-GW。
- 在 UE 中分别针对两个系统运行各自的周期性更新定时器，对 SGSN 和 MME 的更新分别进行。
- 当周期性更新超时时，应避免删除 PDP 上下文或 EPS 承载。
- 当 ISR 激活时，一个无线接入技术的核心网节点需要存储另一个无线技术的核心网节点的制面地址。
- 在空闲状态下有下行数据到达时，同时在 E-UTRAN 和 UTRAN/GERAN 中寻呼 UE。

第 7 章　LTE 核心网信令流程

7.1　附着（Attach）

用户附着（Attach）过程，即用户注册过程。用户只有在注册成功后，才可以接收来自网络的服务。

7.1.1　附着流程，用户身份标识为 IMSI

对于一个开机使用的 UE，首先应该注册到一个服务网络中。只有当 UE 合法地进行了注册，网络才能为 UE 提供服务。UE 注册到网络的过程称为附着（Attach），在附着过程中将 UE 的相关信息和能力等登记到关联的网络实体。附着过程在 UE 和 P-GW 间建立默认承载，以保证 UE"永远在线"，同时为 UE 分配 IP 地址。附着执行后，UE 的状态由 EMM-Deregistered 变为 EMM-Registered 状态，并且从 ECM-Idle 变为 ECM-Connected。

图 7-1 为 UE 发起的附着流程，用户身份标识为 IMSI。

首先，在 UE 未开机时，处于 ECM-Idle 和 EMM-Deregistered 状态。

① UE 开机，RRC 连接建立，UE 发起附着，其中 NAS 消息为 Attach Request（IMSI）。eNodeB 向 MME 发送 S1AP Initial UE 消息，携带 NAS 消息 Attach Request（IMSI），S1 连接建立，进入 ECM-Connected 状态。

② MME 收到 Attach Request 消息后向 HSS 发送 Authentication Information Request（IMSI）HSS 响应 Authentication Information Answer 消息，携带 EPS 安全向量（RAND、XRES 和 AUTN、K_{ASME}），其中 K_{ASME} 由 CK 和 IK 根据一定的运算生成。

③ MME 发起鉴权流程，向 UE 发送 Authentication Request 消息，携带 RAND 和 AUTN 参数。UE 回送 Authentication Response 消息，携带 RES 参数。MME 比较鉴权向量组中的 XRES 和 UE 返回的 RES，相同则用户合法，鉴权成功。

④ MME 向 UE 发出 Security Mode Command，该消息启动安全模式控制流程，并给出 E-UTRAN 可用的加密（如果有）和完整性保护算法。UE 根据 UE/UTRAN 的能力，从中选择合适的算法，然后向 MME 回送 Security Mode Complete 消息，并启动加密设备（如果适用）和完整性保护。

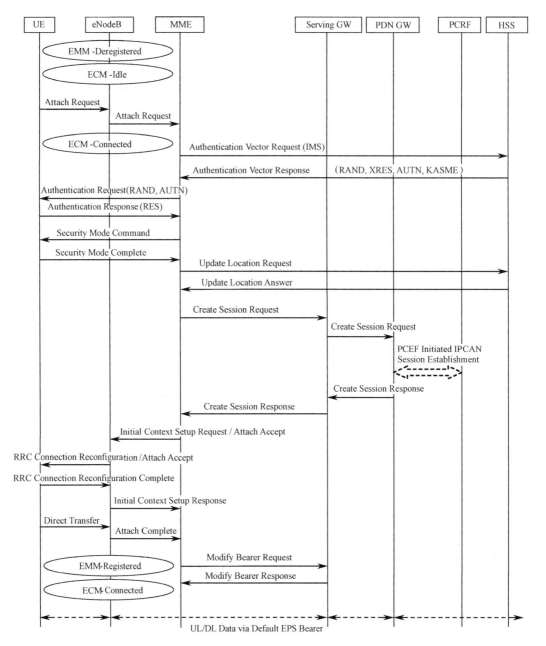

图 7-1　UE 发起的附着过程，用户标识为 IMSI

⑤ MME 向 HSS 发送 Update Location Request 消息更新位置信息，HSS 响应 Update Location Answer，该消息里包含了签约数据。

⑥ 更新成功后 MME 发送 Create Session Request 消息给 Serving GW，请求建立默认

承载。

　　⑦ Serving GW 发送 Create Session Request 消息给 PDN GW。

　　⑧ 如果部署了动态 PCC，PDN GW 发起 IP-CAN 会话建立流程。

　　⑨ PDN GW 响应，发送 Create Session Response 消息给 Serving GW，Serving GW 响应，发送 Create Session Response 消息给 MME。

　　⑩ MME 发送 Initial Context Setup Request 消息给 eNodeB，里面携带了 Attach Accept 消息，该消息中包含了 Activate Default EPS Bearer Context Request 消息，要求建立默认承载。

　　⑪ eNodeB 返回 Initial Context Setup Response 消息，建立默认承载成功。UE 返回 Attach Complete 消息给 MME。

　　⑫ MME 向 Serving GW 发送 Modify Bearer Request 消息更新 eNodeB 地址和 TEID，Serving GW 响应，回送成功消息。

　　附着完成后，MME 和 UE 处于 EMM-Registered 和 ECM-Connected 状态，在建立的默认承载上可以传递上 / 下行数据。

7.1.2　附着流程，MME 可能改变

　　图 7-2 为 E-UTRAN 附着，MME 可能发生改变的流程。

　　① UE 发起附着请求消息 Attach Request，携带网络选择指示给 eNB，消息包含 IMEI 或 S-TMSI、UE 网络能力和 PDN 地址分配等参数。

　　② eNB 根据收到消息中携带的 GUMMEI 和选择的网络，推导得到 MME。如果这个 MME 与 eNB 没有接口，或原 GUMMEI 已经无效，则 eNB 根据 "MME 选择功能" 选择 MME，eNB 前转附着消息到新的 MME。

　　③ 如果当前 MME 与 UE 上一次注册时服务的 MME 不同，则新 MME 使用从 UE 收到的 GUTI 获得原 MME/SGSN 的地址，并且向原 MME/SGSN 发送 Identification Request 消息，请求当前 UE 的 IMSI。原 MME/SGSN 发送响应消息 Identification Response，其中包含 IMSI 和未使用的 EPS 鉴权向量等。

　　④ 如果 UE 在原 MME/SGSN 和新 MME 中都是未知的，则新 MME 应发送 Identity Request 消息给 UE，要求获得 UE 的 IMSI。UE 回应 Identity Response 消息，消息中指示了 IMSI 参数。

　　⑤ 如果网络中没有保存 UE 上下文，强制进行鉴权；否则本步可选。

　　⑥ 如果 UE 在附着请求中设置了已加密选项传输标识，则已被加密的项（即 PCO 或 APN，或两者兼有）可以从 UE 获取。

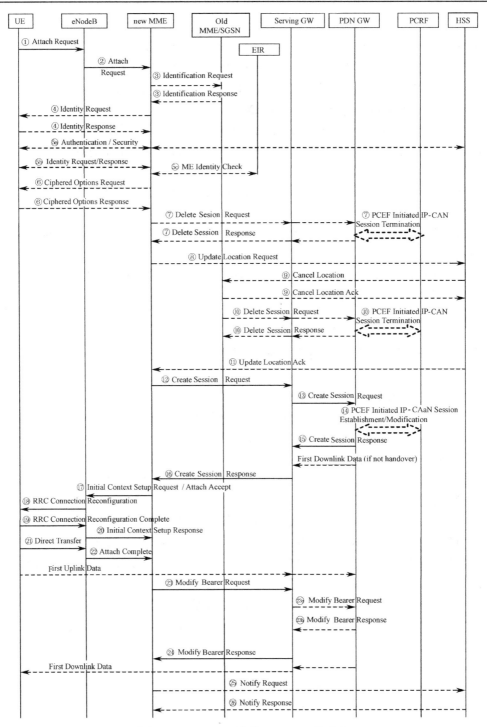

图 7-2　E-UTRAN 附着，MME 可能改变

⑦ 如果在新的 MME 中存在激活的承载上下文（如 UE 没有事先成功去附着，又在同一个 MME 再次附着时），则新 MME 向 S-GW 发送 Delete Session Request 消息，S-GW 向 P-GW 转发此消息，删除 S-GW/P-GW 中的承载上下文。P-GW/S-GW 响应 Delete Session Response 消息。

⑧ 如果发生了 MME 改变，或者在 MME 中没有该 UE 的有效签约上下文，或者如果 ME 标识发声了改变，或者如果 UE 提供的是 IMSI，或者 UE 提供的原 GUTI 不能指示 MME 中的一个有效的上下文，则 MME 发送 Update Location Request 消息给 HSS，消息中包含 MME 标识、IMSI、ME 标识、MME 能力和更新类型等。

⑨ HSS 向旧 MME/SGSN 发送 Cancel Location 消息，其中包含 IMSI 和取消类型。旧 MME/SGSN 删除 MM 和承载上下文，并回 Cancel Location ACK 消息。

⑩ 如果旧 MME/SGSN 中对这个 UE 保存有激活的承载上下文，则旧 MME/SGSN 就向相关的 S-GW/P-GW 发送 Delete Session Request 消息，删除承载，P-GW/S-GW 返回 Delete Session Response 消息。

⑪ HSS 向新 MME 发送 Update Location ACK 消息，消息中包含了 IMSI 和签约数据。签约数据包含一个或多个 PDN 签约。每个 PDN 签约上下文包含一个 "EPS 签约的 QoS 脚本" 以及签约的 APN-AMBR。新 MME 确认 UE 出现在新 TA 中，如果所有检查都成功，则新 MME 为 UE 构建一个上下文。

⑫ 新 MME 选择一个 S-GW，并发送 Create Session Request 消息给 S-GW，消息中携带 IMSI、MME Context ID、RAT 类型、默认承载 QoS、PDN 地址分配和 AMBR 等参数。

⑬ S-GW 在其 EPS 承载列表中创建一个入口，并给 PGW 发一个 Create Session Request 消息，消息含 S-GW 用户面地址、S-GW 用户面 TEID、S-GW 控制面、RAT 类型、默认承载 QoS、PDN 地址分配和 AMBR 等。本步骤以后，S-GW 将缓存任何从 PGW 接收的下行分组数据，直到收到步骤㉑以后的消息。

⑭ 如果网络中使用了 PCRF 和 PGW 与 PCRF 交互获取 UE 的 PCC 准则，完成此步骤。

⑮ P-GW 给 S-GW 返回一个 Create Session Response 消息，该消息包含 P-GW 用户面地址、P-GW 用户面 TEID、P-GW 控制面 TEID 和 PDN 地址信息。

⑯ S-GW 给 MME 返回一个 Create Session Response 消息，消息包含 PDN 类型、PDN 地址、用户面 S-GW 地址和 TEID、控制面 SGW 地址和 TEID、EPS 承载标识、EPS 承载 QoS、PGW 地址和 TEID 等。

⑰ 新 MME 发送一条 Attach Accept 消息给 eNodeB。如果新 MME 分配一个新 GUTI，则 GUTI 也包含在此消息中。该消息包含在一条 S1AP 消息 Initial Context Setup Request 里，这条 S1AP 消息也包括 UE 的安全上下文、切换限制列表、承载 QOS 参数以及 AMBR 相关的 PDN 地址信息和需要建立承载的 QOS 信息。

⑱ eNodeB 发送 RRC Connection Reconfiguration 消息给 UE，并将 Attach Accept 消息（S-TMSI、PDN 地址、TA 类表和 PDN 地址信息）也发送给 UE。

⑲ UE 发送 RRC Connection Reconfiguration Complete 消息给 eNodeB。

⑳ eNodeB 向新的 MME 发送 Initial Context Setup Response 消息。

㉑ UE 向 eNodeB 发送 Direct Transfer 消息，消息中包含 Attach Complete 消息。

㉒ eNodeB 转发 Attach Complete 消息给新 MME。在 Attach Complete 消息以及 UE 已经得到一个 PDN 地址信息以后，UE 就可以发送上行数据包给 eNodeB，eNodeB 将隧道传给 S-GW 和 P-GW。

㉓ 新 MME 发送一条 Modify Bearer Request 消息给 S-GW，消息中包含 eNodeB 地址和 eNodeB TEID。

㉔ S-GW 通过发送 Modify Bearer Response 消息给新 MME 确认，然后，S-GW 就可以发送缓存的下行数据包了。

㉕ MME 收到 Modify Bearer Response 响应消息后，如果附着类型指示的不是切换，并且有一个 EPS 承载的建立，且签约数据指示该 UE 被允许切换到 Non-3GPP 接入系统，MME 选择了一个与 HSS 在签约上下文中指示的 P-GW 标识所不同的 P-GW，则 MME 发送 Notify Request 消息到 HSS。其中包含 APN 和 P-GW 标识，用于与 Non-3GPP 间的移动性。

㉖ HSS 保存 APN 和 P-GW 标识，并向 MME 返回 Notify Response 消息。

7.1.3　附着过程中的 S1AP 消息和 NAS 消息分析

S1AP 消息常常携带有 NAS 消息，本节以附着过程中的 S1AP 消息来进行分析。

（1）INITIAL UE（Attach Request）消息

此 S1AP 消息包含参数有 eNB S1AP ID、TAI、S-TMSI（当进行身份标识为 GUTI 的附着请求时）和 NAS-PDU 等。

此 S1AP 消息包含的 NAS 消息有以下两个。

① NAS EMM 消息为 ATTACH REQUEST：主要参数有 Old GUTI 或 IMSI、UE Network Capabilities、EPS Attach Type 和 NAS KSI。

② NAS ESM 消息为 PDN Connectivity Request：主要参数有 EPS 承载标识 EBI、APN、PDN 类型和 PCO 等。

（2）Initial Context Setup Request（Attach Accept）消息

此 S1AP 消息包含参数有 MME S1AP ID、eNB S1AP ID、AMBR、要建立的 SAE 承载、承载层 QoS、传输层地址、GTP TEID 等。

此 S1AP 消息包含的 NAS 消息有以下两个。

① NAS EMM 消息为 Attach Accept：主要参数有 EPS 附着结果、TAI List 和 GUTI 等。

② NAS ESM 消息为 Activate Default EPS Bearer Context Request：主要参数有 EPS 承载标识 EBI、PDN 地址、上行 TFT、协商的 QoS、APN 和 PCO 等。

（3）Initial Context Setup Response 消息

此 S1AP 消息包含参数有 MME S1AP ID、eNB S1AP ID、承载层 QoS、传输层地址和 GTP TEID 等。

（4）Uplink NAS Transport（Attach Complete）消息

此 S1AP 消息包含的 NAS 消息有以下两个。

① NAS EMM 消息为 Attach Complete：主要参数有 EPS 附着结果、TAI List、GUTI 等。

② NAS ESM 消息为 Activate Default EPS Bearer Context Accept。

7.2　去附着（Detach）

去附着（Detach）过程就是 UE 取消在网络中的登记，即注销过程。UE 从网络注销后，UE 和 MME 的 EMM 状态就从 EMM-Registered 迁移到 EMM-Deregistered，UE 的上下文也从网络中删除。

当 UE 通过 EUTRAN 接入 EPS 网络时，有 3 种去附着过程：UE 发起的去附着过程、MME 发起的去附着过程和 HSS 发起的去附着过程。UE 去附着可以是显式或隐式的方式。

● 显式地去附着：网络和 UE 明确地请求去附着，并互相用信令通知对方；
● 隐式地去附着：网络去附着 UE，但没有通知 UE。

UE 发起的去附着过程都是显式的方式，明确通过信令要求网络对 UE 执行注销操作。网络发起的去附着过程，可以是显式的或隐式的。如 MME 可以根据操作维护的要求，向 UE 发起显式注销过程；但如果由于无线环境差的原因，MME 长时间不与 UE 通信了，就是用隐式注销过程，不与 UE 交互。

7.2.1　UE 发起的去附着

图 7-3 为 UE 发起的去附着过程，UE 所处的初始状态为 EMM-Registered 和 ECM-Connected。

① UE 发起去附着，向 MME 发送 Detach Request 消息。

② MME 收到 Detach Request 之后，向 Serving GW 发送 Delete Session Request 消息。

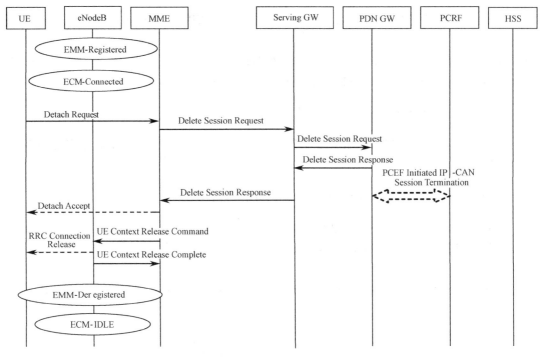

图 7-3　UE 发起的去附着过程

③ Serving GW 向 PDN GW 发送 Delete Session Request，要求删除用户承载。

④ 如果动态 PCC 部署，PDN GW 向 PCRF 发起 IP-CAN 会话中止流程。

⑤ PDN GW 返回 Delete Session Response 消息给 Serving GW，Serving GW 删除承载后返回 Delete Session Response 消息给 MME。

⑥ 如果 UE 不是因为关机发起去附着，MME 还向 UE 发送 Detach Accept 消息。

⑦ MME 发起 S1 释放流程，向 eNodeB 发送 UE Context Release Command 消息，eNodeB 返回 UE Context Release Complete 消息，释放成功。ECM 状态也从 ECM-Connected 转移到 ECM-Idle。

UE 发起的去附着过程完成后，UE 的状态为 EMM-Deregistered 和 ECM-Idle。

7.2.2　MME 发起的去附着

MME 发起的去附着，根据不同的原因分别执行显式去附着和隐式去附着。图 7-4 为 MME 发起的显式去附着过程。

① MME 通过操作维护台删除用户，发起去附着流程，向 UE 发送 Detach Request 消息。

② 同时 MME 向 Serving GW 发送 Delete Session Request 消息，Serving GW 向 PDN GW 发送 Delete Session Request 消息，请求删除相关承载。

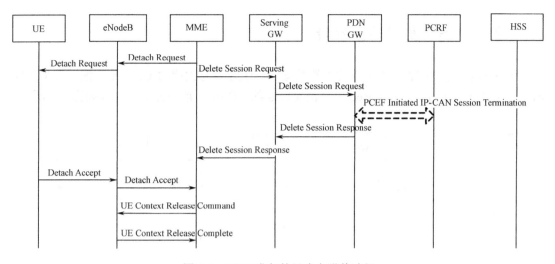

图 7-4　MME 发起的显式去附着过程

③ 如果动态 PCC 部署，PDN GW 向 PCRF 发起 IP-CAN 会话中止流程。

④ PDN GW 返回 Delete Session Response 消息给 Serving GW，Serving GW 返回 Delete Session Response 消息给 MME。

⑤ UE 收到 Detach Request 消息后，发送 Detach Accept 消息。

⑥ MME 发起 S1 释放流程，向 eNodeB 发送 UE Context Release Command 消息，eNodeB 返回 UE Context Release Complete 消息，释放成功。

当 UE 移动到信号覆盖区之外时，在 MME 上的隐式分离定时器超时之后，MME 发起隐式去附着过程，如图 7-5 所示。

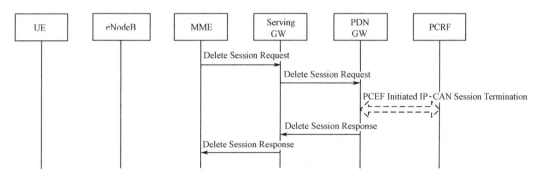

图 7-5　MME 发起的隐式去附着过程

7.2.3　HSS 发起的去附着

当在 HSS 数据库中删除用户的签约数据时，HSS 发起去附着 UE。此注销过程是由取消位置请求（Cancel Location Reques）消息发起的。HSS 发起的去附着过程如图 7-6 所示。

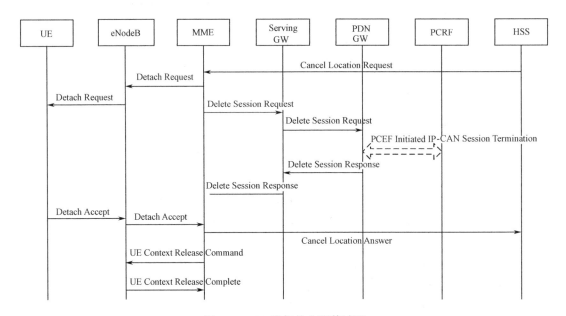

图 7-6　HSS 发起的去附着过程

① HSS 发送 Cancel Location Request 消息，其中原因值为 Subscription Withdrawn。

② MME 发起去附着流程，向 UE 发送 Detach Request 消息。

③ 同时 MME 向 Serving GW 发送 Delete Session Request 消息，Serving GW 向 PDN GW 发送 Delete Session Request 消息，请求删除相关承载。

④ 如果动态部署 PCC，PDN GW 向 PCRF 发起 IP-CAN 会话中止流程。

⑤ PDN GW 返回 Delete Session Response 消息给 Serving GW，Serving GW 返回 Delete Session Response 消息给 MME。

⑥ UE 收到 Detach Request 消息后，发送 Detach Accept 消息。

⑦ MME 发起 S1 释放流程，向 eNodeB 发送 UE Context Release Command 消息，eNodeB 返回 UE Context Release Complete 消息，释放成功。

7.3　S1 释放（S1 Release）

S1 释放过程用于释放 eNodeB 与 MME 间的 S1AP 控制平面信令连接，以及 eNodeB 与 SGW 间的所有 S1-U 用户面承载。该过程把 UE 和 MME 从 ECM-Connected 状态迁移到 ECM-Idle 状态，并且所有 UE 相关的上下文信息在 eNodeB 中被删除。

S1 释放过程有以下两种方式。

① eNodeB 触发的释放：主要由于接入网中的原因引起。例如，操作维护系统干预；接入网发生了不明原因的失败；接入网发现 UE 处于长时间不活动状态；重复的 RRC 信令完整性检查失败；或由于 UE 发生信令连接失败引起的 S1 释放等。

② MME 触发的释放：主要由于核心网的原因引起。例如，鉴权失败和去附着等。

eNodeB 和 MME 发起的释放过程如图 7-7 所示。

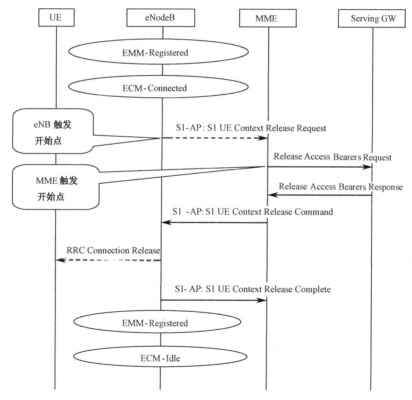

图 7-7　eNodeB 和 MME 发起的释放过程

① eNodeB 由于某些原因（如 OM 干预、未知失败和 UE 不活动等原因）发起 S1 释放流程。eNodeB 发送 S1 UE Context Release Request 消息请求释放 S1 连接。

② MME 向 Serving GW 发送 Release Access Bearers Request 消息，请求释放 UE 所有

S1-U 承载资源。

③ Serving GW 释放 UE 相关的所有连接信息，即 S1-U 承载的 eNB 地址和 TEIDs，并向 MME 返回 Release Access Bearers Response 消息，释放 S1-U 成功。

④ MME 下发 S1 UE Context Release Command 消息给 eNodeB，指示释放 S1 连接。

⑤ 如果 RRC 连接还没有释放，eNodeB 发送 RRC Connection Release Request 消息给 UE，释放 RRC 连接，UE 响应 RRC Connection Release Complete，释放 RRC 连接成功。

⑥ eNodeB 返回 S1 UE Context Release Complete 消息给 MME，S1 连接释放成功。

如果 S1 释放原因不是因为 UE 长时间不活动（User inactivity）而发起的，则一般都是因为 E-UTRAN 或核心网中出现错误而发起的，这样 UE 的 GBR 承载就没有必要再保留。在 S1 释放完成后，MME 应发起 ECM-Idle 状态下 GBR 承载的去激活流程。

7.4　业务请求（Service Request）

在业务请求（Service Request）之前，UE 和 MME 处于 ECM-Idle 状态，Uu 接口和 S1 接口的连接都已经释放，只在 EPC 中还保留有未释放的承载。

在业务请求过程完成后，建立 RRC 连接和 S1 连接，UE 和 MME 迁移到 ECM-Connected 状态，并且保留在 EPC 中的承载都重新被激活。

7.4.1　UE 发起的业务请求

ECM-IDLE 状态的 UE 发起业务请求（Service Request）过程的目的是发送上行信令消息和用户数据，或者作为寻呼响应，或者在 UE 重新获得无线覆盖信号。图 7-8 描述了 UE 触发的业务请求过程。

① UE 处于 ECM-Idle 状态，由于有上行数据或者信令，则发起 Service Request 过程。UE 通过 RRC 消息携带 NAS 消息 Service Request 给 eNodeB，消息中带有用户标识 S-TMSI。

② eNdoeB 发送 Initial UE Message 消息给 MME，消息携带了 NAS 消息 Service Request。

③ MME 可以选择发起鉴权流程。

④ MME 向 eNodeB 发送 Initial Context Setup Request 消息，要求建立 S1 承载和无线承载。

⑤ eNodeB 向 UE 发送 RRC Connection Reconfiguration，要求建立无线承载，UE 响应 RRC Connection Reconfiguration Complete，上行通道恢复。无线承载成功建立，当 eNodeB 无线资源和 S1 资源分配完成后，向 MME 发送成功的 Initial Context Setup Response 消息。

⑥ MME 收到 eNodeB 成功的响应后，向 Serving GW 发送 Modify Bearer Request 消息，更新 eNodeB 的地址和 S1 信息。

⑦ 如果 RAT 类型已经改变，Serving GW 向 PDN GW 发送 Modify Bearer Request 消息，更新 RAT 信息。

⑧ 如果动态部署 PCC，PDN GW 发起 IP-CAN 会话修改流程。

⑨ PDN GW 返回 Modify Bearer Response 消息。

⑩ Serving GW 返回 Modify Bearer Response 消息，下行通道恢复。

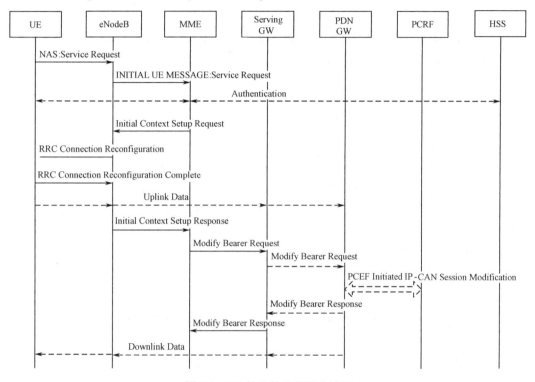

图 7-8　UE 触发的业务请求过程

7.4.2　网络发起的业务请求

当 S-GW 接收到发给处于 ECM-IDLE 状态的 UE 下行数据时，S-GW 发送下行数据通知消息给 MME，触发 MME 发送寻呼消息给 UE。网络发起的业务请求过程如图 7-9 所示。

当 MME 需要通知 ECM-IDLE 状态的 UE 执行去附着过程，或者通知 ECM-IDLE 状态的 UE 接收控制信令（Create Dedicated Bearer Request 或 Modify Dedicated Bearer Request）时，MME 启动网络触发的服务请求过程。MME 启动网络触发从步骤③开始的业务请求过程。

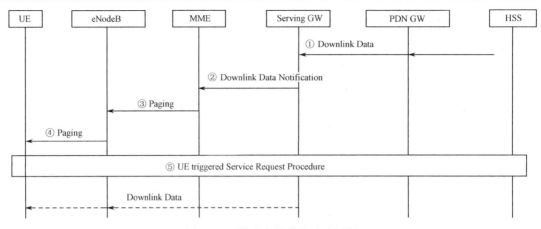

图 7-9　网络发起的业务请求过程

① S-GW 收到一个发给空闲状态 UE 的下行数据包，并缓存下行数据包。

② S-GW 发送一个下行数据通知消息给 MME。这时，如果 S-GW 收到该 UE 另外的下行数据包，S-GW 缓存这些数据包，但不再发送新的下行数据通知消息。

③ MME 发送一条 Paging 消息（NAS Paging ID, TAI(s), Paging DRX ID）给每一个 UE 注册的跟踪区的 eNodeB。

④ eNodeBs 寻呼 UE。

⑤ 接下来，进行"UE 触发的业务请求过程"，而后下行链路建立。

7.5　跟踪区更新（Tracking Area Update）

跟踪区更新（Tracking Area Update, TAU）过程是由 UE 发起的，用于告知网络 UE 当前所在位置信息。

7.5.1　跟踪区更新过程的触发

当 UE 处于 GPRS 附着或 E-UTRAN 附着时，TA 更新过程是由以下情况触发的。

① 进入新 TA。UE 附着到网络后，网络为其分配了一组注册的 TA，即 TA 列表（TA List）。当空闲状态的 UE 处于移动过程中时，如果进入了一个新的 TA，这个 TA 的标识不在 TA 列表中。

② 周期性更新。同 UMTS 中的周期性 LA/RA 更新一样，TA 也有周期性更新。UE 在周期 TA 更新定时器超时之后，发送 TAU Request 消息给 MME。

③ UE 在 UTRAN PMM_Connected 状态（如 URA_PCH）下，重选进入 E-UTRAN。

④ UE 在 GPRS READY 状态下，重选进入 E-UTRAN。

⑤ TIN 指示为"P-TMSI"，UE 重选进入 E-UTRAN。

⑥ 负载重分配。由网络发起释放 UE 的 RRC 连接，原因为"负载重分配"，并要求 UE 随后发起 TA 更新过程，在 TA 更新过程中为 UE 重新选择服务的 MME。

⑦ UE 的 RRC 层通知 NAS 层，发生了 RRC 连接失败。

⑧ UE 网络能力信息改变。

⑨ UE 语音能力信息改变。

7.5.2　TAU 过程，Serving GW 不变，MME 不变

UE 处于 E-UTRAN ECM-Idle 状态，当其进入非 TA List 的新 TA 中时，UE 发起 TAU 过程，SGW 不变，MME 不变，流程如图 7-10 所示。

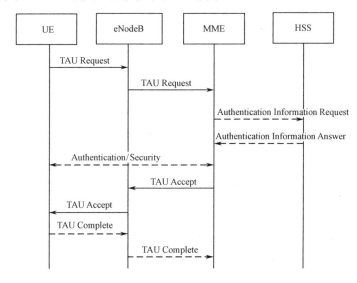

图 7-10　TAU- SGW 不变，MME 不变

① UE 发送 TAU Request 消息给 MME，发起 TAU 流程。此时，RRC 和 S1 连接建立，UE 和 MME 转为 ECM-Connected 状态。

② 如果需要发起安全流程且没有安全向量，则 MME 向 HSS 发送 Authentication Information Request（IMSI），HSS 响应 Authentication Information Answer 消息，携带 EPS 安全向量。

③ MME 可以发起安全流程。

④ MME 发送 TAU Accept 响应 UE。

⑤ 如果 GUTI 重新分配了，UE 响应 TAU Complete 消息。

TAU 过程完成后，MME 可触发 S1 连接释放流程，释放 S1 连接，RRC 连接也被释放，UE 重新恢复到 ECM-Idle 状态中。

7.5.3　TAU 过程，Serving GW 改变，MME 改变

Serving GW 改变、MME 改变 TAU 过程如图 7-11 所示。

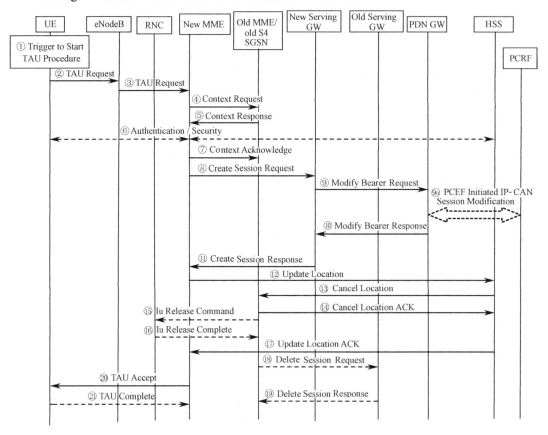

图 7-11　TAU 过程，Serving GW 改变，MME 改变

① UE 选择一个 TA 的 E-UTRAN 小区，该小区不在 UE 注册网络的 TAI 的列表中，从而触发 TAU 过程。

② UE 通过发送 Tracking Area Update Request（UE Core Network Capability, Active Flag, Old RAI, Old P-TMSI, EPS Bearer Status, Update Type, Old GUTI, P-TMSI Signature）消息发起 TAU 过程。Active Flag 指示为保留的 EPS 承载激活对应的无线和 S1 承载。

③ eNB 从旧 GUTI 中得到 GUMMEI（全球唯一 MME 标识符），结合指示的选择网络，从而得到 MME。如果 GUMMEI 没有与 eNodeB 关联，或者 GUMMEI 是无效的，eNodeB 根据选择功能选择一个 MME。eNodeB 转发 TAU 消息给 MME,该消息携带小区的 ECGI 和选择的网络。

④ 新的 MME 发送一个上下文请求（Context Request）给旧的 MME 得到用户信息。MME 是从旧 GUTI 中得到旧的 MME 地址。

⑤ 旧的 MME 返回一个上下文响应消息（Context Response），消息中携带 IMSI、五元鉴权组、承载上下文、S-GW 信令地址和 TEID 等。

⑥ 鉴权和加密过程。

⑦ 新 MME 发送一条 Context Acknowledge 消息（包含 S-GW 改变标识）给旧 MME，旧 MME 就将 GWs 和 HSS 中的 UE 上下文标注为无效。

⑧ MME 为一个 PDN 连接选择一个新 SGW，发送 Create Session Request（IMSI，Bearer Contexts，MME Address and TEID, Type, the Protocol Type over S5/S8, RAT Type, Serving Network）消息到新 SGW。

⑨ 新 S-GW 向 P-GW 发送 Modify Bearer Request（Serving GW Address and TEID，RAT Type, Serving Network）消息。如果部署了动态 PCC 规则，RAT 类型信息需要从 P-GW 传递给 PCRF。

⑩ P-GW 更新它的承载上下文并返回一条 Modify Bearer Response（MSISDN，Charging Id）消息。

⑪ S-GW 更新它的承载上下文。这样允许 S-GW 当收到来自 eNodeB 的承载 PDUs 时发送到 PGW。S-GW 向 MME 返回一条 Create Session Response 消息（S-GW 地址和 TEID，以及 P-GW TEID 和 GRE 密钥）。

⑫ 新 MME 发送一条 Update Location（MME Identity, IMSI）消息给 HSS，请求签约信息。

⑬ HSS 发送 Cancel Location（IMSI, Cancellation Type）消息给旧 MME。

⑭ 旧 MME 清除 UE 的上下文信息，返回 Cancel Location ACK（IMSI）消息。

⑮ S4 SGSN 向 RNC 发送 Iu Release Command 消息。

⑯ RNC 返回 Iu Release Complete 消息。

⑰ HSS 通过发给 MME 的 Update Location ACK（包含 IMSI, 鉴权数据）消息来确认 Update Location 消息。如果更新位置被 HSS 拒绝，则 MME 拒绝来自 UE 的 TAU 请求。

⑱ 旧 MME 消除 MM 上下文，旧 MME 通过发送 Delete Bearer Request（TEID）消息给 S-GW 删除 EPS 承载资源。

⑲ S-GW 通过 Delete Bearer Response 消息确认。

⑳ 新 MME 收到有效的和更新的签约数据后使其在新 TA 中生效。如果由于地区签约限制或接入限制 UE 不允许附着在 TA 里，MME 拒绝 TAU 请求。MME 向 UE 发送 TAU Accept 消息，其中包含 MME 为 UE 分配的 GUTI、TAI 类表、EPS 承载状态和相关安全参数。

㉑ 如果 GUTI 已经改变，UE 通过返回一条 Tracking Area Update Complete 消息给 MME 来确认新 GUTI。

7.6　GUTI 重分配

　　GUTI 重分配过程是给 UE 分配一个新 GUTI 和（或）TAI 列表，此过程由 MME 发起，当 UE 和 MME 之间建立信令关联时再分配 GUTI 和（或）TAI 列表。

　　GUTI 重分配过程与 UMTS 中的 TMSI/P-TIMSI 重分配过程的用法类似，作为一个临时标识，用来保护用户身份 IMSI。GUTI 和 TMSI/P-TMSI 一样也有生命期。

　　GUTI 重分配过程可以是单独过程，如图 7-12 所示；也可以隐含在附着过程或者 TAU 过程中重新分配 GUTI 和（或）TAI 列表。

图 7-12　GUTI 重分配过程

　　① MME 通过发送一条 GUTI Reallocation Command（GUTI, TAI List）给 UE。

　　② UE 存储 GUTI 和 TAI 列表并发送一条 GUTI Reallocation Complete 消息给 MME。UE 认为新 GUTI 有效，旧 GUTI 无效。如果 UE 收到一个新 TAI 列表，同样 UE 将认为新 TAI 列表有效而旧 TAI 列表无效；否则，UE 继续使用旧 TAI 列表。

7.7　切　　　换

7.7.1　E-UTRAN 内基于 X2 的切换——MME 和 SGW 不变

　　图 7-13 是基于 X2 的 E-UTRAN 内切换框架，MME 和 SGW 不变。在切换过程中，通过 X2 接口进行切换准备过程，源 eNodeB 直接要求目标 eNodeB 进行资源预留。这样，在切换准备过程中不涉及 MME，减少了无线侧与 MME 的交互，并且由于对从源 eNB 到目标 eNB 的分组进行了缓存，因此 X2 接口降低了分组丢失概率。

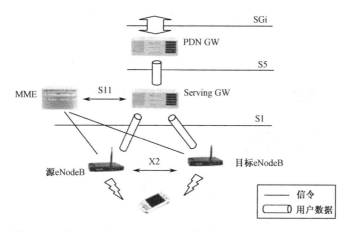

图 7-13　基于 X2 的 E-UTRAN 内的切换——MME 和 SW 不变

　　如图 7-14 所示，切换前，UE—源 eNodeB—SGW 建立有上、下行用户平面。

　　首先，源 eNodeB 根据 UE 报告的测量结果或是自己的测量结果来完成“切换判断”。一旦作出切换判断，源 eNodeB 在 X2 接口上向目标 eNodeB 发送一个切换请求（Handover Request）消息。目标 eNodeB 为将要到达的 UE 和相关承载进行“无线资源分配”。完成分配后，目标 eNodeB 向源 eNodeB 返回切换请求确认（Handover Request ACK）消息。源 eNodeB 发送 Handover Command 消息给 UE。UE 离开旧小区，开始同步到新小区。

　　源 eNodeB 向目标 eNodeB 发送 SN Status Transfer 消息，然后开始向目标 eNodeB 转发数据。目标 eNodeB 缓存来自源 eNodeB 的数据包。一旦 UE 与目标 eNodeB 同步，它发送一个 Handove Confirm 消息到目标 eNodeB。

　　目标 eNodeB 发送 Patch Switch Request 消息到 MME，告知 UE 已经改变小区，包含目标小区的小区全局标识。MME 决定 S-GW 继续为 UE 服务。MME 发送 Modify Bearer Request 消息到 SGW。SGW 切换下行数据到目标 eNodeB，即 S-GW 开始用新接收的地址和 TEIDs 发送下行数据包给目标 eNodeB。SGW 回送 Modify Bearer Response 消息给 MME。MME 发送 Path Switch Request ACK 消息给目标 eNodeB，目标 eNodeB 可以在无线链路上发送下行链路的缓存数据。最后，目标 eNodeB 通过 X2 接口发送 UE Context Release 消息，源 eNodeB 收到该消息后完成“无线资源释放”。

　　切换后，形成了 UE—目标 eNodeB—SGW 上、下行用户平面。

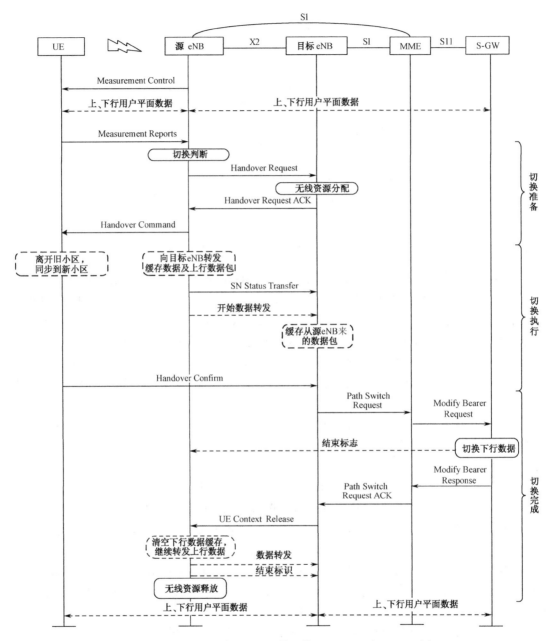

图 7-14 E-UTRAN 内基于 X2 的切换——MME 和 SGW 不变

7.7.2　E-UTRAN 内基于 S1 的切换——MME 和 SGW 不变

如果两个切换的 eNodeB 之间并没有 X2 接口,此时要通过 S1 接口执行 LTE 系统内的切换。由于源 eNB 和目标 eNB 之间不能直接通信,MME 承担了 2 个 eNB 间的信令中继,切换准备过程比基于 X2 的切换复杂。

如图 7-15 所示,源 eNB 作出切换判断,不能直接发 Handover Request 消息到目标 eNB,而是发送 S1 接口消息 Handover Required 给 MME,MME 再发送 S1 接口消息 Handover Request 到目标 eNB。

一旦目标 eNB 分配了无线资源,就发送 Handover Request ACK 消息给 MME。MME 发送 Handover Command 消息给源 eNB,源 eNB 发送 Handover Command 消息给 UE。

目标 eNB 接收到 UE 的 Handover Confirm 消息后,发送 Handove Notify 消息给 MME,MME 向 SGW 发起修改承载过程,源 eNB 在 MME 的控制下释放资源,同时,上、下行用户面数据更新到目标 eNB。

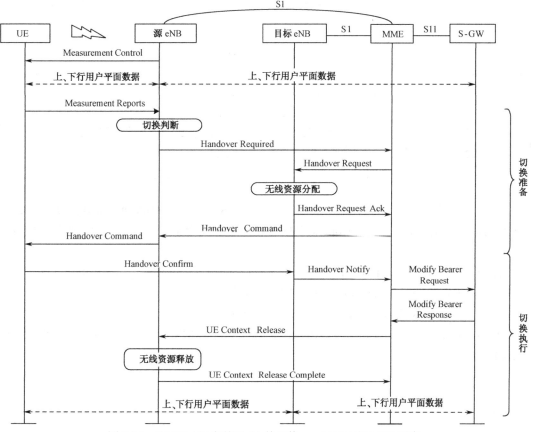

图 7-15　E-UTRAN 内基于 S1 的切换——MME 和 SGW 不变

这种"基于 S1 的切换"与前面"基于 X2 的切换"主要区别是在源 eNB 和目标 eNB 间没有数据转发，结果，所有在源 eNB 缓存的 RLC PDU 将会丢失。对于用户的影响还将取决于应用层和使用的相应协议栈。如使用 TCP 可以保证应用层的可靠传输；而使用 UDP 会造成切换中的数据帧丢失，可能会对用户的服务质量有影响。

7.7.3　E-UTRAN 内基于 S1 的切换——MME 和 SGW 改变

源 eNB 决定发起一个基于 S1 的切换，这种切换的触发条件可以是源 eNB 与目标 eNB 之间没有 X2 连接，或目标 eNB 在一个不成功的基于 X2 切换后给出的错误指示，或源 eNB 根据某些动态信息决定。

图 7-16 是 E-UTRAN 内基于 S1 的切换，MME 和 SGW 改变，即切换过程中需要 MME 和 S-GW 重定位。切换由源 eNodeB 发起，由源 MME 选择目标 MME。同时目标 MME 选择目标 S-GW。

这种切换通过源 MME 和目标 MME 间的 S10 接口传递用户上下文（UE Context）来实现，S10 消息如表 7-1 所示。

表 7-1　S10 消息

S10 消息方向	S10 消息	S10 消息主要参数
源 MME→目标 MME	Forward Relocation Request	MME UE Context
源 MME←目标 MME	Forward Relocation Response	Serving GW Change Indication
源 MME←目标 MME	Forward Relocation Complete	
源 MME→目标 MME	Forward Relocation Complete Acknowledge	

源 MME 选择目标 MME 并发送一条 Forward Relocation Request（MME UE context，MME 用户上下文）消息，UE Contex 包括 IMSI、UE 安全上下文、UE 网络能力、AMBR 及 EPS 承载上下文等。

目标 MME 发送一条 Forward Relocation Response（S-GW Change Indication）消息给源 MME，"S-GW Change Indication"表明选择了新的 SGW。

目标 MME 发送 Forward Relocation Complete 消息到源 MME，源 MME 相应地发送一条 Forward Relocation Complete Acknowledge 消息给目标 MME。这样，源 MME 就可以释放无线资源和链路。

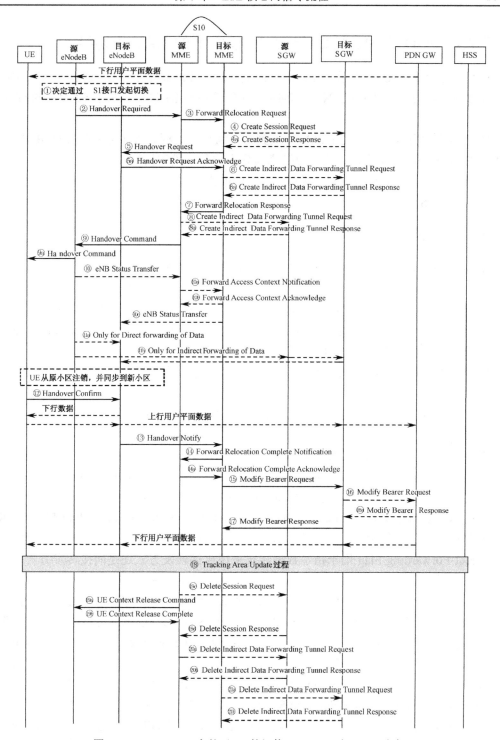

图 7-16　E-UTRAN 内基于 S1 的切换——MME 和 SGW 改变

7.7.4　E-UTRAN 到 UTRAN Iu 模式下的 RAT 间切换

EPS 网络具有与 UMTS 系统良好的后向兼容性，EPS 系统支持 UE 通过 SGSN 实体接入 EPC 核心网。其中，R8 SGSN 与 MME 之间的接口为 S3 接口，基于 v2 版本的 GTP 协议。

图 7-17 描述了 UE 从 E-UTRAN 切换到 UTRAN 的流程。首先 UE 在 E-UTRAN 网络中处于 ECM-Connected 状态，整个切换流程分为准备阶段和执行阶段。

源 MME 将 EPS 承载一对一地映射为 PDP 上下文，并将 EPS QoS 参数值映射为 Pre-Rel-8 的 QoS 参数。

1．准备阶段

① 源 eNodeB 决定将 UE 切换到 UTRAN Iu 模式并发起切换流程。此时上、下行数据的传输路径为 UE 和源 eNodeB 间的承载，以及源 eNodeB 到 S-GW 和 P-GW 的 GTP 隧道。

② 源 eNodeB 发送 Handover Required（Cause, Target RNC Identifier, Source eNodeB Identifier, Source to Target Transparent Container, Bearers Requesting Data Forwarding List）消息，请求核心网在目标 RNC、SGSN 和 S-GW 建立资源。

Bearers Requesting Data Forwarding List 包含需要进行数据转发（直接或者间接）的承载列表，列表由 eNodeB 决定。

③ 源 MME 将 EPS 承载一对一地映射为 PDP 上下文，并将 EPS QoS 参数值映射为 Pre-Rel-8 的 QoS 参数。

源 MME 通过 Target RNC Identifier 信元判断切换请求为到 UTRAN Iu 的 RAT 间切换。MME 向目标 SGSN 发送 Forward Relocation Request（IMSI, Target Identification, MM Context, PDP Context, MME Tunnel Endpoint Identifier for Control Plane, MME Address for Control plane, Source to Target Transparent Container, S1-AP Cause Direct Forwarding Flag，ISR，TI(s)）消息，消息中包含源侧所有的 PDP 上下文信息以及 S-GW 上行隧道端点参数。

Direct Forwarding Flag 用于指示数据转发采用直接转发方式还是间接转发方式，该值由 MME 设置。MM 上下文包含安全上下文信息和支持的加密算法等。

④ 目标 SGSN 决定是否切换 S-GW，例如，因为 PLMN 发生改变可能需要切换 S-GW。如果需要切换，SGSN 选择目标 S-GW 并向目标 S-GW 发送 Create Session Request 消息。

④a 目标 S-GW 分配本地资源并向目标 SGSN 返回 Create Session Request Response 消息。

⑤ SGSN 发送 Relocation Request 消息，请求目标 RNC 建立无线网络资源（RABs）。

⑤a RNC 向 SGSN 发送 Relocation Request Acknowledge 消息返回应用参数。

⑥ 如果数据转发采用 Indirect Forwarding 的方式且 S-GW 发生切换，SGSN 向目标 S-GW 发送 Create Indirect Data Forwarding Tunnel Request 消息。

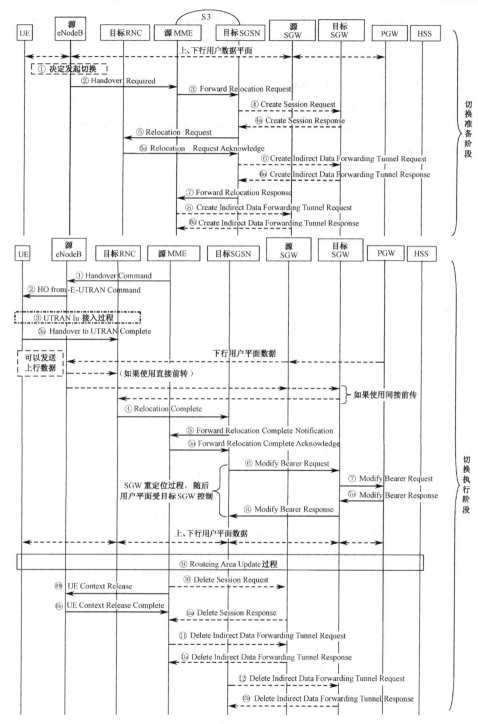

图 7-17　从 E-UTRAN 到 UTRAN Iu 模式的 RAT 间切换

⑥ₐ 目标 S-GW 向 SGSN 发送 Create Indirect Data Forwarding Tunnel Response 消息。

⑦ SGSN 向源 MME 发送 Forward Relocation Response 消息，S-GW Change Indication 指示源 MME 目标侧选择了新的 S-GW。

⑧ 如果数据转发不采用 Direct Forwarding 方式，源 MME 向 S-GW 发送 Create Indirect Data Forwarding Tunnel Request 消息。

⑧ₐ S-GW 向源 MME 发送 Create Indirect Data Forwarding Tunnel Response。

2. 执行阶段

① 完成切换准备阶段后，源 MME 发送 Handover Command 消息给源 eNodeB。

② 源 eNodeB 通过 HO from E-UTRAN Command 消息向 UE 发送切换到目标的指令。准备阶段目标 RNC 建立的无线参数在该消息中透传到 UE。

③ UE 移动到目标 UTRAN Iu（3G）系统并执行切换。UE 只对那些在目标 RNC 分配了无线资源的 NSAPI 承载续传用户数据。

④ 如果和 UE 成功交换了 RNC-ID 加上 S-RNTI，目标 RNC 向目标 SGSN 发送 Relocation Complete 消息，通知从 E-UTRAN 到 RNC 的切换完成。收到消息后，SGSN 准备从目标 RNC 接收数据，并将收到的数据包直接传递到 S-GW。

⑤ 目标 SGSN 在获知 UE 已经在目标侧接入后，向源 MME 发送 Forward Relocation Complete 消息通知切换完成。

⑤ₐ 源 MME 发送 Forward Relocation Complete Acknowledge 消息确认切换完成，同时源 MME 启动定时器用于释放源 eNodeB 和 S-GW 资源。

⑥ 目标 SGSN 完成切换，向 S-GW 发送 Modify Bearer Request 消息。

⑦ S-GW 向 P-GW 发送 Modify Bearer Request 消息。

⑦ₐ P-GW 向 S-GW 发送 Modify Bearer Response 消息。

⑧ S-GW 向目标 SGSN 发送 Modify Bearer Response 消息。

至此，SGW 重定位过程完成，随后用户平面受目标 SGSN 控制，上、下行用户平面数据为 UE—RNC—目标 SGSN—目标 SGW—PGW，然后，发生 RAU 过程，在 HSS 中登记 UE 新的位置信息，最后，源 MME 释放源 eNodeB 和源 SGW 的资源，并且间接前转分配的资源也被释放。具体步骤为⑨～⑫ₐ。

7.8　会　话　管　理

7.8.1　专用承载激活

UE 处于 ECM-Connected 状态下，专用承载激活流程如图 7-18 所示。

① 如果 EPS 系统配置了动态 PCC 策略，PCRF 将发送 PCRF-initiated IP CAN Session Modification 消息给 P-GW；如果没有配置动态 PCC 策略，P-GW 将应用本地的 QoS 策略。

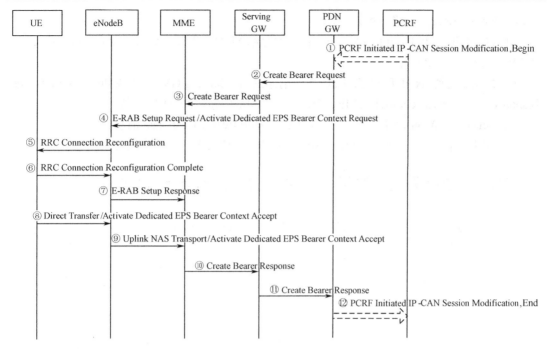

图 7-18　专用承载激活流程

②　P-GW 基于 QoS 策略分配相应承载的 QoS，并发送 Create Bearer Request 消息给 Serving GW，请求建立承载。该消息携带了 IMSI，Bearer QoS 和 LBI 等，其中 LBI（Linked Bearer ID）参数是 EPS 默认承载的标识符。

③　Serving GW 发送 Create Bearer Request 消息给 MME。如果此时 UE 处于 ECM-Idle 空闲状态，MME 将从步骤③开始触发网络侧发起的服务请求流程，余下的步骤④～⑦将合并到服务请求流程中。

④　MME 向 eNodeB 发送 E-RAB Setup Request 消息，要求建立 S1 承载。该消息携带了 NAS 消息 Activate Dedicated EPS Bearer Context Request。

⑤　eNodeB 将 Bearer QoS 匹配成 Radio Bearer QoS，然后发送 RRC Connection Reconfiguration（Radio Bearer QoS, Session Management Request, EPS RB Identity）消息给 UE。UE 保存 Session Management Request 中的信息，并通过 LBI 将专有承载链接到默认承载上。UE 使用 uplink packet filter（UL TFT）来决定业务数据流 Service Data Flows 和无线承载 Radio Bearer 之间的匹配关系。

⑥　UE 发送 RRC Connection Reconfiguration Complete 消息给 eNodeB，确认无线承载的激活。

⑦　eNodeB 无线资源和 S1 资源分配完成后，向 MME 发送成功的 E-RAB Setup Response 消息。

⑧　UE 发送 Direct Transfer 给 eNodeB，里面携带了 NAS 消息 Activate Dedicated EPS

Bearer Context Accept，建立承载成功。

⑨ eNodeB 发送 Uplink NAS Transport 消息给 MME，携带 NAS 消息 Activate Dedicated EPS Bearer Context Accept。

⑩ MME 收到 eNodeB 和 UE 成功响应消息后，向 Serving GW 发送成功的 Create Bearer Response 消息，携带 eNdoeB 的 IP、TEID 以及 MME 分配的 BI 参数等。

⑪ Serving GW 向 PDN GW 发送成功的 Create Bearer Response 消息。

⑫ 如果配置了动态 PCC，PDN GW 通知 PCRF IP-CAN 会话修改结束。

7.8.2 专用承载去激活——在 ECM-Connected 状态下

图 7-19 为专用承载去激活，UE 处于 ECM-Connected 状态下。

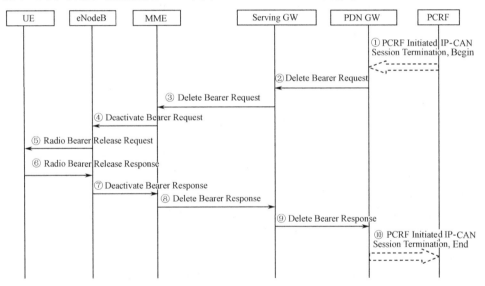

图 7-19 专用承载去激活——在 ECM-Connected 状态下

① 如果 EPS 网络配置了动态 PCC，PCRF 发起"PCRF-initiated IP CAN Session Termination"流程；如果没有配置动态 PCC 策略，P-GW 将应用本地的 QoS 策略。

② P-GW 发送一个 Delete Bearer Request（PTI，EPS Bearer Identity，原因值）消息给 S-GW，去激活承载。

③ S-GW 发送 Delete Bearer Request（PTI, EPS Bearer Identity）消息给 MME。

④ MME 发送 Deactivate Bearer Request 消息给 eNodeB，消息里包括了承载的 ID 和 NAS 消息 Deactivate EPS Bearer Context Request。

⑤ eNodeB 向 UE 发送 Radio Bearer Release Request 消息，要求释放承载的无线承载。

⑥ UE 响应 Radio Bearer Release Response 消息，无线承载释放成功。

⑦ eNodeB 发送一个 Deactivate Bearer Response（EPS Bearer Identity）消息给 MME，确认承载去激活。

⑧ MME 删除相关专有承载上下文并发送 Delete Bearer Response（EPS Bearer Identity）消息给 S-GW，确认承载去激活。

⑨ S-GW 删除相关专有承载上下文并发送 Delete Bearer Response（EPS Bearer Identity）消息给 P-GW，确认承载去激活。

⑩ 如果部署了动态 PCC，且去激活是由 PCRF 触发的，PDN GW 通知 PCRF PCC Decision 是否已经被执行。

7.8.3　专用承载去激活——其他情况

（1）UE 处于 ECM-Idle 空闲状态

当 UE 处于 ECM-Idle 空闲状态时，图 7-19 所示流程中步骤④～⑦不会执行。

（2）释放所有承载

对于 MME，当 UE 所有承载被释放时，MME 将会把 UE 的 MM 状态迁移到 EMM-Deregistered 未注册状态，并且 MME 发送 S1 Release Command 消息给 eNodeB，eNodeB 回复 S1 Release Complete 消息给 MME，同时触发释放 UE 与 eNodeB 之间存在的 RRC 连接。

如果 UE 探测到自己所有的承载被释放，UE 也会将自己的 MM 状态迁移到 EMM-Deregistered 未注册状态。

7.8.4　PGW 发起的承载改变

图 7-20 为 PGW 发起的承载改变流程。

① 如果 EPS 网络中配置了动态 PCC，PCR 发起"PCRF-Initiated IP CAN Session Modification"；如果没有配置动态 PCC，P-GW 将应用本地的 QoS 策略。

② P-GW 利用 QoS Policy 来决定一个 Service Data Flow 应该与一个激活的承载合并或者从一个激活的承载中移除。如果选择合并，P-GW 需要生成 UL TFT 和更新 Bearer QoS，P-GW 发送 Update Bearer Request（PTI, EPS Bearer Identity, Bearer QoS, TFT）消息给 S-GW。

③ S-GW 发送 Update Bearer Request（PTI, EPS Bearer Identity, Bearer QoS, TFT）消息给 MME。如果此时 UE 处于 ECM-Idle 空闲状态，MME 将从步骤③开始触发网络侧发起的服务请求流程，余下的步骤④～⑦将耦合到服务请求流程中，否则这些步骤将单独执行。

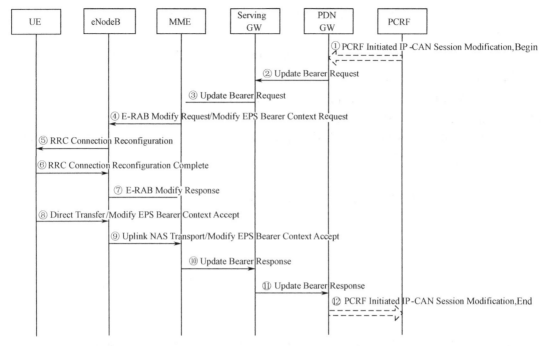

图 7-20　PGW 发起的承载改变流程

④ MME 发送 E-RAB Modify Request 消息给 eNodeB，携带修改的 QoS，该 S1 消息中包含了 NAS 消息 Modify EPS Bearer Context Request。

⑤ eNodeB 将 Bearer QoS 匹配成 Radio Bearer QoS，然后发送 RRC Connection Reconfiguration 消息给 UE。UE 通过 LBI 将专有承载链接到默认的承载上，并使用 Uplink Packet Filter（UL TFT）来决定业务数据流（Service Data Flows）和无线承载（Radio Bearer）之间的匹配关系。

⑥ UE 响应 RRC Connection Reconfiguration Complete。

⑦ eNodeB 无线资源和 S1 资源修改完成后，向 MME 发送成功的 E-RAB Modify Response 消息。

⑧ UE 发送 Direct Transfer（Session Management Response）消息给 eNodeB，里面携带了消息 Modify EPS Bearer Context Accept，修改承载成功。

⑨ eNodeB 发送 Uplink NAS Transport ，把 NAS 消息传给 MME。

⑩ MME 收到 eNodeB 和 UE 的成功响应后,向 Serving GW 发送成功的 Update Bearer Response 消息。

⑪ Serving GW 向 PDN GW 发送成功的 Update Bearer Response 消息。

⑫ 如果配置了动态 PCC，PDN GW 通知 PCRF IP-CAN 会话修改结束。

7.8.5 UE 请求的承载资源修改

图 7-21 为 UE 请求的承载资源修改流程。

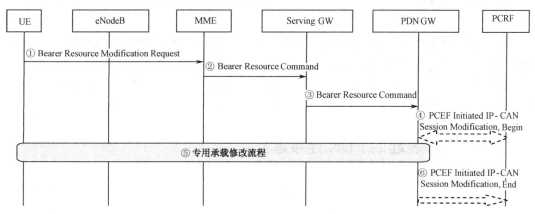

图 7-21 UE 请求的承载资源修改流程

① UE 根据自己的需求，发送一个 Bearer Resource Modification Request（LBI，PTI，SDF QoS，TFT）消息给 MME。

如果 UE 在此流程之前处于 ECM-IDLE 空闲状态，它需要首先执行服务请求，将 UE 的状态迁移到连接状态。

QoS 中包含 QCI 和 TAD，指出业务数据流聚合的 GBR 需求。TAD（Traffic Aggregate Description）由描述业务聚合（Traffic Flow Aggregate）的数据包过滤器[Packet filter（s）]组成。流程完成，TAD 被释放。消息中信元 LBI 用于指示要求的承载资源与哪个 PDN 关联。PTI 由 UE 动态分配，它是一个事务标识，用于表征一个具体的行为。UE 在分配 PTI 的同时还需要保证它在一段时间内不会再被 UE 复用，避免出现冲突。流程进行完了以后，PTI 也会被释放。

② MME 发送 Bearer Resource Command 消息给 Serving GW，携带 UE 请求的 TAD 和 QoS。MME 通过消息中所包含 LBI 确认与之相关联的 S-GW 地址。

③ Serving GW 发送 Bearer Resource Command 消息给 PDN GW。S-GW 通过消息中所包含 LBI 确认与之相关联的 P-GW 地址。

④ 如果部署了动态 PCC，PGW 发起 IP-CAN 会话修改开始。

⑤ 如果网络接受 UE 的请求，网络侧将调用"专有承载修改流程"。

⑥ 如果部署了动态 PCC，PDN GW 通知 PCRF 它请求的 PCC Decision 是否已经被执行。

7.9　多 PDN 的支持

7.9.1　概述

EPS 系统应支持通过单独或者多个 P-GW 同时与多个 PDN 网络交换 IP 数据，对多个 PDN 网络的连接是由网络的策略和用户的签约信息控制的。

EPS 系统应支持 UE 发起的建立多 PDN 连接的功能，这些连接可以通过单个或多个 P-GW 实现。与相同的 APN 关联的多个 PDN 连接应该通过相同的 P-GW 实现。

7.9.2　UE 发起的 PDN 连接建立

UE 已经附着，已经存在一个默认承载。UE 由于业务需求，使用另一个 APN 发起多 PDN 连接。UE 发起的 PDN 连接这个过程允许 UE 发起建立一个 PDN 连接，同时建立第二个默认承载。

图 7-22 为 UE 发起的 PDN 连接建立流程。

① UE 发送 PDN Connectivity Request（APN or Default APN indicator, PDN Type, Protocol Configuration Options, Request Type）消息到 MME。如果 UE 处于 ECM-Idle 状态，UE 应首先发起 Service Request 流程。MME 需要验证 UE 提供的 APN 是否为签约的 APN。如果 UE 指示使用 UE 的 Default APN，则 UE 的 Default APN 将作为此流程使用的 APN。在多 PDN 连接情况下，如果 Request Type 为 Handover，则表明 UE 是从非 3GPP 切换到 3GPP 并且 UE 在非 3GPP 网络已经建立 PDN 连接。

② MME 发送 Create Session Request 消息给 Serving GW，要求建立第二个默认承载。

③ Serving GW 发送 Create Session Request 消息给 PDN GW，之后 S-GW 缓存可能的来自 P-GW 的下行报文，直到建立到 eNodeB 的数据通道为止。

④ 如果部署了动态 PCC，PDN GW 发起 IP-CAN 会话建立流程，从 PCRF 获取 PCC 规则。

⑤ PDN GW 建立了承载上下文之后，向 Serving GW 发送响应消息 Create Session Response。P-GW 根据选择的 PDN Type 为 UE 分配地址。对于带有 Handover 标识的请求，P-GW 需要分配与非 3GPP 接入时相同的 IP 地址给 UE。

⑥ Serving GW 向 MME 发送响应消息 Create Session Response。如果 UE 指示 Request Type 是"Handover"，则这个消息向 MME 表明 S5 承载已经成功建立了。

⑦ MME 发送 E-RAB Setup Request 给 eNodeB，该 S1 消息中包含了 NAS 消息 Activate Default EPS Bearer Context Request 消息，要求建立默认承载。

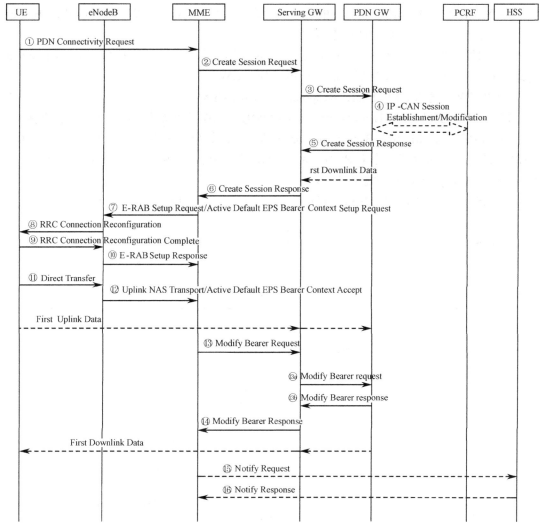

图 7-22　UE 发起的 PDN 连接建立流程

⑧ eNodeB 向 UE 发送 RRC Connection Reconfiguration，要求建立默认承载的无线资源。

⑨ UE 返回 RRC Connection Reconfiguration Complete 消息，无线资源建立成功。

⑩ eNodeB 在 S1 资源和无线资源分配成功后，向 MME 发送 E-RAB Setup Response 消息，消息中包含用于 S1-U 的 eNodeB 的地址和 TEID。

⑪ UE 发送 Direct Transfer 消息给 eNodeB，包含 Activate Default EPS Bearer Context Accept 消息，接受默认承载的建立。

⑫ eNodeB 发送 Uplink NAS Transport（Activate Default EPS Bearer Context Accept）消息给 MME。

此时，UE 可以发送上行数据报文了。

⑬ MME 收到 UE 和 eNodeB 的成功响应之后，向 Serving GW 发送 Modfiy Bearer Request 消息，更新 eNodeB 的 IP 和 TEID。

⑬a 如果⑬的消息中包含 Handover Indication 指示，则 S-GW 发送 Modify Bearer Request 消息给 P-GW。P-GW 将发送后续的下行报文到 S-GW。

⑬b P-GW 发送 Modify Bearer Response 消息给 S-GW。

⑭ S-GW 发送 Modify Bearer Response 给 MME。S-GW 将开始发送缓存的下行数据报文。

⑮ MME 收到 Modify Bearer Response 消息后，如果 UE 在第一次建立到某个 PDN（APN）的连接时选择了一个新 PDN GW，MME 需要更新 PDN GW 到 HSS 的地址。这时 MME 发送 Notify Request 消息给 HSS。

⑯ HSS 保存 PDN GW Identity 和相关的 APN，发送 Notify Response 给 MME。

7.9.3 UE 发起的 PDN 去连接

图 7-23 描述了 UE 发起的 PDN 去连接过程。这个过程允许 UE 请求断开与某个 PDN 的连接，该 PDN 相关的所有承载包括默认承载都将被释放。

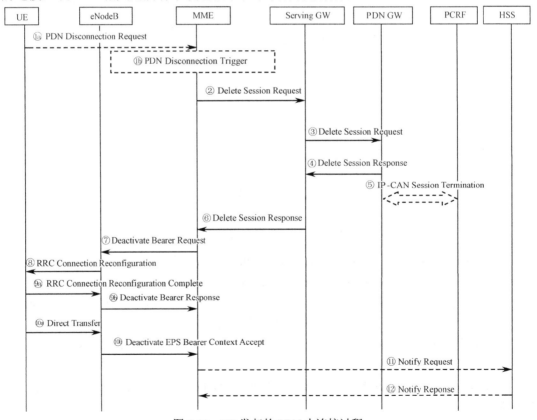

图 7-23 UE 发起的 PDN 去连接过程

① UE 不再需要某个 PDN 连接，发起 PDN 连接断开。UE 发送 PDN Disconnection Request（LBI）消息给 MME，LBI 是将要去连接的 PDN 的 Default 承载标识。如果 UE 处于 ECM-Idle 模式，则将首先发起 Service Request 过程。

② MME 发送 Delete Session Request（TEID, LBI）到 Serving GW，Serving GW 删除发起去连接的 UE 的相关 EPS 承载资源。

③ Serving GW 发送 Delete Session Request（TEID, LBI）消息给 P-GW。

④ P-GW 发送 Delete Session Response 给 Serving GW 作为响应。

⑤ 如果网络中配置了动态 PCC，PDN GW 发起 IP-CAN 会话中止流程。

⑥ Serving GW 发送 Delete Session Response 消息给 MME。

⑦ MME 向 eNodeB 发起释放承载流程，除非 UE 的所有承载均被释放，否则，MME 应该提供 eNodeB UE 的 UE-AMBR。eNodeB 释放相应的空口承载并发送相应消息给 MME。

⑧ eNodeB 向 UE 发送 RRC Connection Reconfiguration，要求释放该 PDN 连接的无线资源。

⑨ UE 返回 RRC Connection Reconfiguration Complete 消息，无线资源释放成功，删除 UE 侧相关的承载上下文。ENodeB 在 S1 资源和无线资源释放成功后，向 MME 发送 Deactive Bearer Response 消息。

⑩ UE 发送直传消息，携带 Deactivate EPS Bearer Context Accept 消息给 MME，PDN 连接去激活成功。

⑪ 如果用户切换到非 3GPP 网络，且接入时已经动态在 HSS 中注册了 PDN GW 地址信息，则 MME 向 HSS 发送 Notify Request 通知 HSS 删除 PDN GW 地址信息。

⑫ HSS 返回响应消息 Notify Response。

UE 发起的 PDN 去连接流程不应该被 UE 用来终止最后一个 PDN 连接。UE 应使用 UE 发起的去附着流程来断开最后一个 PDN 连接。

第四部分　IMS 网络技术

第 8 章　IMS 网络体系和功能

8.1　IMS 的分层体系

　　IMS 首先是一个 IP 网络，为访问 IMS 的服务，一个基本要求就是用户终端（UE）必须与 IMS 之间存在 IP 连接。IP-Connectivity Access Network（IP-CAN）就是指：为了使 UE 能够访问 IMS 网络，在 UE 和 IMS 网络入口点之间提供 IP 承载连接的接入网类型的统称。

　　事实上，IMS 的设计思想是实现接入方式的无关性，以便 IMS 服务可以通过任何 IP 网络来提供。因此，只要能够提供 IP 承载连接的接入网，如 GPRS、无线局域网（WLAN）、非对称用户数字线（ADSL）、混合光纤同轴网（HFC）或者电缆调制解调器（Cabel Modem）等，都可以作为 IMS IP-CAN 的一种。R5 版本中只包含了 GPRS 接入特性；R6 版本支持 WLAN 接入；R7 版本支持 ADSL 接入。图 8-1 为 GPRS IP-CAN 示意图。

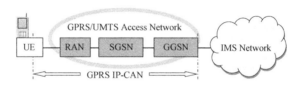

图 8-1　GPRS IP-CAN 示意图

　　未来的融合网络会形成以 IMS 为控制核心的分层网络结构，依次是接入层、传输层、控制层和业务层，其分层体系结构如图 8-2 所示。

　　接入层提供多种不同类型的物理接入能力，建立 IMS 终端与 IMS 核心网间的 IP 传输通道，具体包括 GPRS、WCDMA/cdma2000/TD-SCDMA、WLAN、WiMAX 和 xDSL 等多种固定和移动接入类型。

　　传输层以具有 QoS 保证机制的 IPv6 为主，也支持目前广泛使用的 IPv4。

　　控制层是 IMS 核心网的主体，是一个分布式的网络结构，完成呼叫控制、呼叫路由、媒体处理、业务触发、互连互通、用户认证和计费等功能，具体包括 P-CSCF、I-CSCF、S-CSCF、HSS、BGCF、MGCF、MGW、MRFC、MRFP、PDF、OSA-SCS 和 IM-SSF 等功能实体。

　　业务层提供内容丰富、形式多样的业务，包括基于 SIP 应用服务器的 SIP 业务、基于 OSA 业务能力服务器的 Parlay/OSA 业务及基于智能网的 CAMEL 业务。目前，许多公司和组织都在定义和实现功能更加丰富，能力更加强大，业务开发、部署、维护和计费更加灵活的业务交付平台（SDP），以进一步增加 IMS 网络的业务提供能力。

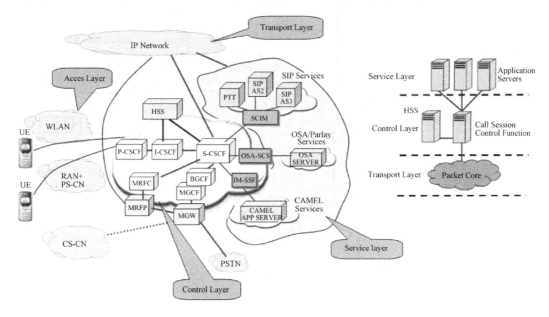

图 8-2　IMS 的分层体系结构

8.2　IMS 的网络结构和网元功能

3GPP 定义的 IMS 网络结构如图 8-3 所示。下面详细介绍 IMS 网元的功能。

1. 代理 CSCF（Proxy-CSCF，P-CSCF）

P-CSCF 是终端用户（UE）访问和使用 IMS 核心网络时 SIP 信令控制层面的首个接入点。当用户终端（UE）试图访问 IMS 网络获取服务时，首先选择和建立适当的 IP 连接接入（IP-CAN），形成承载传输通道。然后，通过 P-CSCF 的发现过程和机制，UE 获得 P-CSCF 的 IP 地址，开始 SIP 信令会话。所有的 SIP 信令，无论来自 UE 还是发给 UE 的，都必须经由 P-CSCF 转发。P-CSCF 的行为类似于 SIP 协议中的 Proxy，故而取名 Proxy-CSCF。SIP Proxy 的行为在 IETF RFC3261 中有详细的定义。

P-CSCF 主要负责验证用户请求，根据相关的路由规则，将其转发给指定的目标，并处理和转发后续的请求和响应。P-CSCF 不会修改 SIP Invite 请求中的 Req-URI。UE 在漫游状态下使用的 P-CSCF，可能是归属网络运营商提供的，也可能是拜访网络运营商提供的，要视具体网络运营而定。

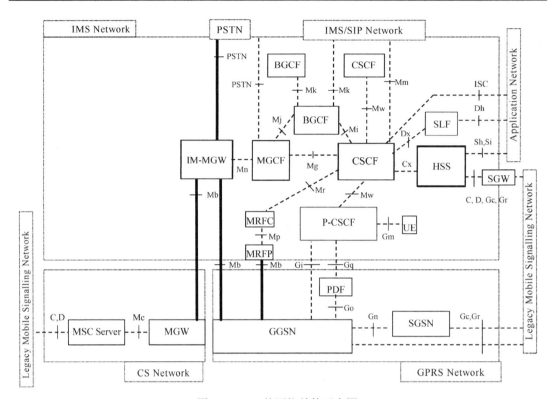

图 8-3　IMS 的网络结构示意图

说明：粗实线——该接口属于用户平面，不仅有信令通信，还包括媒体通信；

　　　虚线——该接口仅包含信令通信。

P-CSCF 主要完成和实现如下功能。

● 基于 UE 注册请求中提供的归属网络域名转发 SIP Register 请求到 I-CSCF。

● 将从 UE 收到的 SIP 请求和响应转发给 S-CSCF。

● 将 SIP 请求和响应转发给 UE。

● 检测和处理紧急呼叫请求。当 P-CSCF 检测到一个紧急呼叫时，将特殊地选择一个合适的 S-CSCF 来处理紧急呼叫。这种特殊选择是必要的，因为正常给 UE 选择和分配的 S-CSCF 位于归属网络中，当 UE 漫游时，归属网络中的 S-CSCF 无法将紧急呼叫请求路由到漫游拜访地的紧急呼叫中心，使用户得不到拜访地的及时帮助。

● 生成 CDR 信息，并将其发送到计费数据单元 CDF。

● 建立和维持 UE 和 P-CSCF 间的安全联盟（Security Association），通过 IPsec 机制，提供 SIP 信令的完整性和机密性保护。

● 执行 SIP 消息的压缩 / 解压缩处理，P-CSCF 需支持 3 个由 RFC 定义的压缩 / 解压缩算法：RFC3320、RFC3485 和 RFC3486。

● 与 PDF 交互，共同完成承载资源的授权和 QoS 管理。

● 向 UE 的注册服务器（S-CSCF）订阅注册事件包，以便当 UE 的注册状态发生改变时，S-CSCF 可以及时通知 P-CSCF。这一功能对于隐式注册和网络侧发起的注销显得尤为重要。

● 执行媒体使用策略。P-CSCF 能够检查 SIP 消息中 SDP 的内容，从而判断 SDP 中是否包括禁用的媒体类型和编解码格式。当 SDP 的内容确实不符合运营商的媒体使用策略时，P-CSCF 将拒绝该 SIP 请求，并向 UE 发送错误消息；当网络带宽有限时，运营商可能对漫游用户使用该功能。

● 维护会话定时器（Session Timer），当会话定时器由于没有及时收到会话更新消息而超时后，P-CSCF 将主动拆除该会话，并释放相应的资源。

2．问询 CSCF（Interrogating-CSCF，I-CSCF）

I-CSCF 是网络运营商 IMS 网络的唯一对外访问点，由此来屏蔽该运营商 IMS 网络的内部细节。但是，如果运营商采用会话边界控制器（Session Border Controller，SBC）或互通边界控制功能（Interconnection Border Control Function，IBCF）作为网络对外的访问点，I-CSCF 则主要完成 S-CSCF 的分配和网络内部的路由。

I-CSCF 主要完成和实现如下功能。

● 访问 HSS，验证相关的用户信息，并在验证通过后，为正在处理的 SIP 注册请求分配一个 S-CSCF。

● 基于从 HSS 返回的 S-CSCF 能力集来分配一个合适的 S-CSCF。如果没有理想的 S-CSCF 可以分配，则任意指定一个。

● 转发 SIP 请求或响应给 S-CSCF。

● 生成 CDR 并发送相关的信息到计费实体。

● 提供网络拓扑隐藏功能。I-CSCF 可能具有网间拓扑隐藏网关（Topology Hiding Inter-network Gateway，THIG）的功能，用于对外隐藏运营商网络的部署、配置、容量和拓扑结构等机密信息。

● 通过访问 ENUM/DNS 服务器，完成 Request URI 中 E.164 地址到 SIP URI 的转化，或获得 SIP URI 的下一跳路由地址。

● 在用户访问和使用由公共业务标识符（Public Service Identity，PSI）标识的业务时，根据网络的配置，I-CSCF 能够提供相应的路由，把业务请求转发到合适的应用服务器去执行。

3. 服务 CSCF（Serving-CSCF，S-CSCF）

S-CSCF 是 IMS 网络的核心所在，为 UE 提供会话控制和注册服务。除类似紧急呼叫这样的特殊情形外，为 UE 提供服务的 S-CSCF 总是位于其归属网络。当 UE 发起会话请求时，S-CSCF 为其建立和维持会话状态，并依据运营商的相关配置和策略，在需要时与业务平台和计费单元进行交互。在某个运营商的 IMS 网络中，可以根据需要部署多个 S-CSCF，并且这些 S-CSCF 可以具有不同的功能。

S-CSCF 主要完成和实现如下功能。

① 根据 RFC3261 的定义，充当 SIP 注册服务器，处理注册请求。它接收 UE 的注册请求，并在注册成功后，将注册信息存储在位置服务器（如 HSS）中，使其对外可用。通过注册过程，S-CSCF 知道 UE 的 IP 地址以及哪个 P-CSCF 正在被 UE 用作 IMS 网络的入口。

② 当注册请求表明支持 GRUU 并且在 Contact 头域中包含有实例 ID 时，S-CSCF 将根据公有用户标识（Public User Identity）和实例 ID 信息的组合而生成一个唯一的 P-GRUU（Public-Grobally Routable User Agent URI）和一个唯一的 T-GRUU（Temporary Globally Routable User Agent URI）。

③ 一个注册请求如果表明支持 GRUU，那么针对每一个包含在 Contact 头域中的注册实例 ID，S-CSCF 都将分配并返回一个由 P-GRUU 和 T-GRUU 组成的 GRUU 集。

④ 每次 UE 注册状态的改变，包括为每个注册实例分配的 GRUU 集的改变，S-CSCF 都将通知有关的事件订阅者。

⑤ 对用户实行 IMS AKA 鉴权。IMS AKA 机制可以实现 UE 和 IMS 网络间的双向鉴权。

⑥ 在处理 UE 的注册请求或未注册被叫用户的呼叫请求时，S-CSCF 将从 HSS 下载用户数据和业务数据并触发和执行相应的业务。

⑦ 作为移动被叫侧（Mobile-Terminating）的 S-CSCF，能够转发相关的信令消息到 P-CSCF；作为移动主叫侧（Mobile-Originating）的 S-CSCF，能够转发相关的信令消息到 I-CSCF、BGCF 或者应用服务器。

⑧ 执行会话控制。S-CSCF 可以作为 RFC3261 中定义的代理服务器或 UA。

⑨ 与业务平台进行交互，能触发相关的业务，并将请求和响应转发到特定的 AS 去进一步处理。

⑩ 作为始发端的 S-CSCF（即服务于发起会话 UE 或 AS 的 S-CSCF）：
- 当被叫用户位于不同的网络运营商时，能够根据被叫用户的信息（如被叫的电话号码或 SIP URI），从数据库中获取被叫用户归属网络运营商的 I-CSCF 入口地址，并转发 SIP 请求或响应给 I-CSCF；
- 当 SIP 请求的"Contact"头域中包含 GRUU 时，S-CSCF 要检查并确认该请求所服务用户的公有用户标识与在 P-GRUU 和 T-GRUU 中所封装或关联的公有用户标识是否相同；

- 当主、被叫用户位于相同的网络运营商时，能够根据被叫用户的信息（如被叫的电话号码或 SIP URI），转发 SIP 请求或响应给同一运营商内的某个 I-CSCF；
- 根据运营商的策略，转发 SIP 请求或者响应到 IMS 域外的某个 ISP 域中的 SIP 服务器；
- 对于路由到 PSTN 或 CS 域的呼叫，S-CSCF 要转发 SIP 请求或者响应到某个 BGCF。

⑪ 对于由应用服务器发起的会话请求：

- 能够判断来自 AS 的请求是否是一个发端请求，并执行相应的流程（如触发主叫业务到业务平台）；
- 如果由 AS 代为发起会话的主叫用户没有注册，S-CSCF 也能继续处理和执行，并且在向外转发 SIP 请求之前，先要触发和执行主叫未注册业务；
- 能够处理和转发后续所有来自或发往由 AS 代为发起会话用户的请求；
- 在计费信息中，要反映出这是一个由 AS 代用户发起的会话。

⑫ 作为被叫端的 S-CSCF（即服务于被叫方 UE 的 S-CSCF）：

- 如果被叫方当前正处于其归属网络，或者虽然漫游到其他拜访网络，但其归属网络没有要求保留 I-CSCF 在信令路径中，则转发 SIP 请求或响应到被叫的 P-CSCF；
- 如果被叫方漫游到某个拜访网络，但其归属网络要求保留 I-CSCF 在信令路径中，则转发 SIP 请求或响应到归属网中某个合适的 I-CSCF；
- 如果被叫用户将通过 CS 域接收来话，根据 HSS 和业务控制交互的情况，S-CSCF 将适当修改 SIP 请求，并路由该会话到 CS 域；
- 对于路由到 PSTN 或 CS 域的呼叫，转发 SIP 请求和响应到 BGCF；
- 当 SIP 请求中包含目的端的优选特性时，则执行 IETF RFC3312 中定义的优选项和能力匹配。

⑬ 使用 ENUM/DNS 服务器将 E.164 号码翻译成 SIP URI，因为在 IMS 网络中，SIP 信令的路由仅能使用 SIP URI。若翻译失败，表明被叫用户可能不是 IMS 网络用户，则将请求转发到 BGCF 以使会话路由到 PSTN 或 CS 域。

⑭ 实时监视每个用户的注册定时器，并在需要时注销用户。

⑮ 当运营商的 IMS 网络支持紧急呼叫时，能选择一个紧急救援中心，并将呼叫转接过去。

⑯ 执行媒体使用策略。S-CSCF 能够检查 SIP 消息中 SDP 的内容，从而判断 SDP 中是否包括禁用的媒体类型和编解码格式。当 SDP 的内容确实不符合运营商的媒体使用策略时，S-CSCF 将拒绝该 SIP 请求，并向 UE 发送错误消息。

⑰ 维护会话定时器（Session Timer），当会话定时器由于没有及时收到会话更新消息而超时后，S-CSCF 将主动拆除该会话，并释放相应的资源。

⑱ 生成 CDR 数据，并发送相关的信息到计费系统。

4．归属用户服务器（HSS）

IMS 系统中 HSS 的主要功能是用户和业务数据管理。在 R5 阶段之前，移动网络的用户数据集中由 HLR 和 AuC 管理。引入 IMS 体系后，出现了 HSS，并使用 HSS 替代了以前版本的 HLR 和 AuC，作为 CS 域、PS 域和 IMS 域通用的用户和业务数据管理实体。HSS 提供以下功能。

- CS 域要求的 HLR/AuC 功能；
- PS 域要求的 HLR/AuC 功能；
- IMS 系统支持功能。

将 HSS 的内部实现和外围接口展开后，其整体的逻辑功能模型如图 8-4 所示。

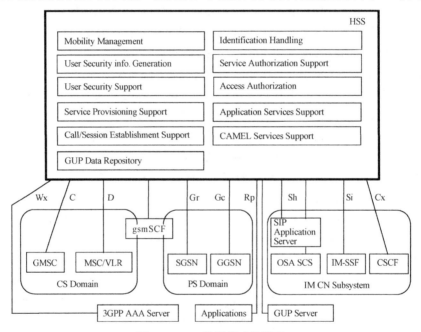

图 8-4　HSS 的逻辑功能模型

存储在 HSS 的数据主要包括：

- 用户标识、号码和地址信息；
- 用户注册信息；
- 用户安全信息——网络接入控制的鉴权和授权信息；
- 用户的签约业务信息，即业务触发信息。

HSS 的主要逻辑功能包括：

- 移动性管理（Mobility Management）——存储用户的归属位置信息和当前漫游信

息，支持用户在 CS 域、PS 域和 IMS 域的移动性。

- 支持呼叫和会话建立（Call/Session Establishment Support）——HSS 支持 CS 域、PS 域和 IMS 域的呼叫 / 会话建立，另外，在 IMS 注册过程中，分配合适的 S-CSCF。
- 支持用户安全（User Security Support）——HSS 支持 CS 域、PS 域和 IMS 域的鉴权过程，在这个过程中，HSS 生成 CS 域、PS 域和 IMS 域的鉴权数据、完整性和私密性保护密钥，并将这些数据传递到相关的网络实体，如 MSC/VLR、SGSN 或 CSCF 来实际使用以完成用户认证和安全性保护。
- 支持业务提供（Service Provisioning Support）——HSS 提供 CS 域、PS 域和 IMS 域的用户签约业务数据。
- 用户标识处理（Identification Handling）——HSS 处理用户在各系统（CS、PS 和 IMS 域）中所有标识之间恰当的关联关系。例如，CS 域的 IMSI 和 MSISDN，PS 域的 IMSI、MSISDN 和 IP 地址，IMS 域的私有用户标识和公有用户标识。IMS 域的私有用户标识是由归属网络运营商分配的用户身份，用于注册和授权等用途，而公有用户标识用于其他用户向该用户发起会话请求。
- 接入授权（Access Authorization）——当 MSC/VLR、SGSN 或 CSCF 有移动用户请求接入时，HSS 通过检查用户是否允许漫游到此拜访网络而进行移动接入授权。
- 支持 SIP 应用业务（SIP Application Services）和 CAMEL 业务（CAMEL Services）的实现——在 IMS 中，HSS 通过与 SIP AS 和 OSA-SCS 交互，支持 SIP 应用业务；同时 HSS 通过与 IM-SSF 交互，支持与 IMS 相关的 CAMEL 业务。

在运营商的一个 IMS 网络中，可以部署有多个 HSS，这取决于用户的数目、设备容量和网络的架构。当部署有多个 HSS 时，通常通过 SLF（Subscription Locator Function）来进行 HSS 的选择。

5. 订阅关系定位功能（SLF）

SLF（Subscription Locator Function）作为一种地址解析机制，其基本功能包括：

- 当部署有多个 HSS 时，通常通过 SLF 来进行 HSS 的选择，在一个单 HSS 的 IMS 系统中，SLF 是不需要的。
- Dx 接口描述 I-CSCF 和 S-CSCF 与 SLF 之间的通信，采用 Diameter 协议。当网络中部署有多个 HSS 时，通过该接口对 SLF 进行访问，CSCF 可以确定 IMS 用户签约数据所在的 HSS 的地址。
- Dh 接口描述 AS 与 SLF 之间的通信，采用 Diameter 协议。当网络中部署多个 HSS 时，通过该接口访问 SLF，AS 可以确定 IMS 用户签约数据所在的 HSS 的地址。

6. 多媒体资源功能控制器（MRFC）

MRFC 位于 IMS 的控制面，提供媒体的承载资源控制，以支持需要特殊媒体资源参与才能实现的业务，如会议和用户通知等。其基本功能包括：

- 接收来自 S-CSCF 或 AS 的 SIP 信令，控制 MRFP 上的媒体资源，以实现增强的媒体资源处理功能（如会议桥和 IVR 等）；
- 控制 MRFP 中的媒体资源，包括输入媒体流的混合（如多方会议）、充当媒体流的发送源（如多媒体公告）和媒体流的处理（如音频的编解码格式转换和媒体流分析）等；
- 生成与 MRFP 资源使用相关的计费信息，并传送到 CCF 或 OCS。

7. 多媒体资源功能处理器（MRFP）

MRFP 位于 IMS 的用户承载平面，在 MRFC 的控制下，提供特殊的媒体资源处理功能，主要包括：

- 通过媒体网关控制协议（MEGACO）接受 MRFC 的控制；
- 对外部提供 RTP/IP 媒体流的连接和相关的其他资源；
- 支持多方媒体流的混合功能（如音频 / 视频的多方呼叫或会议）；
- 可作为媒体流的发送源实现点到多点的发送或转发（如多媒体公告）；
- 支持媒体流的特殊处理（如音频的编解码格式转换和媒体流分析）；
- 发言权控制（Floor Control），是在多媒体交互协作环境中协调、控制并发使用共享资源的一种技术，是交互与协作系统中一种重要的协调控制机制，如 Push to Talk 业务。

8. 策略决策功能（PDF）

PDF（Policy Decision Function）根据从 AF（Application Function，如 P-CSCF）处获得的会话和媒体协商信息来制定策略，作为 SBLP（Session Based Local Policy）实施的策略决策点，PDF 的详细描述参见第 12 章。

9. 出口网关控制功能（BGCF）

BGCF 接收来自 S-CSCF 的请求，并负责选择合适的到 CS 域或 PSTN 网络的网络出口。根据网络的配置，所选择的出口既可以与 BGCF 处于同一个网络，也可以处在不同的网络。如果位于同一个网络，那么 BGCF 选择媒体网关控制功能（MGCF）作为网络出口来进一步处理会话；如果位于不同的网络，那么 BGCF 将会转发会话到相应网络的 BGCF，并由后者最终选择互通 MGCF。另外，如果网络运营需要隐藏网络拓扑，则 BGCF 会将消息首先发给本网的 I-CSCF 进行 SIP 路由拓扑隐藏处理，然后由 I-CSCF 转发到对方网络的 BGCF。最后，BGCF 支持计费功能，生成计费相关的信息并送往 CCF。

10. 媒体网关控制功能（MGCF）

MGCF 是实现 IMS 与 CS/PSTN 网络互连互通的网关，所有跨越 IMS 网和 CS/PSTN 网络的呼叫信令都要经过 MGCF。

- MGCF 负责 SIP 与 CS/PSTN 网络中的 BICC 或 ISUP 之间的协议映射和转换；
- 通过控制 IM-MGW 完成 CS/PSTN 与 IMS 网用户承载平面媒体内容的实时转换以及必要的编解码格式转换；
- 生成相关的计费信息并送往 CCF。

11. IP 多媒体——媒体网关功能（IM-MGW）

IM-MGW 主要用于 IMS 用户面 IP 承载与 CS/PSTN 媒体链路之间的转换，其基本功能包括：

- 根据来自 MGCF 的控制命令，完成互通两侧的承载连接的建立／释放和映射处理；
- 根据来自 MGCF 的控制命令，控制用户面的特殊资源处理，包括编解码格式的转换（如 AMR 和 G.711 音频编解码格式的转换）和回声抑止等。

12. 信令网关（SGW）

信令网关（SGW）用于不同信令网间的互连互通，如实现基于 SCTP/IP 和基于 SS7 信令网间的互通。信令网关可以是一个单独的网络实体，也可以与其他网络实体合并实现。信令网关在基于 SS7 的信令传输和基于 SCTP/IP 的信令传输系统间进行传输层的双向转换。SGW 不会对属于应用层的消息（如 BICC、ISUP 和 MAP 等）进行解释和转换。

8.3　IMS 接口协议体系

图 8-5 给出了 IMS 网络的平面协议体系，分为信令协议和媒体协议。图中虚线为控制面（信令接口），实线为用户面（媒体接口）。

1. 控制面

控制面信令接口主要有 SIP、Diameter、COPS 和 H.248。

① 会话初始化协议（Session Initiation Protocol，SIP）根据其功能分为网络与网络接口（Network and Network Interface，NNI）、用户与网络接口（User and Network Interface，

UNI）和 IMS 服务控制接口（IMS Service Control，ISC）。

- NNI：完成会话控制消息交换。在 CSCF 之间及与其他功能实体间和在 BGCF 之间及与其他功能实体间都是 SIP 消息，包括的接口有 Mw、Mm、Mr、Mg、Mi、Mj 和 Mk；
- UNI：是 UE 与 P-CSCF 之间的 Gm 接口，完成注册、鉴权、会话控制、安全性保护和信令压缩；
- ISC：S-CSCF 和业务平台 AS 之间的接口，用于服务控制。

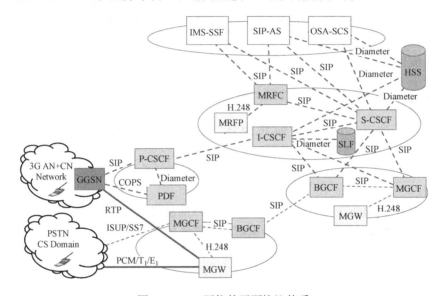

图 8-5　IMS 网络的平面协议体系

② Diameter 协议基于远程拨入用户认证服务（Remote Authentication Dial In User Service，RADIUS），包含的接口有：

- Cx 接口——在 I-CSC /S-CSC 和 HSS 之间，用于位置管理、用户数据处理和认证；
- Sh 接口——在 AS 和 HSS 之间，用于数据处理和订阅通知；
- Dx 接口和 Dh 接口——分布位于 I-CSC/S-CSCF 和 SLF 之间，以及 AS 和 SLF 之间，用于在多个 HSS 环境中查找正确的 HSS；
- Gq 接口——在 P-CSCF 和 PDF 之间，用于交换承载控制和计费相关信息。

③ 公共开放策略服务（Common Open Policy Service，COPS）用于 PDF 和 GGSN 之间的 Go 接口，交换与策略决策相关的信息。

④ H.248 协议用于媒体网关控制和媒体资源的控制，包括：

- Mp 接口——在 MRFC 与 MRFP 之间；
- Mn 接口——在 MGCF 与 IM-MGW 之间。

2. 用户面

用户面媒体接口统称为 Mb，是指终端与终端间、GGSN 间、终端与 MRFP 间、终端与 MGW 间，以及终端 / GGSN / MRFP / MGW 相互间用户平面的媒体流接口。用户面协议主要有 RTP、RTCP、MSRP 和 T.126 等。

从垂直和纵向的角度来看，IMS 网络是以 TCP/IP 协议为传输基础，以 IPsec 和 TLS 协议为安全保障，以 SIP/SDP 协议为信令控制、以 RTP/RTCP 等协议为用户 / 媒体平面的水平分层、纵向分类的立体式协议栈结构，图 8-6 给出了 IMS 网络的垂直协议体系。

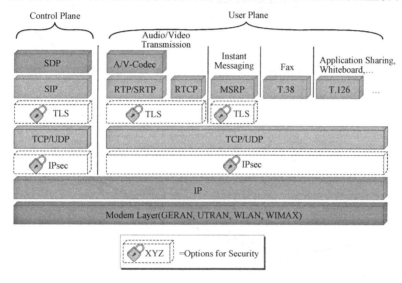

图 8-6　IMS 网络的垂直协议体系

此外，Ut 接口定义了 UE 与 AS 之间的通信，采用 HTTP 协议，实现用户对业务的自管理（Subscriber-Self-Administration）。最典型的应用场景是：通过该接口，用户实现对组列表管理业务（Group-List Management Service）的维护，如创建 / 删除用户组、增加用户到某个组中或从某个组中删除用户等。

8.4　IMS 漫游和 GPRS 漫游

从用户角度来看，非常重要的一点是，无论他身处何处，都要能享受所需的服务。漫游特征使得用户即使不在归属网络的服务区内也能使用 IMS 服务。图 8-7 和图 8-8 给出了两种典型的漫游场景：IMS 漫游和 GPRS 漫游。除此之外，还有诸如用户的 CS/IMS 漫游等。

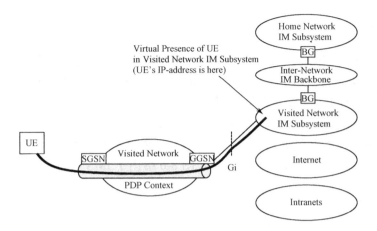

图 8-7　IMS 漫游（GGSN 和 P-CSCF 位于拜访网络）

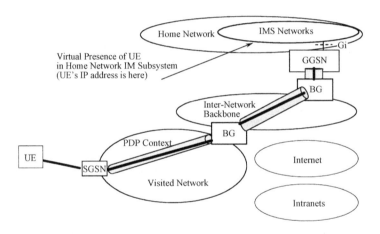

图 8-8　GPRS 漫游（GGSN 和 P-CSCF 位于归属网络，SGSN 位于拜访网络）

　　IMS 漫游模型是指一种网络配置，此时拜访网络（Visited Network）提供 IP 连接（如 RAN、SGSN 和 GGSN）和 IMS 接入点（P-CSCF），而归属网络（Home Network）提供 IMS 的会话和业务控制功能。该漫游模型的主要好处在于它对用户平面的资源进行了最优化的利用。

　　IMS 网络使用 P-CSCF 和 S-CSCF 分离的方案可以有效地解决终端的漫游，支持 IMS 用户的移动性问题。对 IMS 漫游用户，用户必须先注册到归属域的 S-CSCF。用户所有的始发业务请求都由拜访地的 P-CSCF 根据注册时获得的信息路由到归属地，由归属地的 S-CSCF 负责业务和会话的控制。对用户所有的接入呼叫业务，由于用户已经在归属域注册，通过归属网络的 I-CSCF 可以定位到用户注册的 S-CSCF，S-CSCF 根据注册时保留的信息将请求转发给 P-CSCF，P-CSCF 再转发到 UE。因此漫游用户也可以在任何位置正常享受 IMS 业务。

这个模型的关键是业务和会话的归属域控制。这样不管用户是否漫游，使用何种设备和接入网络，用户都唯一地由归属域来控制，从而可以保证业务的一致性、简单性和普遍服务性。

GPRS 漫游是指拜访网络提供 RAN 和 SGSN，而归属网络提供 GGSN 和 IMS 接入点（P-CSCF）。在 GPRS 漫游方式中，媒体流也要经过归属网络，有很大的迂回，路由效率不高。GPRS 漫游一般应用于 IMS 网络建设的初期阶段，当用户漫游到一个没有 IMS 但可以提供 GPRS 连接的网络中时，可以通过接入到归属域的 GGSN 和 P-CSCF 来获得 IMS 服务。

用户的 CS/IMS 漫游是指双模或多模用户终端在 IMS 和 CS 域间的漫游，双模终端可以在 CS 域登记，也可以在 IMS 域注册，当该用户在某个域内没有注册或者无法找到时，入呼会话就会被转发到另一个域去处理。

8.5　地址与标识

8.5.1　私有用户标识（IMPI）

IMS 私有用户标识（IMS PrIvate User Identity，IMPI）在 IMS 系统中的功能类似于 IMSI 在 CS 域的功能。它是一个由归属网络运营商定义的具有全球唯一性的用户身份标识，可用于在归属网络中唯一地标识用户身份，标识了用户与归属网络间的签约关系，主要用于认证 / 鉴权的目的，当然也可以用于管理和计费等目的。当有 ISIM 模块时，IMPI 被安全地保存于 ISIM 中；如果没有 ISIM 模块，IMPI 可以由 USIM 中的 IMSI 临时派生。

通常，IMS 系统中的每个用户有一个私有用户标识，这个标识采用 IETF RFC2486 中定义的网络接入标识（NAI）的形式，即 NAI= username@realm。

IMS 中对私有用户标识有如下要求：

- 私有用户标识不能用作路由；
- 在注册过程中必须携带私有用户标识，包括重注册和注销请求，以进行认证；
- 私有用户标识必须唯一；
- UE 不能修改私有用户标识；
- HSS 要存储私有用户标识，S-CSCF 在注册时要获取并存储私有用户标识；
- 私有用户标识被永久地分配给一个签约用户，它不是一个动态的标识，在用户与归属网络签约期间一直有效；
- 私有用户标识可能根据运营商的策略出现在计费账单上。

8.5.2　公有用户标识（IMPU）

IMS 公有用户标识（IMS PUblic User Identity，IMPU）在 IMS 系统中的功能类似于 MSISDN 在 CS 域的功能，是与其他用户通信时所用的标识。IMS 系统中的每个用户都有 1 个或多个公有用户标识，一个常见的例子就是名片上的用户电话号码的标识。

在 ISIM 中保存有一个或者多个 IMPU。如果没有 ISIM 模块，IMPU 可以由 USIM 中的 IMSI 或 MSISDN 临时派生，其格式可以是 SIP URI 格式，也可以 Tel URI 格式，但至少要有一个 IMPU 是 SIP URI 格式。

IMS 中对公有用户标识有如下要求：

- 公有用户标识应采用 SIP URI 或者 Tel URI 的格式，但至少要有一个 IMPU 是 SIP URI 格式。Tel URI 在 IETF RFC3966 中定义，SIP URI 在 RFC3261 和 RFC2396 中定义。SIP URL 的例子有 sip: tom@ims.example.com，Tel URL 的例子有 tel:+861058761234。
- ISIM 中至少保存 1 个公有用户标识，但并不要求所有的公有用户标识都存储在 ISIM 中。
- 公有用户标识用于与主叫 IMS 会话相关的过程中，公有用户标识需要被事先注册。
- 在与被叫 IMS 会话相关的请求被传到公有用户标识所在的 UE 之前，公有用户标识应以显示 / 隐式的方式注册。
- 通过一个 UE 的注册请求，就可以一次性注册多个公有用户标识。
- 网络不会对公有用户标识进行鉴权。

8.5.3　UE 端 IMPI 和 IMPU 的获得

在 UE 端，用户的公有标识 IMPU 和私有标识 IMPI 是在 ISIM 中保存的。一个 ISIM 中保存有一个唯一的 IMPI 和 1 到多个 IMPU。所以，如果 UE 端有 ISIM 模块，UE 可以从 ISIM 中获得用户的 IMPI 和 IMPU。另外，ISIM 中还包括用户的归属网络域名，供用户注册时使用。ISIM 中所包含的主要信息，如图 8-9 所示。

图 8-9　ISIM 模块中保存的数据

　　由于 ISIM 与 USIM 的安全机制（安全密钥和鉴权算法）完全相同，所以当 ISIM 应用还没有被广泛采用时，可以用 USIM 应用代替 ISIM 服务于 IMS 网络的接入安全，这在 3GPP 的规范中是被允许的。但 USIM 和 ISIM 应用在用户标识上是不同的，当用 USIM 应用代替 ISIM 服务于 IMS 网络时，需要从 USIM 中的用户标识派生出 IMPI 和临时 IMPU。

　　① 根据 3GPP TS 23.003，IMPI 和临时 IMPU 可以从 USIM 中的 IMSI 派生获得。

　　② 派生是由 IMS 的终端软件执行完成的，生成规则：

- 从 IMSI 中的前 3 位获得移动国家码（MCC）；
- 如果移动网络码（MNC）是两位，则从 IMSI 中第 4～5 位获得 MNC，并且在其前面加 "0" 补足 3 位；
- 如果移动网络码（MNC）是 3 位，则从 IMSI 中第 4～6 位获得 MNC；
- 归属网络的域名为 ims.mnc<MNC>.mcc<MCC>.3gppnetwork.org；
- IMPI 为<IMSI>@ims.mnc<MNC>.mcc<MCC>.3gppnetwork.org；
- IMPU 为 sip: <IMSI>@ims.mnc<MNC>.mcc<MCC>.3gppnetwork.org。

　　③ 例如，

　　　　IMSI = 234150999999999（则 MCC = 234, MNC = 015）

　　　　生成的归属域域名：ims.mnc015.mcc234.3gppnetwork.org

　　　　IMPI = 234150999999999@ims.mnc015.mcc234.3gppnetwork.org

　　　　IMPU = sip:234150999999999@ims.mnc015.mcc234.3gppnetwork.org

　　④ 派生出的 IMPI 可认为是永久有效的，但 IMPU 是临时的。所谓临时的含义是派生的 IMPU 主要用于用户注册，对于非注册过程，临时 IMPU 通常设成 "被禁止（Barred）" 状态，而无法用于 IMS 通信（会话）。

　　⑤ "被禁止" 的临时 IMPU 信息不能显示给用户，并且也不能用于公共场合。

　　⑥ "被禁止" 的临时 IMPU 只能用于隐式注册过程，实现隐式注册集中隐性公有用户标识的注册和获取。

　　⑦ 在后续的注册过程和其他 SIP 消息中，被隐性注册的公有用户标识将作为用户对外的 IMPU 使用。

8.5.4　私有用户标识、公有用户标识和业务签约信息的关系

　　IMS 签约是用户和 IMS 网络运营商之间的合同约定关系，网络运营商向用户提供合同约定的 IMS 服务，而用户要向网络运营商支付相应的服务费用。一份 IMS 签约唯一地标识一个用户以及该用户被赋予的 IMS 服务能力。根据私有用户标识的定义，一份 IMS 签约对应于一个私有用户标识。这个概念类似于：一个用户和中国移动签约，成为中国移动的全球通用户，两者间形成了一份签约关系；中国移动给用户一个唯一的 SIM 卡，该 SIM 卡中包含有唯一的私有用户标识（用于对用户身份的认证）、公有用户标识以及公有用户标识对应的业务能力等。

　　在 IMS 中，一个私有用户标识可以对应多个公有用户标识，每个公有用户标识对应一

份业务签约（Service Profile）。IMPI、IMPU 和业务签约信息间的逻辑关系如图 8-10 所示。通常，一份 IMS 签约中的所有公有用户标识都在一个 S-CSCF 上完成注册。

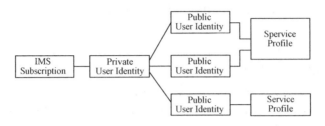

图 8-10　IMPI、IMPU 和用户签约数据间的关系

由于 IMPI 和 IMPU 被保存在 SIM、USIM 或 ISIM 卡中，而这些卡都是被插入到一个物理 UE 中使用的，所以，UE 与保存在卡中的用户标识也产生了彼此间的对应关系。这就是说，当一个用户通过一个 UE 使用 IMS 服务时，先利用私有用户标识对用户身份进行认证，以表明该用户是真实的 IMS 签约用户；当用户身份被网络确认后，用户就可以通过 UE 享有该用户签约的 IMS 服务。

当一个 ISIM 卡中保存有多个 IMPU 时，说明一个 UE 同时拥有多个可被外界呼叫的号码。

另外，IMS 还允许多个私有用户标识共享同一个公有用户标识，如图 8.11 所示。这时就意味着一份 IMS 签约可以被多个私有用户标识来认证，无论使用哪个私有标识，都被网络唯一地指向同一个 IMS 签约。这就是说，一个用户与网络运营商进行了 IMS 签约，在该签约中，用户获得了两个 ISIM 卡，每个 ISIM 卡都有一个唯一的 IMPI，但这两个 ISIM 卡却共享同一个 IMPI，用户把这两个 ISIM 卡分别插入不同的 UE，实现一个 IMPU 被多个 UE 共享，以这种灵活的方式使用自己的 IMS 服务。

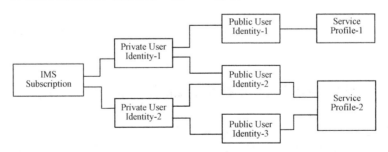

图 8-11　共享 IMPU（Public ID-2）和 IMPI 间的对应关系

被共享的 IMPU 可能同时从多个 UE 注册，它们使用不同的私有用户标识 IMPI 和不同的联络地址（Contact Address）。这就要求在重注册或注销某个指定的 IMPU 时，在 UE 发出的 SIP 消息中，必须使用该 UE 在初始注册时使用的 IMPI 和对应的联络地址。

IMS 业务签约信息（Service Profile）是业务和用户相关数据的一个集合，在 3GPP29.228 中有详细定义。一个公有用户标识对应一份业务签约信息，由于一个 IMS 用户可能包含多个公有用户标识，所以一个 IMS 用户可以包含多个不同的业务签约信息。反之，一个业务签约信息却可以对应多个不同的公有用户标识，即不同的 IMPU 可以有相同的业务签约信息。

业务签约信息独立于隐式注册机制，拥有不同业务签约信息的 IMPU 可能属于同一个隐式注册集。一个用户的所有业务签约信息应该被存储在同一 HSS 中。在用户注册时，业务签约信息从 HSS 下载到 S-CSCF 中。

8.5.5　全球可路由的用户代理统一资源标识符（GRUU）

当一个 IMPU 被多个 UE（如手机、软电话，甚至是语音信箱）共享时，由于 IMPU 是用户呼叫的标识，当收到这个 IMPU 的接入呼叫请求时，就涉及一个如何有效路由的问题（如可以依次顺序 Forking，也可以并发 Forking，还可以只挑选其中一个转发）。特别是在某些应用场景下，虽然 IMPU 标识了多个 UE，但呼叫只能被路由到某一个 UE。关于这样的场景以及 GRUU 概念的提出，参见 draft-ietf-sip-gruu-15.txt。

为了解决这样的问题，IMS 规范引入了 GRUU 的机制。GRUU 由 IMPU 和 UE 的 Instance ID 组合而成，其中 Instance ID 是用来标识 UE Instance 的全球唯一 ID。这样，即使 IMPU 被多个 UE 共享，GRUU 仍可以全球唯一地标识一个 UE。把 GRUU 作为 SIP Req-URI，就可以确保把 SIP 请求发送到唯一的一个 UE 上。每个 UE 的 GRUU 是在注册过程中生成的。

① UE 在 Register 消息的 Supported 头中加入 GRUU 指示，表示支持 GRUU 的功能，在 Contact 头中加入+sip.instance 参数，该参数的内容就是 Instance ID。UE 根据自己独有的一些信息（如 IP 地址、MAC 地址、域名、SIP 请求的事务标识和本地时间等）负责生成唯一的参数内容。典型的 Register 请求消息如下所示：

```
REGISTER sip:example.com SIP/2.0
Via: SIP/2.0/UDP 192.0.2.2;branch=z9hG4bKnasbba
Max-Forwards: 70
From: Callee <sip:callee@example.com>;tag=ha8d777f0
Supported: gruu
To: Callee <sip:callee@example.com>
Call-ID: hf8asxzff8s7f@192.0.2.2
CSeq: 1 REGISTER
<allOneLine>
Contact: <sip:callee@192.0.2.2>;
        +sip.instance="<urn:uuid:f81d4fae-7dec-11d0-a765-00a0c91e6bf6>"
</allOneLine>
Content-Length: 0
```

② S-CSCF 根据 IMPU 和 Contact 头中的 Instance ID 生成 GRUU。GRUU 有两种：Public GRUU（pub-gruu）和 Temporary GRUU（temp-gruu）。

③ Public GRUU 由 IMPU 和 Instance ID 组合而成，即 pub-gruu="IMPU；gr=Instance ID"。

④ Temporary GRUU 是由 S-CSCF 生成的、临时的、唯一的 UE 标识，它由 S-CSCF 生成的临时字符串、S-CSCF 所在域的域名（FQDN）、gruu 的 tag "gr" 和 Instance ID 组合而成，即 temp-gruu= "sip :tgruu.String@FQDN；gr"；+sip.instance= "Instance ID"。

⑤ 生成的 pub-gruu 和 temp-gruu 将被作为用户注册信息的一部分内容而保存在 S-CSCF 和 HSS 中，并且由 Register 请求的 200 OK 成功响应返回到 UE，UE 保存 GRUU 值，在后面的 SIP 消息中可以使用 GRUU 来代替 IMPU 使用，参阅下面的 200 OK 响应消息实例：

```
SIP/2.0 200 OK
Via: SIP/2.0/UDP 192.0.2.2;branch=z9hG4bKnasbba
From: Callee <sip:callee@example.com>;tag=ha8d777f0
To: Callee <sip:callee@example.com>;tag=99f8f7
Call-ID: hf8asxzff8s7f@192.0.2.2
CSeq: 1 REGISTER
<allOneLine>
Contact: <sip:callee@192.0.2.2>;
        pub-gruu="sip:callee@example.com;
        gr=urn:uuid:f81d4fae-7dec-11d0-a765-00a0c91e6bf6";
        temp-gruu="sip:tgruu.7hatz6cn-098shfyq193=ajfux8fyg7ajqqe7@example.com;gr";
        +sip.instance="<urn:uuid:f81d4fae-7dec-11d0-a765-00a0c91e6bf6>";
        expires=3600
</allOneLine>
<allOneLine>
Contact: <sip:callee@192.0.2.1>;
        pub-gruu="sip:callee@example.com;
        gr=urn:uuid:f81d4fae-7dec-11d0-a765-00a0c91e6bf6";
        temp-gruu="sip:tgruu.7hatz6cn-098shfyq193=ajfux8fyg7ajqqe7@example.com;gr";
        +sip.instance="<urn:uuid:f81d4fae-7dec-11d0-a765-00a0c91e6bf6>";
        expires=400
</allOneLine>
Content-Length: 0
```

⑥ 在 UE 的多次 Register 请求中，如果 Instance ID 相同，则 pub-gruu 一定相同，但 temp-gruu 却不同。

⑦ pub-gruu 显式地包含了 IMPU，即可以从 pub-gruu 中直接提取出 IMPU，而 temp-gruu 隐藏了用户的 IMPU，无法从 temp-gruu 中拿到用户的 IMPU，所以在需要对用户的 IMPU 进行 Privacy 保护的情况下，经常使用 temp-gruu。

⑧ 无论是 pub-gruu 还是 temp-gruu，都可以全球唯一地标识一个 UE，在需要使用 IMPU 的地方，都可以使用 GRUU（pub-gruu 和 temp-gruu）来代替。

根据 UE 和 IMPU 之间的关联关系，可以得出 IMPU、GRUU 和 UE 彼此间的关联关系，如图 8-12 所示。

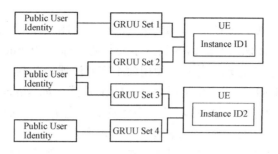

图 8-12　IMPU、GRUU 和 UE 之间的关系

此外，3GPP TS 23.228 和 TS 24.229 关于 GRUU 的使用还提出了如下要求：

① 在注册过程中，如果 S-CSCF 给一个 IMPU 分配了 GRUU，它也要给隐式注册集中的所有的 IMPU 都分配 GRUU，并把这些 GRUU 通知给 UE。

② Subscribe-Notify 消息中也要支持 GRUU。

③ 和一个 IMPU 相关联的 GRUU，无论是 pub-gruu 还是 temp-gruu，都必须指向同一个 S-CSCF。

④ 在路由中，IMS 核心网（CN）不应该把发送给某个 GRUU 的 SIP 请求分叉（Fork）给不同的 UE。

⑤ 无论 IMS CN 支持 GRUU 与否，支持 GRUU 的 UE 都可以和 IMS CN 配合工作；无论对方 UE 支持 GRUU 与否，支持 GRUU 的 UE 都可以和对方 UE 配合工作；支持 GRUU 的 UE 和 IMS CN 都不应该影响不支持 GRUU 的 IMS CN 和 UE 的正常工作。

⑥ GRUU 的引入不应该影响业务的触发和执行，要能够识别出 SIP 请求中是否带有 GRUU，若有，要能够从 GRUU 找到对应的 IMPU，并根据 iFC 准则来对请求进行业务触发过滤。

8.5.6　IMS 网元的标识

除了用户之外，处理 SIP 信令的所有网元（如 CSCF、BGCF 和 MGCF 等）都需要使用正确的 SIP URI 来进行标识。这些 SIP URI 用于在 SIP 消息头中标识这些网络实体，但并不要求这些 SIP URI 在域名系统 DNS 中进行全局发布。一个 S-CSCF 的 SIP URI 的例子是 sip:scscf1@ims.example.com。

IMS 系统构建在 SIP 协议体系之上，IMS 系统中的网元可实现：或者 SIP 客户端功能（UAC），或者 SIP 服务器功能（UAS），或者代理功能（Proxy）。

8.5.7　公共业务标识（PSI）

IMS 系统为用户提供丰富的业务，如 Presence、即时消息、会议、群组和 PoC 等，这些业务也需要被定位和标识。为此，IMS 引入了公共业务标识（Public Service Identity，PSI）。PSI 标识的业务由 AS 负责管理，并且在使用前不需要注册，公共业务标识可以用来路由。

PSI 可以是 SIP URI 形式，也可以是 tel URI 形式，如 sip:conference@domain.com（Conference 标识会议业务）。其中域名部分由运营商预先定义，而用户名部分可由用户或运营商灵活、动态地创建。运营商可以通过操作维护命令在 HSS 中创建、修改和删除 PSI。用户可通过 Ut 接口或者由运营商代替操作维护，在 AS 中创建和删除 PSI。

为了易于对各节点进行操作维护，也可对一组 PSI 的 SIP URI 通过设置通配符"*"来进行模糊匹配，其中，"*"必须由%2A 来表示。例如，chatlist%2A@domain.com 可匹配成 sip:chatlist1@domain.com 和 sip:chalist2@domain.com 等。

8.6　用户配置数据（User Profile）

当用户与运营商之间建立了签约（IMS Subscription）关系之后，运营商需要为该用户创建和分配必要的数据，这些数据统称为用户配置。用户配置数据（User Profile）存储在 HSS 中。

用户配置至少包含一个私有用户标识（IMPI）和一份业务配置数据（Servie Profile），图 8-13 给出了一个用户配置的 UML 模型（3GPP TS 29.228）。

自从用户签约后，业务配置就被存储在 HSS 中作为用户专有的数据。可以通过两种数据操作请求，由 Cx 接口将业务配置从 HSS 下载到 S-CSCF 中，一个是 SAA（Server Assignment Answer）；另一个是 PPR（Push Profile Request）。业务配置具体由以下 4 部分内容组成：

- 公有用户标识（IMPU）；
- 核心网服务授权；
- 初始过滤准则（iFC）；
- 共享的 iFC 集合。

（1）公有用户标识

公有用户标识可以是 SIP URI 或者是 Tel URI。每个公有用户标识有一个"禁止指示"（Barring Indication）属性，若禁止指示被设置，则 S-CSCF 将阻止该公有用户标识（如临时公有标识）被用于除注册和注销以外的任何其他 IMS 通信中。

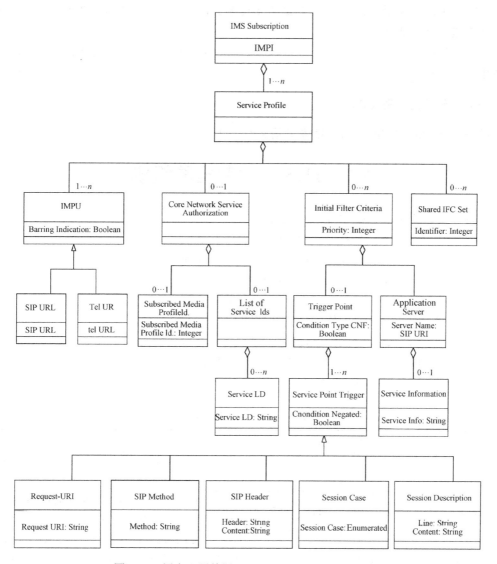

图 8-13　用户配置数据（User Profile）的 UML 模型

（2）核心网服务授权

核心网服务授权是用户在 IMS 签约中订购的可以使用的核心网服务能力，包括媒体使用能力和业务使用能力两个方面。

媒体使用能力限定用户发起的 IMS 会话中可以包括哪些媒体属性（如音频和视频），即限制或允许哪些媒体参数可以出现在 SDP 的描述中。根据媒体使用能力，运营商可以对用户进行分级管理，如可分为金、银和铜类用户。金类用户可进行视频通话和所有的普通呼叫；银类用户可使用宽带 AMR（自适应多速率）作为语音编 / 解码方案进行语音通话，但不允许进行视频通话等。

业务使用能力是用户可以使用的 IMS 核心网业务的集合，由一个业务列表描述，每种业务用一个字符串标识。

（3）初始过滤准则（iFC）

关于初始过滤准则的探讨，请参见第 8.9 节的内容。

8.7 IMS 用户数据的组成

HSS 中存储的 IMS 用户信息主要包括：

- 用户身份——私有和公共用户标识；
- 注册信息——隐式注册集和分配的 S-CSCF 地址等；
- 安全认证信息——包括用户认证和漫游授权等；
- 用户的业务签约信息——包括核心网络服务授权和初始过滤规则等；
- 计费信息——计费网络实体的地址等。

用户注册完成后，S-CSCF、P-CSCF 和 AS 中会临时存储用户和业务的一些数据。表 8.1 给出了 IMS 用户的数据组成。下表中所说的存储在 S-CSCF 中数据大多都是指用户注册完成后，由 HSS 下载到 S-CSCF 中，并临时保存的数据。

表 8.1 IMS 用户数据组成

PARAMETER	HSS	S-CSCF	TYPE	说　明
Private User Identity	M	M	P	私有用户 ID，为签约的永久用户数据，存储在 HSS 和 S-CSCF 中
Public Identity	M	M	P	公有用户 ID，可以包括一到多个 Public Identity，为签约的永久用户数据，存储在 HSS 和 S-CSCF 中
Barring Indication	M	M	P	与每个 Public Identity 相关的标志，表示该 Identity 限制任何 IMS 通信，但不限制注册。为永久用户数据，存储在 HSS 和 S-CSCF 中
List of Authorized Visited Network Identifiers	M		P	与 IMS 用户的 Public Identity 相关，表示允许漫游的拜访网络。如果该 IMPU 是隐式注册集的一个，该列表也适用于隐式注册集中所有的 IMPU，该列表为签约的永久用户数据，存储在 HSS 中
Services Related to Unregistered State	M		P	表示该 IMPU 是否签约了未注册业务，为签约的永久数据，存储在 HSS 中

续表

PARAMETER	HSS	S-CSCF	TYPE	说　　明
Implicitly Registered Public User Identity Sets	C	M	P	同一个 IMPI 下的一个或者多个 IMPU 列表，这些 IMPU 同时注册，同时注销，为签约的永久数据，存储在 HSS 和 S-CSCF 中
Default Public User Identity indicator	C		P	隐式注册集中的一个 IMPU，该 IMPU 不能被 Barred，为签约的永久数据，存储在 HSS 中
Registration Status	M		T	表示 Public Identity 的注册状态，为临时用户数据，存储在 HSS/UPSF 中
S-CSCF Name	M		T	表示当用户注册到 IMS 时，分配给用户的 S-CSCF，用于移动接入用户的会话建立或者重注册。为临时用户数据，存储在 HSS/UPSF 中
Diameter Client Address of S-CSCF	M		T	表示用户注册到 IMS 时，S-CSCF 的 Diameter 客户地址，用于 HSS/UPSF 到 S-CSCF 的请求。为临时用户数据，存储在 HSS/UPSF 中
Diameter Client Address of HSS		M	T	表示用户注册到 IMS 时，HSS 的 Diameter 客户地址，用于 S-CSCF 到 HSS/UPSF 的请求。为临时用户数据，存储在 S-CSCF 中
RAND, XRES, CK, IK and AUTN	M	C	T	对于 IMS 用户，从 HSS/UPSF 发往 S-CSCF 的鉴权五元组为临时用户数据，存储在 HSS/UPSF 和 S-CSCF 中
IPv4 Address	M	M	T	对于 Early IMS 用户，用户注册到 IMS 时，GGSN 通过 RADIUS "Accounting-Request START" 命令发送 IP 地址到 HSS 保存，以后 HSS 再将其发到 S-CSCF 进行鉴权处理
Server Capabilities	C		P	帮助 I-CSCF 选择 S-CSCF 的信息，为永久用户数据，存储在 HSS/UPSF 中
Subscribed Media Profile Identifier	C	C	P	为一组会话能力描述参数，为永久用户数据，存储在 HSS/UPSF 和 S-CSCF 中
Initial Filter Criteria	C	C	P	包括一组 Initial Filter Criteria，每个包括 Application Server Address、AS priority、Default Handling、Subscribed Media、Trigger Points 和 Optional Service Information。为签约永久数据，存储在 HSS/UPSF 和 S-CSCF 中
Application Server Information	C	C	P	包括 Service Key、Trigger Points 和 Service Scripts
Shared iFC Set Identifier	C	C	P	共享 iFC 的指针集，这些 iFC 被多个用户共用，该数据是签约的永久数据，存储在 HSS/UPSF 和 S-CSCF 中
Transparent Data	C		T	存储在 HSS/UPSF 和 AS 中的关于 IMPU 的业务数据

续表

PARAMETER	HSS	S-CSCF	TYPE	说　　明
Service Indication	M	C	P	为永久用户数据，存储在 HSS/UPSF 和一到多个 AS 中
Primary Event Charging Function Name	C	C	P	第一计费实体的名字，主要用来在线计费，为永久用户数据，存储在 HSS/UPSF 和 S-CSCF 中
Secondary Event Charging Function Name	C	C	P	第二计费实体的名字，主要用来在线计费，为永久用户数据，存储在 HSS/UPSF 和 S-CSCF 中
Primary Charging Collection Function Name	M	C	P	第一收集计费实体的名字，主要用来离线计费，为永久用户数据，存储在 HSS/UPSF 和 S-CSCF 中
Secondary Charging Collection Function Name	C	C	P	第二收集计费实体的名字，主要用来离线计费，为永久用户数据，存储在 HSS/UPSF 和 S-CSCF 中
O-IM-CSI	C		P	CAMEL 数据
VT-IM-CSI	C		P	CAMEL 数据
D-IM-CSI	C		P	CAMEL 数据
GsmSCF address for IM CSI	C		P	gsmSCF 地址
IM-SSF address for IM CSI	C		T	IM-SSF 地址

注释："M"表示强制必须的（Mandatory）；"C"表示条件依赖的（Conditional）；

"P"表示永久数据（Permanent）；"T"表示临时数据（Temporary）。

8.8　应用服务器（AS）

IMS 的业务能力可分为基本能力和增强能力。基本能力由 IMS 核心网提供，而增强能力则由应用服务器（AS）提供。目前除了 3GPP 外，OMA 也正在定义基于 IMS 的业务引擎规范。IMS 采用统一、开放的业务接口，使得业务的开发和提供独立于下层的控制网络，从而促进多媒体业务的发展。IMS 具有非常灵活的业务触发方式，可以实现细粒度的业务触发控制。

严格地说，应用服务器并不是纯粹的 IMS 实体。不过，本书中仍然把其看成 IMS 有机的一部分，是因为 AS 对 IMS 网络来说是非常重要和不可或缺的。

应用服务器位于用户的归属网络或者由第三方独立提供。应用服务器是应用业务存储和执行的场所，在业务逻辑的执行和操纵下，应用服务器主要完成如下功能：

● 处理、影响和控制从 IMS 发来的 SIP 会话的能力；

● 主动发起 SIP 请求的能力；

● 生成和发送计费信息给 CCF 或 OCS 的能力。

IMS 应用服务器的业务提供体系如图 8-14 所示。IMS 的应用服务器包括 3 类：SIP AS（SIP 应用服务器）、OSA SCS（基于 OSA 的业务能力服务器）及 IM-SSF（CAMEL IP 多媒体业务交换功能）。

从 S-CSCF 的角度来看，SIP AS、OSA SCS 和 IM-SSF 具有相同的参考点行为，使用统一的 ISC 接口。应用服务器通过 Sh/Si 等接口访问 HSS 以存取用户数据或业务数据。

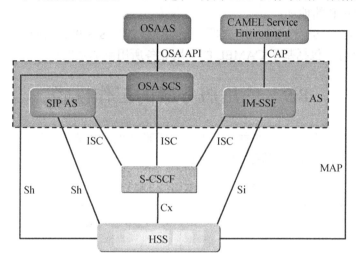

图 8-14　IMS 应用服务器的业务提供体系

SIP 应用服务器用于实现基于 SIP 的增值业务。如即时消息（IM）、Presence 和 PoC 等业务都可以通过 SIP AS 来提供实现。另外，IMS 网络还可以通过业务能力交互管理（SCIM）实现多个 SIP AS 之间的交互，以支持业务的灵活组合和嵌套。

OSA 应用服务器用于实现基于 OSA 的应用，OSA 应用服务器通过 OSA 业务能力服务器（SCS）与 IMS 核心网进行交互。同时，OSA SCS 实现了网络能力的开放，并为第三方 OSA 应用服务器安全接入 IMS 核心网络提供了标准方式，因为 OSA 体系自身就包含了初始接入、认证、授权、注册和发现等能力。OSA 应用服务器与 SCS 之间通过标准化的 API 进行交互。API 的格式可以是基于 CORBA 的，也可以是基于 Web Service 的。

IM-SSF 用于支持 IMS 网络，可以访问和使用 CAMEL 业务能力。IM-SSF 功能拥有 CAMEL 网络的特征，如支持 CAMEL 业务的基本呼叫状态模型（BCSM）和触发检测点等，因而可以通过 CAMEL 应用部分（CAP）接口，实现传统 CAMEL 业务服务于 IMS 网络及其用户。

一个 AS 可以专门提供一种业务也可以多种业务，而每个用户可能定购一种或多种业务，因此，为每个用户提供服务的 AS 可能是一个也可能是多个。另外，在一个会话中可能有一个或多个 AS 的参与。

Sh 接口用于定义 AS 与 HSS 之间的通信，采用 Diameter 协议，遵循 3GPP TS 23.228/TS 29.328/TS 29.329 等规范。该接口的主要功能包括：

● AS 存储和更新用户数据和业务数据到 HSS 上，也可以从 HSS 下载用户数据和业务数据，并且对这些数据的操作可以是透明的，也可以是非透明的；

● 支持用户数据变化事件的定购，当事件发生时，提供事件通知；

● 当执行由 AS 发起的呼叫时，AS 通过查询 HSS 可以获得呼叫相关用户当前注册的 S-CSCF 的地址；

● Si 接口在 HSS 和 IM-SSF 之间，采用 MAP（TS29.002）协议，它传递 CAMEL 签约信息，包括基于 CAMEL 的应用业务所用到的触发点。

8.9　应用服务器的工作模式

应用服务器（AS）可以有 5 种基本工作模式来处理 SIP 请求，如表 8.2 所示。业务的实现是建立在这 5 种基本工作模式的组合上的。

表 8.2　应用服务器的 5 种工作模式

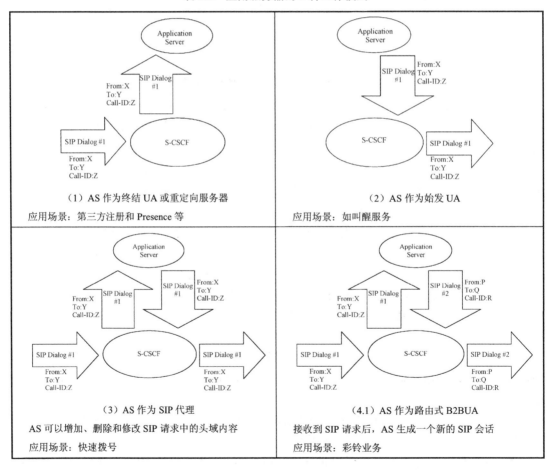

（1）AS 作为终结 UA 或重定向服务器

应用场景：第三方注册和 Presence 等

（2）AS 作为始发 UA

应用场景：如叫醒服务

（3）AS 作为 SIP 代理

AS 可以增加、删除和修改 SIP 请求中的头域内容

应用场景：快速拨号

（4.1）AS 作为路由式 B2BUA

接收到 SIP 请求后，AS 生成一个新的 SIP 会话

应用场景：彩铃业务

续表

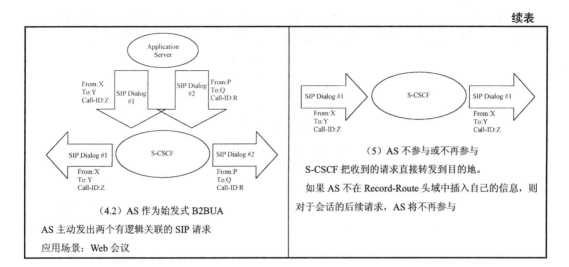

（4.2）AS 作为始发式 B2BUA

AS 主动发出两个有逻辑关联的 SIP 请求

应用场景：Web 会议

（5）AS 不参与或不再参与

S-CSCF 把收到的请求直接转发到目的地。

如果 AS 不在 Record-Route 头域中插入自己的信息，则对于会话的后续请求，AS 将不再参与

8.10　IMS 的业务触发机制

8.10.1　业务触发架构和业务触发点（SPT）

在 IMS 网络中，业务的触发在 S-CSCF 中完成。用户的业务签约数据包括初始过滤标准／规则（initial Filter Criteria，iFC），在用户注册成功后由 HSS 下载到 S-CSCF。

当 SIP 请求到达后，S-CSCF 从 SIP 请求中提取相关的业务触发点（Service Point Triggers，SPT）信息，然后将 SPT 信息与 iFC 中定义的规则进行匹配，若匹配成功，则进行业务触发，被触发的业务名称和所在服务器的地址由 iFC 给出。IMS 的业务触发架构如图 8-15 所示。

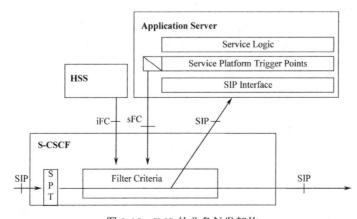

图 8-15　IMS 的业务触发架构

业务触发点（Service Point Triggers，SPT）是 SIP 信令中所包含的、可被过滤标准进行匹配过滤而作为业务触发依据的信息内容，业务触发点的组成如图 8-16 所示。

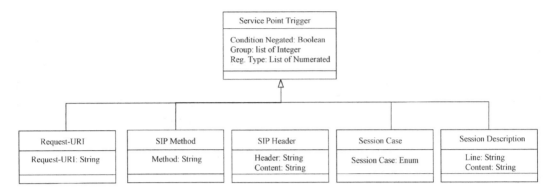

图 8-16　业务触发点（SPT）的组成

业务触发点包括：

① 任何已知或未知的 SIP Request-URI，标识该请求所指向的资源。

② 任何已知或未知的 SIP 方法（SIP Method），表示该请求的类型，如注册请求（Register）、会话发起请求（Invite）、订购请求（Subscribe）、消息发送请求（Message）等。

③ 任何已知或未知的 SIP 消息头域（SIP Header），包含与该请求相关的信息。

④ SIP 会话消息体描述内容（SIP Message Body），定义针对任何 SDP 字段内容的业务触发点。

⑤ SIP 会话情形（Session Case），有以下 4 个可能的枚举值指明过滤规则在何种会话情形下被匹配使用。

- Originating（0）——指会话正处于主叫始发阶段，主叫方归属域的 S-CSCF 正进行针对已注册主叫用户的业务触发和控制；
- Terminating_Registered（1）——指会话正处于被叫接收阶段，被叫方归属域的 S-CSCF 正进行针对已注册被叫用户的业务触发和控制；
- Terminating_Unregistered（2）——指会话正处于被叫接收阶段，被叫方归属域的 S-CSCF 正进行针对未注册被叫用户的业务触发和控制；
- Originating_Unregistered（3）——指会话正处于主叫始发阶段，主叫方归属域的 S-CSCF 正进行针对未注册主叫用户的业务触发和控制。

在一个会话中，根据会话发起的关系，可分为主叫用户和被叫用户。然而，就某个用户自身而言，他可以因主动发起一个会话而成为会话的主叫方，也可以因接受一个会话而成为会话的被叫方，因此，一个用户的角色在不同的会话中可能是不一样的。

我们知道，同一用户由于其在不同会话中所扮演角色的不同，其在网络侧所适用的业务也是不一样的。比如，某彩铃用户，其彩铃业务只有在该用户为被叫时会被触发执行，而在为主叫时，是不触发的；再比如，前转类业务也只有在用户为被叫时会被触发执行。因此，会话情形过滤规则的设定就是要指明：该业务在什么会话情形下被匹配使用。

例如，通过定义 Terminating_Unregistered 会话情形，当会话的被叫用户未注册时，可触发业务以控制将呼叫接续到被叫用户的语音信箱。而通过定义 Originating_Unregistered 会话情形，当会话的主叫用户未注册时，如未注册的主叫用户发起紧急呼叫（Emergency Call），也可以触发或执行相应的业务，以保证紧急呼叫可以被有效处理和接续。

关于 SPT 更多的内容，请参阅 3GPP TS 29.228。

8.10.2　过滤规则（iFC）的定义

IMS 用户的业务签约数据中主要包括初始过滤规则（iFC），每个 iFC 过滤规则包括：

● 业务触发点（SPT）——用来与会话请求信令中所包含的信息进行匹配，判定是否有业务需要触发；多个业务触发点可以进行逻辑运算，以建立复杂的过滤规则。

● AS 的标识——用来指示被触发业务所在应用服务器的地址；当一个 AS 上存储多个业务时，还需要提供具体业务的业务键或其他的业务标识信息，以区分 AS 上的不同业务。

● iFC 的优先级信息——若某个会话请求与多个 iFC 匹配成功，这时就需要根据优先级信息来决定 iFC 的处理顺序。

● 默认处理方式（Default Handling）——如业务触发失败后将怎样处理，可能的取值为 0，表示会话继续；可能的取值为 1，表示会话终止。

● 其他可选的业务参数信息。

图 8-17 给出了一个业务签约数据的实例，关于该实例的详细解释，请参阅 3GPP TS 29.228。

在本例中，私有用户身份为 IMPI1@homedomain.com 的用户有一个业务配置档案（Service Profile），其中包含了一个初始过滤规则（Initial Filter Criteria），应用于应用服务器（Application Server）sip: AS1@homedomain.com，业务触发失败会话继续（DefaultHandling=0），业务触发点（SPT）的布尔表达式如下：

```
((Method=INVITE) AND (SessionCase=Termination_Unregistered)) OR
((Method=SUBSCRIBE) AND (From≠ joe))
```

当某个业务被匹配成功需要触发时，S-CSCF 就会将该业务的 AS 标识提取出来，在收到的 SIP 请求的 Route 消息头中增加一个最顶端的条目，新条目的内容就是 AS 的标识。这样，依靠 SIP 协议的松散路由机制就可以将请求通过 ISC 接口转发到业务所在的应用服务器。

```
<?xml version="1.0" encoding="UTF-8"?>
<IMSSubscription xmlns:xsi="http://www.w3.org/2001/XMLSchema-instance"
xsi:noNamespaceSchemaLocation="D:\ CxDataType.xsd">
    <PrivateID>IMPI1@homedomain.com</PrivateID>        用户的 IMPI
    <ServiceProfile>
        <PublicIdentity>                        该 IMPU 被"Barred"
            <BarringIndication>1</BarringIndication>
            <Identity> sip:IMPU1@homedomain.com </Identity>
        </PublicIdentity>
        <PublicIdentity>
            <Identity> sip:IMPU2@homedomain.com </Identity>
        </PublicIdentity>
        <InitialFilterCriteria>              优先级（取值≥0；值越大，优先级越低）
            <Priority>0</Priority>            析取范式，例如,(A & B) || (C & D & E)
            <TriggerPoint>
                <ConditionTypeCNF>0</ConditionTypeCNF>
                <SPT>
                    <ConditionNegated>0</ConditionNegated>
                    <Group>0</Group>
                    <Method>INVITE</Method>
                </SPT>                  （同一 group 内，"与"运算）
                <SPT>
                    <ConditionNegated>0</ConditionNegated>
                    <Group>0</Group>          "Terminating_Unregistered"
                    <SessionCase>2</ SessionCase>
                </SPT>
                                       （group 与 group 间"与"运算）
                <SPT>
                    <ConditionNegated>0</ConditionNegated>
                    <Group>1</Group>
                    <Method>SUBSCRIBE</Method>
                </SPT>                     取"非"运算
                <SPT>
                    <ConditionNegated>1</ConditionNegated>
                    <Group>1</Group>
                    <SIPHeader>
                        <Header>From</Header>
                        <Content>"joe"</Content>
                    </SIPHeader>
                </SPT>
            </TriggerPoint>               AS 的标识
            <ApplicationServer>
                <ServerName>sip:AS1@homedomain.com</ServerName>
                <DefaultHandling index="0">0</DefaultHandling>
            </ApplicationServer>
        </InitialFilterCriteria>
    </ServiceProfile>
</IMSSubscription>
```

图 8-17　用户签约数据的实例

8.10.3　业务触发控制算法

在用户注册时，或 S-CSCF 在处理未注册的被叫用户请求时，初始过滤规则被下载到 S-CSCF 中。在下载完成后，当有会话请求需要处理时，S-CSCF 将根据如下业务触发控制算法对过滤准则进行评估。

① 检查公有用户标识是否被禁止，如果不是，则继续。

② 判定会话请求的情形是 Originating、Originating_Unregistered、Terminating_Registered 还是 Terminating_Unregistered（关于会话情形的判定，请参阅 7.3 节）。

③ 根据会话情形选择匹配的初始过滤规则。

④ 检查会话请求中所包含的信息是否与最高优先级的初始过滤规则相匹配。

⑤ 若匹配成功，则 S-CSCF 将请求触发到相应的 AS 进行处理，在处理过程中，不论 AS 工作在任何模式（UA、Proxy 还是 B2BUA），所有由 AS 发出的后续请求消息和响应消息都将被发回到触发 S-CSCF。

⑥ S-CSCF 继续检查请求是否与较低优先级的下一个 iFC 相匹配，如果匹配，则在 SIP 请求消息从前一个 AS 返回时，S-CSCF 将处理该 iFC（可能需要使用原始对话标识实现 SIP 对话间的关联，请参见 7.9 节关于原始对话标识的描述）。

⑦ 若请求不能与最高优先级的初始过滤规则相匹配，则检查它是否与下一个优先级的过滤规则匹配，直至匹配上一个为止。

⑧ 若不再有初始过滤规则适用，S-CSCF 基于路由决策对该请求进行转发。

⑨ 如果被触发的 AS 没有响应，S-CSCF 遵从 iFC 中定义的默认处理过程，或者终止会话，或者继续会话；如果初始过滤规则中没有包含默认处理方式，则 S-CSCF 的默认行为是继续呼叫（参见 3GPP TS 24.229）。

在 Originating 和 Terminating（无论是 Registered 还是 Unregistered）两种不同的会话情形下，S-CSCF 在过滤规则处理上，存在明显的区别：

- 在 Terminating 会话情形下，如果 S-CSCF 发现某个 AS 更改了 Req-URI（如呼叫前转类业务），则 S-CSCF 会停止过滤规则的检查，并基于更改过的 Req-URI 来对请求进行路由。

- 在 Originating 情形下，即使 Req-URI 被更改，S-CSCF 仍将继续评估过滤准则，直到所有的 iFC 都被评估完为止。这是因为 Req-URI 是被叫方信息的标识，Terminating 会话情形表明 S-CSCF 正服务于被叫方，Req-URI 的更改标志着被叫方已发生改变，所以要停止对 iFC 的评估；而在 Originating 情形下，Req-URI 的改变并不影响对主叫用户的业务处理。

8.10.4　业务触发举例

图 8-18 给出了一个业务触发的示例,这个例子适用于呼叫始发和终结流程,这里假定是一个呼叫始发流程。用户完成 IMS 注册后,iFC 已经被下载到指派的 S-CSCF 中,而且 AS 需要的数据也已经通过 Sh 接口下载到 AS 中。在该例中,AS1 和 AS2 被指派为用户提供业务。

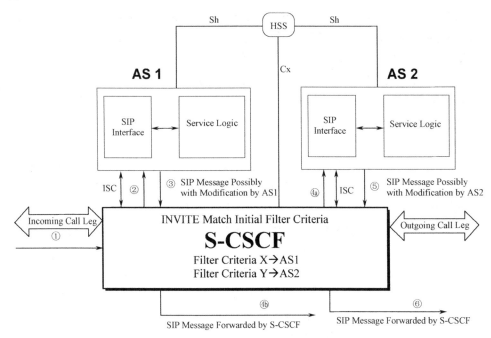

图 8-18　IMS 业务触发示例

① 用户发送一个 SIP 初始请求 Invite 消息给 S-CSCF,初始化一个 SIP 会话。

② 当接收到这个请求后,S-CSCF 从请求中提取 SPT 相关信息,然后检查 SPT 信息是否与过滤准则 X 匹配,如果检查结果为匹配,则 S-CSCF 转发该请求到 AS1。

③ AS1 按照业务键或其他业务指示信息执行特定的业务逻辑,执行完成后,将该 SIP 请求再回送给 S-CSCF,并可能修改 SIP 信令中的某些信息。

④a 收到从 AS1 返回的 SIP 请求后,S-CSCF 再次从这个请求中提取出 SPT 相关信息,然后检查 SPT 是否与过滤准则 Y 匹配,如果匹配,则 S-CSCF 转发该请求到 AS2。

④b 如果该请求与其他的过滤准则都不再匹配,则 S-CSCF 按照正常的 SIP 路由机制寻找下一跳然后进行转发(SIP 路由机制采用 RFC3261 定义的 Loose Routing)。

⑤ AS2 按照业务键或其他业务指示信息执行特定的业务逻辑,执行完成后,将该 SIP 请求再回送给 S-CSCF,并可能修改 SIP 信令中的某些信息。

⑥ S-CSCF 检查 AS2 返回的 SIP 请求，发现不再有匹配的过滤准则，于是 S-CSCF 按照正常的 SIP 路由机制寻找下一跳然后进行转发。

举例如下：

（1）SIP 请求

为某用户提供服务的 S-CSCF 收到如下的 SIP 请求。

```
INVITE tel:+1-212-555-2222 SIP/2.0
Via: SIP/2.0/UDP pcscf1.visited1.net;branch=z9hG4bK240f34.1,
    SIP/2.0/UDP [5555::aaa:bbb:ccc:ddd]:1357;comp=sigcomp;branch=z9hG4bKnashds7
From: <sip:user1_public1@home1.net>;tag=171828
To: <tel:+1-212-555-2222>
Route: <sip:orig@scscf1.home1.net;lr>
P-Asserted-Identity: "John Doe" <sip:user1_public1@home1.net>
Privacy: none
Contact: <sip:[5555::aaa:bbb:ccc:ddd]:1357;comp=sigcomp>
Content-Type: application/sdp
Content-Length: (…)
```

（2）用户业务签约数据

该用户的业务签约数据中有如表 8.3 所示的初始过滤规则（iFC），并且假定应用服务器并没有变更 SIP 消息。

表8.3　用户业务签约数据的初始过滤规则（iFC）

iFC 的组成元素	过滤准则 iFC 1	过滤准则 iFC 2	过滤准则 iFC 3
SPT：会话情形	Originating	Originating	Terminating_Registered
用户公有标识	sip:user1_public1@home1.net tel:+1-212-555-2230	sip:user1_public1@home1.net	tel:+1-212-555-2230
SPT：请求方法	*	Invite	Invite
SPT：Req-URI	tel:+1-212-555-2222	*	*
其他 SPT	—	—	—
优先级（Priority）	1	0	2
应用服务器	sip:name1@as1.home1.net	sip:name2@as2.home1.net	sip:name3@as3.home1.net

（3）S-CSCF 对 iFC 进行扫描检查后的结果

① 过滤规则 iFC 2 获得匹配，且被最先触发执行。

- 因为从 Route 消息头中 URI 的"orig"参数可以判定该会话的情形为 Originating；
- iFC 2 中设置的用户公有标识与 P-Asserted-Identity 消息头中的一样；
- SIP 请求的方法为 Invite；
- iFC 2 中的 Req-URI 是通配符"*"，可匹配任意字符串；
- 优先级为"0"，最高优先级；
- 应用业务"sip:name2@as2.home1.net"将被触发执行。

② 过滤规则 iFC 1 获得匹配，但被次优先级执行。

- 优先级为"1"，次高优先级；
- SIP Invite 请求的 Req-URI 恰好与 iFC 1 中 Req-URI SPT 的要求"tel:+1-212-555-2222"相同；
- 其他原因同上；
- 应用业务"sip:name1@as1.home1.net"将被触发执行。

③ 过滤规则 iFC 3 不匹配。

8.11　SIP 信令压缩

　　IMS 使用 SIP 协议的会话控制能力来支持多媒体服务。SIP 是一种客户端——服务器型的、基于文本的信令协议，用于创建和控制有两人或多人参与的多媒体会话。SIP 消息中包含有大量的消息头和消息头参数，还包括扩展信息以及与安全相关的信息。我们知道，利用 SIP 协议建立一个 IMS 会话是一个冗长的过程，涉及媒体编/解码方案和扩展能力的协商，以及端到端的 QoS 管理和交互通知等。这样，大量的字节和众多的消息内容需要在会话建立过程中被传递，特别是当使用 GPRS IP-CAN 进行承载时，大量的数据需要在无线接口上被传递，不仅占用大量的无线资源，而且由于无线带宽的有限性，还会导致呼叫建立的时延增大，降低无线接口的使用效率。为了解决这一问题，3GPP 要求 UE 和 P-CSCF 都必须支持 SIP 信令压缩。SIP 信令压缩是一种在带宽资源稀缺线路上节省传送负荷的无损压缩技术，目的是有效利用带宽，减少传输时延。

　　关于 SIP 信令压缩的详细内容请参见 IETF RFC3320、RFC3321、RFC3322、RFC3485、RFC3486 和 RFC4464。

　　在 IMS 系统中，UE 和 P-CSCF 间的 SIP 信令在传输中可能会经过无线链路，所以必须压缩。因而 IMS 系统要求 UE 和 P-CSCF 支持 SIP 信令压缩能力，而其他网元则不需要，如图 8-19 所示。

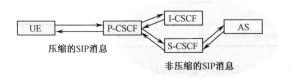

图 8-19　SIP 信令压缩的位置

　　UE 和 P-CSCF 都必须支持 SIP 信令压缩（SigComp），但不是必须启用它。因此，需要一种机制来表达是否愿意启用信令压缩。

　　IETF RFC3486 定义了一个新的 URI 参数"comp"，可以被 UE 或 SIP 代理（在 IMS 中只能是 P-CSCF）设置为"comp=SigComp"来表达其能够或愿意处理压缩的 SIP 消息。

```
REGISTER sip:registrar.home1.net SIP/2.0
Via: SIP/2.0/UDP [5555::aaa:bbb:ccc:ddd];comp=sigcomp;branch=z9hG4bKnashds7
From: <sip:user1_public1@home1.net>;tag=4fa3
To: <sip:user1_public1@home1.net>
Contact: <sip:[5555::aaa:bbb:ccc:ddd];comp=sigcomp>;expires=600000
```

"comp"参数可以有如下设置和用法：

- 由 UE 在 Register 请求的 Contact 消息头中设置，这意味着 UE 愿意接受以自己为目的地的初始请求采用压缩的形式，因为发往 UE 的初始请求都是按照 UE 注册在 S-CSCF 中的当前实际联系地址（Contact 消息头中的地址信息）来路由的。
- 由 UE 在任何其他初始请求或对于初始请求的第一个响应中的 Contact 消息头中设置，这意味着 UE 愿意接受该对话内的所有后续请求采用压缩的形式，因为反向（相对于初始请求反向）后续请求是按照初始请求 Contact 消息头中的地址进行寻址的，而前向／正向（与初始请求同向）后续请求是按照初始请求的第一个响应消息中的 Contact 消息头中的地址进行寻址的。
- 由 UE 在任何请求的 Via 消息头中设置，这意味着 UE 愿意接受对于这个请求的所有响应采用压缩的形式，因为响应是按照相关请求中的 Via 消息头进行路由的。
- 由 P-CSCF 在发往 UE 的 Record-Route 消息头中自己的条目中设置，这意味着 P-CSCF 愿意接受该对话内的后续请求采用压缩形式，因为发往 P-CSCF 的后续请求是按照 Route 消息头（根据 Record-Route 消息头产生）中的条目进行路由的。
- 同 UE 一样，由 P-CSCF 在任何请求的 Via 消息头中设置。

　　依据上述说明，可以对所有的后续请求和响应消息进行信令压缩。但 IMS 对于初始请求消息的压缩并没有明确的规定和说明，在默认情况下，UE 只要按照压缩形式发送初始请求就可以，因为 IMS 要求 P-CSCF 必须支持信令压缩。

　　有两种 SIP 信令的压缩方式：交互动态 SIP 信令压缩和固定静态压缩。

- 交互动态信令压缩使用了虚拟机技术，包括 3 个功能实体：压缩功能实体、解压功能实体和状态交互功能实体。压缩功能由信令发送端执行，采用基于字典压缩原理的算法。解压功能由接收端执行，采用在 UDVM（通用解压虚拟机）中执行与压缩算法对应的解压算法来完成解压。通过状态交互，可以在两个信令实体之间实现最大的兼容性和灵活性。

● 固定静态压缩比"虚拟机技术"更加高效，制定几种标准的压缩／解压算法，直接使用对应的标准解压程序解压。

8.12　IMS 计费

　　IMS 计费是在传统的计费方式（如按时长、带宽和流量计费）的基础上，增加按内容（如语音、视频和数据等）、按服务质量、次数、所使用的业务及技术（如 2G 或 3G）等进行计费的方式，同时，还要支持用户的漫游计费。

　　IMS 计费架构如图 8-20 所示，能够支持离线计费和在线计费两种模式，离线计费信息通过 Rf 接口送到 CDF；在线计费信息通过 Ro 接口送到 OCS。Rf 和 Ro 接口都采用 Diameter 协议。

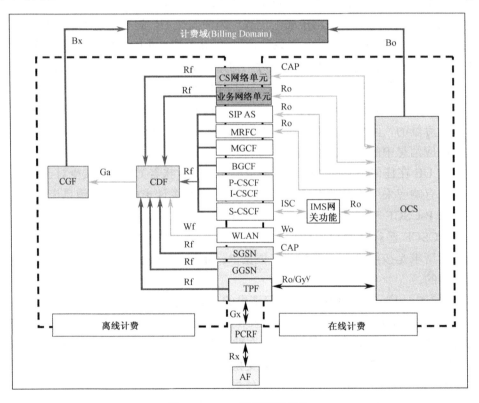

图 8-20　IMS 计费逻辑架构

（1）离线计费机制

　　在资源使用的同时，采集计费数据，之后生成呼叫详细记录（Call Detail Record，CDR），并将 CDR 传送到计费域（Billing Domain），在那里进行账单的生成和其他相关处理（如统计等）。通常，计费域由运营商的后台处理系统组成，如营账系统或账单判决系统等。离线计费不会为业务提供实时的计费处理。

AS、MRFC、S-CSCF、P-CSCF、I-CSCF、BGCF 和 MGCF 等 IMS 网元实体通过 Rf 接口把所采集到的计费数据发送到 CDF（Charging Data Function），CDF 根据提交的数据，在生成 CDR 之后，通过 Ga 接口把 CDR 传送到计费网关功能（Charging Gateway Function，CGF）单元，CGF 将 CDR 进行预处理、校验、合并、保存、适配成计费域可以识别的话单格式后，将其发送到计费域。

（2）在线计费机制

在使用资源之前，需得到在线计费系统（Online Charging System，OCS）的授权。当收到网络资源使用请求时，网络汇总相关的计费数据并实时产生计费事件到 OCS，OCS 根据用户账户的余额情况，在计算后返回合适的资源使用授权（如可用数据流量或可用时长），这个授权在网络资源使用过程中需要实时更新。因此，在线计费系统会实时影响业务的提供，需要和网络资源的控制系统直接交互。

S-CSCF、SIP AS 和 MRFC 通过与 OCS 通信实现在线计费，其中 IMS 网关功能（IMS Gateway Funtion，IMS-GWF）实现 ISC 接口到 Ro 接口的翻译功能。IMS-GWF 相当于 IMS 网络的一个应用服务器，由 S-CSCF 触发需实时计费的消息到 IMS-GWF。

（3）IMS 的计费关联

IMS 中计费信息的产生是分散和相互独立的，各 IMS 网元节点都会按照自己在会话中的作用和可获得的会话信息产生 CDR 话单，并将话单送到计费域（Billing Domain），但它们本质上都服务于同一个会话，所以计费域需要将相关的话单进行关联处理，最终产生一份用户的账单和系统结算账单。因此，要求各网元实体产生的话单必须包含会话相关的关联信息。IMS 计费关联包括以下方面。

① IMS 与 IP-CAN（IP 接入网）之间的关联：IMS 计费信息也需要与承载 IMS 业务的 IP-CAN 实体（如 GGSN）产生的计费信息进行关联。

② IMS 节点之间的关联：IMS 不同实体都会产生计费信息，这些信息需要关联。

③ 业务层计费关联：业务层计费在 MMS、LCS 和 PoC 等服务器上实现。

IMS 的计费关联在 BD（Billing Domain）进行，通过与 IMS Charging Identifier（ICID）、Access network charging identifier、Inter Operator Identifier（IOI）和应用计费标识符（ACID）这些参数关联实现。

① 会话级计费关联——通过 IMS 计费标识（IMS Charging ID，ICID）进行会话级的关联，包括该会话的所有媒体成分。一个 IMS 会话拥有唯一的 ICID，SIP 信令路径上的第一个 IMS 网络实体（如 P-CSCF 和 AS）负责分配 ICID，然后 ICID 通过 SIP 信令传递给

所有在信令路径上的 IMS 网络实体。ICID 的生存期与对应的事件一致，如注册过程产生的 ICID 一直要到注销时才会失效，同样会话过程的 ICID 也直到会话结束后才会失效。

② 媒体成分级计费关联——一个会话可以包括多个媒体类型／成分（如音／视频等），IMS 各网元可对每种媒体类型产生计费数据，这些计费数据也需要在各网元间进行关联。为了达到这个目的，必须为每种媒体类型分配唯一的标识符，用以标识计费数据所属的媒体类型。

③ IP-CAN 和 IMS 间的计费关联——可以使用一个或多个 GPRS 计费标识（GPRS Charging ID，GCID）和 TCID（Transport Charging ID）来识别 IP-CAN 对不同会话通道（如不同 PDP 上下文）的计费信息，这些计费标识由 IP-CAN（如 GGSN）通过 PDF 传递给 IMS；GCID 和 TCID 由 P-CSCF 利用 SIP 信令传递给 S-CSCF 和 AS，然后将 GCID、TCID 和 ICID 一起送到计费实体。

第 9 章 IMS 注册过程

9.1 P-CSCF 的发现

P-CSCF 是 IMS 网络的入口点，UE 在开始与 IMS 网络通信之前，必须获得至少一个 P-CSCF 的 IP 地址。UE 找到这些 IP 地址的过程被称为"P-CSCF 发现"。3GPP 中定义了 GPRS 承载建立过程中的 P-CSCF 发现和 DHCP＋DNS 查询方式两种 P-CSCF 发现机制。

（1）GPRS 承载建立过程中的 P-CSCF 发现

UE 在 PDP 上下文激活请求中包含了 P-CSCF 地址请求标记，在 PDP 上下文成功建立的响应消息中携带 P-CSCF 的地址信息给 UE，如图 9-1 所示。

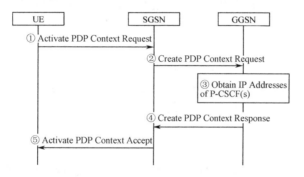

图 9-1　GPRS 承载建立过程中的 P-CSCF 发现

① UE 发送 PDP 激活请求给 SGSN，在 PDP 激活中指示请求的一个 P-CSCF 地址。
② SGSN 根据 APN 选择相应的 GGSN 并将请求转发给 GGSN。
③ GGSN 获取本网中的一个或者多个 P-CSCF 的 IP 地址。
④ GGSN 将 P-CSCF 地址转发给 SGSN。
⑤ SGSN 将 P-CSCF 的 IP 地址包含在 PDP 激活响应中并发送给 UE。

UE 从返回的响应中选择一个 P-CSCF（如果同时返回多个），通过选择的 P-CSCF 发起 IMS 的注册过程。若该 P-CSCF 不可用，且有多个 P-CSCF 可选，则 UE 选择其他的 P-CSCF 重试。

（2）DHCP＋DNS 查询方式

该过程如图 9-2 所示。

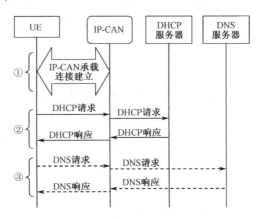

图 9-2　DHCP+DNS 方式的通用 P-CSCF 发现

① UE 建立与 IP-CAN 之间的承载连接。

② UE 通过 IP-CAN 中的 DHCP 转发功能向 DHCP 服务器请求 P-CSCF 的域名和 DNS 服务器的 IP 地址，若 DHCP 服务器的响应中直接携带了 P-CSCF 的 IP 地址，则无以下流程。

③ 若 DHCP 没有直接返回 P-CSCF 的 IP 地址，而是返回 P-CSCF 的 FQDN（完全有效域名），UE 必须使用返回 DNS 服务器来将该 FQDN 解析为 IP 地址。

DHCP+DNS 方式是一个与接入无关的 P-CSCF 发现机制。

（3）UE 端静态配置

在 IMS 部署运营的早期，或在特定情况下，如果上述两种方式都不可行，则只好通过网络运营商提供 P-CSCF 的信息，然后由用户在 UE 端静态地手工配置。

9.2　Cx 接口消息及应用场景

Cx 接口用于定义 I-CSCF 和 S-CSCF 与 HSS 之间的通信，采用 Diameter 协议，传输层协议使用 SCTP。该接口的主要功能包括：

● 为注册用户指派 S-CSCF；
● CSCF 通过 HSS 查询路由信息；
● 授权处理——检查用户的漫游许可；
● 鉴权处理——在 HSS 和 CSCF 之间传递用户的有关参数并对其有效性进行必要的验证，如公／私有用户标识和安全参数是否正确有效等；

- 注册／注销处理——上传注册用户的有关参数到 HSS，支持由 HSS 发起的用户注销；
- 过滤规则控制——从 HSS 下载用户的业务过滤参数到 S-CSCF 上。

一条 Cx 消息对应一个 Diameter 命令，它们之间的映射关系如表 9.1 所示。关于 Cx 消息和 Diameter 协议的更多内容，参见 3GPP TS 29.228、TS 29.229 和 IETF RFC3588。

表 9.1　Cx 消息和 Diameter 命令的对应关系

功　能	发出源	目的地	Cx 消息	Diameter 命令名称	缩写
用户注册状态查询	I-CSCF	HSS	Cx-Query + Cx-Select-Pull	User-Authorization-Request	UAR
	HSS	I-CSCF	Cx-Query Resp + Cx-Select-Pull Resp	User-Authorization-Answer	UAA
鉴权	S-CSCF	HSS	Cx-AV-Req	Multimedia-Authentication-Request	MAR
	HSS	S-CSCF	Cx-AV-Resp	Multimedia-Authentication-Answer	MAA
S-CSCF 的指派	S-CSCF	HSS	Cx-Put + Cx-Pull	Server-Assignment-Request	SAR
	HSS	S-CSCF	Cx-Put Resp + Cx-Pull Resp	Server-Assignment-Answer	SAA
HSS 发起的注销	HSS	S-CSCF	Cx-Deregister	Registration-Termination-Request	RTR
	S-CSCF	HSS	Cx-Deregister Resp	Registration-Termination-Answer	RTA
HSS 发起的用户数据更新	HSS	S-CSCF	Cx-Update_Subscr_Data	Push-Profile-Request	PPR
	S-CSCF	HSS	Cx-Update_Subscr_Data Resp	Push-Profile-Answer	PPA
用户位置查询	I-CSCF	HSS	Cx-Location-Query	Location-Info-Request	LIR
	HSS	I-CSCF	Cx-Location-Query Resp	Location-Info-Answer	LIA

（1）用户注册状态查询（UAR/UAA）

I-CSCF 接收到 UE 发来的注册请求后，向 HSS 发送 UAR 消息。UAR 中带有用户的公有标识（Public Identity）、私有标识（User Name）以及拜访网络标识（Visited Network Id）等 AVP，HSS 以此确认用户，进行初步的安全性检查，并根据消息中的认证类型和用户在 HSS 中的注册状态给出结果（Result Code）AVP。可能给出 S-CSCF 的域名地址 AVP，让 I-CSCF 直接发送下一步消息以继续注册流程，或给出可选 S-CSCF 支持的能力（Server Capabilities）AVP，供 I-CSCF 选择 S-CSCF，完成 S-CSCF 的指派。图 9-3 所示为用户初次注册过程中使用的 Cx 接口消息。

（2）鉴权（MAR/MAA）

为了实现 UE 和归属 IMS 网络间的鉴权，S-CSCF 发起 MAR 请求，向 HSS 要求鉴权向量数据。MAR 消息中带有用户的公有标识、私有标识、鉴权向量的个数（SIP-Number-Auth-Items）和鉴权数据（SIP-Auth-Data-Item）等 AVP，HSS 返回结果 AVP 和相应的一个或多个鉴权向量，如图 9-3 所示。

（3）S-CSCF 的指派（SAR/SAA）

当对一个用户的公有标识（Public Identity）进行注册／注销时，S-CSCF 发送 SAR 消息给 HSS。SAR 带有用户的公有标识（Public Identity）和服务器分配类型（Server Assignment Type）等 AVP，HSS 根据服务器分配类型进行相应的注册（S-CSCF 指派）或注销（取消 S-CSCF 指派）操作，如图 9-3 所示。

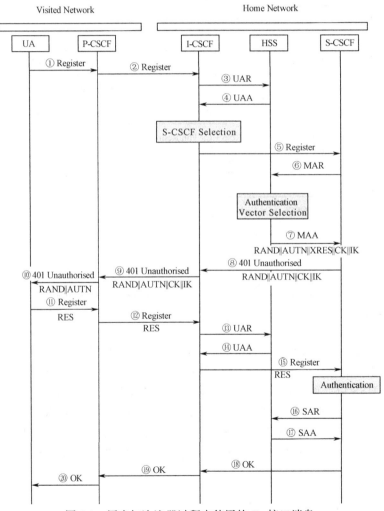

图 9-3 用户初次注册过程中使用的 Cx 接口消息

（4）HSS 发起的注销（RTR/RTA）

当管理员要注销某个用户时，通过 HSS 发送的注销消息 RTR 中带有用户的公有标识、私有标识和注销原因（Deregistration Reason）等 AVP。S-CSCF 删除相应的用户数据，并回送 RTA 消息，其中带有结果 AVP，如图 9-4 所示。

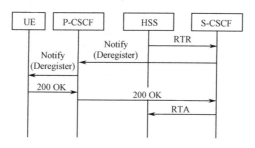

图 9-4　HSS 发起注销时使用的 Cx 接口

（5）HSS 发起的用户数据更新（PPR/PPA）

HSS 发起更新 S-CSCF 中的用户数据信息，如图 9-5 所示。PPR 消息中带有用户的私有标识、用户数据（User Data）和／或计费信息（Charging Information）等 AVP，S-CSCF 更新了相应的数据后，发送结果给 HSS。

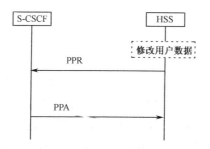

图 9-5　HSS 发起数据更新时使用的 Cx 接口

（6）用户位置查询（LIR/LIA）

在 IMS 会话过程中，当 I-CSCF 希望获取用户公有标识注册所在的 S-CSCF 时，向 HSS 发送 LIR 消息，查询被叫用户所在 S-CSCF。LIR 带有用户的公有标识和路由信息（Destination-Host 或 Destination-Realm）AVP。用户位置查询请求的使用场景如图 9-6 所示。

● 如果用户已注册，则 HSS 返回 S-CSCF 名字 AVP 或 S-CSCF 能力 AVP。

● 如果用户未注册，但在 HSS 中签约了未注册触发的业务（如语音信箱），则 HSS

返回 S-CSCF 名字 AVP 或 S-CSCF 能力 AVP。I-CSCF 将 Invite 消息发送给 S-CSCF，S-CSCF 需要向 HSS 发送 SAR，请求下载用户的签约数据。

● 如果用户未注册且没有签约未注册触发的业务，则向主叫报告被告叫未注册消息。

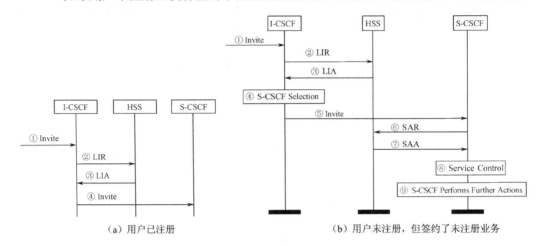

（a）用户已注册　　　　　　　（b）用户未注册，但签约了未注册业务

图 9-6　用户位置查询请求的使用场景

9.3　S-CSCF 的指配

（1）S-CSCF 指派

当用户向 IMS 网络发起注册时，UE 发送一个 Register 请求给发现的 P-CSCF。根据 Register 消息中 Req-URI 指示的归属网络域名信息，在 DNS 服务器的帮助下，P-CSCF 找到归属域的入口实体 I-CSCF。之后，I-CSCF 与归属域 HSS 交互（UAR 和 UAA），若 HSS 中保存有为该 UE 提供注册服务的 S-CSCF 地址，则直接返回保存的 S-CSCF 地址；若没有保存，则 HSS 返回可供选择的每个 S-CSCF 的能力集，基于每个 S-CSCF 的不同能力集，I-CSCF 选择一个合适的 S-CSCF。

S-CSCF 的能力集信息在 HSS 和 I-CSCF 之间传递，这些信息使用服务器能力（Server-Capabilities）属性值对（Attribute-Value Pair，AVP）来进行描述，关于服务器能力属性值对更多的信息，参见 3GPP TS 29.228 和 TS 29.229。

S-CSCF 支持的必备能力 AVP 和可选能力 AVP 组成了一个 S-CSCF 的能力集。根据每个 S-CSCF 支持的能力不同和运营商定义的 S-CSCF 的选择策略，可以将用户在不同的 S-CSCF 之间进行分配。

I-CSCF 将首先选择能满足注册用户要求的所有必选和可选能力的 S-CSCF。如果结果不唯一，则 I-CSCF 就采用一个"最佳选择"算法来选择一个较合适的 S-CSCF。但选择算法没有被标准化，取决于具体的实现和运营商的要求。选择算法通常会考虑如下因素。

① 用户的业务能力要求：用户要求的业务能力作为用户数据的一部分，被事先保存在 HSS 中，即 I-CSCF 可以从 HSS 中获得用户要求的业务能力。

② S-CSCF 的能力：S-CSCF 的能力由其能力集指示。

③ 运营商为用户设定的专门指派：运营商根据自己的运营需要和用户的分类，为用户甚至是为每个用户设定 S-CSCF 的专门指派，专门指派信息由 HSS 提供。

④ 注册用户当前使用的 P-CSCF 的拓扑信息：运营商根据自己的运营需要，可以把 P-CSCF 的拓扑信息作为选择 S-CSCF 的依据之一。比如，当用户使用归属域的 P-CSCF 注册时，和当用户使用拜访地的 P-CSCF 注册时，具有不同的 S-CSCF 选择空间。I-CSCF 可以从注册消息中获得 P-CSCF 的消息。

⑤ S-CSCF 的拓扑信息和可用状况：运营域内 S-CSCF 的拓扑信息和可用状况也可以作为选择 S-CSCF 的依据，这一信息由 I-CSCF 自己提供。

⑥ 服务器域名：服务器域名一方面指示该 S-CSCF 的标识，另一方面也可以作为选择 S-CSCF 的依据。比如，根据 S-CSCF 的域名，运营商可以将一个专用的 S-CSCF 服务于某个公司或组织实现 VPN 业务。服务器域名从 S-CSCF 的能力集中获得。

（2）取消 S-CSCF 指派

在下列情况下，将取消 S-CSCF 的指派：

① 由 UE 发起的注销请求，作为从 IMS 显式注销的执行结果。

② 由 S-CSCF 发起的注销请求，如注册超时。

③ 由 HSS 通过 Cx 接口发起的注销请求，如订购关系过期。

S-CSCF 负责从 HSS 中清除自己的名称。

（3）重新指派 S-CSCF

在下列情况下，可以重新指派 S-CSCF：

① 在注册期内，以前为 UE 指派的 S-CSCF 已经不可用。

② 当用户初始注册时，若已经有一个 S-CSCF 分配给了该用户的"Unregistered"状态，I-CSCF 可以根据策略决定进行 S-CSCF 的重新指派。

（4）S-CSCF 指派的保留

在用户主动发起注销或者因超时而导致 S-CSCF 发起注销的情况下，运营商可以决定为这个未注册的用户保留其指派的 S-CSCF。S-CSCF 负责向 HSS 通知用户已经注销，但 S-CSCF 可以指出希望保留的相关的用户配置，以优化 Cx 接口的负荷。

9.4 传 输 协 议

3GPP IMS 没有对 SIP 的传输协议作进一步的限制，可以在 UDP 上，也可以在 TCP 上，默认的传输协议是 UDP。但是，当 SIP 消息的大小超过 1 300 字节时，就必须使用 TCP 协议来传输。对于响应消息，UDP 和 TCP 协议有不同的处理方式：

● 若采用 UDP 协议传输 SIP 消息，则按"Via"消息头中包含的信息回送；
● 若采用 TCP 协议传输 SIP 消息，则沿 TCP 连接反向回送。

9.5 注册与注销概述

IMS 网络基于 SIP 协议体系，支持注册过程，这是实现用户移动性（Mobility）和被发现（Discovery）的基础。注册过程使用户在 IMS 网络建立自己的标识（IMPU）和当前实际联系地址的绑定关系，并在 UE、拜访网络和归属网络之间建立一条路由通道，该通道用于传递后续的 IMS 信令，使得用户使用 IMS 服务成为可能。

IMS 注册注销过程包括初始注册、重注册、隐式注册和注销等。

在进行初始注册之前，用户必须先建立与 IMS 网络之间的 IP 承载连接（在 GPRS 接入的情况下，IP 连接是一个专用或通用的 PDP 上下文），并且发现 IMS 网络的入口点 P-CSCF。

在初始注册过程中，IMS 网络会为该用户分配一个 S-CSCF，对用户进行认证和鉴权。鉴权成功后，S-CSCF 会记录用户接入所使用的 P-CSCF，从 HSS 下载用户签约业务数据，而 P-CSCF 也会保存所分配的 S-CSCF 的地址，为后续会话和其他 SIP 事务请求的建立提供通路。若注册用户的 SIP URI 关联于某个隐式注册集，注册成功后，IMS 网络会向用户 UE 传递隐式注册集中所有被成功注册的公有用户标识。同时，在注册过程中，P-CSCF 和用户 UE 之间的 SIP 信令压缩功能也会完成初始化。总之，注册过程是 IMS 网络服务正常实现的基础。

图 9-7 给出了用户注册时 SIP 信令的路由过程。

① UE 通过 P-CSCF 发现过程获得 P-CSCF 的地址，然后 UE 向 P-CSCF 直接发送 SIP Register 请求，在请求中，Req-URI 是 UE 归属域的域名地址。

② P-CSCF 收到 SIP Register 消息后，根据 Req-URI 信息查询本地静态配置路由表，以获取该 Req-URI 对应的 I-CSCF 的 IP 地址（I-CSCF 是归属域的入口点）；如果没有静态配置路由表，或者该路由表中没有对应的路由信息，P-CSCF 通过 DNS 查询功能，获取用户归属域的 I-CSCF 地址，并将获得的地址信息写入准静态路由表，以备后续的路由查询使用；P-CSCF 在 SIP Register 消息中插入"Path"消息头，消息头中的内容包含自己的

域名，用于告诉后面网络实体该注册消息所经由的 P-CSCF 地址，由此建立反向路由；P-CSCF 还将保留 UE 的 IP 地址（从注册请求的"Via"消息头和传送该注册请求 IP 包的包头中获得）。

③ P-CSCF 转发 SIP Register 消息到 I-CSCF，I-CSCF 通过 Cx/Dx 接口（这里需要 I-CSCF 根据静态配置的信息获得 Diameter 消息的路由）与 HSS/SLF 交互，获得可提供服务的 S-CSCF 信息，完成 S-CSCF 的指派。若归属域要求网络拓扑隐藏，则 I-CSCF 在"Path"消息头内容的最前面插入自己的域名信息。

④ I-CSCF 根据 S-CSCF 域名地址查询本地静态路由表获取 S-CSCF 的 IP 地址，如果没有静态路由表，I-CSCF 需要调用 DNS 查询功能，获取指派的 S-CSCF 的 IP 地址，并将获得的地址信息写入准静态路由表，以备后续的路由查询使用。SIP Register 消息将被转发到 S-CSCF。

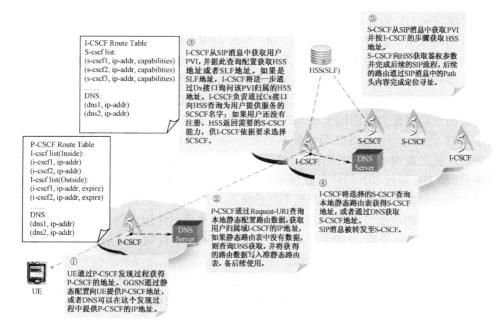

图 9-7　用户注册时 SIP 信令的路由过程

⑤ S-CSCF 收到 SIP Register 消息后，通过 Cx 接口（这里需要 S-CSCF 根据静态配置信息获得 Diameter 消息的路由）向 HSS 查询用户的鉴权信息和其他签约信息，对用户进行鉴权，并最终完成整个注册过程（如图 9.8 所示），建立公有用户标识（"To"消息头的内容）和当前实际联系地址间（"Contact"消息头中地址）的绑定关系。在此，S-CSCF 会保存"Path"消息头中的地址信息，从而建立从 S-CSCF 到 UE 的反向路由：

● 若归属域不要求网络拓扑隐藏，则"Path"消息头中仅包含 P-CSCF 的地址信息，路由为 S-CSCF→P-CSCF→UE；

- 若要求网络拓扑隐藏，则"Path"消息头中包含有 I-CSCF 和 P-CSCF 的地址信息，路由为 S-CSCF→I-CSCF→P-CSCF→UE。

⑥ 注册请求最终成功完成后，S-CSCF 在发给 UE 的 200 OK 响应中会插入"Service-Route"消息头，消息头中的内容是：

- 若归属域不要求网络拓扑隐藏，则只包含 S-CSCF 自己的域名地址；
- 若要求网络拓扑隐藏，则从"Path"消息头中获得 I-CSCF 的地址，放入"Service-Route"消息头内，并在 I-CSCF 地址的后面加上自己的地址。

⑦ 当 200 OK 响应经过 I-CSCF 时：

- 若归属域不要求网络拓扑隐藏，则 I-CSCF 只是转发消息；
- 若归属域要求拓扑隐藏，则 I-CSCF 会将"Service-Route"消息头中 S-CSCF 的地址信息进行加密，然后转发给 P-CSCF。

⑧ 当 200 OK 响应经过 P-CSCF 时，P-CSCF 会保存"Service-Route"消息头中的地址信息，从而建立从 UE 到 S-CSCF 的正向路由。

- 若归属域不要求网络拓扑隐藏，则"Service-Route"消息头中只包含 S-CSCF 的地址信息，路由为 UE→P-CSCF→S-CSCF；
- 若要求拓扑隐藏，则"Service-Route"消息头中包含有 I-CSCF 和加密后 S-CSCF 的地址信息，路由为 UE→P-CSCF→I-CSCF→S-CSCF。

建立起的正向和反向路由用于该 UE 后面的 IMS 会话和其他通信过程。

对于 IMS 会话过程中各 SIP 节点的路由处理，都遵循同样的规则：当存在本地静态配置路由表时，优先查询该表；否则向 DNS 查询获取目的地 IP 地址信息。

在需要时，UE 通过 SIP 的注销过程来注销其状态。在注销过程中，UE 与拜访网络和归属网络之间的路由通道被删除。根据不同的情况，可以由不同的实体发起注销过程。

另外，与 IMS 的注册过程密切相关的另一个过程就是对注册事件／状态的订阅。在用户 UE 成功完成初始注册后，UE 和 P-CSCF 可以向 S-CSCF 订阅其注册状态，从而获取网络注销或网络要求重鉴权／认证等通知。

最后，当用户的 IMPU 被多个 UE 共享时，会出现一个 IMPU 从多个不同物理 UE 发起的"多"注册。对这样的情形，通常使用 GRUU 来特殊处理。

9.6　用户初始注册

用户第一次向 IMS 系统注册，或用户从 IMS 系统注销后再次发起注册请求，称为用户初始注册，流程如图 9-8 所示。在此过程中，与用户认证和安全协商有关的细节，请参阅第 8 章的有关内容。

① UE 完成 GPRS 附着、PDP 上下文建立和 P-CSCF 的发现过程。

② UE 发送 Register 请求给 P-CSCF，消息中包含公有标识（To 消息头中内容）、私

有标识（Authorization 消息头中的 Username 参数）、归属网络域名和 UE 当前的 IP 地址等信息。

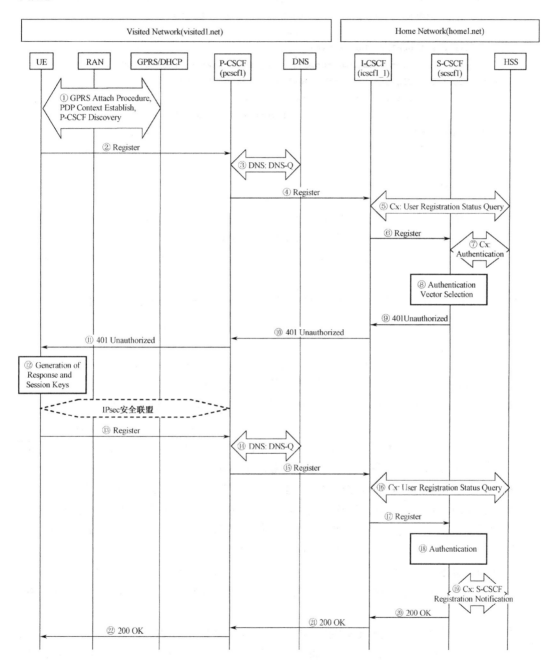

图 9-8　用户初始注册流程示意图

```
REGISTER sip:registrar.home1.net SIP/2.0
Via: SIP/2.0/UDP [5555::aaa:bbb:ccc:ddd];comp=sigcomp;branch=z9hG4bKnashds7
P-Access-Network-Info: 3GPP-UTRAN-TDD; utran-cell-id-3gpp=234151D0FCE11"
From: <sip:user1_public1@home1.net>;tag=4fa3
To: <sip:user1_public1@home1.net>
Contact: <sip:[5555::aaa:bbb:ccc:ddd];comp=sigcomp>;expires=600000
Authorization: Digest username="user1_private@home1.net",
               realm="registrar.home1.net", nonce="",
               uri="sip:registrar.home1.net", response=""
Call-ID: apb03a0s09dkjdfglkj49111
CSeq: 1 REGISTER
Supported: path
Content-Length: 0
```

- 上述消息不是一个完整的 Register 请求，其中隐去了一些消息头和参数，它只包含了为解释本节中的过程所需要的信息，后续的消息也是这样。
- Request URI 中标志为 sip:registrar.home1.net，用户归属网络的域名从 ISIM 中读出。
- From 和 To 消息头中的公共用户身份都是 sip:user1_public1@home1.net，表明用户在注册自己，属于第一方（First-party）注册。
- UE 将它的 IP 地址放到请求消息的 Via 消息头中，这使得对该请求的所有响应都可以路由回来。Via 消息头中还包含一个 Branch 参数，用于唯一标识事务（Transaction）。路由中的每个实体都将加入它自己的 Via 消息头。
- 在 Contact 消息头中，UE 还指出自己目前的 IP 地址和 SIP URI 之间的绑定可以持续 600 000 s（大约 7 d），这是 UE 要求注册的超时时长，网络可以调整这个时长，如在 Register 请求的 200 OK 响应中缩短这个时长，或是通过注册状态事件通知来修改时长（参见 9.12 网络发起的重认证）。
- Call-ID 消息头和 CSeq 消息头一起，标识该 Register 事务（Transaction）。
- Content-Length 消息头中内容为 0，表示该 Register 请求的正文部分为空。

③ 收到 Register 消息之后，P-CSCF 根据用户的归属域名（如 "home1.net"），向 DNS 发起归属域的 I-CSCF（归属网络的入口点）地址的查询。

④ 根据 DNS 的查询结果，P-CSCF 将 Register 消息发送到 I-CSCF。P-CSCF 将自己加入到 Via 消息头中，还增加一个分支（Branch）参数。增加 Path 消息头，内容为 P-CSCF 地址。

⑤ I-CSCF 发送 Cx-Query/Cx-Select-Pull（UAR）消息到 HSS，消息中包含公有标识、私有标识和 P-CSCF 网络标识等信息。根据用户签约情况以及运营商限制 / 约束策略，HSS 指出是否允许用户在该 P-CSCF 网络漫游接入（根据 "P-Visited-Network-ID" 消息头中包

含的信息来判定用户当前的漫游位置）。HSS 回送 Cx-Query Resp/Cx-Select-Pull Resp
（UAA）到 I-CSCF，如果在 HSS 的查询失败，Cx-Query Resp 拒绝这次注册；否则返回一
个 S-CSCF 的域名或可用 S-CSCF 的能力集，由 I-CSCF 完成 S-CSCF 的指派。

```
REGISTER sip:registrar.home1.net SIP/2.0
Via: SIP/2.0/UDP pcscf1.visited1.net;branch=z9hG4bK240f34.1,
     SIP/2.0/UDP [5555::aaa:bbb:ccc:ddd];comp=sigcomp; branch=z9hG4bKnashds7
Path: <sip:term@pcscf1.visited1.net;lr>
P-Access-Network-Info: 3GPP-UTRAN-TDD; utran-cell-id-3gpp=234151D0FCE11"
P-Visited-Network-ID: "Visited Network Number 1"
From: <sip:user1_public1@home1.net>;tag=4fa3
To: <sip:user1_public1@home1.net>
P-Charging-Vector: icid-value="AyretyU0dm+6O2IrT5tAFrbHLso=023551024"
Contact: <sip:[5555::aaa:bbb:ccc:ddd];comp=sigcomp>;expires=600000
Authorization: Digest username="user1_private@home1.net",
               realm="registrar.home1.net", nonce="",
               uri="sip:registrar.home1.net", response=""
CSeq: 1 REGISTER
Supported: path
Require: path
```

⑥ I-CSCF 将 Req-URI 的值替换为 S-CSCF 的域名，通过域名–地址解析机制，获得
S-CSCF 的 IP 地址，I-CSCF 随后将 Register 请求发送到指派的 S-CSCF。

在此过程中，若要求网络拓扑隐藏，则 I-CSCF 在"Path"消息头内容的最前面插入
自己的域名信息。

```
REGISTER sip:scscf1.home1.net SIP/2.0
Via: SIP/2.0/UDP icscf1_p.home1.net;branch=z9hG4bK351g45.1,
    SIP/2.0/UDP pcscf1.visited1.net;branch=z9hG4bK240f34.1,
    SIP/2.0/UDP [5555::aaa:bbb:ccc:ddd];comp=sigcomp; branch=z9hG4bKnashds7
Path: <sip:icscf1_p.home1.net;lr>, <sip:term@pcscf1.visited1.net;lr>
P-Access-Network-Info: 3GPP-UTRAN-TDD; utran-cell-id-3gpp=234151D0FCE11"
P-Visited-Network-ID: "Visited Network Number 1"
From: <sip:user1_public1@home1.net>;tag=4fa3
To: <sip:user1_public1@home1.net>
P-Charging-Vector: icid-value="AyretyU0dm+6O2IrT5tAFrbHLso=023551024"
Contact: <sip:[5555::aaa:bbb:ccc:ddd];comp=sigcomp>;expires=600000
Authorization: Digest username="user1_private@home1.net",
               realm="registrar.home1.net", nonce="",
               uri="sip:registrar.home1.net", response=""
CSeq: 1 REGISTER
Supported: path
Require: path
```

⑦ S-CSCF 发送包含公有标识、私有标识和 S-CSCF 域名等信息的 Cx-AV-Req（MAR）请求到 HSS。HSS 为该用户保存 S-CSCF 的域名，并由 Cx-AV-Resp（MAA）响应返回鉴权信息给 S-CSCF，S-CSCF 保存接收到的鉴权数据。

⑧ S-CSCF 从接收到的鉴权信息中，按次序选取一个鉴权向量<RAND1, XRES1, CK1, IK1, AUTN1>。

⑨ S-CSCF 向 I-CSCF 发送 401 消息（IMPI, RAND1, AUTN1, IK1, CK1）来发起对 UE 的质询（Challenge）。S-CSCF 保存 XRES1 以备鉴权响应回来后，比较 UE 提供的 RES 是否和该 XRES1 一致，判断鉴权是否成功；此外，还需保存 RAND1 参数以备鉴权再同步使用。

```
SIP/2.0 401 Unauthorized
Via: SIP/2.0/UDP icscf1_p.home1.net;branch=z9hG4bK351g45.1,
     SIP/2.0/UDP pcscf1.visited1.net;branch=z9hG4bK240f34.1,
     SIP/2.0/UDP [5555::aaa:bbb:ccc:ddd];comp=sigcomp;branch=z9hG4bKnashds7
From: <sip:user1_public1@home1.net>;tag=4fa3
To: <sip:user1_public1@home1.net>;tag=5ef4
WWW-Authenticate: Digest realm="registrar.home1.net",
                  nonce=base64(RAND + AUTN + server specific data),
                  algorithm=AKAv1-MD5,
                  ik="00112233445566778899aabbccddeeff",
                  ck="ffeeddccbbaa11223344556677889900"
```

⑩ I-CSCF 转发 401 消息给 P-CSCF。

⑪ P-CSCF 收到 401 消息后，将消息中的 CK 和 IK 保存下来并将其从消息中删除，然后 P-CSCF 转发 401 消息（IMPI, RAND1 和 AUTN1）给 UE。CK 和 IK 将其作为建立 IPsec 传输通道需要的密钥，用以加密和完整性保护使用。

⑫ UE 收到 401 鉴权质询后，取出 AUTN1（MAC+SQN+AMF），根据 3GPP TS 33.102 的处理过程算出 XMAC 值，并比较 XMAC 和收到的 MAC 是否一致，此外还判断 SQN 是否在正确的范围内。该过程是 UE 对 IMS 网络的认证鉴权过程，如果检查通过，则计算出 RES、IK 和 CK，将 RES 放在 Authorization 消息头中，构造一个新的 Register 请求传给 P-CSCF，该消息将通过 UE 和 P-CSCF 之间商定的 IPsec 安全联盟通道传送。后续 UE 和 P-CSCF 之间的所有消息都在该安全通道中传送。

⑬ 通过 IPsec 安全联盟通道，UE 将新构造的 Register 请求发送到 P-CSCF。

⑭ 收到 Register 消息之后，P-CSCF 根据用户的归属域名，向 DNS 发起归属域的 I-CSCF（归属网络的入口点）地址的查询。

⑮ P-CSCF 转发 Register 消息到 I-CSCF，除了 RES 等鉴权信息之外，该 Register 消息所包含的内容与第④步大致相同。

⑯ 该步类似第⑤步。

⑰ 除了包含 RES 等鉴权信息之外，该步类似第⑥步。

```
REGISTER sip:registrar.home1.net SIP/2.0
Via: SIP/2.0/UDP [5555::aaa:bbb:ccc:ddd]:1357;comp=sigcomp;branch=z9hG4bKnashds7
P-Access-Network-Info: 3GPP-UTRAN-TDD; utran-cell-id-3gpp=234151D0FCE11"
From: <sip:user1_public1@home1.net>;tag=4fa3
To: <sip:user1_public1@home1.net>; tag=5ef4
Contact: <sip:[5555::aaa:bbb:ccc:ddd]:1357;comp=sigcomp>;expires=600000
Authorization: Digest username="user1_private@home1.net",
               realm="registrar.home1.net",
               nonce=base64(RAND + AUTN + server specific data),
               algorithm=AKAv1-MD5,
               uri="sip:registrar.home1.net",
               response="6629fae49393a05397450978507c4ef1"
Supported: path
```

⑱ S-CSCF 比较 XRES 和接收到的 RES，若两者相同，则完成对用户的鉴权，并保存公有用户标识（"To"消息头的内容）和当前实际联系地址（"Contact"消息头中的地址）间的绑定关系。

⑲ S-CSCF 发送 Cx-Put/Cx-Pull（SAR）到 HSS，将 HSS 中用户的注册状态由"Pending"更改为"Registered"，并由 Cx-Put Resp/Cx-Pull Resp（SAA）响应消息返回用户配置数据（User Profile）给 S-CSCF，S-CSCF 保存接收到的数据。

⑳ S-CSCF 发送对 Register 请求的成功响应 200 OK 给 I-CSCF，增加"Service-Route"消息头。若归属域不要求拓扑隐藏，"Service-Route"消息头内容为 S-CSCF 的地址；若归属域不要求拓扑隐藏，"Service-Route"消息头内容为 I-CSCF 的地址和 S-CSCF 的地址。另外，在该响应中还有一个"P-Associated-URI"的消息头，消息头中列出该用户所有被隐式注册的公有标识（参见 9.10 隐式注册）。

```
SIP/2.0 200 OK
Via: SIP/2.0/UDP icscf1_p.home1.net;branch=z9hG4bK351g45.1,
     SIP/2.0/UDP pcscf1.visited1.net;branch=z9hG4bK240f34.1,
     SIP/2.0/UDP [5555::aaa:bbb:ccc:ddd]:1357;comp=sigcomp;branch=z9hG4bKnashds7
Path: <sip:icscf1_p.home1.net;lr>, <sip:term@pcscf1.visited1.net;lr>
Service-Route: <sip:icscf1_p.home1.net;lr>, <sip:orig@scscf1.home1.net;lr>
From: <sip:user1_public1@home1.net>;tag=4fa3
To: <sip:user1_public1@home1.net>;tag=5ef4
Contact: <sip:[5555::aaa:bbb:ccc:ddd]:1357;comp=sigcomp>;expires=600000
P-Associated-URI: <sip:user1_public2@home1.net>,
                  <sip:user1_public3@home1.net>,
                  <sip:+1-212-555-1111@home1.net;user=phone>
```

㉑ 若归属域不要求拓扑隐藏，则 I-CSCF 直接转发 200 OK 响应到 P-CSCF；若要求拓扑隐藏，则 I-CSCF 对"Service-Route"消息头中 S-CSCF 的信息进行加密，然后再转发给 P-CSCF。

```
SIP/2.0 200 OK
Via: SIP/2.0/UDP pcscf1.visited1.net;branch=z9hG4bK240f34.1,
     SIP/2.0/UDP [5555::aaa:bbb:ccc:ddd]:1357;comp=sigcomp;branch=z9hG4bKnashds7
Path: <sip:icscf1_p.home1.net;lr>, <sip:term@pcscf1.visited1.net;lr>
Service-Route: <sip:icscf1_p.home1.net;lr>,
               <sip:token(orig@scscf1.home1.net;lr)@home1.net;tokenized-by=home1.net>
From: <sip:user1_public1@home1.net>;tag=4fa3
To: <sip:user1_public1@home1.net>;tag=5ef4
Contact: <sip:[5555::aaa:bbb:ccc:ddd]:1357;comp=sigcomp;expires=600000
P-Associated-URI: <sip:user1_public2@home1.net>,
                  <sip:user1_public3@home1.net>,
                  <sip:+1-212-555-1111@home1.net;user=phone>
```

㉒ P-CSCF 在保存"Service-Route"和"P-Associated-URI"消息头中的内容后,通过 IPsec 安全联盟通道,将 200 OK 响应转发到 UE;UE 在保存"Service-Route"和 "P-Associated-URI"消息头中的内容后,成功完成初始注册过程。

用户成功注册后,在 S-CSCF 和 UE 上都有一个定时器开始工作,UE 上的时间会稍短, 当 UE 上的定时器超时后,UE 就会发起重注册过程。

9.7　Path 消息头和 Service-Route 消息头

Path 消息头和 Service-Route 消息头产生于注册过程中,能够建立起从 S-CSCF 到 UE 的终结路由和从 UE 到 S-CSCF 的始发路由。而后,路由信息被用于该 UE 后面的 IMS 终 结会话和始发会话过程。

（1）Path 消息头

P-CSCF 将自己的地址放入 Register 请求的 Path 消息头中。"Path"消息头中的内容被 S-CSCF 用于建立从 S-CSCF 经由 P-CSCF 到 UE 的终结路由。

当 S-CSCF 需要将某个 SIP 请求发送到 UE 时,会将"Path"消息头中的内容按原序 复制到"Route"消息头中,然后松散路由该 SIP 请求。

- 若不要求网络拓扑隐藏,则"Path"消息头中仅包含 P-CSCF 的地址信息,路由 为 S-CSCF→P-CSCF→UE;
- 若要求网络拓扑隐藏,则"Path"消息头中包含有 I-CSCF 和 P-CSCF 的地址信息, 路由为 S-CSCF→I-CSCF→P-CSCF→UE。

P-CSCF 在"Path"头中添加自己的地址信息时,还在其 SIP URI 的 username 部分设 置了"Term"这样的特殊标记。当 P-CSCF 收到这样的 SIP 请求后,会从"Route"消息头 中取出自己插入的带"Term"特殊标记的地址信息,根据"Term"特殊标记,P-CSCF 判 定这个请求应该被发到 UE 终结,遂将请求转发到 UE。

（2）Service-Route 消息头

S-CSCF 将自己的地址写入对 Register 请求的 200 OK 消息响应中的 Service-Route 头中。"Servie-Route"消息头中的内容被 P-CSCF 用于建立从 UE 经由 P-CSCF 到 S-CSCF 的始发路由。

当 P-CSCF 从 UE 接收到某个请求需要发送到 S-CSCF 时，会将"Service-Route"消息头中的内容按原序复制到"Route"头域中，然后松散路由该 SIP 请求。

- 若不要求网络拓扑隐藏，则"Service-Route"消息头中只包含 S-CSCF 的地址信息，路由为 UE→P-CSCF→S-CSCF；
- 若要求拓扑隐藏，则"Service-Route"消息头中包含有 I-CSCF 和加密后 S-CSCF 的地址信息，路由为 UE→P-CSCF→I-CSCF→S-CSCF。

S-CSCF 在"Service-Route"头中添加自己的地址信息时，还在其 SIP URI 的 Username 部分设置了"orig"这样的特殊标记。当 S-CSCF 收到这样的 SIP 请求后，会从"Route"消息头中拿到自己插入的带"orig"特殊标记的地址信息，根据"orig"特殊标记，S-CSCF 判定这个请求是刚从 UE 方向接收到的始发请求，需要向被叫方路由。

9.8　用户重注册

在成功完成初始注册后，用户使用超时机制周期性地更新注册，以保持其注册处于激活状态，这个过程称为重注册。另外，当 UE 的能力发生变化时，也可以发起重注册。在重注册时，没有网络对用户的 Challenge 过程。重注册过程和初始注册过程中安全联盟建立后的第二次注册过程完全一样（如图 9-8 中第⑬～㉒步）。

9.9　注册保存信息

在整个注册过程中，为了完成注册、安全和路由通道的建立等功能，各网元会陆续保存一些相关的数据信息，为后续 IMS 信令的处理提供方便。各网元节点在注册前、注册期间和注册后所保存的主要数据信息如表 9.2 所示。

表 9.2　注册存储信息

节　点	注　册　前	注　册　期　间	注　册　完　成　后
UE （本地网络）	归属网络域名，P-CSCF 名字／地址	同注册前	归属网络域名，P-CSCF 名字／地址
P-CSCF （归属网络／拜访网络）	路由功能	初始归属网络入口点（I-CSCF），UE 地址，公有和私有用户标识	最终归属网络入口点（I/S-CSCF），UE 地址，公有接和私有用户标识
I-CSCF （归属网络）	HSS 或 SLF 地址	S-CSCF 地址／名，P-CSCF 网络标识，归属网络联系信息	无状态信息

续表

节　点	注　册　前	注　册　期　间	注册完成后
HSS	用户业务 profile	P-CSCF 网络标识	S-CSCF 地址／名
S-CSCF（归属网络）	无状态信息	HSS 地址／名，用户 profile，P-CSCF 地址／名，公有和私有用户标识，UE IP 地址	与"注册期间"的状态信息相同

9.10　隐　式　注　册

当一个用户有多个公有标识时，允许通过其中的一个公有标识一次 IMS 注册来完成其他所有的公有标识的注册，这被称为隐式注册。所有公有标识的集合被称为隐式注册集。隐式注册可以提高注册的效率。图 9-9 是隐式注册集的简单示意图。图 9-10 给出了共享 IMPU 下的复杂情况。

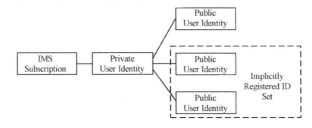

图 9-9　隐式注册集的简单示意图

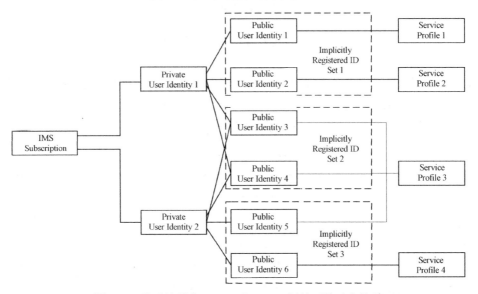

图 9-10　隐式注册集、IMPI 和 IMPU 间的可能对应关系

要想实现隐式注册，必须事先定义一个隐式注册集，作为用户数据的一部分，保存在 HSS 中。当隐式注册集内的某个 IMPU 被用户注册时，所有集合中的 IMPU 被同时注册；同样，当隐式注册集内的某个 IMPU 被注销时，所有集合中的 IMPU 也同时被注销。

一个隐式注册集中的不同公有用户标识，可以对应不同的业务签约数据（Service Profile）。但一个隐式注册集中的所有 IMPU 都必须关联于相同的 IMPI。因为在一次隐式注册过程中，只能使用一个 IMPI 来对关联的 IMPU 注册进行身份认证。隐式注册集中的所有公有用户标识只能在一个 S-CSCF 上完成注册。

假设某用户的一个隐式注册集中包含"sip:user1_public1@home1.net"、"sip:user1_public2@home1.net"和"tel:+358504821437"三个 IMPU，现在用户使用 IMPU "sip:user1_public1@home1.net"来发起注册，该 IMPU 将被置入"To"消息头中，这时称该 IMPU 被显式注册。

```
REGISTER sip:registrar.home1.net SIP/2.0
Via: SIP/2.0/UDP [5555::aaa:bbb:ccc:ddd];comp=sigcomp;branch=z9hG4bKnashds7
From: <sip:user1_public1@home1.net>;tag=4fa3
To: <sip:user1_public1@home1.net>
Contact: <sip:[5555::aaa:bbb:ccc:ddd];comp=sigcomp>;expires=600000
Authorization: Digest username="user1_private@home1.net",
               realm="registrar.home1.net", nonce="",
               uri="sip:registrar.home1.net", response=""
CSeq: 1 REGISTER
```

当 S-CSCF 完成对注册请求中 IMPI 的身份认证之后，S-CSCF 下载与该隐式注册集中所有 IMPU 相关联的业务签约数据（Service Profile），更新 HSS 中各 IMPU 的注册状态为"已注册"，并建立每个 IMPU 与 Contact 地址间的绑定关系，完成注册。

在注册成功完成后，S-CSCF 给 UE 返回的 200 OK 响应如下：

```
SIP/2.0 200 OK
Via: SIP/2.0/UDP [5555::aaa:bbb:ccc:ddd]:1357;comp=sigcomp;branch=z9hG4bKnashds7
From: <sip:user1_public1@home1.net>;tag=4fa3
To: <sip:user1_public1@home1.net>;tag=5ef4
Contact: <sip:[5555::aaa:bbb:ccc:ddd]:1357;comp=sigcomp>;expires=600000
P-Associated-URI: <sip:user1_public1@home1.net>,
                  <sip:user1_public2@home1.net>,
                  <tel:+358504821437>
```

"P-Associated-URI"消息头中返回这次注册中所有被成功注册的 IMPU，除了"To"消息头中指出的 IMPU 外，其他的 IMPU 都是被隐式注册的。"P-Associated-URI"消息头中的第一个 URI 被称为默认公有用户标识（Default IMPU），且该消息头中所有的 IMPU 都将被 P-CSCF 保存，作为有效的、已注册的、可用的和网络认可的公有用户标识。当然，

UE 也会保存"P-Associated-URI"消息头中的 IMPU，在后续发起的 IMS 会话中，根据自己的需要和偏好，选择不同的 IMPU，因为不同的 IMPU 可能关联于不同的业务签约数据（Service Profile）。UE 将选出希望使用的 IMPU，放置于发往 IMS 网络的 SIP 消息的"P-Preferred-Identity" 消息头中以指示自己的偏好。

若 REGISTER 请求"To"消息头中指出的 IMPU，在 200 OK 的响应中没有出现在"P-Associated-URI"的消息头中，则说明该 IMPU 被设置成"Barred"的状态。若隐式注册集中的某个 / 某些 IMPU 被设置成"Barred"的状态，则 S-CSCF 不会对它们进行注册处理。

为了详细了解隐式注册的注册结果，UE 必须订阅被注册 IMPU 的注册状态。若 UE 订阅了"sip:user1_public1@home1.net"的注册事件，S-CSCF 就会将隐式注册集中所有 IMPU 的注册结果通过 Notify 通知给 UE。Notify 中的 XML 会指出隐式注册集中的 3 个 IMPU 都被成功注册，并且处于激活（Active）可用状态。关于注册状态 / 事件的订阅和通知，参见 9.11 节。

9.11　注册状态 / 事件的订阅和通知

为了充分了解用户的注册状态，UE 和 P-CSCF 可以根据需要，向 S-CSCF 订阅自己感兴趣的公有用户标识的注册状态 / 事件。当订阅的注册状态 / 事件发生改变时，S-CSCF 会向 UE 和 P-CSCF 发出通知，以告知它们最新的注册状态。关于订阅（Subscribe）和通知（Notify）更多的信息，参见 IETF RFC3265。

订阅过程是有时效性的，所以订阅者需要周期性地更新订阅，在订阅请求超时之前，UE 或 P-CSCF 需要重新发起订阅。图 9-11 给出了注册事件订阅及通知的过程。但需要强调的是，UE 和 P-CSCF 的订阅和通知过程是各自独立进行的，没有必然的联系，只是 UE 的订阅过程需要由 P-CSCF 来路由。在各自的订阅完成后，会在 UE 和 S-CSCF、P-CSCF 和 S-CSCF 之间形成两个完全独立的 SIP 对话（SIP Dialog），各自独立运作，故在图 9-11 中用了虚线和实线以示区分。

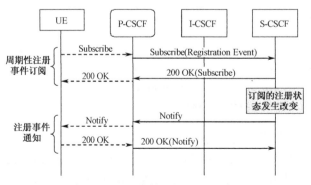

图 9-11　注册事件订阅及通知过程

以 UE 发起的注册事件订阅为例，UE 首先发起 Subscribe 请求。

```
SUBSCRIBE sip:user1_public1@home1.net SIP/2.0
Via: SIP/2.0/UDP [5555::aaa:bbb:ccc:ddd]:1357;comp=sigcomp;branch=z9hG4bKnashds7
P-Preferred-Identity: "John Doe" <sip:user1_public1@home1.net>
From: <sip:user1_public1@home1.net>;tag=31415
To: <sip: user1_public1@home1.net>
Route: <sip:pcscf1.visited1.net:7531;lr;comp=sigcomp>,
       <sip:token(orig@scscf1.home1.net;lr)@home1.net;tokenized-by=home1.net>
Call-ID: b89rjhnedlrfjflslj40a222
Event: reg
Expires: 600000
Accept: application/reginfo+xml
Contact: <sip:[5555::aaa:bbb:ccc:ddd]:1357;comp=sigcomp>
```

Subscribe 请求中包含 Event 消息头及 "reg" 内容，表示该订阅是针对注册状态的；Req-URI 和 To 消息头中的内容一致，指出被订阅用户的公有标识；From 指示发出订阅请求的网络实体；P-Preferred-Identity 消息头指出 UE 建立该 Subscribe 对话希望使用的公有用户标识，即指示注册事件的订阅者；Expires 头域指出该订阅请求的有效时长；Route 消息头最顶端的条目是 IMS 入口点 P-CSCF 的地址。

当 P-CSCF 收到 Subscribe 请求后，会首先检查 P-Preferred-Identity 消息头中包含的 URI 是否是有效的、已注册的、可用的和网络认可的公有用户标识；即判断 P-Preferred-Identity 头中包含的 URI 是否和 P-CSCF 在用户注册过程中保存的某个公有用户标识相匹配。若是，则将消息头 P-Preferred-Identity 换成 P-Asserted-Identity，然后转发给 S-CSCF。

```
SUBSCRIBE sip:user1_public1@home1.net SIP/2.0
P-Asserted-Identity: "John Doe" <sip:user1_public1@home1.net>
```

S-CSCF 在接收到 Subscribe 请求后，会检查 P-Asserted-Identity 消息头中的用户身份是否已经在 S-CSCF 注册，然后，检查它是否有权进行本次订阅。在本例中，用户订阅自己的状态，因此是允许的，这样，S-CSCF 会立即：

- 返回一个对 Subscribe 请求的 200 OK 响应，指示该订阅已经成功；
- 生成一个 reginfo 类型的 XML 文件，包含与用户有关的 URI 当前的注册状态信息；
- 通过一个 Notify 消息将所生成的 XML 文件发送给订阅者 UE。

```
NOTIFY sip:[5555::aaa:bbb:ccc:ddd]:1357;comp=sigcomp SIP/2.0
Subscription-State: active; expires=600000
Event: reg
Content-Type: application/reginfo+xml
Contact: <sip:scscf1.home1.net>
Content-Length: (...)

<?xml version="1.0"?>
<reginfo xmlns="urn:ietf:params:xml:ns:reginfo" version="1" state="full">
    <registration aor="sip:user1_public1@home1.net" id="a7" state="active">
        <contact id="76" state="active" event="registered">
            <uri>sip:[5555::aaa:bbb:ccc:ddd]</uri>
        </contact>
    </registration>

    <registration aor="sip:user1_public2@home1.net" id="a8" state="active">
        <contact id="77" state="active" event="created">
            <uri>sip:[5555::aaa:bbb:ccc:ddd]</uri>
        </contact>
    </registration>

    <registration aor="tel:+358504821437" id="a9" state="active">
        <contact id="78" state="active" event="created">
            <uri>sip:[5555::aaa:bbb:ccc:ddd]</uri>
        </contact>
    </registration>
</reginfo>
```

Notify 请求正文中的 XML 格式的数据，就是对注册状态信息的描述。详情请参见 IETF RFC3680。在本例中：

① reginfo 根元素的 State＝"Full"属性，说明这份注册状态信息数据是完整的（该属性还有另外一个可能的值"Partial"，说明注册状态信息数据仅是一部分）。

② 3 个 Registration 子元素中的记录地址 aor（Address of Record）属性分别给出了本次注册中所涉及的 3 个公有用户标识，它们的属性都是 State＝"Active"（与 aor 在同一行），说明它们都处于已注册激活状态（另外，aor 的 State 属性还可能是"Terminated"——已注销状态，或"Init"——正在注册过程中）。

③ 每个 Contact 子元素对应于一个由 aor 给出的公有用户标识，指出每个公有用户标识注册绑定的当前实际联系地址，即 uri 子元素中给出的值。

④ 每个 Contact 子元素都有 State 和 Event 两个属性：

● State＝"Active"，说明 IMPU 和本联系地址间的绑定关系正处于激活有效态（若 State＝"Terminated"，说明绑定关系被解除）；

● Event＝"Registered"，说明绑定关系从初始态变为已注册激活态，并且这一改变是由于 aor 中 IMPU 的显示注册引起的；Event＝"Created"，也说明绑定关系从初始态变为已注册激活态，只不过这一改变是由于 aor 中的 IMPU 被隐式注册引起的；另外，Event 属性还可以取"Refreshed"（表示绑定关系被重注册刷新）、"Shortened"（表示注册绑定关系的超时时间被缩短）、"Deactivated"（表示网络侧发起注销以解除注册绑定关系）、"Unregistered"（表示用户发起注销要解除注册绑定关系）和"Rejected"（表示网络不允许用户在特定的联系地址注册）等。

注册状态 / 事件的订阅和通知机制在网络发起的注销和网络要求用户重认证等情况下很有用。

9.12　网络发起的重认证

IMS 允许 UE 单次注册的有效时长可为 600 000 s，这意味着 S-CSCF 上注册的 IMPU 和其实际联系地址间的绑定关系大约会持续 7 d。由于用户的认证过程是伴随着注册过程完成的，因此在这段时间内，S-CSCF 是没有办法发起对用户的重认证要求的。然而，在有些情况下，S-CSCF 必须要实现对 UE 的重认证。

为了实现这一目的，S-CSCF 可以主动缩短用户注册超时的时间，并将超时时间缩短的事件通知 UE。UE 在收到通知请求后，立刻发起注册过程以刷新其注册超时时间，这样 S-CSCF 就可以在这个新发起的注册过程中，实现对 UE 的重认证。重认证过程与用户的初始注册过程完全相同，不再赘述。

S-CSCF 通知 UE 注册超时时间缩短的 Notify 请求如下所示。

```
NOTIFY sip:[5555::aaa:bbb:ccc:ddd]:1357;comp=sigcomp SIP/2.0
Subscription-State: active; expires=3200
Event: reg
Contact: sip:scscf1.home1.net
Content-Type: application/reginfo+xml
Content-Length: (...)
<?xml version="1.0"?>
    <reginfo xmlns="urn:ietf:params:xml:ns:reginfo" version="1" state="partial">
        <registration aor="sip:user1_public1@home1.net" id="as9" state="active">
            <contact id="76" state="active" event="shortened" expires="600">
                <uri>sip:[5555::aaa:bbb:ccc:ddd]</uri>
            </contact>
        </registration>
    </reginfo>
```

在注册状态信息中，注册绑定关系的 Event 属性设置为"Shortened"，表明该绑定关系的超时时间被缩短了，并且在 expires="600"s 后超时，指示 UE 尽快重新注册。

9.13　第三方注册

在用户成功注册后，S-CSCF 要检查所下载的该用户的初始过滤规则（iFC）。若 Register 请求与 iFC 中的某个过滤规则相匹配，则 S-CSCF 会生成一个 Register 请求发往过滤规则中指出的应用服务器，称之为第三方（Third-party）注册，如图 9-12 所示。

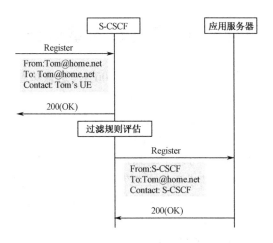

图 9-12　S-CSCF 发起到应用服务器的第三方注册

这一机制是 Presence 业务得以实现的基础：当某个用户成功注册后，Presence 服务器需要及时知道用户当前的最新状态，下面是一个第三方注册的 SIP 消息实例，"To"消息头中的内容指明注册状态发生改变的公有用户标识。

```
REGISTER sip:presence.home.net SIP/2.0
Via: SIP/2.0/UDP scscf.home.net;branch=99sctb
Max-Forwards: 70
From: <sip:scscf.home.net>;tag=6fa
To: <sip:tom@home.net>
Contact: <sip:scscf.home.net>;expires=600000
Call-ID: 1as22kdoa45siewrf
```

另外，通过在第三方注册请求的 payload 中附带额外的数据，可以在用户注册阶段，向应用服务器提供特定的信息和数据。

9.14 用户发起的注销

当 UE 想要从 IMS 中注销时，必须发起一个注销请求。注销是通过将注册请求中的超时时间设置为 0 s 来实现的。用户发起的注销流程如图 9-13 所示，从流程来看，和用户重注册过程非常类似，只是 CSCF 在对请求的处理上有些差别。

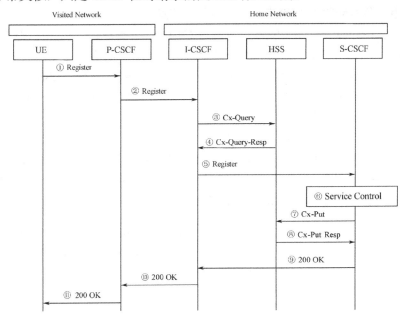

图 9-13 UE 发起的注销流程

① UE 决定发起注销，通过 IPsec 安全联盟发送一个新的 Register 请求（超时时间为 0 s）到 P-CSCF。

```
REGISTER sip:registrar.home1.net SIP/2.0
Via: SIP/2.0/UDP [5555::aaa:bbb:ccc:ddd]:1357;comp=sigcomp;branch=z9hG4bKnashds7
P-Access-Network-Info: 3GPP-UTRAN-TDD; utran-cell-id-3gpp=234151D0FCE11
From: <sip:user1_public1@home1.net>;tag=4fa3
To: <sip:user1_public1@home1.net>;tag=31415
Contact: <sip:[5555::aaa:bbb:ccc:ddd]:1357;comp=sigcomp;expires=0
Authorization: Digest username="user1_private@home1.net",
          realm="registrar.home1.net",
          nonce=base64(RAND + AUTN + server specific data),
          algorithm=AKAv1-MD5, uri="sip:registrar.home1.net",
          response="6629fae49393a05397450978507c4ef1"
Security-Verify: ipsec-3gpp; q=0.1; alg=hmac-sha-1-96;
          spi-c=98765432; spi-s=87654321; port-c=8642; port-s=7531
```

② P-CSCF 收到该请求之后，利用域名解析系统，根据 Req-URI 中携带的归属域名来发现 IMS 归属网络的入口点（I-CSCF），然后将注销请求转发到 I-CSCF。

③ I-CSCF 发送 Cx-Query 到 HSS，查询为该用户提供注册服务的 S-CSCF 地址。

④ HSS 发现该 IMPU 已经注册，返回给用户提供服务的 S-CSCF 地址。

⑤ I-CSCF 解析出 S-CSCF 的地址将注销请求发送到 S-CSCF。

⑥ 基于过滤准则 iFC，S-CSCF 将注销请求发送给相关的应用服务器并执行相应的业务控制，应用服务器删除所有和该 IMPU 相关的信息。

⑦ 基于运营商的策略，S-CSCF 可以发送 Cx-Put（公有标识、私有标识和清除或保留 S-CSCF 地址）给 HSS，HSS 将该 IMPU 设置为"未注册"状态。当用户具有未注册状态下的相关 iFC 时，S-CSCF 可以通知 HSS 保留当前的 S-CSCF 地址，HSS 可以决定在任何时候删除为用户保留的 S-CSCF 地址。需要注意的是，虽然 HSS 为用户保留了 S-CSCF 的地址，但其状态却是未注册的。

⑧ HSS 发送 Cx-Put Resp 给 S-CSCF。

⑨ S-CSCF 返回 200 OK 给 I-CSCF，S-CSCF 随后可以释放所有和该 IMPU 相关的注册信息；若是有关于该用户注册状态 / 事件的订阅者，S-CSCF 将给每个订阅者发送 Notify 请求，告知他们该用户已注销"Unregistered"。

```
registration aor="sip:user1_public1@home1.net" id="a2" state="terminated">
    <contact id="16" state="terminated" event="unregistered">
        <uri>sip:[5555::aaa:bbb:ccc:ddd]</uri>
    </contact>
</registration>
```

⑩ I-CSCF 发送 200 OK 给 P-CSCF。

⑪ P-CSCF 发送 200 OK 给 UE，P-CSCF 释放所有和该 IMPU 相关的注册信息，完成注销过程。

9.15　网络发起的注销

在 IMS 中，可以由网络发起注销，可能的原因有：

- 网络维护——强制用户重新注册。例如，当网络节点失效，导致数据不一致时，可以取消所有受影响的用户数据，并要求用户重新发起注册来解决此问题。

- 网络决定——IMS 必须支持防止用户重复注册或者信息存储不一致的机制。例如，当用户漫游到一个不同的网络没有从前一个网络注销时，可以通过网络发起的注销来解决该问题。

- 应用层决定——IMS 向应用层提供的服务能力，可以有一些参数指示是否所有的 IMS 注册需要被清除。

- 签约管理——运营商必须能够限制用户访问 IMS 域。例如，合同过期和用户具有欺诈行为等。另外，当用户的业务配置改变时，例如，签约了新的业务，此时，原来提供服务的 S-CSCF 的能力不能满足新业务的需要，在这种情况下，可以由 HSS 发起一个用户注销过程，然后用户重新发起一个注册请求，根据最新的业务能力，选择一个新的 S-CSCF。

注册状态 / 事件的订阅和通知机制是网络发起的注销得以实现的前提。网络侧的有关网元发起注销动作后，S-CSCF 通过 Notify 通知相关的注册状态 / 事件订阅者，特别是 UE，引起 UE 发起重新的注册过程。

Notify 通知所包含的信息如下，其中，event="deactivated"，表示网络侧发起注销以解除注册绑定关系，需要 UE 重新发起注册。

```
registration aor="sip:user1_public1@home1.net" id="a2" state="terminated">
    <contact id="16" state="terminated" event="deactivated">
        <uri>sip:[5555::aaa:bbb:ccc:ddd]</uri>
    </contact>
</registration>
```

下面描述几种常见的网络发起的注销流程。

（1）注册超时引起的注销（如图 9-14 所示）

当超时后，S-CSCF 发送 Cx-Put（SAR）给 HSS，HSS 将该用户设置为"未注册"状态，而后返回 Cx-Put-Resp（SAA）。

基于过滤准则 iFC，S-CSCF 可能发送注销信息给相应的应用服务器，应用服务器针对该用户做相应处理。

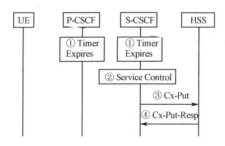

图 9-14　注册超时引起的注销

（2）S-CSCF 发起的注销（如图 9-15 所示）

S-CSCF 从业务平台收到注销指示并调用相应的处理逻辑；S-CSCF 发送注销通知给 P-CSCF，而后将注销通知传送到 UE。

当 S-CSCF 收到从 P-CSCF 回的 200 OK 后，发送 Cx-Put（SAR）给 HSS，更新用户的注册状态，而后会收到 HSS 返回的 Cx-Put-Resp（SAA）。

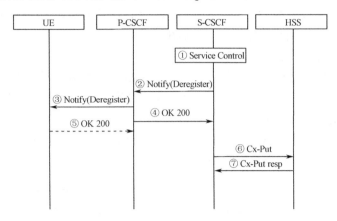

图 9-15　S-CSCF 发起的注销

（3）HSS 发起的注销（如图 9-16 所示）

HSS 发送 Cx-Deregister（RTR）消息到 S-CSCF。S-CSCF 发送注销通知给 P-CSCF，而后将注销通知传送到 UE。

当 S-CSCF 收到从 P-CSCF 回的 200 OK 后，发送 Cx-Deregister Resp（RTA）给发起注销的实体 HSS。

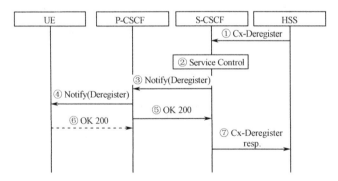

图 9-16　HSS 发起的注销

第 10 章　IMS 会话过程

10.1　会话阶段划分

多媒体会话（Session）是由一组用户（发送者或接收者）以及他们彼此间的媒体流交互动态组成的逻辑对象。用户间的媒体流交互包括音频、视频、数据、应用和控制等多种类型，可以由 SDP 协议来描述和协商。IMS 系统基于 SIP/SDP 协议，可提供多媒体会话的建立、更改和释放等功能。

IMS 会话遵循归属域控制原则，即所有涉及某用户的会话都将由其归属域的注册 S-CSCF 为其提供服务。IMS 会话的归属域控制能够强化运营商对网络和用户的控制，尤其是强化计费、服务质量、用户的注册、漫游和业务提供等管理。

对于任意一个包含主、被叫双方的会话而言，都显式地包含两个阶段：主叫始发段（Originating）和被叫接收段（Terminating）。

- 在主叫始发段（Originating）：会话主要发生在主叫方的归属域，并由主叫方的 S-CSCF 实施控制，主要包括对主叫方进行业务触发和控制、对主叫方的计费和选路到被叫方归属域。
- 在被叫接收段（Terminating）：会话主要发生在被叫方的归属域，并由为被叫方服务的 S-CSCF 控制，主要包括对被叫方进行业务触发和控制、对被叫方的计费和将呼叫转发到被叫用户 UE。
- 还需要第三个阶段，就是将会话从服务于主叫方的 S-CSCF 路由到为被叫方服务的 S-CSCF 的中间路由阶段。

这样，一个端到端的 IMS 会话过程，根据其不同阶段会话处理的特征，可以逻辑地划分为 3 个阶段，如图 10-1 所示。

- 主叫始发阶段：主叫 UE 与服务于主叫的 S-CSCF/MGCF 之间；
- 中间路由转接阶段：服务于主叫的 S-CSCF/MGCF 和服务于被叫的 S-CSCF/MGCF 之间；
- 被叫接收阶段：服务于被叫的 S-CSCF/MGCF 与被叫用户之间。

由 IMS 发起到 PSTN/PLMN 用户的互通呼叫从 IMS 网络路由的角度看，MGCF 等价于服务于被叫方的 S-CSCF；由 PSTN/PLMN 发起到 IMS 用户的互通呼叫从 IMS 网络路由的角度看，MGCF 等价于服务于主叫方的 S-CSCF。

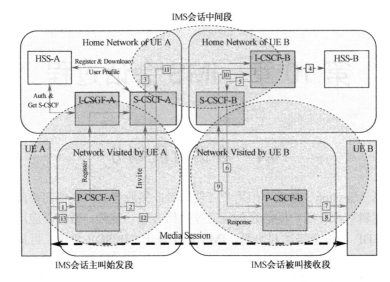

图 10-1　漫游用户 IMS 会话建立过程的流程示意和阶段划分

　　因为 3GPP 主要定义的是移动网络的体系和功能，所以，在 3GPP IMS 的规范中，将主叫始发段／会话经常简记为 MO（Mobile Originating），而将被叫接收段／会话经常简记为 MT（Mobile Terminating）。虽然事实上，随着 IMS 的 xDSL 和 WLAN 等接入方式的引入，主、被叫已经不再局限于移动用户了，但为了保持和 IMS 规范的一致性，本书仍然沿用了 MO 和 MT 等简记方式。

　　根据主、被叫用户的不同会话场景，IMS 有如表 10.1 所示的多种可能的会话情形。

表 10.1　IMS 多种可能的会话情形

主叫始发段	IMS 中间转接段	被叫接收段
MO#1：　漫游的移动用户发起会话 MO#2：　归属域的移动用户发起会话 PSTN-O：　PSTN 用户发起会话 NI-O：　非 IMS 网络用户发起会话	O-T：IMS 转接	MT#1：　漫游的移动用户接收会话 MT#2：　归属域的移动用户接收会话 MT#3：　漫游到电路域的移动用户接收会话 PSTN-T：　PSTN 用户接收会话 NI-T：　非 IMS 网络用户接收会话

　　本节主要讨论 IMS 会话建立的过程和信令路由的机制，在会话建立过程中，需要 IMS 会话的媒体协商。媒体协商是由 SDP 协议完成的，IMS 并没有对其提出额外的要求，参见 IETF RFC2327 和 RFC3264 关于 SDP 协议的基本定义和描述。

10.2　IMS 会话初始呼叫处理过程

图 10-2 给出了 IMS 会话初始呼叫请求的路由和处理过程，共包括 4 种最主要的可能情形，下面将对其路由和处理过程进行详细的阐述。

- Case 1：从 IMS 到 CS / PSTN 用户的初始呼叫请求处理过程；
- Case 2：从 IMS 到 IMS 的初始呼叫请求处理过程，被叫方标识是 Tel URI；
- Case 3：从 IMS 到 IMS 的初始呼叫请求处理过程，被叫方标识是 SIP URI；
- Case 4：从 CS/PSTN 到 IMS 用户的初始呼叫请求处理过程。

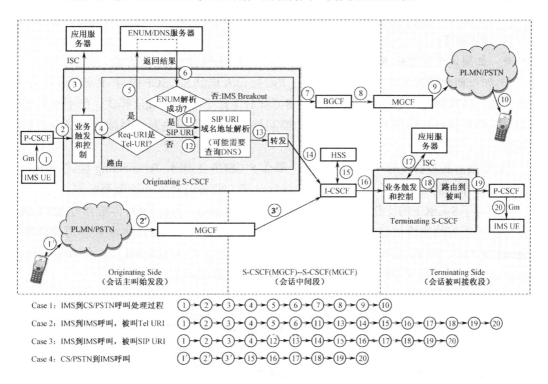

图 10-2　IMS 会话初始呼叫处理过程（不要求拓扑隐藏）

10.3　S-CSCF 服务模式及会话情形的判定

服务于会话主叫始发段（Originating）的 S-CSCF 工作于 Originating 模式，称为会话的 Originating S-CSCF。

服务于会话被叫接收段（Terminating）的 S-CSCF 工作于 Terminating 模式，称为

Terminating S-CSCF。

Originating S-CSCF 和 Terminating S-CSCF 的功能行为不一样。因此，当 S-CSCF 在接收到一个会话的初始请求时，必须要能够根据 SIP 信令中所包含的信息有效地区分出应当工作于 Originating 模式，还是工作于 Terminating 模式。

① 如果符合以下 3 个条件之一，那么，S-CSCF 工作于 Originating 模式，服务于由 P-Asserted-Identity 指示的主叫用户，为主叫用户进行计费、业务的触发和控制等操作。

● 如果该 SIP 请求是从事先设定的专用于和 P-CSCF 通信的特定端口接收到的，表明消息请求来源于主叫方的 P-CSCF；

● 如果请求消息中 Route 头域最顶端的 SIP URI 包含注册响应中 Service-Route 头域中由 S-CSCF 所设定的特殊参数或特殊用户部分，表明消息请求来源于主叫方的 P-CSCF；

● 如果请求消息中 Route 头域最顶端的 SIP URI 包含"orig"参数。

② 如果初始请求是由应用服务器通过 ISC 接口发送到 S-CSCF 的，在 Route 消息头中，若没有任何特殊标记或参数可供判断，则 S-CSCF 工作于 Originating 模式，但不服务于任何用户（即不执行任何用户的业务触发和控制处理逻辑），只是对消息按松散路由机制进行转发。

③ 如果前面步骤没有一个匹配成功，那么 S-CSCF 工作于 Terminating 模式，服务于由 Req-URI 指示的被叫用户，为被叫用户进行计费、业务的触发和控制等操作。

在确定了 S-CSCF 的工作模式（Originiating 还是 Terminiating）之后，再结合考虑 S-CSCF 所服务用户当前的注册状态，就可以将会话的情形（Session Case）分为 4 种可能类型：Originating（0）、Terminating_Registered（1）、Terminating_Unregistered（2）和 Originating_Unregistered（3），括号中的数字是它们在系统中的整数表示值。

10.4　IMS 会话建立流程

针对 IMS 会话建立的 3 个阶段（主叫始发段、中间路由段和被叫接收段），本节给出了与之对应的典型 SIP 信令过程。对于更完善的 IMS 信令流程，参见 3GPP TS 23.228、TS 24.228、TS 23.207、TS 29.208、TS 29.228 和 TS 29.328 等。

● 主叫始发段过程如图 10-3 所示，给出的是主叫用户在 IMS 漫游状态下会话主叫始发段流程（不要求网络拓扑隐藏）。非漫游状态与之类似。

● 中间路由段过程如图 10-4 和图 10-5 所示。图 10-4 是当主、被叫用户属于同一个 IMS 归属网络时会话中间段路由过程，图 10-5 是从 IMS 用户到 PSTN/PLMN 用户呼叫会话的中间段网间互通过程。

● 被叫接收段过程如图 10-6 所示，该图给出的是被叫用户在 IMS 漫游状态下会话被叫接收段流程（不要求网络拓扑隐藏）。非漫游状态与之类似。

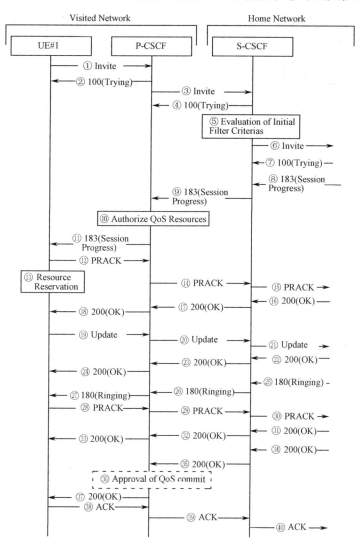

图 10-3　IMS 会话主叫始发段流程（主叫用户漫游）

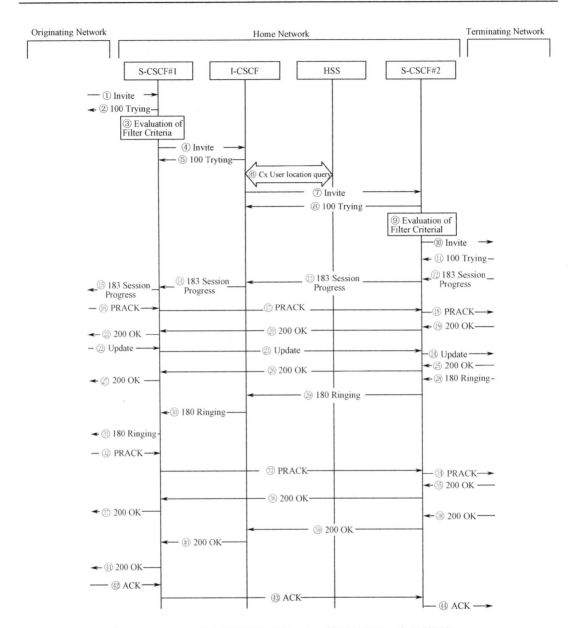

图 10-4　IMS 会话中间段网内流程（主、被叫属于同一个归属网络）

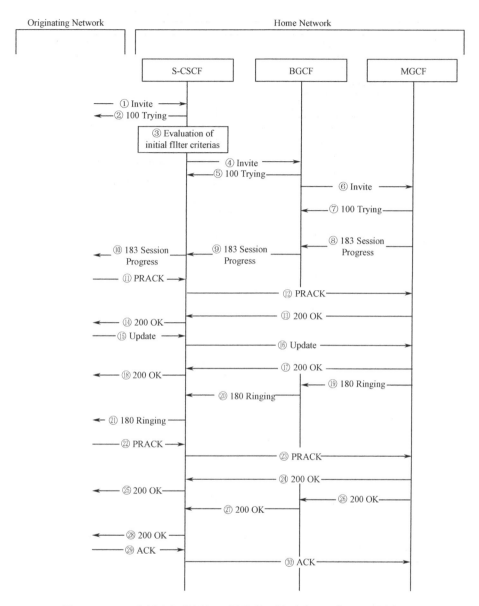

图 10-5　IMS 会话中间段网间互通流程（被叫为 CS 或 PSTN 用户）

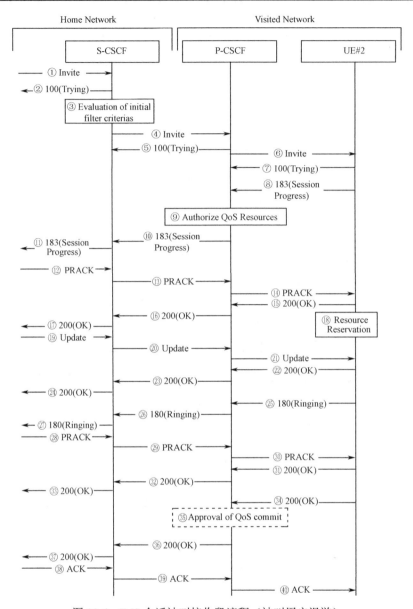

图 10-6　IMS 会话被叫接收段流程（被叫用户漫游）

10.5　IMS 会话释放流程

　　IMS 用户发起的会话释放流程如图 10-7 所示。其中，第⑥步，S-CSCF#1 对 BYE 请求进行 iFC 的检查，为发起释放请求的 UE 进行可能的业务触发和控制处理；第⑧步，S-CSCF#2 对 BYE 请求进行 iFC 的检查，为对端 UE 进行可能的业务触发和控制处理。

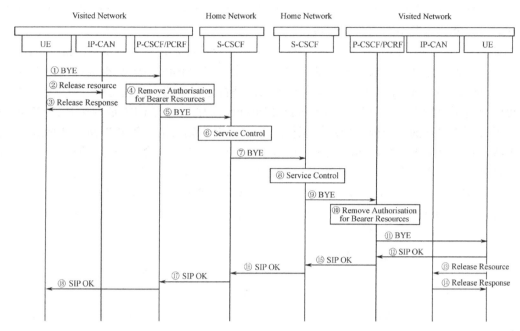

图 10-7　IMS 用户发起的会话释放流程

10.6　主叫和被叫的身份

任何一个会话都有两个用户：主叫用户和被叫用户。因此，在 IMS 的初始会话请求中，必须包含这两个用户的有效标识。

会话的主叫用户标识是一个已注册和认证的公有用户标识（紧急呼叫时例外），用于在网络侧对用户进行识别，以判断该用户所属的归属网络及可使用的核心网络能力，实现对用户的业务触发和控制，以及对用户的计费等；同时，还可以在被叫侧指示呼叫的主叫方是谁。在 IMS 会话建立过程中，网络侧认可的主叫方标识是由 P-CSCF 增加的 P-Asserted-Identity 消息头中的内容给出的。

会话的被叫用户标识是一个可被注册和认证的公有用户标识，用于找到会话的被叫用户并为其提供服务。在会话建立过程中，使用的被叫方标识是由主叫方发出的 Invite 请求中的 Req-URI 和对该 Invite 请求的第一个响应中 P-Asserted-Identity 消息头的内容给出的。

出于有效性的考虑，IMS 不会把 SIP 消息中 From 和 To 消息头中的内容用作主、被叫用户的有效标识。

1. 主叫身份标识（P-Preferred-Identity、P-Asserted-Identity）

当主叫 UE 发起一个 Invite 初始请求时，可能会包括 P-Preferred-Identity 消息头（该消息头是可选的），该消息头指出 UE 建立 IMS 会话希望使用的公有用户标识。由于不同的公有用户标识可能关联于不同的业务签约数据，所以，当用户以不同的公有用户标识发起会话时，可能会触发不同的业务逻辑。

当收到 UE 发来的 Invite 请求后，P-CSCF 将检查该请求是否受到 IPsec SA 的保护，若没有，则拒绝处理该请求。若受到保护，且请求中包含 P-Preferred-Identity，P-CSCF 会检查 P-Preferred-Identity 消息头中包含的 URI，是否是有效的、已注册的、可用的且网络认可的公有用户标识（通过判断 P-Preferred-Identity 头中包含的 URI 是否和 P-CSCF 在用户注册过程中保存的某个公有用户标识相匹配），若是，则将消息头 P-Preferred-Identity 换成 P-Asserted-Identity；如果 P-Preferred-Identity 消息头中没有包含一个已注册的有效标识，或者该消息头根本不存在，P-CSCF 会主动添加一个 P-Asserted-Identity 消息头。

添加完 P-Asserted-Identity 消息头后，P-CSCF 将删除 P-Preferred-Identity 消息头。P-Asserted-Identity 是 IMS 会话中唯一个肯定会包含一个有效的、已注册的、可用的和网络认可的公有用户标识的消息头。

主叫方 S-CSCF 在收到 INVITE 请求后，将仅根据 P-Asserted-Identity 消息头中的内容来识别会话的主叫方，这就是该消息头重要的原因。当然，S-CSCF 还会进一步检查 P-Asserted-Identity 消息头中 IMPU 的认证和注册状态。在检查通过后，所有与主叫方相关的处理，如计费、初始过滤规则的检查、业务的触发，以及应用服务器中主叫方的识别都仅依据 P-Asserted-Identity 消息头中的 IMPU。

根据需要，S-CSCF 可能会在 P-Asserted-Identity 消息头中再增加一个 IMPU，新增加的 IMPU 排在后面。但需要特别说明的是，在 P-Asserted-Identity 消息头中，最多只能包含两个 IMPU，一个是 SIP URI，另一个是 Tel URI，且业务的触发和控制以第一个 IMPU 为准。这样，在特定情形下，如需要向被叫方显示主叫方信息，Tel URI 可以提供传统的 E.164 号码信息。

在主叫方的 S-CSCF 将呼叫请求向被叫方一侧路由之前，它还要检查被叫方一侧的网络域是否是可信任的。如果是不信任的，那么 S-CSCF 会从请求中删除 P-Asserted-Identity 消息头，并设置 Privacy 消息头中的内容为 "ID"；如果是可信任的，则不进行特殊处理，开始向被叫侧路由消息。

Invite 消息中 P-Asserted-Identity 消息头的例子如下：

```
INVITE sip:user2_public1@home2.net SIP/2.0
From: <sip:user1_public1@home1.net>;tag=171828
To: <sip:user2_public1@home2.net>
P-Asserted-Identity: "John Doe" <sip:user1_public1@home1.net>, <tel:+1-212-555-1111>
Privacy: None
```

最后，被叫侧的 P-CSCF 会收到来自主叫方的呼叫请求。P-CSCF 需要检查请求中的 Privacy 消息头，如果它的值没有被设置为 "ID"，P-CSCF 会将 P-Asserted-Identity 消息头及其内容发给被叫 UE。若 UE 收到包含主叫方信息的 P-Asserted-Identity 消息头，它就可以利用该消息头中的内容来显示主叫方的真实身份。

2. 被叫身份标识（Req-URI、P-Called-Party-ID、P-Preferred-Identity 和 P-Asserted-Identity）

主叫方发出的 Invite 请求中的 Req-URI 指示了呼叫的被叫用户。当呼叫被路由到被叫方归属域时，为被叫方提供服务的 S-CSCF 会检查 Req-URI 中的 IMPU 是否已经完成注册和认证。

- 如果该 IMPU 没有注册或者是一个无效的用户标识，S-CSCF 将会对 Invite 请求返回 404（未发现）响应宣布呼叫失败。
- 如果该 IMPU 设置有未注册状态下的过滤规则，将根据过滤规则触发相关的业务，如将呼叫请求前转到被叫用户的语音信箱。
- 如果 Req-URI 中的 IMPU 是已经完成注册和认证的有效标识，则 S-CSCF 开始对被叫用户进行业务触发、控制、计费和选路到被叫 UE 等处理。

在被叫方归属域的 S-CSCF 为被叫用户完成相关的处理后，要将呼叫请求转发到被叫侧的 P-CSCF。由于被叫方归属域的 S-CSCF 是被叫方 UE 的注册服务器，根据 SIP 协议注册服务器的处理原则，要将 Req-URI 中的 IMPU 替换为该 IMPU 当前的注册联系 IP 地址，以保证后续的网元能够将请求路由到对应的 UE 上。这样，Req-URI 中的 IMPU 信息就将丢失。所以，为了保留该信息，以备后续处理的可能需要，S-CSCF 会在请求中增加一个 P-Called-Party-ID 的消息头，其内容保存了原来 Req-URI 中的 IMPU。

最后，呼叫请求被路由到被叫方 UE。被叫 UE 将生成对 Invite 请求的第一个响应 183 Sessin Progress，并在其中包含一个 P-Preferred-Identity 的消息头，其内容是被叫用户的某个公有标识（由被叫 UE 根据相关的策略自行决定，通常会复制 P-Called-Party-ID 消息头中的内容）。

当被叫侧 P-CSCF 收到这个 183 Sessin Progress 响应时，若该响应受到 IPsec SA 的保护，被叫侧 P-CSCF 也会像主叫侧 P-CSCF 一样，删除 183 响应中 P-Preferred-Identity 消息头，生成一个 P-Asserted-Identity 消息头，其中包含被叫用户的有效标识。

10.7　Tel URI 与 ENUM 号码

IMS 中 SIP 信令的路由基于 SIP URI。E.164 格式的 Tel URI 不能被用于 IMS 域内的路由，因此在进行路由处理时，需要将其转换成 SIP URI 格式，这一转换由 ENUM/DNS 服务器完成。转换后的 SIP URI 可以通过公共的 DNS、域内私有的 DNS 或者对等实体之间的路由协定进行解析，获得路由最终需要的 IP 地址。

ENUM 是 IETF 的电话号码映射工作组（Telephone Number Mapping Working Group）在 RFC2916 中定义的一个协议，RFC2916 的题目为"E.164 号码和域名系统（E.164 Number and DNS）"，它定义了将 E.164 号码转换为域名形式放在 DNS 服务器数据库中的方法，每个由 E.164 号码转化而成的域名可以对应一系列的统一资源标识 URI，从而使国际统一的 E.164 电话号码成为可以在互联网中使用的网络地址资源。

根据 ENUM 格式的定义，固定电话号码为＋86-10-12345678 的 ENUM 号码是 8.7.6.5.4.3.2.1.0.1.6.8.e164.arpa，变换方式是：电话号码数字逆序，中间加分割符 "."，末尾加 ".e164.arpa"。目前，关于是否用 "e164.arpa" 作为 ENUM 全球顶级域的问题还没有定论，我们暂且以此为例。

这样，一个电话号码变成了 DNS 中的域名形式。每个 E.164 号码形成的域名可以对应多条网络资源记录，称为统一资源标识 URI，它采用另一个 IETF 建议 RFC2915 定义的格式，称为 "名称权威指针"（Naming Authority Pointer，简称 NAPTR）。例如，ENUM 号码是 8.7.6.5.4.3.2.1.0.1.6.8.e164.arpa，对应 DNS 服务器的 URI 为

Session Initiation Protocol (SIP)	sip:user1@home1.net
E-mail	mailto: user1@home1.net
Web Page	http://user1service.home1.net

图 10-8 是此 ENUM 号码在 DNS 中的树状解析图，这样一种树状结构的可以保证全球 ENUM 的 DNS 服务的统一性和互通性，真正使 ENUM 成为一种全球访问的网络寻址资源。其中，6.8.e164.arpa 是中国内部的 ENUM 顶级 DNS 服务器，负责将电话号码域名映射到相应资源记录解析服务器。

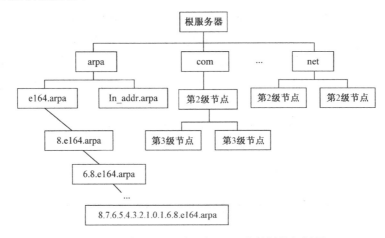

图 10-8　一个 ENUM 号码在 DNS 中的树状解析图

10.8　主叫用户的位置信息

在用户发起紧急呼叫（Emergency Call）时，网络需要根据用户的当前位置，将呼叫接续到离用户最近的应急处理中心，以便为用户提供最快的急救服务。这时，网络就需要知道用户当前的位置。同样，要想实现基于位置的业务，也需要知道呼叫用户当前的位置。

在 IMS 中，P-Access-Network-Info 和 P-Visited-Network-ID 这两个消息头中包含了用户的位置信息。

当 UE 发出紧急呼叫的 Invite 请求时，会在该请求中包含 P-Access-Network-Info 消息头，其中包含了接入网（IP-CAN）的类型，以及由接入网给出的比较精确的位置信息。位置信息的含义与接入网的类型紧密相关，不同的接入网类型，具有不同含义的位置信息。比如，当 UE 使用 GPRS 接入技术访问 IMS 服务时，P-Access-Network-Info 消息头首先给出接入网的类型是"3GPP-UTRAN-TDD"，随后指出该用户当前所处的全球唯一的小区（Cell）ID，根据小区的 ID，网络侧将很快可以对用户进行比较精确的定位。在正常呼叫中，UE 归属域的 S-CSCF 负责将 P-Access-Network-Info 头域从消息中删除。关于该消息头更多的解释，参见 IETF RFC3455 和 3GPP TS24.229。

```
INVITE tel:+1-212-555-2222 SIP/2.0
P-Access-Network-Info: 3GPP-UTRAN-TDD; utran-cell-id-3gpp=234151D0FCE11
```

P-Visited-Network-ID 消息头由 UE 当前的 IMS 入口点 P-CSCF 添加，告知 UE 归属域该用户当前所处拜访网络的标志。该消息头中的信息被 UE 归属域用于检查与拜访网络间的漫游协议许可。

10.9　S-CSCF 的原始对话标识

原始对话标识（Original Dialog Identifier）是一个由 S-CSCF 临时生成且本地唯一的特殊标记。当一个 SIP 请求和 iFC 中某个高优先级的业务触发点（SPT）匹配成功时，S-CSCF 将暂时中断 iFC 的匹配检查，开始进行业务触发。在 S-CSCF 转发 SIP 请求到被触发的 AS 之前，S-CSCF 会生成一个特殊标记，即原始对话标识，这个标记指示了当前 SIP 请求所隶属的 SIP 对话（Dialog）。S-CSCF 会将生成的原始对话标识加到自己的 SIP URI 地址中，并将带有原始对话标识的 SIP URI 地址放置到 Route 消息头的最顶端（Topmost）。接着，S-CSCF 再将 AS 的地址放置到 Route 消息头中自己地址的前面，之后根据松散路由机制，将该请求转发出去。

当 AS 收到 SIP 请求后，根据 Route 消息头中自己的条目（最顶端的条目），找到并执行相应的业务逻辑。当业务逻辑执行完成后，AS 可能会生成一个新的 SIP 请求对话，如 AS 工作于 B2BUA 模式。但根据松散路由机制的要求，新生成的 SIP 请求将从接收到的 SIP 请求中，按原序复制 Route 消息头中的内容，但不再包括 AS 自己的条目。这时，S-CSCF 添加的带原始对话标识的 SIP URI 就出现在 Route 消息头的最顶端。这样，新生成的 SIP 请求又将被路由回到 S-CSCF。

在从 AS 返回的 SIP 请求中，S-CSCF 就可以获得原始对话标识，并由该标识进一步找到 SIP 请求在发送到 AS 之前的原始对话，实现由 AS 发出的 SIP 请求对话和原始对话的关联。由此，可以实现在整个 IMS 会话中，所有 SIP 对话的关联。特别是，S-CSCF 可以把从 AS 返回的 SIP 请求在中断处继续 iFC 的扫描进行低优先级业务触发点的过滤。同时，S-CSCF 会将这个带有原始对话标识的 SIP URI 地址从 Route 消息头中删除。

原始对话标识由 S-CSCF 自己生成，自己使用，不会对别的网络实体（如 AS）产生额外的影响，所以仅要求 S-CSCF 本地唯一。该标记可以按不同方式加入到 S-CSCF 的 SIP URI 中，例如，可以作为 SIP URI 用户部分的一个字符串，也可以是 SIP URI 的一个参数，或者是 SIP URI 的一个端口号。

10.10　会话路由及 Via、Route、Record-Route 和 Contact

3GPP IMS 规范要求，IMS 系统中各网元在处理 SIP 请求的路由时，强制使用 IETF RFC3261 中描述的松散路由机制。例如，在 sip:orig@scscf1.home1.net;lr 中，lr 参数表明 orig@scscf1.home1.net 为松散路由器。松散路由为消息的多跳转发提供了一种更可靠的方式，并且使得请求 URI 在请求消息到达负责为它服务的代理的整个途中都能保持不变。

IMS 中最复杂的问题之一就是会话的建立过程，特别是对初始呼叫请求 Invite 的路由和相关处理。通过对初始 Invite 请求的路由和处理，会在主、被叫间建立一个穿越 IMS 网络的 SIP 对话，所有的后续请求（如 ACK、PRACK、Update 和 BYE 等）和响应，都将依托于该对话来传送。

表 10.2 描述了注册过程中 Path 和 Service-Route 消息头，表 10.3 描述了会话过程中与路由相关的消息头 Via、Route、Record-Route 和 Contact。其中，会话初始请求的 Route 消息头内容，依据注册过程中的 Service-Routehe 和 Path；会话后续请求的 Route 消息头内容，依据在初始请求中建立的 Record-Route。

表 10.2　注册过程中 Path 和 Service-Route 消息头

消 息 头	功　　能	设　　置
Service-Route	为从 UE 到用户的 S-CSCF 的初始化请求给出 Route 消息头的条目（起始情况）	由 S-CSCF 来设置，它把自己的地址放在对 REGISTER 请求的 200 OK 响应的 Service-Route 消息头中
Path	为从 S-CSCF 到用户的 P-CSCF 的初始化请求收集 Route 消息头的条目（终结情况）	由 P-CSCF 来设置，它将自己的地址放入 Register 请求的 Path 消息头中

表 10.3　会话过程中与路由相关的消息头

消 息 头	功　　能	设　　置
Via	使得响应消息可以沿着请求消息所经过的路由反向回送	由请求消息（如 Invite）途经的 SIP 实体来设置，SIP 实体包括 UE、所有经过的 CSCF、BGCF 和 MGCF，它们将其地址写入 Via 消息头最前端

续表

消 息 头	功 能	设 置
Route	初始请求的路由（依据注册过程中的 Service-Route 和 Path）	主叫端初始请求：由发起请求的 UE 来设置，它将 P-CSCF（出站代理）地址和 Service-Route 消息头的条目放入 Route 消息头被叫端初始请求：由 CSCF 来设置，它们从请求 URI 中的公共用户身份（通过查询 DNS 和 HSS）或 Path 消息头中发现下一跳，作为 Route 消息头
	后续请求的路由（依据 Record-Route）	从被叫到主叫的反向后续请求：由被叫 UE 来设置，它将 Record-Route 消息头中的内容按原序复制到自己的 Route 消息头中 从主叫到被叫的正向后续请求：由主叫 UE 来设置，它将 Record-Route 消息头中的内容按逆序复制到自己的 Route 消息头中
Record-Route	为后续请求记录 Route 消息头中的条目	初始请求消息所经过 CSCF，BGCF 和 MGCF，它们如果希望后续请求还经过自己，就将其地址放入 Record-Route 消息头的最前端。在要求网络拓扑隐藏时，I-CSCF 的地址会包含在 Record-Route 消息中；当不要求网络拓扑隐藏时，后续请求不需要经过 I-CSCF，所以 I-CSCF 的地址不包含在 Record-Route 消息头中。后续请求中将不再包含 Record-Route 消息头，因为两个方向后续请求的路由也已经在首次交互中建立了
Contact	提供主叫或被叫的地址信息	主叫 UE 在初始请求（如 Invite）中设置 Contact 消息头提供主叫地址信息；被叫 UE 在第一个响应消息中设置 Contact 消息头提供被叫的地址信息。后续请求中将不再包含 Contact 消息头，因为两端 UE 的地址已经在首个请求和对首个请求的第一个响应中进行了交换

此外，若在对初始 Invite 请求的处理过程中触发了应用服务器（AS），即应用业务参与了会话的控制和建立，则根据业务处理逻辑的需要，应用服务器也可能会在 Via 和 Record-Route 消息头中添加自己的地址信息。

对于两端 UE 间的独立事务，如 Message 和 Option 等，其路由和处理过程与初始 Invite 请求一样，只是不需要进行路由记录，因为独立事务不生成对话，没有后续请求。

10.11 IMS 会话建立详细过程

10.11.1 主叫始发段过程

（1）从 UE 到 P-CSCF

在注册过程中，为 UE 提供服务的 S-CSCF 在 200 OK 的注册成功响应中会携带 Service-Route 消息头。根据 Service-Route 消息头中的内容，可以建立从 UE 到 S-CSCF 之间的路由。

UE 发起会话的初始 Invite 请求消息如下例所示，其中：

- Req-URI 给出了被叫用户的标识；
- P-Preferred-Identity 中是用户期望使用的公有标识（可选）；
- P-Access-Network-Info 包含主叫用户当前的位置信息；
- 将 200 OK（Register）消息中 Service-Route 消息头内容，按原序复制到即将发出 Invite 消息的 Route 消息头中，同时会在 Route 消息头的最顶端增加已发现的 P-CSCF 的地址；
- Via 和 Contact 消息头必须包括 UE 的 IP 地址和 IPsec SA 的安全端口号；
- 还包含有效的 SDP Offer。

```
INVITE tel:+1-212-555-2222 SIP/2.0
Via: SIP/2.0/UDP [5555::aaa:bbb:ccc:ddd]:1357;comp=sigcomp;branch=z9hG4bKnashds7
Route: <sip:pcscf1.visited1.net:7531;lr;comp=sigcomp>, <sip:orig@scscf1.home1.net;lr>
P-Preferred-Identity: "John Doe" <sip:user1_public1@home1.net>
P-Access-Network-Info: 3GPP-UTRAN-TDD; utran-cell-id-3gpp=234151D0FCE11
Privacy: none
From: <sip:user1_public1@home1.net>;tag=171828
To: <tel:+1-212-555-2222>
Contact: <sip:[5555::aaa:bbb:ccc:ddd]:1357;comp=sigcomp>
Content-Type: application/sdp
Content-Length: (…)
```

在 Invite 消息准备好后，UE 根据 SIP 协议松散路由的机制，将 SIP 请求发出，下一跳将是 P-CSCF。

（2）从 P-CSCF 到 S-CSCF

在收到从 UE 发来的 Invite 请求后，P-CSCF 处理过程如下：

- 判断请求消息是否经 IPsec SA 的安全端口进入，若不是则将丢弃或拒绝该请求的处理；
- 将自己的地址信息从 Route 消息头中删去；
- 把剩余的 Route 消息头中的内容和自己为该用户保存的 Service-Route 消息头中的内容进行比较，如果不一致，则用自己保存的 Service-Route 消息头中的内容替换 Route 消息头中的内容；
- 确定主叫用户的有效标识，在添加 P-Asserted-Identity 消息头后，将 P-Preferred-Identity 消息头删除；
- 生成 IMS 计费标识 ICID，将 ICID 放入新添加的 P-Charging-Vector 消息头；
- 添加第一个 Record-Route 消息头并在其中填写自己的地址信息，这可以使该对话中所有的后续请求都会经过该 P-CSCF；

- 在 Via 消息头的最前面添加自己的地址信息，这可以使所有对于 Invite 请求的响应消息都会经过该 P-CSCF；
- 完成这些处理后，再按松散路由转发机制，将该 SIP 请求转发到 UE 归属域的 S-CSCF，完成从 UE 到 Originating S-CSCF 的路由。

```
INVITE tel:+1-212-555-2222 SIP/2.0
Via: SIP/2.0/UDP pcscf1.visited1.net;branch=z9hG4bK240f34.1,
    SIP/2.0/UDP [5555::aaa:bbb:ccc:ddd]:1357;comp=sigcomp;branch=z9hG4bKnashds7
Route: <sip:orig@scscf1.home1.net;lr>
Record-Route: <sip:pcscf1.visited1.net;lr>
P-Asserted-Identity: "John Doe" <sip:user1_public1@home1.net>
P-Access-Network-Info: 3GPP-UTRAN-TDD; utran-cell-id-3gpp=234151D0FCE11
P-Charging-Vector: icid-value="AyretyU0dm+6O2IrT5tAFrbHLso=023551024"
```

（3）主叫业务的触发与控制

S-CSCF 收到会话请求后，根据主叫用户的签约数据，可能触发与应用服务器间的交互，实现业务对会话的控制。当主叫用户有业务要触发时：

- S-CSCF 会生成原始对话标识，并在 Route 消息头的最顶端增加自己的地址信息和原始对话标识（关于原始对话标识，参见 10.9 节），这样，在业务执行完成后，通过松散路由机制就可以将 AS 发出的 SIP 消息再路由回到 S-CSCF；
- S-CSCF 从 iFC 中把要被触发的 AS 标识提取出来，并加在当时 Route 消息头的最顶端（这样依靠 SIP 协议的松散路由机制就可以将请求通过 ISC 接口转发到业务所在的应用服务器）；
- 在有多个业务需要被依次触发时，上面的两步也要多次执行；
- 在 Via 和 Record-Route 消息头中添加自己的地址信息；
- 根据业务逻辑执行的需要，AS 也可能在 Via 和 Record-Route 消息头中添加自己的地址信息，以保证响应消息和后续请求经过 AS。

（4）选路到被叫

在完成主叫方的业务触发和控制后，S-CSCF 将根据 Req-URI 中的地址信息，开始选路到被叫方，这时有以下几种可能的情形。

① Req-URI 是 Tel URI 格式，E.164 格式的 Tel URI 不能被用于 IMS 域内的路由，因此必须由 ENUM/DNS 服务器转换成 SIP URI 格式，然后：

- 如果对 Tel URI 的 ENUM/DNS 解析成功，获得 SIP URI，处理方式同 Req-URI 本身就是 SIP URI 的情形；
- 如果对 Tel URI 的 ENUM/DNS 解析不成功，没有获得对应的 SIP URI，说明被叫用户不是 IMS 用户，S-CSCF 将对该呼叫请求进行 Breakout 处理，选路到合适的

　　BGCF，使呼叫最终可路由到 PLMN/PSTN 网络。

　　② Req-URI 是 SIP URI 格式。当主、被叫属于同一个 IMS 域时，根据网络拓扑信息和静态配置关系，获得一个 I-CSCF 的地址，以查询为被叫方提供服务的 S-CSCF 的地址。

　　当主、被叫属于不同的 IMS 域时：

- 如果不要求网络拓扑隐藏，对 Req-URI 中的 SIP URI 进行域名地址解析（可能需要查询 DNS），解析结果是被叫归属网络入口点 I-CSCF 的地址，将 SIP 请求向外转发；
- 如果要求网络拓扑隐藏，根据网络拓扑信息和静态配置关系，S-CSCF 获得本域中一个 I-CSCF 的地址，并将请求消息转发到该 I-CSCF，I-CSCF 在完成网络拓扑隐藏需要的处理后，对 Req-URI 中的 SIP URI 进行域名地址解析（可能需要查询 DNS），解析结果是被叫归属网络入口点 I-CSCF 的地址，并将 SIP 请求向域外转发。

（5）主叫方是 PLMN/PSTN 用户

　　PLMN/PSTN 用户发起的呼叫，按照他们各自网络的路由机制，路由到合适的 MGCF。从 PLMN/PSTN 的角度看，MGCF 相当于被叫方的 MSC 或端局交换机，同时也是被叫方归属 IMS 域的入口网关。从被叫方归属 IMS 域的角度看，MGCF 相当于为主叫方提供服务的 S-CSCF，且 MGCF 属于被叫方归属的 IMS 域。通过 IMS 域内的网络拓扑信息和静态配置关系，MGCF 可以获得一个 I-CSCF 的地址，以查询为被叫方提供服务的 S-CSCF 的地址。

（6）要求隐藏网络拓扑

　　在要求隐藏网络拓扑时，根据在注册过程中建立的从 UE 到 S-CSCF 的路由，P-CSCF 需要经过 I-CSCF 将呼叫请求转发到 S-CSCF。I-CSCF 将：

- 解密 Route 消息头中被加密的 S-CSCF 地址信息；
- 从 Route 消息头中删去自己的地址信息；
- 在 Via 和 Record-Route 消息头中添加自己的地址信息；
- 将消息按松散路由机制转发到 S-CSCF。

10.11.2　中间段路由过程

1. 当呼叫从 IMS 用户到 PSTN/PLMN 时

（1）主叫侧 S-CSCF 到 BGCF

由于 S-CSCF 和 BGCF 同属一域，根据网络拓扑信息和静态配置关系，S-CSCF 可以找到一个合适的 BGCF。在转发消息到 BGCF 之前：

- S-CSCF 将自己的地址信息从 Route 消息头中删去；
- 在 Via 和 Record-Route 消息头中添加自己的地址信息；
- 在需要时，增加 P-Charging-Function-Addresses 消息头和各种计费实体的地址信息。

（2）从 BGCF 到 MGCF/BGCF

BGCF 上有完整的通向 PLMN/PSTN 的路由表信息，根据 Invite 请求 Req-URI 中的 Tel URI，BGCF 查询路由表，获得通向 PLMN/PSTN 的路由地址 MGCF 或 BGCF（具体情况，取决于网络的部署），完成呼叫的中间段路由过程，在将消息转发出去之前，BGCF 将在 Via 消息头中添加自己的地址信息。

2. 当呼叫从 IMS 用户到 IMS 用户时

（1）从主叫侧 S-CSCF 到被叫归属域的 I-CSCF

在转发消息之前：

- S-CSCF 将自己的地址信息从 Route 消息头中删去；
- S-CSCF 在 Via 和 Record-Route 消息头中添加自己的地址信息；
- 在 P-Charging-Vector 消息头中添加 orig-ioi 内容，以实现计费关联。

在要求隐藏网络拓扑时，承担服务的 I-CSCF 要对 SIP 消息中的敏感信息进行加密处理，并在 Via 和 Record-Route 消息头中添加自己的地址信息。图 10-9 给出了在要求隐藏拓扑时的中间段流程示意片段。

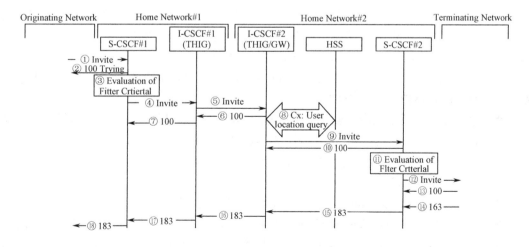

图 10-9   要求拓扑隐藏时的中间段流程示意片段

（2）从被叫归属域的 I-CSCF 到 S-CSCF

I-CSCF 通过用户位置查询（LIR/LIA）Diameter 命令，向 HSS 查询当前为被叫用户提供服务的 S-CSCF 地址（如果该 IMS 域中部署有多个 HSS，I-CSCF 可能要先访问 SLF，获得用户信息所在的 HSS 地址）。即使被叫用户当前未注册，只要该用户的业务签约数据中有未注册状态下的过滤规则，I-CSCF 仍就可以为被叫用户找到一个默认的 S-CSCF 地址。

I-CSCF 对 Invite 消息处理如下：

- 将自己的地址信息从 Route 消息头中删去，如果该项存在的话；
- 将获得的为被叫用户提供服务的 S-CSCF 地址添加到 Route 消息头的最顶端；
- 在 Via 消息头的最前面添加自己的地址信息；
- 若要求隐藏拓扑，在 Record-Route 消息头中添加自己的地址信息；
- 根据松散路由机制，呼叫请求将被路由到被叫归属域的 S-CSCF。

10.11.3　被叫接收段过程

（1）被叫业务的触发与控制

S-CSCF 收到会话请求后，根据被叫用户的签约数据，可能触发与应用服务器间的交互，实现业务对会话的控制。

（2）从 S-CSCF 到 P-CSCF

在 UE 的注册过程中 P-CSCF（不要求隐藏拓扑时）会将自己的地址信息加到发往 S-CSCF 注册请求的 Path 消息头中，由此告知 S-CSCF 该注册请求沿途经过的节点。根据 Path 消息头中的内容，可以建立从 S-CSCF 到 UE 的路由。

当业务触发和控制完成后，Terminating S-CSCF 需要将请求路由到被叫（请求中的 Req-URI 是 UE 的 IMPU），S-CSCF 将要：

- 从 UE 的注册信息中得到该 UE 当前的实际联系 IP 地址（地址中还包括 IPsec SA 的安全端口），并用 IP 地址替换 Req-URI 中 UE 的公有标识，将 Req-URI 中 UE 的公有标识保存到新增加的 P-Called-Party-ID 消息头中；
- 从 Route 消息头中删除自己的地址信息；
- 在 Via 和 Record-Route 消息头中添加自己的地址信息；
- 在需要时，增加 P-Charging-Function-Addresses 消息头和各种计费实体的地址信息；
- 把为该用户保存的 Path 消息头中的内容按原序复制到请求中 Route 消息头的最前面，并根据 SIP 协议松散路由机制，将 SIP 请求发出到 P-CSCF。

```
INVITE sip:[5555::eee:fff:aaa:bbb]:8805;comp=sigcomp SIP/2.0
Via: SIP/2.0/UDP scscf2.home2.net;branch=z9hG4bK764z87.1,
    SIP/2.0/UDP icscf2_s.home2.net;branch=z9hG4bK871y12.1,
    SIP/2.0/UDP scscf1.home1.net;branch=z9hG4bK332b23.1,
    SIP/2.0/UDP pcscf1.visited1.net;branch=z9hG4bK240f34.1,
    SIP/2.0/UDP [5555::aaa:bbb:ccc:ddd]:1357;comp=sigcomp;branch=z9hG4bKnashds7
Route: <sip:pcscf2.visited2.net;lr>
Record-Route: <sip:scscf2.home2.net;lr>,
Record-Route: <sip:scscf1.home1.net;lr>,<sip:pcscf1.visited1.net;lr>
P-Asserted-Identity: "John Doe" <sip:user1_public1@home1.net>,
                     <tel:+1-212-555-1111>
P-Charging-Vector: icid-value="AyretyU0dm+6O2IrT5tAFrbHLso=023551024"
From: <sip:user1_public1@home1.net>;tag=171828
To: <tel:+1-212-555-2222>
Contact: <sip:[5555::aaa:bbb:ccc:ddd]:1357;comp=sigcomp>
P-Called-Party-ID: <sip:user2_public1@home2.net>
```

（3）从 P-CSCF 到被叫 UE

P-CSCF 在收到请求后，会：

● 删除整个 Route 消息；
● 在 Via 和 Record-Route 消息头中添加自己的地址信息，且包含 IPsec SA 的安全端口号；
● 根据 Req-URI 中 UE 的 IP 地址，将请求转发到 UE，完成从 Terminating S-CSCF 到 UE 的路由。

（4）被叫 UE 端的处理

被叫 UE 在收到 Invite 请求后，会：

● 把收到的 Contact 值和 Record-Route 消息头中所有的地址信息都保存下来，以便通过这些信息对该对话中的后续请求（从被叫方到主叫方）进行路由。
● 把 Via 消息头中所有的地址信息都保存下来，以便通过这些地址信息路由对 Invite 请求的响应消息。
● 对 Invite 请求形成第一个响应消息。
● 在响应消息的 Contact 头中包含被叫 UE 的 IP 地址和 IPsec SA 的安全端口号，由此来指示它希望用来接收该对话中后续请求的地址。
● 在响应消息中完全复制 Record-Route 和 Via 消息头，Via 消息头用来全程路由该响应消息，直到主叫方；而 Record-Route 消息头中的地址信息则被主叫方用来建立从主叫方到被叫方后续请求的全程路由。请特别注意，在响应消息的沿途返回过程中，各个网络实体可能会改写它们在 Record-Route 消息头中自己的地址信息，以区分不同方向的请求或满足不同的需要，如 P-CSCF 在和 UE 的交互中必须包含 IPsec SA 的安全端口号，而 P-CSCF 在和 S-CSCF 的交互中则必须改用别的端口号。

（5）要求网络拓扑隐藏

在要求隐藏网络拓扑时，S-CSCF 需要经过 I-CSCF 将呼叫请求转发到 P-CSCF。I-CSCF 将：

- 加密 Record-Route 和 Via 等消息头中相关 CSCF 的地址信息；
- 从 Route 消息头中删去自己的地址信息；
- 在 Via 和 Record-Route 消息头中添加自己的地址信息；
- 将消息按松散路由机制转发到 P-CSCF。

（6）被叫方是 PLMN/PSTN 用户

MGCF 收到 BGCF 发来的 Invite 消息后，根据 PLMN/PSTN 的路由机制，将呼叫转给被叫。

10.12　PSI/AS 会话的路由

公共业务标识（Public Service Identity，PSI）是业务的 URI 标识，唯一代表一个业务，由 AS 负责管理，并且在使用前不需要注册。

因为 IMS 系统对 PSI 的路由与处理两个用户之间的路由有明显的不同，所以本节对 PSI 的路由进行简单的介绍。由于 PSI 是不经过注册的，没有为其提供注册服务的 S-CSCF，所以去往和来自 PSI 的请求可以不经过任何的 S-CSCF 来路由。

关于 PSI 的路由有 3 种情况：从用户到 PSI 的路由、从 PSI 到用户的路由和从 PSI 到 PSI 的路由。

（1）从用户到 PSI 的路由

这种情况的一个典型应用场景就是用户呼叫一个会议的 PSI，加入一个会议。此时，呼叫请求会首先经过用户的 S-CSCF，而 S-CSCF 会：

① 立刻对 PSI 的地址进行解析，若 PSI 与主叫用户在同一个 IMS 域，根据本域的运营策略配置，可能会直接得到 PSI 所在的应用服务器（AS）地址，然后把呼叫请求转发过去。

② 或者，通过对 PSI 的地址解析，得到 PSI 归属域的入口 I-CSCF 地址。从 I-CSCF 到 PSI 所在应用服务器的路由又有以下 3 种方式。

- I-CSCF 通过查询 DNS，得到 PSI 所在应用服务器的地址，并把呼叫请求转发到相应的 AS，如图 10-10 所示；

● I-CSCF 通过查询 HSS，得到 PSI 所在应用服务器的地址，并把呼叫请求转发到相应的 AS；

● PSI 归属网络给 PSI 分配了一个默认的 S-CSCF，分配关系保存在 HSS 中，I-CSCF 通过查询 HSS，得到为 PSI 分配的 S-CSCF 地址，并把呼叫请求转发到 S-CSCF，然后由 S-CSCF 进一步将呼叫请求路由到 PSI 所在的应用服务器。

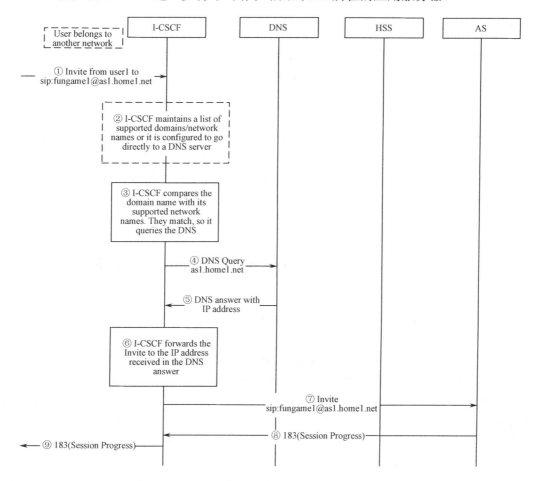

图 10-10　I-CSCF 直接路由（DNS 解析 PSI 的地址）

（2）从 PSI 到用户的路由（即 AS 发起的呼叫）

这种情况也称为应用服务器（AS）发起的呼叫，具有较多的应用场景。例如，一个会议服务器邀请某个用户参加会议、叫醒服务和第三方呼叫控制（3PCC）等。

● 应用服务器可以代替某个 PSI 或某个用户（由用户的 IMPU 指示）发起呼叫请求。

在 AS 发出的 Invite 请求中，其 Req-URI 是由 PSI 业务逻辑确定的被叫用户标识，P-Asserted-Identity 消息头中是 PSI 的标识或用户的 IMPU。

- 如果 AS 能够自己解析被叫用户归属网络入口 I-CSCF 的地址，就直接将呼叫请求转发给 I-CSCF。
- 如果 AS 不能直接解析下一跳地址，则会把 Invite 请求发往 AS 归属网络的一个 S-CSCF，由后者来分析被叫用户及后续路由。

（3）从 PSI 到 PSI 的路由

这种情况的例子是将两个会议进行互连，一个会议服务器向另一个会议服务器发出 Invite 请求。在这种情况下，存在几种可能的路由方式：

- 如果发起方的 AS 能够直接解析出被叫 PSI 的地址，就可以直接把请求发送给被叫 PSI 所在的应用服务器。
- 如果 AS 不能直接解析被叫 PSI 的地址，但可以获得被叫 PSI 归属网络入口 I-CSCF 的地址，就把请求转发到 I-CSCF，然后由 I-CSCF 将请求路由到被叫 PSI。
- 如果 AS 不能获得任何有效的路由信息，就把请求发送到自己归属网络的默认 S-CSCF，然后由 S-CSCF 解析被叫 PSI 的可达路由地址并进行转发。

10.13　IMS 与 PSTN/PLMN 网络的互通

10.13.1　IMS 与 PSTN/PLMN 网络互通模型和协议

IMS 网络可以与传统电话网络互通，如 PSTN、ISDN 和 PLMN，用于支持 IMS 用户与传统电话用户间的基本语音呼叫。互通发生在信令控制平面和用户媒体平面上。信令控制平面的互通，即 SIP 与 BICC/ISUP 信令的互通，支持呼叫的建立、保持和释放，主要由 IMS 网内 MGCF 提供协议间的映射和转换。在 MGCF 的控制下，由 MGW 实现用户媒体平面的互通，即 IP 承载与 64K TDM 和 ATM/AAL2 电路之间的互通，MGW 负责媒体 IP 承载的 QoS 要求。图 10-11 给出了 IMS 与 CS 网络域互通参考模型。

IMS 与 CS 网络支持的互通能力包括：3.1 kHz 音频 / 语音通话能力、成组地址信令处理、从 CS 域到 IMS 的重叠号码处理能力、带外 DTMF 信号传送和信息收集（仅 BICC）、带内 DTMF 信号传送和信息收集（BICC 和 ISUP）、直接拨入（DDI）、多用户号码（MSN）、主叫号码显示（CLIP）、主叫号码显示限制（CLIR）、被叫号码显示（COLP），以及被叫号码显示限制（COLR）。

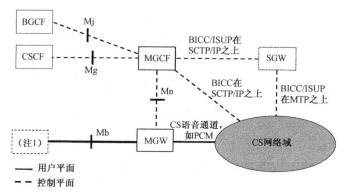

注1：MGW通过Mb参考点可连接到多种网络实体，如UE（通过GPRS连接）、MRFP或应用服务器。
注2：当CS网络和MGCF之间采用M3UA+SCTP+IP的方式传送时，不需要SGW功能。

图 10-11　IMS 与 CS 网络域互通参考模型

（1）信令控制平面的互通

根据不同的互通场景，信令控制层面的协议映射有如下几种可能的情形，分别如图 10-12、图 10-13 和图 10-14 所示。其中，信令网关 SGW 主要完成相关信令从基于 MTP 的 No.7 信令体系到基于 SCTP/IP 的转换和相应的反向转换。

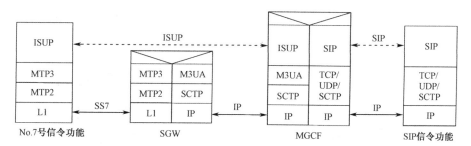

图 10-12　IMS 与 CS 域互通的信令协议栈模型（SS7 ISUP - SIP）

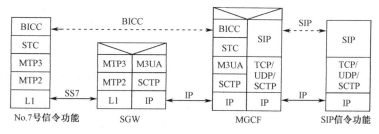

图 10-13　IMS 与 CS 域互通的信令协议栈模型（基于 MTP3 的 BICC - SIP）

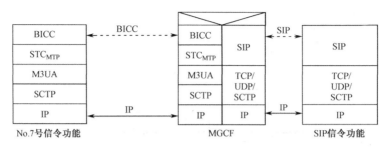

图 10-14　IMS 与 CS 域互通的信令协议栈模型（基于 M3UA 的 BICC - SIP）

（2）用户媒体平面的互通

　　IMS 网络采用 RTP 协议来传送媒体包，传统的 PSTN/PLMN/ISDN 网络使用电路交换承载语音，如 64 kbps 的 TDM 电路和 ATM/AAL2 电路，3GPP R4 之后的 CS 域也采用 IP 网来承载媒体的传送。因此，需要 MGW 以支持不同网络间媒体数据的交换和传送。

　　图 10-15 给出了 IMS 用户媒体平面和基于 BICC 协议的 CS 网络的媒体互通协议栈。如果 CS 网络侧与 IMS 侧使用了相同的语音编码（如 AMR），则不需要编码转换，然而仍需要进行底层传输协议的转换。Nb 是软交换网络中的 IP 媒体接口。

　　图 10-16 给出了基于 TDM 的 PSTN 与 IMS 用户平面互通的协议栈模型，需要进行 AMR 和 G.711 音频编解码间的转换。

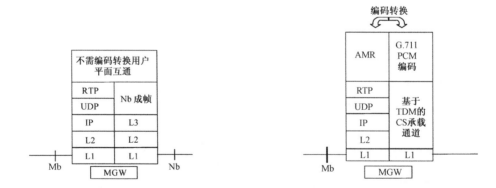

图 10-15　基于 BICC 的 CS 域与 IMS 用户面互通　　图 10-16　基于 TDM 的 PSTN 与 IMS 用户面互通

　　MGW 在 Mb 接口上支持用 DSCP（DiffServ 代码点，参考 IETF RFC2474）方式，在发往 UE 或 MRFP 等 IMS 实体的 IP 包上打标记，允许支持 DiffServ 机制的路由器和 GGSN 在 IP 承载层上对媒体流实施路由的优先级控制，保证媒体流的 QoS。

　　在与 PSTN 网络互通时，为了支持现有网络的能力，IMS 支持端点（如 UE、MRFP

和 MGCF 等）要能够在承载层发送和接收 DTMF，即带内 DTMF 信令能力。在这种情况下，MGW 要支持音频信号的产生和在 MGCF 的控制下探测信号音。

10.13.2　IMS 用户发起的会话

图 10-17 给出了 IMS 用户发起到 PSTN/ISDN/GSM/R99 用户互通呼叫的过程。IMS 用户使用 E.164 地址发起呼叫，主叫用户的 S-CSCF 会收到使用 Tel URI 格式的被叫用户标识，S-CSCF 必须进行 ENUM 查询，将 Tel URI 转换为 SIP URI。若在 ENUM 服务器中，被叫用户标识被转换为 SIP URI 格式，则会话继续在 IMS 域处理；若这种转换失败，S-CSCF 将转发 Invite 请求到本域内的某个 BGCF，由 BGCF 根据本地策略来选择互通的目标网络。如果 BGCF 决定互通点在本域内，BGCF 将选择本网内某个合适的 MGCF 来进行互通；否则，BGCF 将转发 Invite 请求到互通网络的 BGCF。MGCF 将具体负责到 PSTN/PLMN 的互通并控制 MGW 实现媒体层面的转换。

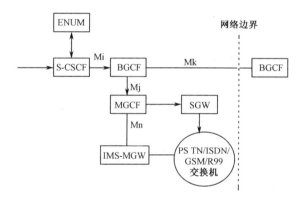

图 10-17　IMS 用户发起到 PSTN/ISDN/GSM/R99 用户互通呼叫

图 10-18 给出了从 IMS 用户到 PSTN 呼叫互通边界的详细信令交互过程。

① MGCF 接收 Invite 请求，包含主叫方的 SDP Offer。

② MGCF 发起 H.248 事务，选择一个出局信道并决定 MGW 的媒体能力。

③ MGCF 决定它所支持的媒体流能力集（MGW 的媒体处理能力），并将媒体流能力集形成 SDP Answer ，通过 183 Session Progress 消息携带到主叫方。

④ 主叫方发送一个 PRACK 请求，其中包括 SDP 信息，该信息可以与第③步中的 SDP 相同，也可以是它的子集。

⑤ MGCF 发起 H.248 事务修改在第②步中建立的连接，通知 MGW 为媒体流保留必要的资源。

⑥ MGCF 发送 200 OK（PRACK），其中可能包括媒体协商的应答。

⑦ MGW 为媒体流预留必要的资源。

⑧ 主叫侧完成资源预留后，向 MGCF 发送 Update 消息。

⑨ MGCF 发送 IAM 消息给 PSTN。

⑩ MGCF 发送 200 OK（UPDATE）消息给主叫侧，作为资源预留成功的响应。

⑪ PSTN 建立了到被叫方的通路，向被叫用户振铃，并通过 ACM 消息告知 MGCF。

⑫ MGCF 将 ACM 消息映射成 180 Ringing 响应消息，并发向主叫方，指示被叫方振铃状态。

⑬ 当被叫用户应答后，PSTN 发送 ANM 消息给 MGCF。

⑭ MGCF 发起 H.248 事务，打开媒体流，建立 MGW 中的双向连接并开始计费。

⑮ MGCF 向主叫方发送 SIP 200 OK 最终响应。

⑯ 主叫方用 SIP ACK 消息进行最终响应消息的确认。

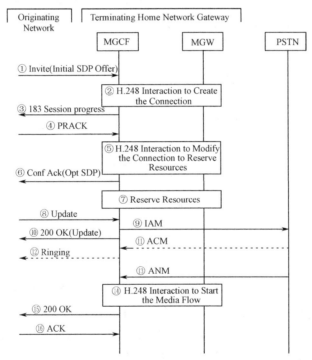

图 10-18　IMS 用户呼叫 PSTN 用户流程

10.13.3　PSTN 用户发起的会话

图 10-19 给出了 3GPP R4 CS 网络用户发起到 IMS 用户的互通呼叫。当 PSTN/CS 用户拨打 IMS 用户 E.164 格式的 Tel URI 号时，经过号码分析，呼叫请求将被路由到被叫 IMS

用户归属网络中的 MGCF。在收到相关的 ISUP/BICC 信令消息后，MGCF 与 MGW 交互，创建一条用户媒体平面的连接。随后，MGCF 将 ISUP/BICC 信令映射成 SIP 请求，并将 SIP 请求 Invite 发往域内的某个 I-CSCF，由 I-CSCF 在 HSS 的帮助下找到为被叫用户提供服务的 S-CSCF。最终，通过 S-CSCF 和 P-CSCF 将 Invite 请求转发到被叫 UE，并通过双方后续的信令交换来建立呼叫连接。

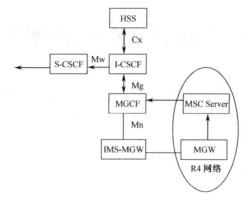

图 10-19　R4 网络用户发起到 IMS 用户的互通呼叫

第 11 章　IMS 的安全体系

11.1　IMS 网络的安全体系概述

考虑一个用户使用 IMS 业务的过程，如图 11-1 所示。事实上，已经形成了一个多层次的鉴权认证体系：IP-CAN 承载层的鉴权、IMS 的鉴权以及 IMS 业务使用的鉴权。这种认证体系极大地提高了安全保护能力，如果 PS 域的安全性遭到了破坏，IMS 或业务应用仍能通过自身的机制实现有效的保护。

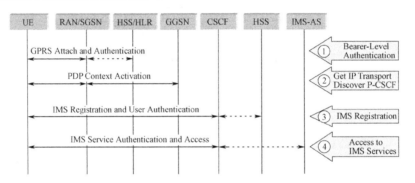

图 11-1　UE 通过 PS 域的 GPRS 连接使用 IMS 服务的完整过程示意图

IMS 网络的安全体系包括 IMS 网络的访问接入安全、IMS 网络域自身的安全和 IMS 应用的访问安全 3 个方面，如图 11-2 所示。

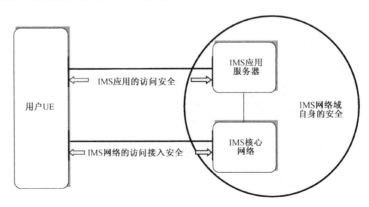

图 11-2　IMS 网络的安全体系

其中，IMS 应用的访问安全主要针对 UE 和应用服务器之间的接口 Ut。Ut 接口实现 UE 对特定 IMS 应用相关数据的管理。Ut 接口的安全保护包括基于 HTTP 服务的私密性和完整性保护，Ut 接口的认证和密钥协商可以基于 AKA 机制。

本章重点是 IMS 网络的访问接入安全和 IMS 网络域自身的安全，又可统称为 IMS 网络控制层的安全，展开细化后其安全体系如图 11-3 所示。

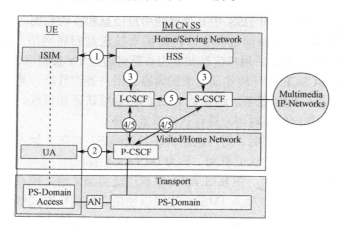

图 11-3　IMS 网络控制层的安全体系

在图 11-3 中，参考点 1 和 2 主要解决 IMS 网络的访问接入安全，而参考点 3、4 和 5 主要解决 IMS 网络域自身的安全。这些参考点对应于 IMS 安全保护的不同需求。

① 参考点 1：认证和授权。

在用户 UE 接入 IMS 网络使用服务之前，网络和用户之间需要进行双向鉴权认证，即用户认证网络，同时网络也要认证用户。

经过认证后，用户 UE 才有权使用 IMS 的服务，同时，IMS 网络能根据用户订购业务的属性（即业务的类型和相应的 QoS 要求等）进行相应的承载资源控制和授权。

每个用户都有一个仅用于网络内部的私有用户标识（IMPI）和至少一个对外的公有用户标识（IMPU），其中，私有用户标识 IMPI 与认证紧密相关。在用户侧的 ISIM 和网络侧的 HSS 中，都各自保存着一个 IMPI 和长期密钥（Long-term Key）对，用于认证。在具体认证过程中，网络侧的认证由 S-CSCF 负责实施，HSS 负责提供认证密钥和数据。

② 参考点 2：Gm 接口，实现用户 UE 和 IMS 网络接入点 P-CSCF 之间的安全通信，具体包括信令数据的私密性保护、完整性保护和网络拓扑隐藏。

③ 参考点 3：网络域内部的 Cx 接口，为网络域内部的 Cx 接口提供安全保护。

④ 参考点 4：不同网络 SIP 节点间的安全要求，此参考点仅适用于 P-CSCF 位于拜访网络的情形。

⑤ 参考点 5：同一网络域内部 SIP 节点之间的安全要求。

11.2　IMS 网络的访问接入安全机制

11.2.1　用户和网络的认证和授权

　　IMS 用户在其归属网络的 HSS 中有自己的用户信息和签约数据，其中包含不能透露给外部实体的保密信息。在注册过程中，注册请求发送到归属网络，I-CSCF 分配一个 S-CSCF 为该用户服务，此时，用户信息和签约数据将通过 Cx 接口（Cx-Pull）从 HSS 下载到 S-CSCF 中，S-CSCF 将比较注册请求的内容和用户签约数据，并根据比较的结果，确定是否允许用户接入 IMS 服务。这就是 IMS 的归属域认证和授权。归属网络可以通过注册或重注册过程在任何时候对用户进行认证或重认证。

　　在归属网络认证用户的同时，用户也能认证归属网络，以防止他人冒充归属网络骗取用户的关键信息。这种双向的认证机制，称为 IMS AKA 鉴权。

　　但由于客观或历史的原因，在 IMS AKA 鉴权广泛实施之前，或在特定的条件下（如通过固定网络 ADSL 连接方式接入 IMS），也可以使用其他鉴权方式作为补充，如图 11.4 所示为 HTTP 摘要鉴权（参见 IETF RFC3261），在 HSS 中存有用户的密码（Password），用户注册时必须使用与 HSS 中相同的密码，从而达到鉴权目的。

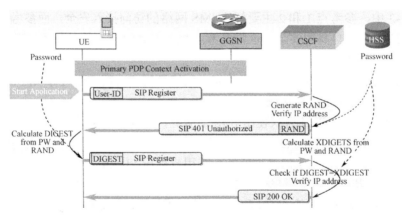

图 11-4　IMS 使用 HTTP 摘要鉴权

　　AKA（Authentication and Key Agreement）是为 UMTS 定义的安全机制，相同的概念和原理被用于 IMS 后，就称为 IMS AKA 鉴权。虽然 UMTS AKA 和 IMS AKA 的参数和计算方法是完全相同的，但它们的传输方式有一些细微的不同：在 UMTS 中，UE 的响应值 RES 是被明文传送的；而在 IMS 中，RES 是和其他参数结合形成鉴权响应值发送给网络的，而非明文传送。

　　IMS AKA 和多数鉴权方式一样，也是一个 Challenge-Response 机制，由归属网的 S-CSCF 发起 Challenge，用户 UE 回应期望的 Response。在 S-CSCF 发起 Challenge 之前，

S-CSCF 向鉴权中心（通常，在鉴权中心，AuC 是 HSS 实现的一部分）申请获得按序排列的 n 个鉴权向量（一次申请 n 个是为了减少 S-CSCF 与鉴权中心交互的次数，其中 n 是一个可配置的参数），每个鉴权向量是一个<RAND, XRES, CK, IK, AUTN>的五元组，其中，鉴权标记 AUTN 是一个拼接串：AUTN = SQN $\oplus$ AK || AMF || MAC。S-CSCF 按序逐个使用每个鉴权向量，每次认证过程使用一个鉴权向量，且每个鉴权向量仅能被使用一次，用过的就不能再用。RAND 是一个随机数；XRES 是期望的响应 eXpected RESponse；CK 是加密密钥 Cipher Key；IK 是完整性保护密钥 Integrity Key；AUTN 是鉴权标志 Authentication Token。

　　在鉴权过程中，S-CSCF 按序拿取一个鉴权向量<RAND, XRES, CK, IK, AUTN>，向 UE 发送包含 AUTN 的 Challenge。当 UE 收到 Challenge 后，会在本地计算一个期望的 XMAC，并且与收到的 MAC（从 AUTN 中提取）进行比较，若匹配成功，还会进一步判断 AUTN 中的序列号 SQN 是否在一个有效的区间范围，若 SQN 有效，则完成用户 UE 对 IMS 网络的认证；这时 UE 会生成一个 RES，并将 RES 发送到 IMS 网络，S-CSCF 将收到的 RES 与鉴权向量中的 XRES 进行比较，若匹配成功，则完成 IMS 网络对 UE 的认证。

　　序列号 SQN 的设置是为了防止他人冒充 IMS 网络，利用截获的、旧的鉴权标志 AUTN 欺骗 UE，也就是网络安全中所说的 Anti-Replay。当 UE 收到 AUTN 时，会对其中的同步信息 SQN 进行比对，若发现 SQN 值无效时，UE 会向 IMS 网络报同步错，并且触发网络与 UE 间的再同步过程，具体内容参见 3GPP TS 33.102。

　　IMS AKA 鉴权机制与流程如图 11-5 所示。

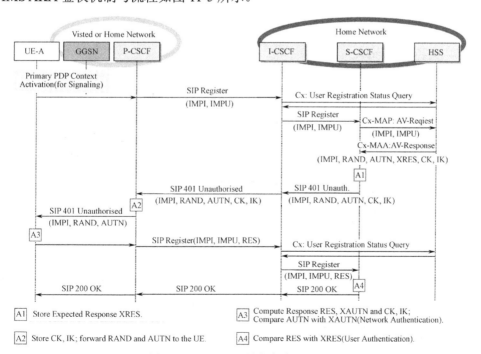

图 11-5　IMS AKA 鉴权机制与流程

在鉴权全部成功后，由 UE 端生成的 IK 和 CK 与从鉴权向量中提取出并保存在 P-CSCF 中的 IK 和 CK 应该是相同的，用于 Gm 接口上后续消息的加解密处理和完整性保护，这就是双方的密钥协商。在整个鉴权过程中，各个数据的使用和分布情况如图 11.6 所示。

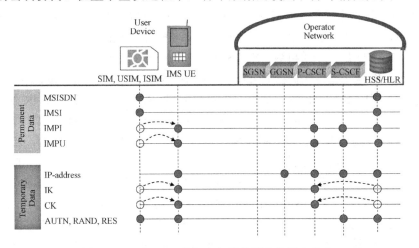

图 11-6　IMS AKA 鉴权中相关数据的使用和分布

图 11-7 是一个典型的 IMS 用户认证过程，是一个标准的 Challenge-Response 机制。从 SIP 信令流程的角度看，该过程普遍适用于多种鉴权过程，如 IMS AKA 鉴权和 HTTP 摘要鉴权等。

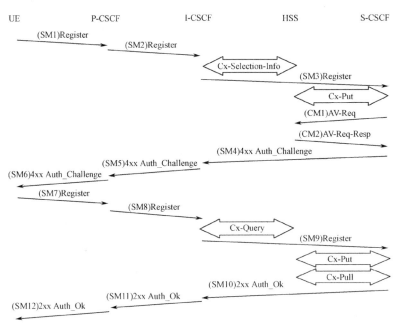

图 11-7　IMS 用户认证的典型流程

图 11-7 中的 SM*n* 代表 SIP 的第 *n* 条消息，CM*m* 代表与认证过程有关的第 *m* 条 Cx 消息。

在 SM1、SM2 和 SM3 中，通过 P-CSCF 和 I-CSCF，将 UE 的 SIP Resgister 请求转发给 S-CSCF。

SM1 中包含与认证相关的信息，其中参数 username 就是用户的私有标识。前面我们曾经提到，用户的私有标识主要用于用户的认证和授权：

```
REGISTER sip:registrar.home1.net SIP/2.0
Authorization: Digest username="user1_private@home1.net",
               realm="registrar.home1.net",
               nonce="",
               uri="sip:registrar.home1.net",
               response=""
```

SM2 和 SM3 中包含与认证相关的信息。由于 P-CSCF 与 UE 之间还没有建立起完整性保护机制，所以 P-CSCF 在 Authorization 消息头中增加 integrity-protected 字段，并将其值设为"no"。

```
REGISTER sip:registrar.home1.net SIP/2.0
Authorization: Digest username="user1_private@home1.net",
               realm="registrar.home1.net",
               nonce="",
               uri="sip:registrar.home1.net",
               response=""
               integrity-protected="no"
```

收到 SM3 后，如果 IMPU 当前没有在 S-CSCF 上注册，则 S-CSCF 需要设置 HSS 上的注册标志，标识用户的初始注册还未完成。如果初始注册正在进行且没有成功完成，可终止或拒绝相关用户的呼叫。注册标志与 S-CSCF 的名称和用户标识一同存放在 HSS 中，用于指示一个用户的某个 IMPU 是否在某个 S-CSCF 上注册，或者是否在一个 S-CSCF 上的初始注册还未完成。注册标志是通过 S-CSCF 发送一个 Cx-Put 消息到 HSS 来设置的。如果一个 IMPU 当前已注册，那么 S-CSCF 将注册标志变更为已注册。在这个阶段，HSS 会检查 IMPI 和 IMPU 是否属于同一用户。

当 S-CSCF 收到 SIP Register 请求后，S-CSCF 将使用一个鉴权向量开始对用户进行认证，并在认证的同时完成加密密钥和完整性保护密钥的协商。如果 S-CSCF 中没有有效的鉴权向量，则 S-CSCF 会通过 CM1 的 Cx 请求向 HSS（AuC）申请，在其响应消息 CM2 中，会包含按序排列的 *n* 个鉴权向量。

随后，在 SM4 中，S-CSCF 向 UE 发出一个 SIP 4xx 认证 Challenge，其中包含随机数 RAND、鉴权标记 AUTN 和发送给 P-CSCF 的完整性保护密钥 IK 和加密密钥 CK。S-CSCF

同时保存 XRES 和 RAND。

SM4 和 SM5 中包含与认证相关的信息，其中 algorithm=AKAv1-MD5 表示采用 3GPP IMS AKA 进行鉴权：

```
SIP/2.0 401 Unauthorized
WWW-Authenticate: Digest realm="registrar.home1.net",
                  nonce=base64(RAND + AUTN + server specific data),
                  algorithm=AKAv1-MD5,
                  ik="00112233445566778899aabbccddeeff",
                  ck="ffeeddccbbaa11223344556677889900"
```

当 P-CSCF 收到 SM5 时，将保存 IK 和 CK，并且从消息中删除这些信息，然后向 UE 转发消息中剩余的内容。

SM6 中包含的与认证相关的信息：

```
SIP/2.0 401 Unauthorized
WWW-Authenticate: Digest realm="registrar.home1.net",
                  nonce=base64(RAND + AUTN + server specific data),
                  algorithm=AKAv1-MD5
```

UE 在收到 Challenge 后，提取出包含在 AUTN 中的 MAC 和 SQN，依据收到的随机数 RAND 和存储在 ISIM 卡中的长期密钥计算出 XMAC，并检查 XMAC 和收到的 MAC 是否相同，以及 SQN 是否在正确的范围之内。如果这些检查都通过了，UE 将由随机数 RAND 和长期密钥计算出 RES 及本地的 IK 和 CK，本地 IK 和 CK 将被分别用作完整性保护密钥和私密性保护密钥，而 RES 将在 SM7 的注册请求中被发回到 IMS 网络。事实上，基于密钥 IK 及其他参数，伴随着注册认证的过程，UE 和 P-CSCF 之间已经逐步建立了 IPsec 的安全联盟（SA），所以 SM7 中的注册请求是基于 IPsec 的安全联盟发出的，完整性得到了充分保护。

SM7 中包含的与认证相关的信息有：

```
REGISTER sip:registrar.home1.net SIP/2.0
Authorization: Digest username="user1_private@home1.net",
               realm="registrar.home1.net",
               nonce=base64(RAND + AUTN + server specific data),
               algorithm=AKAv1-MD5,
               uri="sip:registrar.home1.net",
               response="6629fae49393a05397450978507c4ef1"
```

P-CSCF 将 SM8 中的鉴权响应转发给 I-CSCF，由 I-CSCF 向 HSS 询问 S-CSCF 的地址

后，在 SM9 中将鉴权响应转发给 S-CSCF。

SM8 和 SM9 中包含与认证相关的信息。由于 P-CSCF 与 UE 之间已经建立起完整性保护机制，所以 P-CSCF 在 Authorization 消息头中增加 integrity-protected 字段，并将其值设为"yes"。

```
REGISTER sip:registrar.home1.net SIP/2.0
Authorization: Digest username="user1_private@home1.net",
               realm="registrar.home1.net",
               nonce=base64(RAND + AUTN + server specific data),
               algorithm=AKAv1-MD5,
               uri="sip:registrar.home1.net",
               response="6629fae49393a05397450978507c4ef1"
               integrityprotected="yes"
```

在收到 SM9 后，S-CSCF 检查收到的 RES 与激活的正在使用的 XRES 是否相同，若相同，则用户通过认证，IMPU 成功注册到该 S-CSCF 中。如果 IMPU 当前没有被注册，则 S-CSCF 将发送 Cx-Put 到 HSS 以更新注册标志为 Registered。如果 IMPU 当前已注册，则注册标志不变。

当 IMPU 被成功注册后，该注册将在一段时间内有效。为此，UE 和 S-CSCF 将会分别设定一个定时器，但 UE 的超时时间比 S-CSCF 的要短，这是为了使 UE 的注册不中断。当已注册的 IMPU 重注册成功后，注册超时时间将被更新。

11.2.2　鉴权向量的生成和 ISIM

在 IMS 的安全体系中，用户 UE 和 IMS 网络间共享的秘密数据是长期密钥 K 和 AKA 算法，这是 IMS 网络用户接入安全性的基础。在 IMS 网络一侧，长期密钥 K 和 AKA 算法由鉴权中心（Authentication Center，AuC）保存提供。在前文提到的 AKA 认证过程中，由 AuC 向 S-CSCF 提供的五元组鉴权向量<RAND, XRES, CK, IK, AUTN>就是由保存在 AuC 中的长期密钥 K 和 AKA 算法计算得到的，参见"3G 安全机制"中鉴权向量的生成。

在 UE 端，长期密钥 K 和 AKA 算法由 ISIM 或 USIM 保存提供，参见"3G 安全机制"中 USIM 中鉴权处理原理。

通常，ISIM 被嵌入到一个智能卡的设备（UICC，通用集成电路卡）中，在需要时，ISIM 根据保存的算法和长期密钥 K 进行相关的运算并输出结果。UICC 分以下几种情况。

- 在一个 UICC 设备上同时集成了 USIM 和 ISIM 的应用，并且它们之间互不共享，各自独立运作。
- 在一个 UICC 设备上同时集成了 USIM 和 ISIM 的应用，但它们彼此间共享安全功能。此时，鉴权长期密钥 K、认证算法函数和序列号检查都是可以共享的，并且, 网络侧的鉴权中心（AuC）也必然是被 CS/PS/IMS 三个域共享的。特别是, 当序列号检查机制被共享时, 为了避免由同步错而导致的认证失败率显著上升, 鉴权中心必须能够对 CS/PS/IMS 三个域维护不同的序列号空间, 详细内容参见 3GPP TS 33.102 中 Annex C.2。

● 在 UICC 设备上仅有 USIM 应用, 利用 USIM 应用的安全功能代替 ISIM 服务于 IMS 网络的安全接入。ISIM 和 USIM 的安全功能基本相同, 参见 5.5 节了解用户标识的转换。

为了支持 IMS 网络的用户接入安全, ISIM 在安全方面的数据和功能包括: 用户的私有标识 IMPI、至少一个用户的公有标识 IMPU、归属网络域名、支持对 IMS 域上下文中的序列号（Sequence Number）检查、AKA 算法框架和鉴权长期密钥 K。鉴权 / 认证过程中的临时数据从不被保存在 ISIM 上。

11.2.3　用户的重认证

在 Gm 接口上没有被进行完整性保护的 SIP 注册请求被认为是初始注册, 所有初始注册总是需要被认证的。当用户完成初始注册后, 运营商可以制定策略由 S-CSCF 决定在什么条件下触发一次用户重认证。一般情况的重注册是不需要认证的, 但进行重认证的重注册一定包含一个完整的认证过程, 且该认证过程与初始注册时的认证过程是一样的。

11.2.4　完整性保护

Gm 接口上的 SIP 信令需要进行有效的完整性保护, 以防止消息内容被恶意篡改, 在 3GPP 的规范中, SIP 消息的完整性保护是必需的, 其具体机制如下:

① 在注册过程中, 完成 UE 和 P-CSCF 之间完整性保护算法的协商, 具体细节参见 IETF RFC3329 和 3GPP TS 33.203;

② 在注册过程中, 通过 AKA 鉴全机制, 完成 UE 和 P-CSCF 之间完整性保护密钥 IK 的协商;

③ 通过完整性保护算法和密钥, UE 和 P-CSCF 都会验证各自所收到的数据是否完整, 没有被篡改过。

UE 和 P-CSCF 间 SIP 信令的完整性保护是在 IP 传输层上进行的, 即把传输 SIP 信令的 IP 包整个地当作被保护对象, 由完整性保护算法加以处理, 整个过程符合 IPsec ESP 机制。

注册鉴权成功后, UE 和 P-CSCF 间将建立两个单向的安全联盟 SA, 每个 SA 由 TCP 和 UDP 共享, 其中一个 SA 由用户 UE 指向 P-CSCF; 而另一个 SA 则由 P-CSCF 指向 UE。完整性保护算法和密钥 IK 都是 UE 和 P-CSCF 之间安全联盟的一部分, 且被两个单向的

SA 共用。

11.2.5　网络拓扑隐藏

运营商网络的运作细节和拓扑结构是敏感的商业信息，运营商很难与其竞争对手共享这些信息。与此同时，运营商还需要防备一些恶意攻击者利用这些信息对其网络进行恶意攻击，因此运营商需要有能力隐藏这些敏感信息。然而，在某些情况下（如合作伙伴关系），这些信息的共享是适当的和必要的。因此，运营商应当制定相应的策略，决定在什么情况下隐藏其网络的拓扑结构，包括隐藏 S-CSCF 的数量、S-CSCF 的地址和 S-CSCF 乃至整个网络的能力等。

拓扑隐藏的机制必须支持这样的场景：P-CSCF 对用户 UE 隐藏运营商网络的拓扑信息；S-CSCF 对第三方 AS 隐藏运营商的网络拓扑信息；I-CSCF 对其他运营商网络隐藏其运营商网络的拓扑信息；IBCF 对其他运营商网络隐藏其运营商网络的拓扑信息。这些网元设备对流经的 SIP 信令中所包含的敏感信息进行删除、替换和加密／解密等处理来达到网络拓扑隐藏的目的。

具体到 I-CSCF 的网络拓扑隐藏能力来说，其主要原理如下：

① 所有的 I-CSCF 都共享同一个加解密算法和密钥。

② 当 I-CSCF 向外网转发 SIP 请求或响应时，它将对 SIP 消息中 Via、Route、Record-Route、Service-Route 和 Path 等头域中的敏感信息（如 S-CSCF 的地址）进行加密隐藏。

③ 当 I-CSCF 从外网收到一个 SIP 请求或响应时，I-CSCF 将对消息中被加密的内容进行解密还原。

④ 当用户 UE 处于拜访网络时，拜访地的 P-CSCF 会收到加密后的 SIP 消息，但 P-CSCF 没有密钥，无法对它们进行解密。

11.2.6　IMS 网络中的私密性保护

用户 UE 的私有用户标识 IMPI 需要保密，一般情况下不能以明文传输。当需要传递身份信息时，由公有用户标识 IMPU 代替。

IMS 中 SIP 协议自身的私密性保护，需要借助 3GPP TS 23.228、TS 24.228、TS 24.229、RFC3323 和 RFC3325 中所描述的私密性保护机制来达到隐藏用户某些关键信息的目的。在 3GPP 的规范中，SIP 消息的私密性保护是可选的。

另外，从私密性的角度看，IMS 网络应该是一个相对封闭的网络，可由安全网关实现边界的隔离。

11.3　安全联盟（SA）的建立

为了保护 Gm 接口上 SIP 信令的安全，在 Gm 接口上 3GPP 采用了 IPsec ESP 的机制。这就要求在 UE 和 P-CSCF 之间需进行特定的安全机制协商，完成 IPsec ESP 有关参数的交换，最终为 IPsec ESP 建立安全联盟（Security Association，SA）。

在 IMS 中，IPsec SA 的建立是伴随着用户注册和认证的过程完成的，因此，每次重认证过程都要为 IPsec 建立新的 SA。

11.3.1　IPsec 原理简介

IPsec 是由 IETF 组织定义的、在 IP 层对数据进行安全性保护的一套机制。根据其处理方式的不同，IPsec 可分为 IPsec AH（Authentication Header）和 IPsec ESP（Encapsulating Security Payload）两种形式。IPsec ESP 可以提供数据的完整性和私密性双重保护，而 IPsec AH 仅能提供数据的完整性保护。

IP sec ESP 可以工作在隧道模式（Tunnel Mode）和传送模式（Transport Mode）。

图 11-8 描述了 IP sec ESP 隧道模式的实现机制。

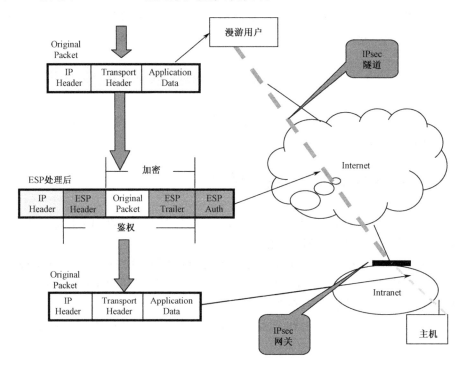

图 11-8　IPsec ESP 隧道模式实现机制

11.3.2　安全联盟（SA）的含义

安全联盟（SA）是 IPsec ESP 机制在工作过程中所需要的、在数据的发送端和接收端协商同意的一组参数集合的俗称。SA 是单向的，所以在请求–响应的通信模式下，需要在收发双方间建立两个单向的、方向相反的 SA，如图 11-9 所示。

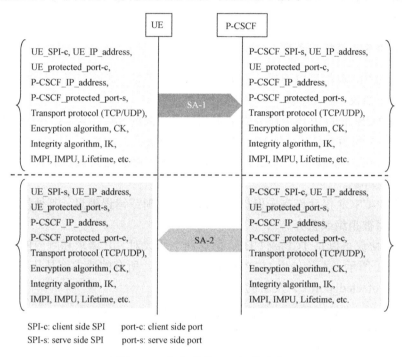

图 11-9　安全联盟（SA）的含义

所以，安全联盟（SA）的建立过程，就是通过某种协商机制，在收、发双方间交换彼此的参数，最终形成双方统一的参数集（即安全联盟）供 IPsec ESP 使用的过程。

（1）SPI（安全参数索引）

SPI 由 UE 或 P-CSCF 在本地创建，可以看作本地安全参数集的唯一索引标识。在 UE 或 P-CSCF 中，SPI 是本地唯一的，不能与任何已经存在的流出数据流 SA 或流入数据流 SA 中的 SPI 相同。在每个单向的 SA 中，发送端和接收端各有一个 SPI，即发送端的 SPI（SPI-c）和接收端的 SPI（SPI-s），分别在各自的本地标识同一个 SA，且 SPI-s 不能与 SPI-c 相同。

（2）加密算法（Encryption algorithm）

加密算法用于私密性保护，可选的算法有 DES-EDE3-CBC（参见 IETF RFC2451）和

AES-CBC（参见 IETF RFC3602）。密钥 CK 必须是 128 位长。UE 和 P-CSCF 都需要支持这两种加密算法。

（3）完整性保护算法（Integrity algorithm）

完整性保护算法用于完整性保护，可选的算法有 HMAC-MD5-96（参见 IETF RFC 2403）或 HMAC-SHA-1-96（参见 IETF RFC2404）。密钥是 IK，UE 和 P-CSCF 都需要支持这两种算法。

（4）特定的 SIP 流标识参数

每个特定的 SIP 流都可以通过一个五元组<源 IP 地址、源端口号、目的 IP 地址、目的端口号、传输层协议>唯一标识。

① UE 和 P-CSCF 的 IP 地址被分别绑定到两个单向的 SA，即由 UE 到 P-CSCF（P-CSCF 流入数据）的 SA 和由 P-CSCF 到 UE（P-CSCF 流出数据）的 SA。从 UE 发往 P-CSCF 的注册请求的 IP 包头中的源和目的 IP 地址，必须与 P-CSCF 流入数据的 SA 中所绑定的 IP 地址相同，反之亦然。

② UE 和 P-CSCF 仅允许在未保护的端口接收注册或错误消息，其他没有到达被保护端口的消息都将被拒绝或丢弃。

③ 传输层协议可以是 TCP 或 UDP，但这两个协议对 SIP 请求和响应的路由方式稍有不同，如表 11.1 所示。不论使用 UDP 还是 TCP 协议，所有的请求都是从 UE 受保护的客户端口（UE_protected_port-c）发出的。

表 11.1　UE 和 P-CSCF 之间请求和响应的路由方式

使用 UDP 协议	使用 TCP 协议
SA-1:　UE ——来自UE的请求和响应——→ P-CSCF SA-2:　UE ←——去往UE的请求和响应—— P-CSCF	SA-1: UE { ——来自UE的请求——→ ←——对UE请求的响应—— } P-CSCF SA-2: UE { ←——去往UE的请求—— ——对UE请求的响应——→ } P-CSCF
所对应的响应要根据 Via 消息头中指示的 IP 地址和端口号来路由	并不使用 Via 消息头中的信息来路由响应，而是将所对应的响应沿原路回送到该 TCP 连接的 IP 地址和端口号

11.3.3　安全联盟的建立过程

安全联盟的建立过程基于 IETF RFC3329 和 3GPP TS 33.203，本节仅给出了正常情况下的流程，如图 11-10 所示。为了简化，省略了一些节点和消息，因此消息序号是不连续的，I-CSCF 也被省略了。

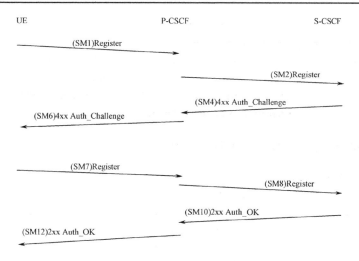

图 11-10　安全联盟成功建立的流程

为了开始对安全机制进行协商，并最终建立安全联盟，UE 在其初始 Register 消息 SM1 中包含 Security-Client 消息头，在该消息头中包含了 UE 端所支持的安全机制（如 tls 或 ipsec-3gpp）、UE 所选择的 SPI（UE_SPI-c 和 UE_SPI-s）、被保护端口（UE_protected_port-c 和 UE_protected_port-s）、UE 支持的私密性保护算法（Encryption Algorithm）和完整性保护算法（Integrity Algorithm）列表等信息。私密性保护算法和完整性保护算法的列表是按优先级排序的。

SM1 中与安全联盟建立相关的消息内容是：UE 在 SIP 消息中包含 Require 和 Proxy-Require 两个头域，并且设定为"sec-agress"，要求 P-CSCF 必须支持并进行 SIP 安全机制协商。

SM1 中与安全联盟建立相关的消息内容示例如下：

```
REGISTER sip:registrar.home1.net SIP/2.0
To: <sip:user1_public1@home1.net>
Require: sec-agree
Proxy-Require: sec-agree
Authorization: Digest username="user1_private@home1.net",
              realm="registrar.home1.net", nonce="",
              uri="sip:registrar.home1.net", response=""
Security-Client: tls, ipsec-3gpp; alg=hmac-sha-1-96;
              spi-c=23456789; spi-s=12345678;
              port-c=2468; port-s= 1357
```

接收到 SM1 后，P-CSCF 将保存 Security-Client 消息头中的参数、IMPI 和 IMPU，并从 IP 包头中的源地址得到 UE 的 IP 地址，然后将消息 SM2 发送到 S-CSCF。

SM2 中与安全联盟建立相关的消息内容如下：

```
REGISTER sip:registrar.home1.net SIP/2.0
To: <sip:user1_public1@home1.net>
Authorization: Digest username="user1_private@home1.net",
               realm="registrar.home1.net", nonce="",
               uri="sip:registrar.home1.net", response="",
               integrity-protected="no"
```

SM4 中与安全联盟建立相关的消息内容如下：

```
SIP/2.0 401 Unauthorized
To: <sip:user1_public1@home1.net>; tag=5ef4
WWW-Authenticate: Digest realm="registrar.home1.net",
               nonce=base64(RAND + AUTN + server specific data),
               algorithm=AKAv1-MD5,
               ik="00112233445566778899aabbccddeeff",
               ck="ffeeddccbbaa11223344556677889900"
```

收到 SM4 后，P-CSCF 将 S-CSCF 发送的密钥 IK 和 CK 保存。然后选择自己的 SPI（P-CSCF_SPI-c 和 P-CSCF_SPI-s）和被保护的端口（P-CSCF_protected_port-c 和 P-CSCF_protected_port-s），并且对 UE 端支持的安全机制（如 tls 或 ipsec-3gpp），根据自己的能力和偏好设定相应的优先级（q 值、q 值小于 1、q 值大优先级高）。

接着 P-CSCF 在发送到 UE 的 SM6 中包含 Security-Server 消息头，在该消息头中包括 P-CSCF 所支持的安全机制（如 tls 或 ipsec-3gpp）及其对应的优先级 q 值、P-CSCF 所选择的 SPI、被保护的端口、P-CSCF 所支持的私密性保护算法和完整性保护算法列表等信息。私密性保护算法和完整性保护算法的列表同样也是按优先级排序的。

对算法的列表进行优先级排序，是为了能决定私密性保护算法和完整性保护算法的选择，UE 或 P-CSCF 将自己的优先级列表与接收到的对方的优先级列表相对照，选择双方共同支持的优先级高的算法。至此，P-CSCF 端两个单向 SA 所涉及的参数都已经具备了。

SM6 中与安全联盟建立相关的消息内容如下：

```
SIP/2.0 401 Unauthorized
WWW-Authenticate: Digest realm="registrar.home1.net",
               nonce=base64(RAND + AUTN + server specific data),
               algorithm=AKAv1-MD5
Security-Server: tls; q=0.1; ipsec-3gpp; q=0.2; alg=hmac-sha-1-96;
               spi-c=98765432; spi-s=87654321;
               port-c=8642; port-s=7531
```

在接收到 SM6 后，UE 根据 q 值的大小决定所选用的安全机制，根据算法列表的优先级顺序决定私密性保护算法和完整性保护算法，在认证的基础上生成自己本地的 IK 和 CK。

至此，UE 端两个单向 SA 所涉及的参数都已经具备了。在 UE 和 P-CSCF 间两个单向的安全联盟（SA）已经初步建立。

　　UE 将对 SM7 及以后的 SIP 消息进行私密性和完整性保护。在 SM7 的注册消息中，将包含与 SM1 中完全一样的 Security-Client 消息头；另外，将从 SM6 中接收到的 Secuirty-Server 消息头的内容完整地复制到 Security-Verify 消息头中并发送到 P-CSCF。

　　SM7 中与安全联盟建立相关的消息内容示例如下：

```
REGISTER sip:registrar.home1.net SIP/2.0
To: <sip:user1_public1@home1.net>
Require: sec-agree
Proxy-Require: sec-agree
Authorization: Digest username="user1_private@home1.net",
               realm="registrar.home1.net",
               nonce=base64(RAND + AUTN + server specific data),
               algorithm=AKAv1-MD5,
               uri="sip:registrar.home1.net",
               response="6629fae49393a05397450978507c4ef1"
Security-Client: tls, ipsec-3gpp; alg=hmac-sha-1-96;
                 spi-c=23456789; spi-s=12345678;
                 port-c=2468; port-s=1357
Security-Verify: tls; q=0.1; ipsec-3gpp; q=0.2; alg=hmac-sha-1-96;
                 spi-c=98765432; spi-s=87654321;
                 port-c=8642; port-s=7531
```

　　在接收到 SM7 后，P-CSCF 将检查 Security-Verfiry 消息头中的内容与 SM6 中 Security-Server 消息头中的内容是否一样，检查 SM7 和 SM1 中 Security-Client 消息头中的内容是否一样。如果这些检查不成功，则前面建立的两个单向 SA 将因为不可靠而被删除，并发送注册失败响应。检查成功后，P-CSCF 增加 integrity-protected=“yes”内容到 Authorization 消息头中，并将注册请求转发到 S-CSCF，即 SM8 消息。

　　SM8 中与安全联盟建立相关的消息内容如下：

```
REGISTER sip:registrar.home1.net SIP/2.0
To: <sip:user1_public1@home1.net>
Authorization: Digest username="user1_private@home1.net",
               realm="registrar.home1.net",
               nonce=base64(RAND + AUTN + server specific data),
               algorithm=AKAv1-MD5,
               uri="sip:registrar.home1.net",
               response="6629fae49393a05397450978507c4ef1",
               integrity-protected="yes"
```

　　收到 SM8 后，S-CSCF 完成对用户的认证，在用户认证通过后，发送成功响应消息 200 OK。

P-CSCF 和 UE 收到成功响应消息后，最终完成彼此间两个单向 SA 的建立，图 11.11 是一个如何使用两个单向 SA 进行通信的示例，并且使用 TCP 作为传输协议。

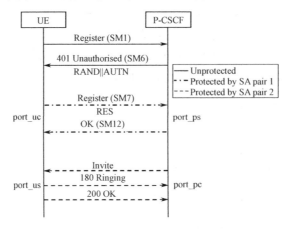

图 11-11　使用两个单向 SA 进行通信的示例（TCP 协议传输）

11.4　IMS 网络域的安全

网络域安全（NDS）是对 IMS 核心网的标准化的安全解决方案，其对核心网中所有的 IP 业务流进行安全保护，具体包括私密性保护、数据的完整性保护、认证和反重放攻击（Anti-replay）等。

11.4.1　基于 IP 传输的网络域安全（NDS/IP）

（1）安全域（Security Domain）

安全域是网络域安全中的一个核心概念，是一个由独立的权威机构管理的网络。在同一安全域内，有着典型的安全水平和安全服务。一个由单运营商运维的网络可构建一个安全域，尽管运营商可以将其网络细化为多个独立的子网。

（2）安全网关（Security Gateway）

安全网关（SEG）位于两个 IP 安全域之间，提供安全域的边界保护，以保证安全域内部网络实体的安全，同时还负责实施安全域的安全策略。安全网关将业务流通过隧道方式传送到已定义好的其他网络域。网络域中所有 IP 业务流在进入或离开安全域前都必须通过 SEG 的过滤。

（3）网络域安全体系

基于 IP 传输的 NDS（NDS/IP）的密钥管理和分配体系结构基于 IPsec IKE 协议。NDS/IP 体系结构最基本的思想就是提供逐跳的安全保护。逐跳安全机制的使用也简化了域内安全策略和域间安全策略的分离和实施。在 NDS/IP 中，只有安全网关负责与其他安全域中的实体进行直接通信。SEG 将在安全域间建立和维护隧道模式的 IPsec ESP 安全联盟。

基于 IP 传输的网络域安全体系如图 11-12 所示。首先，利用 IPsec IKE 机制对收发双方间的密钥进行协商和分配，然后再使用 IPsec ESP 机制对两者间传输的数据进行私密性和完整性保护。其中，Za 接口定义和描述安全域间的安全功能和行为；Zb 接口定义和描述安全域内网络实体间的安全功能和行为。

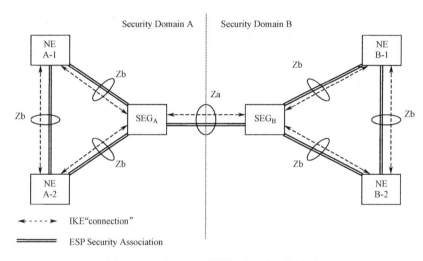

图 11-12　基于 IP 传输的网络域安全体系

① Za 接口（SEG-SEG 之间）：Za 接口覆盖了安全域间所有 NDS/IP 的业务。在 Za 接口上，认证和完整性保护是必须的，加密是推荐的。IPsec ESP 被用于提供认证、完整性保护和加密的功能。SEG 间使用 IPsec IKE 进行协商，建立和维护它们间 ESP 隧道的安全联盟。隧道建立后，用来转发安全域 A 和安全域 B 间的业务。安全网关间的 ESP 隧道通常一直保持可用，但也可以在需要时再建立。

② Zb 接口（安全域内 NE-NE 之间及 NE-SEG 之间）：Zb 接口是可选的，使用 IPsec IKE 和 ESP 协议机制。ESP 安全联盟作用于所有需要安全保护的域内通信业务。安全域管理员可决定是否在需要时再建立或预先建立安全联盟。

结合 IMS 网络的实际情形，有以下几种典型的网络域安全场景：

● P-CSCF 在拜访网络，拜访网络与归属网络间通过安全网关（SEG）互连，通过 Za 接口提供域间的安全保证，Zb 接口提供域内的安全保证。

- P-CSCF 在归属网络，此时 IMS 网元间符合 Zb 接口的安全特性。
- 应用服务器（AS）由归属域网络提供，此时 AS 与 CSCF 和 HSS 之间的通信符合 Zb 接口的安全特性。
- 应用服务器（AS）由第三方提供，此时 AS 与 CSCF 和 HSS 之间的通信需符合 Za 接口的安全特性。

11.4.2　IKE 协议

IKE（Internet Key Exchange，因特网密钥交换）协议的主要目的就是通过一套有效的密钥管理和分配机制，协商、建立和维护 IPsec ESP 工作所必需的安全联盟。Za 接口必须支持该协议，Zb 接口是可选的。

IKE 建立在 ISAKMP（Internet Association and Key Management protocol，网络联系和密钥管理协议）的框架基础上。ISAKMP 定义了在一对实体间如何以安全的方式进行信息传递以便进行密钥管理。

- IKE 阶段 1：IKE 安全联盟的建立（ISAKMP SA）——阶段 1 的 IKE SA 应该稳定，因为与之相关的 IPsec SA 是由它衍生而来的。
- IKE 阶段 2：IPsec 安全联盟的建立——对等层可以使用刚才建立的 IPSec 安全联盟来交换数据。

第 12 章　IMS 网络与 SBC

12.1　扩展的 IMS 架构和 SBC 的定位

在国际的 NGN 标准化工作中，ETSI TISPAN 直接采用 3GPP IMS 作为未来的核心网络。在 3GPP 与 TISPAN 联合工作下，目前 TISPAN NGN_IMS 取得不少的进展，如图 12-1 所示，TISPAN NGN 重用了 IMS 的体系结构，对核心实体 CSCF 和终端的功能提出不少新的要求，同时还扩展了 3GPP IMS 的网络结构，新增了 SGF 和 BGF 等实体以支持固定网络的业务。

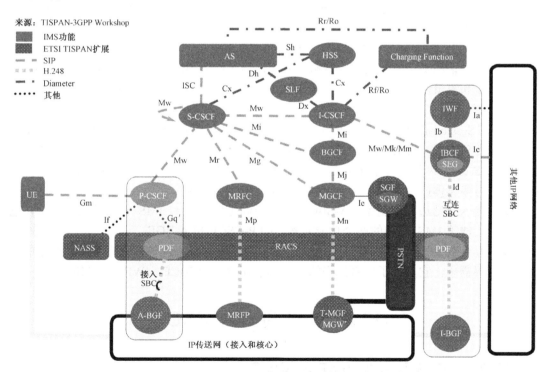

图 12-1　扩展的 IMS 架构（3GPP/ETSI TISPAN）及 SBC 的定位

- 协议互通功能（IWF）：在基于 SIP 的 IMS 网络与其他采用 H.323 或不同 SIP 模式的服务提供商网络间，支持协议互通。

- 互连边界控制功能（IBCF）：在不同的服务供应商网络间提供全面的边界控制。它利用信令信息，通过实现隐藏拓扑的网间网关（THIG）子功能为 IMS 核心提供安全功能。此项子功能执行基于信令的拓扑隐藏、IPv4 与 IPv6 互通及基于源和目的信令地址的会话过滤。当连接非 SIP 或非 IPv6 网络时，IBCF 还提供协议互通功能，IBCF 利用本地策略或利用与 ETSI TISPAN 的 RACS 接口，执行接入控制和带宽分配。IBCF 与 I-BGF 结合，控制传输层的边界，包括针孔防火墙和各种其他功能。
- 互连边界网关功能（I-BGF）：布署在服务提供商网络间控制 3 层和 4 层的传输边界，该项功能起到针孔防火墙和 NAT 设备的作用，保护服务提供商的 IMS 核心。它通过 IP 地址 / 端口上的包过滤及打开 / 关闭进入网络通道（针孔）来控制访问。它采用网络地址及端口翻译（NAPT）隐藏 IMS 核心中服务元素的 IP 地址 / 端口。媒体流的 QoS 包标记、带宽与信令速度监控、用量计量和 QoS 测量是由 I-BGF 支持的其他功能。
- 接入边界网关功能（A-BGF）：布署在用户和网络提供商网络间控制 3 层和 4 层的传输边界，它包含所有 I-BGF 的功能，此外，它为媒体流提供基于网络的 NAT 穿越。
- RACS（Resource and Admission Control Subsystem）的主要功能：接纳控制、资源预留和基于业务的本地策略控制等，通过控制 BGF，实现 NAT 控制、闸口控制和流量监控。RACS 包含 PDF 的功能。IBCF 通过 RACS 对 IBGF 进行间接控制；P-CSCF 通过 RACS 对 A-BGF 进行间接控制。

SBC（Session Border Controller）会话边界控制器已经在 IMS 网络部署中广泛应用。目前，虽然 SBC 这一个概念并没有正式出现在 3GPP/3GPP2/TISPAN 等标准化组织的规范中，在 IMS 标准中还没有明确定义，图 12-10 介绍了在扩展的 IMS 架构中 SBC 的定位，集成信令与多媒体控制 SBC 包括两种类型：A-SBC 和 I-SBC。

- 接入会话边界控制器（A-SBC）：用于满足用户接入 IMS 核心的边界要求，它集成了 IMS 结构的两个功能元素，即 P-CSCF 和 A-BGF。
- 互连会话边界控制器（I-SBC）：用于满足不同服务提供商网络互连或对连的边界需求，它集成了体系结构的 3 个功能元素，即 IBCF、IWF 和 I-BGF。

12.2　NAT 穿越和 SBC

12.2.1　IMS 网络中 NAT 穿越问题

NAT 技术最初产生是为了解决互联网络 IPv4 地址不足的问题，随着 NAT 的广泛部署应用，很多企业和用户驻地网部署 NAT 的另外一个原因是，其能够提供一些安全保护机制。NAT 可以有效隐藏网络内部地址和网络内部拓扑结构，在一定程度上实现内部网络向外部网络的物理屏蔽。

随着 VoIP 协议 SIP 等的引入，一个会话的路由将分为网络层路由和应用层会话路由两部分。当这些私有网络用户要接入 IMS 网络时，信令和媒体流将途经 NAT 设备。普通的 NAT 只能进行网络层和传输层的地址翻译，对应用层 SIP 和 RTP 协议是不感知的，因此会导致应用层与网络层地址信息不一致。这一问题使位于私网编址域内的各种终端设备接入 IMS 网络时需要解决的 NAT 穿越问题。

如图 12-2 所示，UE1 的私网地址是 10.1.2.3，在 Register 注册中，NAT 设备并没有修改 SIP 应用层的 Contact 地址，注册成功后，在 CSCF 中有 "UE1 的 SIP URI 与私网地址 10.1.2.3 绑定关系"。当 UE1 作为被叫时，CSCF 根据 Invite 请求中的私网地址无法做进一步路由，呼叫失败。

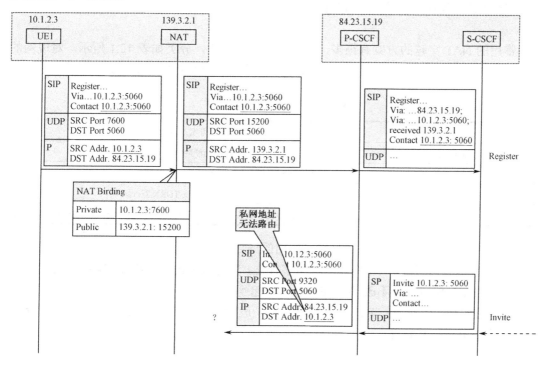

图 12-2　SIP 请求中私网地址不可达

如图 12-3 所示，当 UE1 发起对 UE2 的呼叫时，Invite 消息中 SDP 的 Connection IP 是私网地址 10.1.2.3，NAT 设备并没有修改 SDP 内容。UE2 到 UE1 的 RTP 流无法根据私网地址进行路由，呼叫失败。

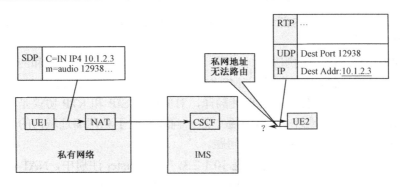

图 12-3　RTP 流中私网地址不可达

12.2.2　NAT 穿越解决方案

常用的 NAT 穿越的方案有很多，根据对现网的影响，分类如表 12.1 所示。对现网的影响包括对 NAT 设备、Client 端、Server 端的影响，以及是否额外增加处理设备。

表 12.1　NAT 穿越方案列表

NAT 穿越方案	方案对现网影响
应用层网关（Application Layer Gateway，ALG）	需要修改 NAT 设备，ALG 功能驻留其中，完成 SIP 消息修改
Midcom	需要修改 NAT 设备及增加 IMS Server 对 Midcom 的处理
STUN，TURN 和 ICE	需要 client 端支持及增加 STUN 或 TURN Server
SBC	只需要增加 SBC 设备，SBC 处理 SIP 信令和媒体流，完成 IP 地址翻译

根据 NAT 穿越方案对现网的影响，适用的场合有所不同。
- 在 IMS 网络部署中，终端和业务多样化，当使用 SBC 时，终端、NAT 设备和 IMS 设备都可以保持不改动。SBC 还可以起到拓扑隐藏和安全等作用。
- 在 P2P 应用领域，P2P 为动态网络，一般使用修改 Client 端的方案，如 STUN、TURN 和 ICE 等。

12.2.3　SBC 解决方案

SBC 一般被部署在核心网的边缘，SBC 管理域内的所有终端都向 SBC 注册，并定时发送 Keep Alive 消息维持信令通道和 NAT Binding 的存在。UE1 属于 SBC1 的管理域，需要通过 SBC1 实现注册和通信业务。

如图 12-4 所示，当 UE1 发起向 UE2 的呼叫时，Invite 消息中 Contact 参数和 SDP 中 Connection 参数的 IP 地址都是 UE1 的私网地址 192.168.0.2。SBC 分析应用层 SIP 协议，

将其中的信令地址和媒体地址替换为 SBC 本机地址 70.2.1.1 并分配临时标识转发给 IMS 网络。SBC 终结了 UE1 端的会话并向 IMS 网络发起新的会话，属于 SIP 消息的 B2BUA 处理模式。在外界看来，呼叫似乎是由 SBC 发起的而不是隐藏在 SBC 之后的终端发起的。

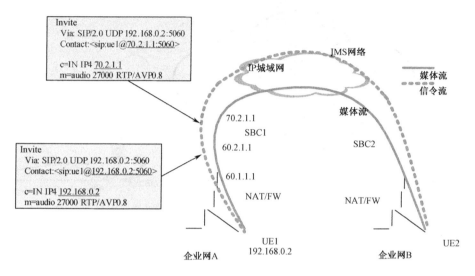

图 12-4　SBC 解决 NAT 穿越示例

由于 SBC 一侧与 IMS 网络相连，一侧与 UE1 的企业网的 NAT/FW 设备相连，SBC 成了 UE1 在 IMS 网络中的完全代理，解决了 NAT 穿越问题。

12.3　IMS 网络部署和 SBC

图 12-5 为 IMS 网络部署案例。网络依次分为终端层、接入层、IP 核心网层、IMS 控制及业务层。IMS 以 IP 分组网络作为承载，独立于接入技术，可以通过 GPRS 接入，还可以有其他接入方式，如 WiMAX、WiFi、xDSL 和 LAN 等。IMS 作为融合 IP 网络中的统一的呼叫控制核心，为固定和移动用户提供基本 VoIP 业务、视频业务、呈现、消息、组管理、Centrex 和会议等业务。

IMS 网络可以划分为多个逻辑分离的 IP 网络，接入网有 GPRS 接入网、WiMAX 接入网、WiFi 接入网、ADSL 接入网、LAN 接入网，IMS 核心网分别采用不同的 IP 地址格式和地址域空间。IP 地址域可以是物理分离的 IP 网络或 IP VPN。IP 地址域的互通点是防火墙或 NAT 设备或 SBC。在图 12-5 的 IMS 网络部署案例中，在接入网和 IMS 核心网间采用 SBC（Session Border Controller）设备。

SBC 在 IMS 网络的实际部署中非常重要。SBC 位于 IMS 网络边缘，作为 IMS 核心网的信令代理和媒体代理，用户终端和 IMS 网络之间的所有信令消息以及用户终端之间的所有媒体消息都需要经过该设备进行转接。SBC 层形成了 SIP 信令流和 RTP 媒体流的汇集。当终端接入时，获得的 IMS 网络入口点的地址可以是 SBC 的地址。SBC 的主要功能有实现 NAT 穿越、接入控制、QoS 管理和安全等。

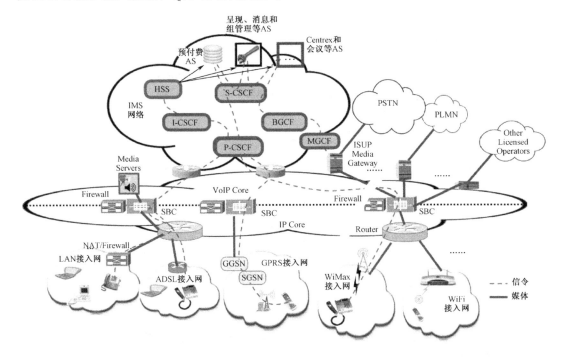

图 12-5　IMS 网络部署示例

第 13 章　IMS 业务

13.1　IMS 业务特点

  IMS 核心网能够提供完善的业务触发管理机制,通过 IMS 网络能够提供强大的业务功能。IMS 业务具有业务多样化、终端智能化、业务融合化的特点。

  随着用户需求的不断增加,未来移动通信业务呈现多样化的发展趋势,开始从单一服务向多种服务转变。运营商开始注重提供差异化业务以增强竞争力,进行不同的市场细分和内容分类,针对不同的细分市场提供灵活的业务分类,业务更新速度加快。运营商能够基于 IMS 开发种类繁多的业务,包括各种补充业务、Centrex 业务、多媒体彩铃业务、多媒体会议业务、呈现业务、组管理业务、即时消息业务和 PoC 业务等。

  终端智能化是 IMS 业务发展的重要环节,终端支持 SIP 协议,使用 SIP 协议实现端到端的服务。IMS 业务种类多,变化快,在 IMS 网络架构下,业务的智能功能大都是由应用服务器和终端来实现的,很多新业务的实现都需要终端软件的配合,如图 13-1 所示。

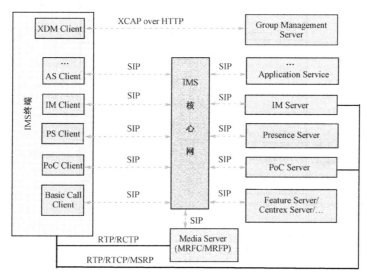

图 13-1　IMS 智能终端对 IMS 业务的支持

13.2　补充业务——呼叫转移

在 IMS 网络中，补充业务由特征业务服务器（AS-Feature Server）来控制实现。下面介绍无条件呼叫转移实现流程，如图 13-2 所示。用户 A 虽然在 HSS 签约了补充业务，但在 AS 并未设置业务属性；用户 B 在 HSS 签约了补充业务，在 AS 设置的业务属性是无条件呼叫转移（CFU）到用户 C；用户 C 未签约任何业务。

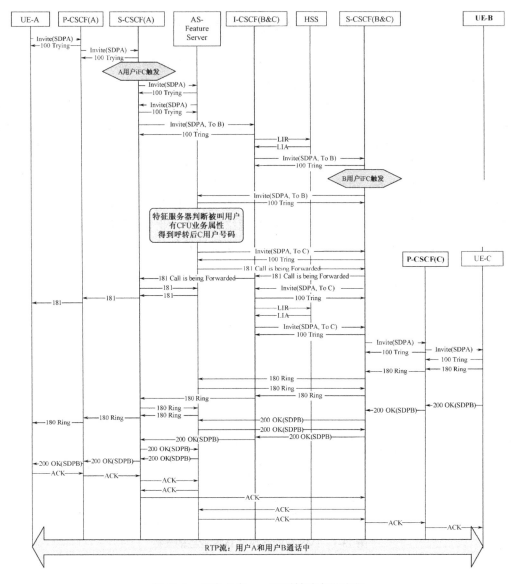

图 13-2　补充业务——呼叫转移实现流程

① 主叫用户 UE-A 的呼叫请求 Invite 消息通过 P-CSCF（A）被送到 S-CSCF（A）。

② S-CSCF（A）根据用户签约的 iFC 将 Invite 请求发送到 AS-Feature Server。AS-Feature Server 未进行业务处理，向 S-CSCF（A）回送 Invite 消息。

③ S-CSCF（A）根据被叫号码进行路由，将 Invite 请求消息发送给被叫用户所在的 I-CSCF（B）。

④ I-CSCF（B）收到 Invite 请求后，通过 Cx 操作 LIR/LIA 获取为被叫用户服务的 S-CSCF（B），并将 Invite 消息发送给 S-CSCF（B）。

⑤ S-CSCF（B）收到 Invite 请求后，根据用户 B 签约的 iFC 信息，将请求触发到 AS-Feature Server。因为用户 B 的业务属性是 CFU，且呼转到用户 C，所以 AS-Feature Server 改变 Invite 消息中的 Request URI 为 C 的 URI 地址，并将该消息发送回 S-CSCF（B），AS-Feature Server 发送 181 Call is being Forwarded 消息给主叫 A，提示 A 用户呼叫转移事件。

⑥ S-CSCF（B）收到 AS-Feature Server 的 Invite 请求后，因为 Request Uri 为 C 的 URI 地址，所以发起对用户 C 的呼叫。S-CSCF（B）根据 C 的被叫号码进行路由，将 Invite 请求消息发送给被叫用户所在的 I-CSCF（C）。

⑦ I-CSCF（C）收到 Invite 请求后，通过 Cx 操作 LIR/LIA 获取为被叫用户服务的 S-CSCF（C），并将 Invite 消息发送给 S-CSCF（C）。

⑧ S-CSCF（C）收到 Invite 请求后，因为无 iFC 触发，直接将消息转给 P-CSCF（C）。

⑨ 通过后续的 180 和 200 OK 消息交互，用户 A 和用户 C 间的会话建立。

13.3　Centrex 业务

Centrex 业务是为集团用户提供的业务，它将集团用户划分为一个用户群，提供丰富的业务功能，如内部短号互拨功能等。下面介绍基于 IMS 的 IP-Centrex 业务群内呼叫实现流程，如图 13-3 所示，用户 A 和用户 B 都在 HSS 签约了 Centrex 业务，并且在 Centrex AS 配置了长短号码的对应关系。用户 A 可以拨打用户 B 的短号码，用户 B 显示用户 A 的短号码。

① 主叫用户 UE-A 的呼叫请求 Invite 消息通过 P-CSCF（O）被送到 S-CSCF（O）。

② S-CSCF（O）根据用户签约的 iFC 将 Invite 请求发送到 Centrex AS。

③ Centrex AS 检查主叫用户为某一 Centrex 群组用户。根据被叫用户号码，确定该次呼叫为群内呼叫。如果被叫号码为短号，查询长、短号对照表，得到被叫用户 B 的长号地址。

④ Centrex AS 向 S-CSCF（O）发送 Invite 消息，其中 Request URI 为被叫用户的真实号码，即长号码。

⑤ S-CSCF（O）根据被叫号码进行路由，将 Invite 请求消息发送给被叫用户所在的 I-CSCF（T）。

⑥ I-CSCF（T）收到 Invite 请求后，通过 Cx 操作 LIR/LIA 获取为被叫用户服务的 S-CSCF（T），并将 Invite 消息发送给 S-CSCF（T）。

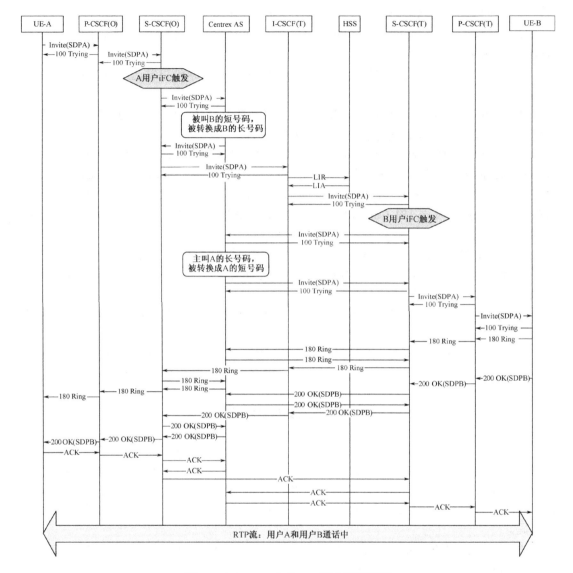

图 13-3　Centrex 业务——群内呼叫流程

⑦ S-CSCF（T）收到 Invite 请求后，根据用户 B 签约的 iFC 信息，将请求触发到 Centrex AS。如果被叫用户 B 的属性是显示短号码，则 Centrex AS 将主叫用户 A 的短号码信息包含在 Invite 消息中。

⑧ S-CSCF（T）接收 Centrex AS 的 Invite 请求，并将请求通过 P-CSCF（T）路由至被叫用户 UE-B。

⑨ 通过后续的 180 和 200 OK 消息交互，用户 A 和用户 B 间的会话建立。

13.4 多媒体彩铃业务

IMS 域彩铃业务可以包括语音彩铃和视频彩铃，所以称为多媒体彩铃。彩铃业务属于被叫业务，由被叫用户签约申请。在 IMS 网络中，彩铃业务应用服务器（AS-RingBackTone）负责控制业务逻辑，指示控制媒体服务器（Media Server）播放音乐或一段视频，图 13-4 为 IMS 域中彩铃业务流程示例，图中只列出了和业务触发紧密相关的 S-CSCF 部分，对其他部分进行了省略。

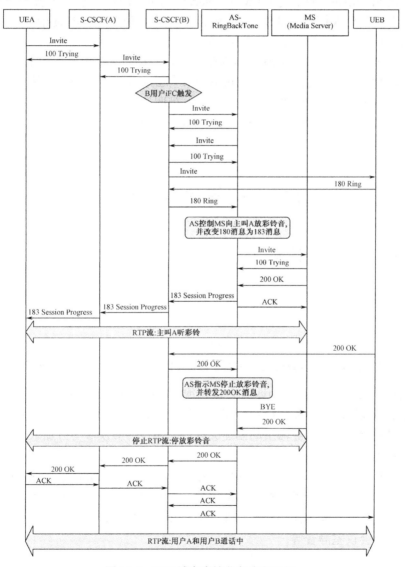

图 13-4 IMS 域中彩铃业务流程示例

用户 B 申请了彩铃业务，当主叫用户 A 发起 IMS 呼叫到被叫用户 B，且被叫可接收 IMS 来话时，彩铃业务被触发。当主叫用户 A 等候被叫用户接听电话时，普通的回铃音将会由被叫用户定制的音乐或视频替代。

① 彩铃业务在被叫方的 S-CSCF（B）被触发，Invite 消息被路由到彩铃应用服务器 AS-RingBackTone。

② 用户 B 可达，回 180 Ring 消息。

③ 当 180 Ring 消息途经 AS-RingBackTone 时，彩铃服务器的操作如下：

● 通过 SIP Invite 消息，控制 Media Server 向主叫用户 A 放彩铃音；

● 向主叫用户 A 回送 183 Session Progress 消息，而非 180 Ring 消息。

④ 当被叫用户 B 摘机应答后，发送 200 OK 消息。

⑤ 当 200 OK 消息途经 AS-RingBackTone 时，彩铃服务器的操作如下：

● 通过 SIP BYE 消息，控制 Media Server 停止向主叫用户 A 放彩铃音；

● 向主叫用户 A 回送 200 OK 消息，指示被叫应答。

⑥ 主叫用户 A 接收 200 OK 消息，并回送 ACK 消息到被叫用户 B。这样，用户 A 和用户 B 间的会话建立。

13.5　多媒体会议业务

13.5.1　多媒体会议简介

综合多媒体会议是提供音频、视频、数据协同功能并具有多方控制能力的综合型会议。

多媒体 { 音视频会议：音频会议和视频会议

会议 { 数据会议：电子白板、应用共享、网页协同、文件传输、电子投票和会议议程

按照发起方式来分，可以分为即时会议和预约会议。即时会议是随时可以召开的会议；预约会议需要通过管理系统预先指定会议的开始时间、持续时长及会议的参与方等信息，当到达开始时间时，会议服务器主动创建会议，并邀请各会议参与方加入会议。

会议的角色可以分为普通参与方和主持人。普通参与方可以执行会场中的基本功能，主持人除了具有普通参与方可以进行的操作以外，还具有执行会场管理控制的功能。

会场控制功能包括申请发言权、申请数据操作权和控制权、申请主持人权限、授予 / 取消参与方的数据操作权 / 控制权、允许 / 禁止某参与方查看其他参与方的视频、锁定 / 解锁会场，以及会议室静音等。

13.5.2　Web 会议建立流程示例

图 13-5 为 Web 即时视频会议建立流程示例。Conference AS 负责会场控制、媒体控制和用户控制。AS 与 MS（Media Server）的接口是 SIP，用 SIP 承载的 SDP 完成媒体通道（如音频媒体通道、视频媒体通道、白板媒体通道和投票媒体通道等）的申请、修改及关闭等控制。媒体服务器（Media Server）作为会议桥，实现混音功能。在这种会议方式中，当用户是作为被叫加入会议时，不需要在 HSS 签约。

图 13-5　Web 即时会议建立流程示例

① 用户 A 通过 Web Portal 发起 Web 即时视频会议，用户 A 为会议主持人角色，会议参与方有用户 B 和用户 C。Web Portal 把创建会议的信息传递给会议服务器 Conference AS。

② Conference AS 向主持人 A 发送 Invite 消息，用户 A 的终端 UE-A 回应 200 OK 消息以应答会议呼叫。200 OK 消息中带有终端 A 视频能力的 SDP。

③ Conference AS 收到用户 A 返回的 200 OK 消息后，通过 SIP Invite 消息向 MS 申请视频会议会场，并把主持人 A 加入会场。UE-A 与 MS 间的 RTP 视频通道建立。

④ Conference AS 相继邀请参与方用户 B 和用户 C 加入会场。UE-B 与 MS 间 RTP 媒体流建立，UE-C 与 MS 间 RTP 视频通道建立。

⑤ 这样，UE-A、UE-B 和 UE-C 分别建立了与 MS 间的 RTP 视频通道，MS 作为视频会议桥，使得视频通道在主持人 A、参与方 B 和 C 间畅通。三方视频会议成功建立。

13.6　呈现业务（Presence Service，PS）

13.6.1　Presence 业务概念

Presence 是一种业务能力，它允许用户去发布自己的 Presence 信息，允许一个用户去查询另一个用户的 Presence 信息，或者通过订阅另一个用户的 Presence 信息而被通知所订阅信息的改变情况。Presence 信息包括了用户状态，用户终端的状态、能力，联系方式和地址，用户业务状态，以及用户在各种情况下的优先选择信息。

Presence 是一种基础业务，可以为其他业务平台提供业务能力。Presence 技术在即时通信中扮演着非常重要的角色。依靠 Presence 技术，即时通信业务能以"用户多种状态设置"等功能为基础，提供"订阅他人状态信息"等多种丰富的增值服务。Presence 技术也可以为一键通业务（Push-to-talk 或 PoC）和统一通信业务（Unified-Communication）等提供 Presence 信息。

图 13-6 为 Presence 业务模型。Presentity（呈现者）也可称为 Presence 源，是提供呈现信息的实体；Watcher（观察者）为请求呈现信息的实体。呈现者需要对观察者的身份和观察者可以获取的信息内容进行授权。Presence 服务器收集呈现者提供的信息并且根据系统或者呈现者设定的策略展现给观察者。

观察者获取呈现信息的方式有 Pull 模式和 Push 模式两种。Pull 模式即请求/响应方式，观察者发出请求，呈现者响应答复呈现信息，此时 Watcher 称为获取者。定期发起呈现信息请求的获取者又称为轮询获取者。Push 模式即当呈现者的信息发生变化时，会即时通知观察者，称为签约观察者。

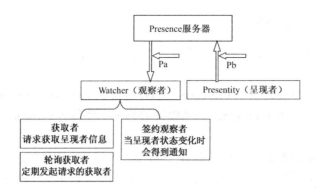

图 13-6　Presence 业务模型

13.6.2　Presence 业务功能实体

图 13-7 所示 Presence 业务功能实体包括 Presence Server（呈现业务服务器）、Presence List Server（资源列表服务器）、Presentity（呈现者）和 Watcher（观察者）。

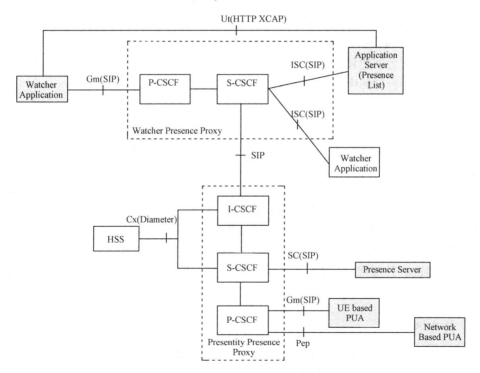

图 13-7　Presence 业务功能实体

（1）Presence Server（PS）

PS，即呈现业务服务器，是接收、存储和分发 Presence 信息的功能实体，执行以下功能：

- 发布来自一个或者多个 Presence 源的有关某个呈现体的 Presence 信息；
- 把从一个或者多个 Presence 源接收到的有关呈现体的 Presence 信息组合到一个文档中；
- 处理观察者对 Presence 信息的订阅，创立 Presence 信息状态变化的通知；
- 处理用户对观察者信息的订阅，创立观察者信息状态变化的通知；
- 授权观察者对呈现体 Presence 信息的订阅以及策略的应用；
- 在适当的时候，应用观察者信息过滤设置；
- 在适当的时候，应用通知频繁程度控制机制。

（2）Presence List Server

即资源列表服务器，接受和管理对 Presence 列表的订阅，使得 Watcher 能通过一次订阅，从而订阅一个资源列表中所有 Presentity 的 Presence 信息。执行的功能有：

- 接受 Presence 列表的订阅；
- 授权 Watcher 对于 Presence 列表的使用；
- 代表观察者创建和管理对于 Presence 列表中所有 Presentity 的后台订阅；
- 根据从后台订阅中收到的信息，发送相应的通知给 Watcher。

（3）Presentity

即呈现者，是提供 Presence 信息的实体，位于用户终端或应用服务器中，分为以下 3 种类型：

- Presence 用户代理（PUA）——用于收集用户信息，可以驻留在终端或网络中，收集呈现体的 Presence 信息发送给 PS；
- Presence 网络代理（PNA）——用于收集网络信息，从不同的网络单元中收集网络相关的 Presence 信息发送给 PS；
- Presence 外部代理（PEA）——用于收集外部网络信息，收集外部网络单元的 Presence 信息给 PS。

（4）Watcher

即观察者，从 Presence 服务器请求呈现者的 Presence 信息的实体，位于用户终端或应用服务器中。Watcher 实现的功能有：

- 支持对单个呈现者的 Presence 信息的订阅和通知；

- 可以通过 Presence 列表使用单个订阅消息实现对多个呈现者的订阅;
- 可以请求部分通知指仅接收自最近一次接收 Presence 信息以后又发生变化的部分;
- 事件通知过滤是一种为观察者控制通知的内容和触发器的机制。

（5）Presence Proxy

提供了为支持跨 IMS 网络边界的 Presence 服务所需要的路由及安全等功能。

- Watcher Presence 代理:指 Watcher 侧的 IMS 核心网,包括 P-CSCF 和 S-CSCF 等设备,主要功能包括地址解析和 Presentity 目标网络的查找、Watcher 鉴权、Watcher 请求应用的不同 Presence 协议互通,以及产生 Watcher 请求的计费信息;
- Presentity Presence 代理:指 Presentity 侧的 IMS 核心网,包括 P-CSCF 和 S-CSCF 等设备,主要功能包括分析 Presentity 归属的 Presence 服务器的地址、对 Watcher Presence 代理鉴权、对 Presence 用户代理鉴权,以及产生更新 Presence 信息相关的计费信息。

13.6.3　Presence 业务实现流程

图 13-8 所示为 Presence 发布、订阅及通知过程,图 13-9 为呈现者发布流程,图 13-10 为观察者查看流程。Presentity 可以更新自己在 Presence Server 上部分或者全部的 Presence 信息。呈现者（Presentity）发送 Publish 消息更新自己的状态,Publish 消息经过 P-CSCF 和 S-CSCF 到达 Presence Server。Presence Server 对 Publish 请求进行必要的鉴权,如果成功,返回成功发布更新的响应,保存 Presentity 的状态更新。

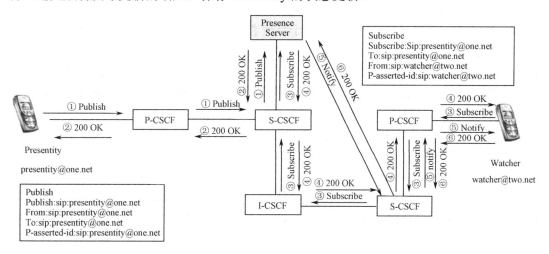

图 13-8　Presence 发布、订阅及通知

Watcher 发起订阅请求 Subscribe 消息，订阅 Presentity 的 Presence 信息。该请求中指定呈现者的 URI，即 presentity@one.net。SUBSCRIBE 消息经选路到达 Presentity 的 Presence Server。Presence Server 向 Watcher 回应 200 OK 消息并发送 NOTIFY 消息，包含 Presentity 的状态信息给 Watcher。最后，Watcher 回送 200 OK 消息给 Presence Server。

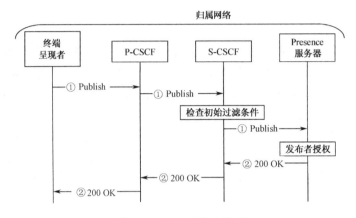

图 13-9　呈现者发布流程

① 终端 PUA 状态改变：发送带有 Presence 信息的 Publish 请求给 P-CSCF，P-CSCF 查询公有用户标识注册时存储的服务网络信息，将 Publish 消息转发到相应的 S-CSCF。S-CSCF 验证发布者的业务属性和检查初始过滤条件，根据业务触发条件 Method = Publish 和 Event =“Presence”及 Request-URI = 终端公有用户标识，S-CSCF 决定需发送请求到相应的 Presence 服务器。S-CSCF 转发 Publish 请求到 Presence 服务器。

② Presence 服务器执行必须的发起方授权检查：Presence 服务器发送 200 OK 响应到 S-CSCF，经 P-CSCF 转发 200 OK 响应终端。

③ 终端内的观察者应用希望得到一个呈现者的 Presence 信息，终端发送 Subscribe 来订阅，包含 Presence 事件以及订阅的时长。P-CSCF 查询注册时存储的此公有用户标识的服务网络信息，将 Subscribe 转发到 S-CSCF。S-CSCF#1 分析目的地址，决定目的用户归属的网络运营商，将 Subscribe 请求转发到目的网络中的 I-CSCF。I-CSCF 发送请求到 HSS 来寻找被叫用户的 S-CSCF。I-CSCF 将 Subscribe 请求转发到被叫侧的 S-CSCF#2。S-CSCF#2 验证被叫用户的业务属性和初始过滤条件，针对此用户，S-CSCF#2 有预设置的终接初始过滤条件，符合业务触发条件 Method = Subscribe 和 Event =“presence”，将 Subscribe 请求转发到应用服务器（Presence 服务器）。

④ Presence 服务器检查发起方是否得到了获取被叫 Presence 信息的授权，此例中所有隐私条件都满足。Presence 服务器发送 200 OK 到 S-CSCF#2，经 I-CSCF#2、S-CSCF#1 和 P-CSCF#1，到达终端内的观察者应用。

⑤ Presence 服务器完成发送 200 OK 接受订阅后，立即发送 Notify 命令到 S-CSCF#1，并带有呈现者当前的 Presence 信息。S-CSCF#1 转发 Notify 给 P-CSCF#1，P-CSCF#1 转发

Notify 给终端内的观察者应用。

　　⑥ 终端产生 200 OK 来响应 Notify，经 P-CSCF#1 和 S-CSCF#1，到 Presence 服务器。

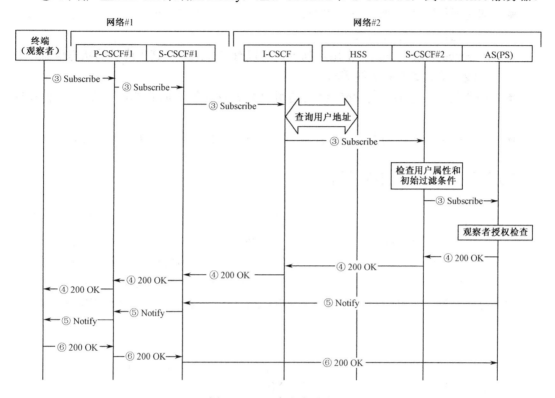

图 13-10　观察者查看流程

13.7　组　管　理

13.7.1　组管理概念

　　在 IP 网络中，组是一个很常见的概念。无论是局域网中的工作组，QQ 聊天室中的聊天组，还是网络游戏中的战队等，都无不包含了组这个概念。

　　在 IMS 中，组管理能力已成为非常重要的业务能力特征，它提供了基于网络的组管理的能力，允许定义组的信息和特征，还可以对组成员定义不同的角色和权利等。IMS 组管理本身可以提供业务，例如，移动电话簿，但更主要的是作为业务能力特征，成为构成其他很多业务的基础，例如，PoC、即时消息、Presence 和会议等。而且由于组管理功能与组数据的共享，方便了用户管理自己的数据，也方便运营商提供新业务，更好地维护与管理，降低成本。

组管理的核心内容就是基于网络对群组列表数据进行管理。群组列表数据的例子有：

- 即时通信联系人列表——即时通信中成组的用户列表，例如，朋友、家人和办公等，也称作"好友列表"。
- Presence 列表——是一个用户列表，可以有选择地定义其中成员的状态信息，如在线、忙、离开和离线等状态。
- PoC 组——能够参与 PoC 会话的用户列表及其他附加的 PoC 设置，如自动应答等。
- PoC 接听／拒绝列表——允许或不允许呼叫给定用户的 PoC 主叫列表。

13.7.2　XDM 功能和架构

群组列表不只是用户列表，还是要结合终端用户个性化业务行为的属性数据。组管理就是将上述的各项数据组织成一个或几个文档，并能够管理和使用它。因此组管理（XML Document Management，XDM）就是一种网络中各种业务能力访问用户业务相关信息的通用机制。在 XDM 中，这样的信息存储在网络中，除拥有者外可以授权其他网元和管理者访问和执行数据操作，并可以由用户从不同的终端和位置来修改（如移动终端和 Internet 等）。

为此组列表文档应当有至少一个全球唯一标识（URI），例如，以 URI 列表组织用户的各种群组（如"朋友"和"家庭"等），这个列表可以由其他业务能力共享，还可以在用户定义其他的组中嵌套引用。信息按照 XML 格式来定义，信息文档存储在网络中的位置是 XDMS（XML Document Management Servers，XML 文档管理服务器），并可以借助通用访问协议 XCAP（XML Configuration Access Protocol，XML 配置访问协议）来访问。

XDM 架构参如图 13-11 所示，其中 XDM 包括的功能实体如下所述。

（1）XDM 客户端（XML Document Management Client）

XDM 客户端提供接入到各种 XDMS 的客户端实体，它是 XCAP 客户端，采用 XCAP 访问和操作 XDMS 上的 XML 文档；它采用 SIP Subscribe/Notify 机制通过 IMS 核心网订阅 XML 文档的变化，一旦 XML 文档发生改变，XDM 客户端将能收到通知。

（2）共享 XDMS

共享 XDMS 包括 3 种不同的存储功能实体，存储的文档都能被其他业务能力共享访问。共享列表 XDMS 存储 URI 列表，拥有者可以很方便地组织一系列用户（"朋友"和"家人"）或者其他资源；共享组 XDMS 存储静态组的定义；共享属性 XDMS 存储用户属性信息。

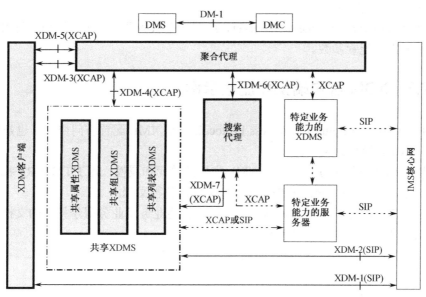

图 13-11　XDM 架构

（3）聚合代理

作为 XDM 客户端访问 XDMS 内 XML 文档的接入点，以 HTTP Proxy 方式执行下列功能：XDM 客户端认证；将 XCAP 请求路由到正确的 XDMS 或者搜索代理；在无线接口上可选执行压缩／解压。

（4）搜索代理

它是 XDM 客户端搜索任何 XDMS 上 XML 文档的接入点，其功能是：转发搜索请求到 XDMS，需要时转发到其他网络；接收 XDMS 的响应，需要时接收来自其他网络的响应；结合来自本地网络的 XDMS 和其他网络的结果，再发送响应到 XDM 客户端；发送搜索响应到 XDM 客户端。

XDM 相关的其他功能实体介绍如下所述。

- IMS 核心网：在 XDM 客户端和 XDM 服务器之间路由 SIP 信令，根据用户的业务属性对 XDM 客户端进行授权。
- 特定业务能力的 XDMS：是 XCAP 服务器，支持的功能有——对收到的 SIP 和 XCAP 请求授权；管理各业务功能特定的 XML 文档；将多个文档的变化通知聚合成一个消息；将文档的变化通知用户等。
- 特定业务能力的服务器：如 PoC 服务器通过访问共享组 XDMS 或 PoC XDMS 来

获取 PoC 组文档。

● DMS（Device Management Server，终端管理服务器）：初始化和更新 XDM 客户端所需的配置参数。

13.7.3　XDM 客户端操作流程示例

XCAP（XML Configuration Access Protocol），是 XML 配置访问协议，也是组管理的主要协议，XCAP 消息定义了：

● 以 HTTP 资源的方式来描述 XML 文档的单元和属性，用 HTTP URI 来访问；

● 使用 HTTP Get、Put 和 Delete 方法来操作各种文档；

● XCAP 应用方法的概念和结构可以用于描述业务及业务引擎相关的文档；

● 访问和操作文档的默认授权策略。

图 13-12 所示为 XDM 客户端请求文档过程，其中包含对客户端的认证。

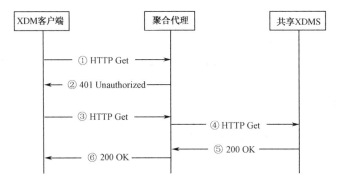

图 13-12　XDM 客户端请求文档（包含认证）

① 因为用户要获取一个 XML 文档，为此 XDM 客户端向聚合代理发送一个 HTTP Get 请求。

② 当收到此未经认证的请求时，聚合代理选择认证此 XDM 客户端，发送 401 Unauthorized 消息到 XDM 客户端。

③ XDM 客户端发送一个包含认证头部的 HTTP Get 请求。

④ 聚合代理转发 HTTP Get 请求到相应的 XDMS。

⑤ XDMS 完成认证后，发送 "200 OK" 并包括了请求的文档。

⑥ 聚合代理路由该响应到 XDM 客户端。

图 13-13 为 XDM 客户端对 XML 文档操作过程。

① XDM 客户端发送 HTTP Put 请求，在共享 XDMS 上创建一个新的 URI 列表文档 friends.xml。

② XDMS 发送 HTTP 201 Created 消息确认创建 friends.xml 文档。

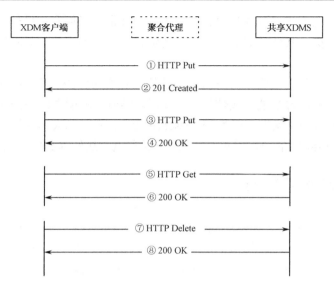

图 13-13　XDM 客户端操作 XML 文档

③ XDM 客户端发送 HTTP Put 请求在刚创建的文档内加入新的条目。

④ XDMS 发送 HTTP 200 OK 确认在列表中接入新的项。

⑤ XDM 客户端发送一个 HTTP Get 请求从共享 XDMS 上获得"sip:joebloggs@example.com"的"friends"列表。

⑥ XDMS 在返回的 HTTP 200 OK 消息体中带有列表。

⑦ XDM 客户端发送一个 HTTP Delete 请求从共享 XDMS 上删除"sip:joebloggs@example.com"的"sip:friend2@example.com"条目。

⑧ XDMS 返回 HTTP 200 OK 确认删除。

13.8　即时消息业务（Instant Message，IM）

13.8.1　即时消息概念

即时消息（Instant Messaging，IM）业务指在用户之间接近于实时地传递消息，传递的内容可以是文本、图像、音频或视频。目前即时消息领域形成了几个很大的即时消息服务提供商，如美国在线（AOL）、微软和雅虎等。在国内，腾讯 QQ 是使用最广泛的即时消息软件，其他的国产 IM 软件如网易泡泡、即时通 IMU 和新浪 UC 也拥有较大规模的用户群。移动运营商也推出了自己的 IM 业务，例如，中国移动公司的飞信业务。即时消息业务主要被人们用于私人之间的日常交流和保持联系，除此以外，即时消息被广泛地应用于办公领域，目前已经出现了不少面向企业应用的即时消息软件（Enterprise IM, EIM），它们为企业人员协同工作、资源管理和客户关系管理带来了便利。另外，目前大多数即时消息软件还集成了更多其他的服务，如文件传输、语音视频服务、新闻订阅服务和网络游戏服务等。

即时消息的发展和普及同其自身所具备的特征有着必然的联系。现在的即时消息通常与呈现业务和好友列表等功能一起使用，这样可以随时了解朋友的在线状态并选择合适的时机发送消息。即时消息具有实时性和 Presence 特征，满足了人们在日常生活与办公环境中交流与协作的需要，它的一些优势是面谈、电话和电子邮件等其他交流方式所不具备的。

13.8.2　IM 体系架构

SIMPLE（SIP for Instant Messaging and Presence Leverage Extension）协议通过扩展 SIP 协议的方式实现对 Presence 和即时消息的支持。相关规范主要有 RFC3428（SIP Extension for Instant Messaging）和 RFC3994（Indication of Message Composition for Instant Messaging）等。3GPP/3GPP2 采用 IETF 的 SIMPLE 标准并进行了符合移动通信特性的一些扩展。SIMPLE 充分利用了 IMS 的会话控制机制，是 IM 和 Presence 业务发展的主要趋势。IM SIMPLE 逻辑结构如图 13-14 所示。

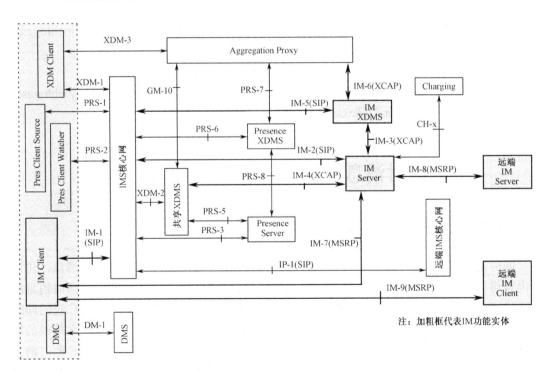

图 13-14　IM SIMPLE 逻辑结构

IM 终端（IM Client）能够注册到 SIP/IP 核心网络，支持即时消息会话建立、加入和终止，支持 IM 终端到 IM 终端、IM 终端到 IM 服务器，以及 IM 服务器到 IM 终端间的消息传递。

IM 服务器（IM Server）支持一对一和一对多模式收、发消息。对于基于会话的消息方式，IM 服务器担任会议中心，维护公共和私有聊天室，作为 MSRP 交换机转发消息，提供在线用户消息转发，对离线用户保存消息和通知，可以使用呈现业务根据收方能力有效地发送消息，使用 IM XDMS 制定即时消息相关的策略和规则。

在 IMS 网络中，在不使用 IM Server 的情况下，可以实现点对点消息业务。终端 A 发送消息到终端 B，如果终端 B 可达，消息可以即时送达；如果终端 B 不在线，则消息发送失败。

在 IMS 网络中配置了 IM Server 后，可以实现 Deferred Message，即延迟消息。当终端 B 不可达时，发送到终端 B 的消息称为离线消息，离线消息被保存在 IM Server 中。当终端 B 可达时，再由 IM Server 转发给终端 B。

即时消息有 Page Mode 和 Session Mode 两种实现模式。

消息体小于 1 300 字节，采用 Page Mode（寻呼模式），就是通过 Message 消息发送。

消息体大于 1 300 字节，采用 Session Mode（会话模式），使用 Invite 消息建立会话，通过 SDP 协商参数建立 MSRP，发送方和接收方使用 MSRP 方式传递消息内容。MSRP（Message Session Relay Protocol，消息会话中继协议）用于传递文本消息，类似 RTP，用于传递 VoIP 语音包。MSRP 消息在面向连接的可靠的传送协议（如 TCP）上传送。

在 Page Mode 中，Message 消息发送即时消息，类似短信模式，消息之间没有关联性，在 Session Mode 中，一个即时消息会话会有明确的开始和结束标志，就是由 Invite 发起和 BYE 终结。Session Mode 即时消息交互通话过程使用了基本 IMS 会话发送机制，如路由、安全和业务控制等。会话模式的优势是，可以与其他媒体类型更紧密地结合，并可利用 IMS 架构中的功能特性，如安全、隐私保护和计费等。

13.8.3　Page Mode IM 流程

Page Mode 即时消息，消息内容包含在 MESSAGE 请求中，图 13-15 为 Page Mode 即时消息成功发送、接收流程。其中用户#1 和用户#2 都签约了 IM 应用服务器业务，在用户注册过程中，Register 消息可以被路由到 IM 应用服务器，所以 IM Server 能感知用户的注册状态。

首先，终端#1 需生成一个 Message 请求，填入所需的内容——文字或多媒体片断（声音和图片等），同时将请求 URI 填写为接收者的地址，然后终端#1 发送 Message 请求到 P-CSCF#1；UE#2 可达，最终，Message 消息被路由到终端#2。

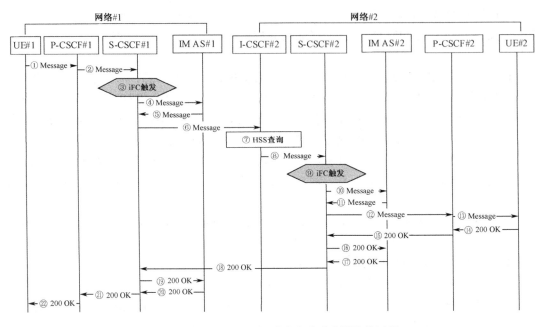

图 13-15　Page Mode 即时消息成功发送接收过程

图 13-16 为 UE#2 未注册时消息的发送过程，其中，用户#1 和用户#2 都签约了 IM 应用服务器业务，IM Server 能感知用户#2 的未注册状态。当 IM AS#2 收到接收方为 UE#2 的 Message 消息时，IM AS#2 保存该消息，并回送 202 Accepted 消息给发送方。

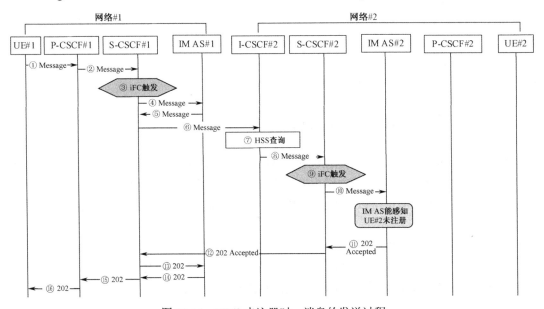

图 13-16　UE#2 未注册时，消息的发送过程

如图 13-17 所示，当 UE#2 注册后，会触发 Register 消息到 IM AS#2。IM AS#2 感知 UE#2 已注册，查询有到 UE#2 的未发送消息，然后发送消息到 UE#2。UE#2 收到 UE#1 发来的延迟消息。

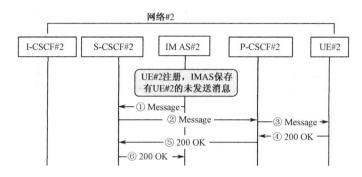

图 13-17 UE#2 注册后，接收消息过程

13.8.4 Session Mode IM 流程

当发送方 UE#1 要发送的消息超过 1 300 字节时，需要通过 MSRP 来传输大消息。这时，UE#1 发起关于 MSRP 能力协商的 Invite 请求，如图 13-18 所示，其中用户#1 和用户#2 都签约了 IM 应用服务器业务，且用户#2 为可达状态。

TCP 可靠连接是分段建立的，UE#2—IM AS#2—IM AS#1—UE#1。

● 当 UE#1 发送消息时，MSRP Send 消息路径为 UE#1→IM AS#1→IM AS#2→UE#2；

● 当 UE#2 发送消息时，MSRP Send 消息路径为 UE#2→IM AS#2→IM AS#1→UE#1。

对于 MSRP Send 消息，有 MSRP 200 OK 消息回应。当要结束消息会话时，使用 BYE 消息，在本例中，UE#1 使用 BYE 消息结束消息会话。

在图 13-19 中，Alice 要发送消息给 Bob，由于消息长度超过了 1 300 字节，所以使用 Invite 消息建立 MSRP 会话。但此时 Bob 未注册，不可达。所以 Alice UA（User Agent）与 IM 应用服务器建立了 MSRP 会话，并且消息保存在 IM 应用服务器中，之后，MSRP 会话拆除。

Alice 希望在 Bob 收到消息后得到通知，所以在 MSRP Send 消息中有带有指示标识。

当 Bob UA 注册后，IM 应用服务器感知 Bob 可达。IM AS 与 Bob UA 间建立 MSRP 会话，消息传递到 Bob UA 后，会话拆除。

IM AS 发送 SIP Message 消息给 Alice，Alice 被告知消息已经成功传送到 Bob。

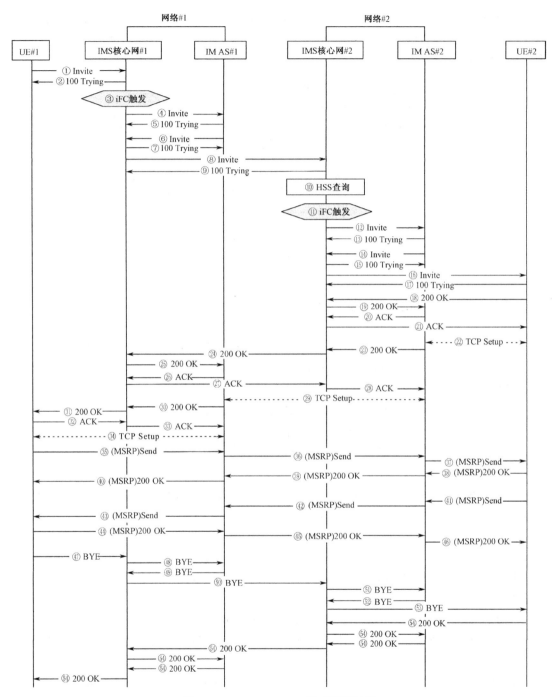

图 13-18 Session Mode 即时消息过程

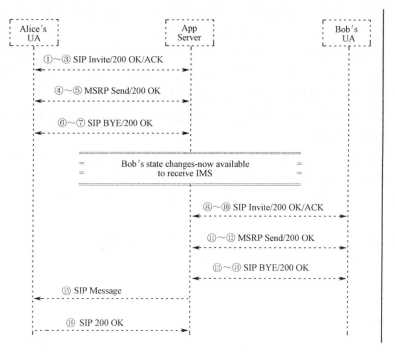

图 13-19   延迟消息通知示例

13.9   PoC 业务

13.9.1   PoC 概念

PoC（Push To Talk over Cellular，又称"无线一键通"）是一种快速的一对一或群体通信方式，你不用通过拨号开启对话，只需按一个键就能进入"密友通信录"，选择想要通话的人，再按一下键，接听者就能听到你的声音。借助 IP 技术，PoC 具有"始终在线"特性；通过群组管理，可以实现点对点呼叫和点对群组呼叫；结合 Presence 业务，显示伙伴和群组当前状态在线／不在线／忙等状态。

基于蜂窝移动通信网络的 PTT（Push To Talk）业务可以充分利用蜂窝网络在多媒体方面的能力，丰富其业务内容。基于此，业界提出了基于蜂窝移动网络的 Push-to-X 的概念，X 代表各种应用，即按一键实现多种业务。比如，Push-to-View，就是按一键实现视频通话；也可以是 Push-to-Share，在 PTT 通话的同时传输文件，实现共享；还可以是 Push-to-Voicemail，实现语音留言等。

作为移动数据业务的一种，移动运营上可以利用其 IMS 平台，把 PTT 业务、即时通信（IM）、统一消息和会议等多种移动增值业务组合在一起，以增强其吸引力。此业务组合将会成为移动运营商的一个新的业务增长点。

PoC 业务中的发言权控制（Floor Control）是一个很重要的机制，它是会话中 PoC 参与者发言权的裁决机制。由于 PoC 是半双工通信方式，同时只能有一个用户发言，因此发言权控制就要根据优先级队列等控制策略来控制哪个用户可以发言。

PoC 业务能力可支持一对一通信、一对多通信和个人提醒等通话模式，PoC 用户可以同时参加多个 PoC 组会话。

① 一对一通信模式是两个用户之间建立语音通信的基本能力，语音通信的呼叫可由用户自动接听或人工接听。

② 一对多通信模式是用户和多个用户建立语音通信，同时只能有一个参与者讲话，有如下 3 种模式。

- 预置模式——当任何成员发出 Invite 请求到 PoC 组时，PoC 会话就建立起来，本模式的 PoC 会话的参与者只能限于本组成员。
- 自由模式——任意签约了 PoC 业务的用户都可被邀请，对于 PoC 会话的参与者没有限制。
- 聊天模式——PoC 会话以聊天室方式建立，对参与成员可限制也可不限制。

③ 即时个人提醒功能：使用户可以提醒另一个 PoC 用户发起一个一对一的呼叫回到发起方。

由于基于 IMS 核心网，PoC 业务能够充分开发多媒体方面的应用，因此具有很大的应用前景。但 PoC 本身还存在一些问题，PoC 业务和集群通信 PTT 对比分析如下。

- 在时延方面，PoC 与集群网络上的 PTT 业务还有较大差距。在集群网络上，呼叫建立时延被控制在 1 s 之内，而目前基于蜂窝移动通信网络的 PoC 在呼叫建立环节上一般有 3～10 s 的时延。
- 在业务质量方面，仍旧无法和基于专用网络上的 PTT 业务相比。因为 PoC 业务是基于 IP 网络传送语音业务的，虽然在大多数民用场合已经足够，但是在紧急情况以及更严格的应用环境下，PoC 业务质量仍旧不能满足要求。
- 在互连互通方面，现有的各种 PoC 方案之间的业务互通仍然是一个非常大的问题，因为没有能够在广泛推出业务之前就形成统一的业务标准。OMA 的 PoC 标准已经逐步完成，但重点解决互通问题的 V.2.0 版本仍旧在制订中。

13.9.2　PoC 业务架构和功能实体

PoC 业务其实不是一个单一的业务能力，它集成了组管理、Presence、即时消息和会议等业务能力，它的架构与流程也是前面这些业务能力架构与流程的综合，因此，它也是一个很好的 IMS 业务综合的实例，充分体现了 IMS 业务架构的优势。详细的 PoC 架构如

图 13-20 所示。

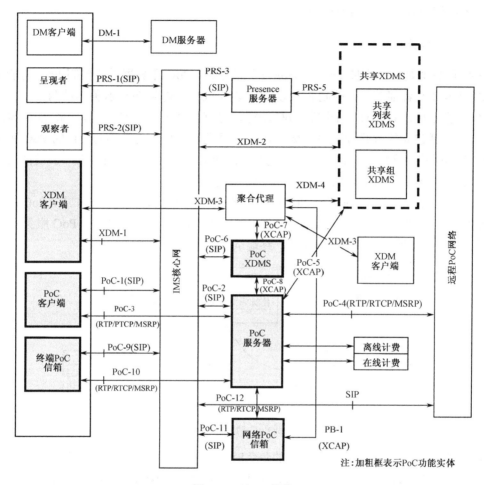

图 13-20　PoC 架构

PoC 相关的功能实体介绍如下。

（1）PoC 客户端

PoC 客户端位于用户终端内，与 IMS 核心网交互，可由核心网提供认证、安全、路由和计费等功能。与 PoC 服务器交互，可实现 PoC 会话的各种功能以及媒体流的控制、PoC 组信息的订阅、业务质量属性的协商和 PoC 信箱等功能。

（2）XDM 客户端

XDM 客户端是一个 XCAP 客户端，管理网络中存储的 XML 文档（例如，存储在 PoC XDMS 的 PoC 相关文档和在共享 XDMS 上的作为联系人列表的 URI 列表等）。XDM 客户端可以位于移动或固定终端内，可以订阅 XML 文档的变化，可以支持不同文档的配置，例如，PoC 信箱触发条件的配置等。

（3）PoC 服务器

PoC 服务器是一个支持 PoC 业务的应用服务器，PoC 服务器支持控制 PoC 功能和参与 PoC 功能或两者都支持。控制 PoC 功能和参与 PoC 功能是 PoC 服务器的两个角色，在一个 PoC 会话中，只能有一个控制 PoC 功能，可有多个参与 PoC 功能。PoC 服务器的角色在 PoC 会话建立的时候确定并在整个 PoC 会话期间有效。由于不同角色的 PoC 服务器可以位于不同的网络域中，也可以是其他类型的 PoC 服务器，因此控制 PoC 功能与参与 PoC 可以共同组成一个跨域跨网络的大规模 PoC 会话。

图 13-21 给出了一个 PoC 会话示例，其中有两个 PoC 会话，在会话 1 中，PoC 服务器 A 提供控制 PoC 功能，PoC 服务器 C 提供参与 PoC 功能；在会话 2 中，PoC 服务器 B 同时提供控制 PoC 功能和参与 PoC 功能。终端 A 同时参与两个会话。

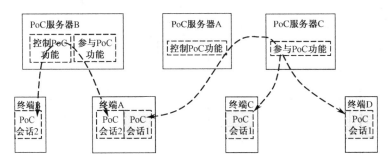

图 13-21　控制 PoC 功能和参与 PoC 功能

PoC 服务器在充当参与 PoC 功能的角色时，还能够代表 PoC 客户端作为呈现者提供 Presence 信息和作为观察者接收 Presence 信息。PoC 服务器和 Presence 服务器之间的通信通过 SIP 和 SIP 相关的事件通知机制实现。

PoC 服务器还支持 XDM 的功能，能够从 PoC XDMS 获取 PoC 相关用户的访问策略文档，从共享组 XDMS 上获得组定义，从共享列表 XDMS 上获取 URI 列表（例如，用作联系人列表），订阅 XML 文档的变化等。

（4）PoC XDMS

PoC XDMS 是一个 XCAP 服务器，用于管理与 PoC 业务能力相关的 XML 文档（例如，PoC 用户访问策略及授权规则文档），还能够接受文档变化的订阅等。

（5）终端 PoC 信箱（可选）

终端 PoC 信箱与 PoC 客户端合设在终端内。PoC 信箱类似于语音邮件，可代表用户存储媒体内容及相关信息（例如，日期、时间、发送者标识及参与者信息）等。此业务可以由终接 PoC 用户触发，也可以由网络代表 PoC 用户，或由发起方触发。当参与 PoC 会话时，PoC 信箱与 PoC 客户端一样工作。PoC 信箱可以与客户端合设或是网络中一个独立的功能。

（6）网络 PoC 信箱

网络 PoC 信箱是可选的功能实体，位于 PoC 用户的归属 PoC 网络内。

第五部分　业务融合

第 14 章　业务融合概述

14.1　3G/4G 业务分类

2G GSM 以提供语音业务为主，GPRS 提供数据业务。3G 时代带宽的增加，使业务更加快捷、方便，音频和视频与数据业务的组合为用户带来全新的多媒体业务体验。4G LTE 能提供更高的带宽，目标是提供宽带高速业务。

按照网络结构及实现机制划分，3G 业务基本可以分成 CS 域业务、PS 域业务和 IMS 域业务；4G 业务分为 PS 域业务和 IMS 域业务。在 PS 域业务和 IMS 域业务提供上，3G 和 4G 是相同的，如表 14.1 所示。

表 14.1　3G/4G 业务分类

	业　　务
3G： CS 域业务	• 基本语音业务、基本视频业务和传真 • 短信 • 彩铃 • 补充业务：主叫号码识别显示（CLIP）、主叫号码识别限制（CLIR）、被连号码识别显示（COLP）、被连号码识别限制（COLR）、无条件呼叫前转（CFU）、遇用户忙呼叫前转（CFB）、遇无应答呼叫前转（CFNRy）、遇用户不可及呼叫前转（CFNRc）、呼叫等待（CW）、呼叫保持（HOLD）、多方通话（MPTY）、运营商控制用户会话闭锁业务（ODB）及智能路由 • 智能网业务，如预付费、VPMN 和 400 免费电话等
3G/4G： PS 域业务	• Web 浏览、流媒体、数据文件传送、VPN 业务、WAP 业务、多媒体消息（MMS）、电子商务等
3G/4G： IMS 域业务	• 包括所有 CS 域业务 • IMS 特有业务：呈现、群组、PoC 和多媒体会议等

IMS 域能够实现所有 CS 域的业务。从网络发展方向看，CS 域业务会逐步向 IMS 域转移，然后被 IMS 域替代。对于 CS 域业务，IMS 域使用了不同的实现机制，CS/IMS 业务实现比较如表 14.2 所示。

表 14.2　CS/IMS 业务实现比较

	CS 域实现机制	IMS 域实现机制
基本语音/ 视频业务	由核心网设备 MSC 和 MGW 支持实现	由核心网设备 CSCF 和 HSS 支持实现
补充业务	需要在 HLR 签约业务	需要在 HSS 签约业务，需要由补充业务应用服务器控制实现

	CS 域实现机制	IMS 域实现机制
Centrex 和 VPMN	移动智能网技术，使用 CAMEL 协议	采用 ISC 接口技术和 SIP 协议，需要由 Centrex 应用服务器控制实现
消息业务	短信中心对短信（Short Message）进行存储和转发	可以实现点对点即时消息，也可经由即时消息中心（IM Server）对 IM 进行存储和转发

IMS 域具备了多媒体业务的提供能力，而 3G 网络的建设和运营一定需要丰富的多媒体业务来充分发挥无线带宽的优势。IMS 的引入，应该是以与 CS 互补的多媒体类业务形式，如呈现、组管理、即时消息、多媒体会议和 PoC 等。

14.2　LTE 时代语音解决方案

随着 LTE 网络的部署和发展，在 LTE 网络上如何提供语音业务成为运营商需要解决的关键问题。由于 IMS 的全面部署需要一个过程，并且电路域语音业务将在很长一段时间内存在，目前业界 LTE 语音的提供方式主要有 3 种：双待机、CSFB 和 VoLTE。

（1）双待机终端方案

可以同时驻留在 LTE 网络和 2G/3G 网络中的终端被称为双待机终端。双待机终端发起数据业务时承载在 LTE 网络上，发起语音业务时承载在 2G/3G 网络上，该方案更多地依赖于终端的支持能力。

（2）电路域回落 CSFB

在 LTE 网络建设初期，由于某些运营商已经有成熟的 2G/3G 网络，出于对 CS 投资的保护，结合 EPS 的部署策略，可以采用原有的 CS 域语音方案来提供语音服务，而 LTE 网络仅处理数据业务。在这种情况下，LTE 覆盖下的 UE 在处理语音业务时，终端可先回退到 2G/3G 网络的 CS 域（电路域），在 CS 域处理语音业务。另外，当 LTE 和 CS 双模单待终端接入 LTE 时，由于其内置的无线模块是单无线频率模式，即具有 LTE 和 2G/3G 接入能力的双模或者多模单待终端，电路域的业务信号无法被终端使用。为了解决这个问题，让终端在 LTE 接入下能够发起、接收语音业务，并且同时能够正确地处理 LTE 接入下正在进行的分组域业务，CSFB 技术应运而生。但是 CSFB 方案的使用是有前提条件的，那就是，只有在 LTE 与 2G/3G 的重叠覆盖区域，并且终端具有 CSFB 功能的时候，才能使用 CSFB。可以看出，CSFB 方案基于 CS 域实现语音业务，因此，不需要部署 IMS 系统，在开通 LTE 网络的情况下依然可以使用语音业务。

实现 CSFB 功能的关键在于，MSC 与 MME 之间的 SGs 接口实现联合位置更新和寻呼等操作。另外，为了实现 CSFB 功能，UE、MME、MSC、E-UTRAN、SGSN 各网络都要升级增加附加功能。

（3）VoLTE 方案

在 VoLTE 方案中，话音业务由 LTE 数据域提供支持，LTE 通过 IP 多媒体子系统（IMS）提供基于 IP 数据分组的话音业务。

使用 LTE IMS 提供 VoLTE 话音业务有以下两个优势：一方面，LTE 具有很高的频谱利用率；另一方面，LTE IMS 能提供更好的用户体验，话音清晰、时延短，并且可以融合视频多媒体等多种业务。

随着 LTE 网络的加速建设和 IMS 的部署，VoLTE 将成为主流的话音解决方案。该方案基于 IMS，提供全 IP 化的话音服务。VoLTE 采用了宽带 AMR 话音编码（W-AMR）技术，音频范围可覆盖 50～7 000 Hz，能实现更丰富、更自然的高清话音通话。

在 LTE 网络建设初期多采用阶段性的覆盖方式，在 LTE 未覆盖的区域，需要由原有 2G/3G 网络的电路域提供话音业务来保证业务的连续性。3GPP 在 R8 版本制定了 SRVCC（Single Radio Voice Call Continuity）方案，在 LTE 覆盖的边缘区域，将 LTE 上的 VoIP 呼叫切换到 CS 域上。

第 15 章　CSFB

15.1　CSFB 架构

　　CSFB 是利用 MME 和 MSC Server 之间的 SGs 接口来实现的,支持 CSFB 和 SMS over SGs 的 EPS 架构如图 15-1 所示。SGs 接口可以完成 UE 的 EPS 和 IMSI 的联合附着、位置更新和寻呼等操作,也可以用于传送 MO 和 MT 的 SMS。SGs 接口是基于 Gs 接口进行定义和扩展。

　　CSFB 还涉及 MME 和 SGSN 之间的 S3 接口。如果要支持 CSFB 下的 ISR,或者要通过 SGs 接口实现 SMS,就会用到 S3 接口。

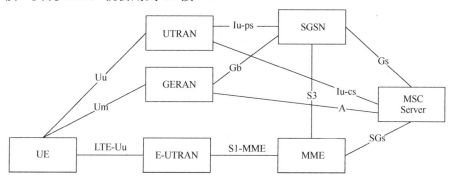

图 15-1　支持 CSFB 和 SMS ove SGs 的 EPS 架构

15.2　移动性管理

15.2.1　TAI 列表和 LAI 分配

　　对于 CSFB,如果网络能够分配这样一个位置区给 UE,该位置区在目标 RAT 的重叠覆盖范围内,这样必然能够加速回落程序的进程。由于这个原因,MME 必须避免分配跨越了多个目标 RAT 位置区的 TAI 列表给用户。

　　具体的实现方式包括:

● 在配置 E-UTRAN 小区的 TAI 时,要考虑到目标 RAT 的 LA 的边界;

- MME 要知道哪些 TAI 是在哪个 LA 内的;
- MME 要利用当前 E-UTRAN 小区的 TAI 来解析 LAI。

15.2.2　EPS/IMSI 联合附着过程

EPS 系统中 CSFB 附着过程和 SMS over SGs 附着过程是基于 EPS/IMSI 联合附着过程实现的, 如图 15-2 所示。

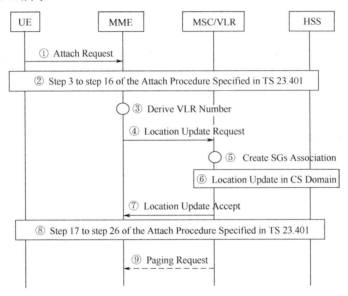

图 15-2　EPS/IMSI 联合附着过程

① UE 通过发送 Attach Request 消息向 MME 发起附着过程, 该消息中包含有附着类型 (Attach Type)、旧 LAI 和移动台分类标记 2 (MS Classmark 2)。其附着请求消息中的 Attach Type 指示了 UE 请求的是一个 EPS 与 IMSI 联合的附着过程, 同时通知网络 UE 具有并配置了 CS fallback/SMS over SGs 能力。如果 UE 需要 SMS 服务但不需要 CSFB, 则 UE 必须在联合 EPS/IMSI 附着请求消息中包含 SMS-only 指示。

② 按照 3GPP TS 23.401 规定的 EPS 附着过程的步骤 3~步骤 16 进行。

③ 如果附着请求消息中包含了附着类型指示 UE 请求了一个联合的 EPS/IMSI 附着的信息, 则必须更新 VLR。MME 给 UE 分配一个 LAI。如果有多个 PLMN 服务 CS 域, 则 MME 根据从 eNodeB 所接收到的已选择的 PLMN 信息、当前的 TAI、旧 LAI 和运营商选择策略选择一个 PLMN 服务 CS 域, 所选中的服务 CS 域的 PLMN 应该与服务 PS 域切换的目标 PLMN 或者与 CSFB 相关的任何其他移动性过程的目标 PLMN 相同。所选中的 PLMN ID 包含在④中发送给 MSC/VLR 的 LAI 中和给 UE 的 Attach Accept 消息中。MME 根据 3GPP TS 23.236 中定义的 IMSI 哈希函数和所分配的 LAI 推导出一个 VLR 号。MME

一接收到②中来自 HSS 的签约数据就向新 MSC/VLR 发起位置更新（Location Update）过程。这个过程使得 VLR 将 MS 标记为已进行了 EPS 附着。

④ MME 向 VLR 发送 Loaction Update Request 消息，其包含新 LAI、IMSI、MME name、Location Update Type。MME name 是一个 FQDN 格式的字符串。

⑤ VLR 通过保存 MME name 方式创建与 MME 之间的 SGs 关联连接。

⑥ VLR 检查这个 LA 的区域签约限制或接入限制，如果所有检查成功，则 VLR（向 HLR）执行 CS 域的 Location Updating 过程。

⑦ VLR 向 MME 响应 Location Update Accept 消息，其中包含分配给 UE 的 VLR TMSI。

⑧ 按照 3GPP TS 23.401 EPS 附着过程的步骤 17 到步骤 26 完成 EPS 附着过程。Attach Accept 消息中包含有 3GPP TS 23.401 所指定的参数、LAI 标识、VLR TMSI。LAI 和 VLR TMSI 指示了成功附着到 CS 域。

另外，当具有 CSFB 能力/SMS over SGs 能力的 UE 进行了联合 EPS/IMSI 附着时，UE 会发起联合的 TAU/LAU 过程；当具有 CSFB 能力/SMS over SGs 能力的 UE 没有进行过联合的 EPS/IMSI 附着时，如果要使用 CSFB/SMS over SGs 业务，UE 可能要发起联合的 TAU/LAU 过程。

15.3　MO 呼叫和 MT 呼叫过程

15.3.1　支持 PS HO 的 MO 呼叫过程

图 15-3 为在 E-UTRAN 中发起 CS 呼叫请求，在 GERAN/UTRAN 中完成呼叫过程。

①a UE 向 MME 发送扩展的服务请求消息（Extended Service Request），该扩展的服务请求消息封装在 RRC 和 S1-AP 消息中。UE 只有在使用了联合的 EPS/IMSI 附着过程进行了 CS 域附着之后，并且在不能发起 IMS 语音会话的情况下，才会发送该请求消息。

①b MME 发送 S1-AP UE Context Modification Request（CS Fallback Indicator，LAI）消息给 eNodeB，该消息向 eNodeB 指示应该将 UE 移动到 UTRAN/GERAN 网络中。MME 分配的 LAI 中包含的 PLMN ID 指示了 CS 域的注册 PLMN。

如果 MME 基于 UE 的 EPS 签约中多媒体优先服务 CS 优先指示（MPS CS Priority）确定 CSFB 过程需要优先处理，则 MME 还需要在发送给 eNB 的 S1AP 消息中设置优先级指示，即"CSFB 高优先级（CSFB High Priority）"。

①c eNodeB 向 MME 回应 S1-AP UE Context Modification Response 消息。

② eNodeB 可选地会向 UE 请求测量报告，以确定要执行 PS 切换的目标 GERAN/UTRAN 小区。

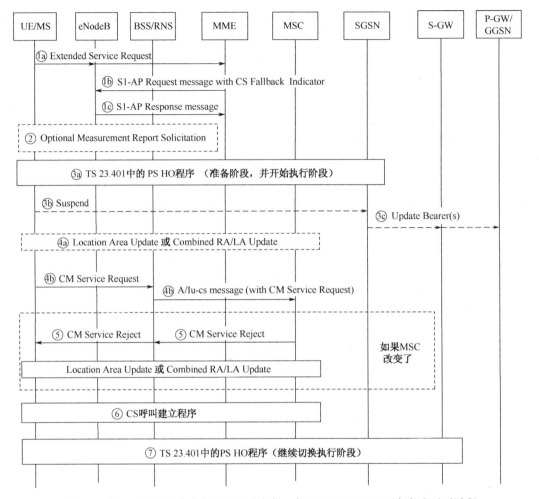

图 15-3　在 E-UTRAN 中发起 CS 呼叫请求，在 GERAN/UTRAN 中完成呼叫过程

③a eNodeB 通过向 MME 发送切换要求消息（Handover Required），触发向 GERAN/ UTRAN 邻小区进行的 PS 切换过程。eNB 考虑①b中 MME 提供的 CS 域的 PLMN ID 和可能的 LAC 来选择 PS 切换的目标小区。

后续的步骤按照 3GPP TS 23.401 中规定的 E-UTRAN 到 UTRAN 或 GERAN 的不同 RAT 间切换过程执行。eNodeB 在 Source RNC to Target RNC Transparent container 中指示 PS 切换是由 CSFB 触发的。作为这个切换的一部分，UE 接收到 HO from E-UTRAN Command 消息后，尝试连接到目标 RAT 的一个小区。该命令消息包含了一个 CS Fallback Indicator 信息，向 UE 指示这个切换是由于 CS Fallback 请求触发而执行的。如果该命令消息中包含了 CS Fallback Indicator，而 UE 不能建立到目标 RAT 的连接，则 UE 认为 CSFB 失败。只有在 PS 切换过程成功完成之后，才能认为服务请求过程成功完成了。

当 UE 到达目标小区，如果目标 RAT 为 UTRAN，则 UE 通过发送 RRC 初始直传消息建立与 CS 域之间的信令连接，这个 RRC 初始直传消息包含 NAS 消息。在初始直传消息中的 CN 域指示符设置为"CS"。

如果目标 RAT 为 GERAN A/Gb 模式，UE 通过使用 3GPP TS 44.018 规定的过程，建立无线信令连接（RR 连接），比如 UE 请求并指派了一个专用信道，在这个信道上向 BSS 发送包含 NAS 消息的 SABM 消息，BSS 向 UE 回应 UA 消息。一接收到 SABM 消息，BSS 就会发送 COMPLETE LAYER 3 INFORMATION 消息（包含 NAS 消息）给 MSC，指示在 GERAN 小区中分配 CS 资源。如果 UE 和目标小区支持 DTM 模式中的增强 CS 建立（HO from E-UTRAN Command 消息中包含 GERAN System Information，该消息指示了增强 CS 能力），可以在建立 RR 连接同时，不释放分组传输模式下的分组域资源。在 UE 与 CS 核心网之间建立主信令连接之后，UE 进入双传输模式（DTM）或专用模式（Dedicated Mode）。

③b 如果目标 RAT 是 GERAN，且 UE 已进入专用模式，UE 会启动挂起（Suspend）过程，除非 UE 和目标小区支持 DTM 模式。在 DTM 模式中可能会执行 TBF 重建过程。

③c 接收到来自 UE 挂起消息的 Gn/Gp-SGSN 按照 3GPP TS 23.060 规定的挂起过程执行。接收到来自 UE 挂起消息的 S4-SGSN 按照 3GPP TS 23.060 规定的挂起过程执行，并且向 S-GW 和 P-GW 发起 MS 和 SGSN 承载去激活过程以去激活 GBR 承载，向 S-GW 发送挂起通知消息，以保存和挂起 non-GBR 承载。如果建立了直接隧道，S-GW 会释放与有 RNC 相关的信息（地址和 TEID），并发送挂起通知消息给 P-GW。SGSN 在 UE 上下文中存储 UE 的挂起状态。在 S-GW 和 P-GW 中所有保存的 non-GBR 承载被标记为挂起状态。P-GW 丢弃到挂起状态的 UE 的分组包。

④a 如果新小区的 LA 不同于 UE 保存的 LA，UE 必须发起 LAU 过程（NMO II/III）或者联合的 RAU/LAU 过程(NMO I)。具体如下描述：

如果网络运行模式为 NMO-I，则 UE 在发起 RAU 过程之前，可以发起单独的 LAU 过程，而不是联合的 RAU/LAU 过程，这样能加速 CSFB 过程。如果网络运行模式为 NMO-II 或 NMO-III，则 UE 在发起用于 PS 切换的 RAU 过程之前，必须发起 LAU 过程。当 UE 发起 LAU 过程时，UE 必须在 LAU 请求消息中设置"follow-on request"标记，目的是指示在 LAU 过程完成之后，MSC 不要释放 Iu/A 连接。UE 随后会执行 3GPP TS 23.060 规定的 RAU 过程。当 UE 切换到目标小区时，即在 UE 接收到 LAI 或者 NMO 信息之前，可以立即发起 LAU 过程。

④b UE 向 MSC 发送 CM Service Request 消息。UE 需要通过携带"CSMO"标记向 MSC 指示当前正在进行 CSFB 导致的呼叫建立过程。

⑤ 如果 UE 没有在服务 2G/3G 目标小区的 MSC 上注册，或者不允许 UE 在该 LA 上接入，且没有执行隐式位置更新过程，则 MSC 必须拒绝该服务请求消息。CM Service Reject 触发 UE 执行 LAU 过程（NMO Ⅱ/Ⅲ）或联合的 RAU/LAU 过程（NMO Ⅰ）。

⑥ UE 发起 CS 呼叫建立过程并且 UE 需要在发送给 MSC 的 CM Service Request 中携带 CSMO 标记。

⑦ 在 UE 移动到目标 RAT 小区之后，按照 3GPP TS 23.401，完成剩下的从 E-UTRAN 到 UTRAN/GERAN 的 RAT 间切换过程。

如果 UE 在完成 CS 话音呼叫之后仍然驻留在 UTRAN/GERAN 网络中，则执行正常的移动性管理过程。

15.3.2　支持 PS 切换的激活模式下 MT 呼叫过程

图 15-4 为在 E-UTRAN 中 CS 寻呼，在 GERAN/UTRAN 中发起呼叫过程。这个过程是在 eNodeB 知道 UE 和网络都支持 PS 切换功能的情形进行的。

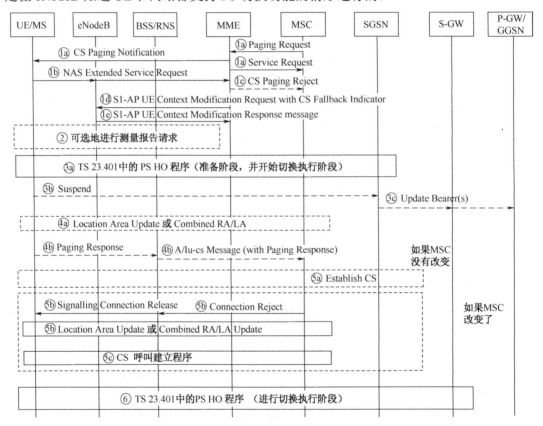

图 15-4　在 E-UTRAN 中 CS 寻呼，在 GERAN/UTRAN 中发起呼叫过程

①a MSC 接收到入局的话音呼叫，在 SGs 接口上向 MME 发送 Paging Request 消息，其中包含 IMSI 或 TMSI、可选的主叫方标识（Caller Line Identification）、连接性管理信息、CS 呼叫指示符及优先级指示符。MSC 只向通过 SGs 接口提供位置更新信息的 UE 发送

CS Page 消息。在激活模式下 MME 已经有一个 S1 连接，如果 MME 在附着过程或联合的 TAU/LAU 更新过程中没有向 UE 返回"SMS-only"指示，MME 会继续使用当前的连接中转 CS Page 消息给 UE。

如果 MME 在附着过程或联合的 TAU/LAU 更新过程中向 UE 返回了"SMS-only"指示，MME 不会向 UE 发送 CS Service Notification 消息，而是向 MSC 发送 Paging Reject 消息，停止 CS 寻呼过程，这样 CSFB 过程就会停止。

eNodeB 转发寻呼消息给 UE。这个消息包含有 CN 域指示符和从 MSC 接收到的有效的主叫方标识。

MME 立即向 MSC 发送 SGs Service Request 消息，其中包含 UE 处于连接模式的指示。MSC 使用这个连接模式指示，启动无回应呼叫转移（Call Forwarding on No Reply）定时器，并且 MSC 应该向主叫方发送用户在振铃（User Alerting）指示。接收到 SGs Service Request 消息，MSC 会停止重发 SGs 接口寻呼消息。

如果 MME 接收到一个 UE 的寻呼请求（Paging Request）消息，消息中包含 Priority Indication（来自 MSC 的 eMLPP 优先级），则 MME 会在处理其他正常过程之前，优先处理该消息以及后续的 CS Fallback 过程。

⑩b UE 发送扩展的业务请求（Extended Service Request）消息给 MME，其中包含 Mobile Terminating CS Fallback 及拒绝或接受 CSFB 的信息。扩展的服务请求消息封装在 RRC 和 S1-AP 消息中。UE 可能会根据主叫方标识（Caller Line Identification）决定拒绝 CSFB。

⑩c 一接收到扩展的业务请求消息（CSFB，Reject），MME 就向 MSC 发送 CS Paging Reject 消息指示停止 CS 寻呼过程。这次 CSFB 过程就会停止。

⑩d MME 向 eNodeB 发送 S1-AP UE Context Modifiction Request 消息，其中包含有 CS Fallback Indicator 和 LAI。目的是向 eNodeB 指示应该将 UE 迁移到 UTRAN/GERAN 网络。该消息的 LAI 中的 PLMN ID 标识 CS 域的已登记 PLMN（registered PLMN）。

如果⑩a中 MME 接收到 Priority Indication，MME 向 eNodeB 发送 S1-AP UE Context Modification Request 消息时，会包含优先级指示"CSFB High Priority"。

⑩e eNodeB 向 MME 回应 S1-AP UE Context Modification Response 消息。

② eNodeB 可选地请求 UE 的测量报告，以确定 PS 切换到哪一个目标 GERAN/UTRAN 小区。

③a eNodeB 通过向 MME 发送切换要求（Handover Required）消息，触发向一个 GERAN/UTRAN 邻小区进行 PS 切换。eNodeB 在选择 PS 切换的目标小区时，会考虑⑩d中 MME 提供的 CS 域的 PLMN ID 以及可能的 LAC。

从 E-UTRAN 到 UTRAN 或 GERAN 的 RAT 间切换按照 3GPP TS 23.401 执行。eNodeB 在 Source RNC to Target RNC Transparent container 中指示该 PS 切换是由于 CSFB 触发的。eNodeB 也会指示此次 CSFB 是否是用于紧急呼叫或优先呼叫。在切换过程中，UE 在接收到 HO from E-UTRAN Command 消息后，尝试连接到目标 RAT 小区。该 HO from E-UTRAN

Command 消息中包含有 CS Fallback Indicator，用于向 UE 指示，此次切换是由于 CSFB 引起的。如果 HO from E-UTRAN Command 消息中包含 CSFB 指示（CS Fallback Indicator），但是 UE 不能建立到目标 RAT 的连接，则 UE 认为 CSFB 失败了。

UE 会按照⑭b建立信令连接。

在 PS HO 过程中，SGSN 不会建立到 MSC/VLR 的 Gs 关联。

③b 如果目标 RAT 是 GERAN，并且 UE 进入专用模式（Dedicated Mode），那么，UE 将启动挂起过程。如果 UE 和目标小区都支持 DTM 模式，可能会执行 TBF 重建。

③c 接收到来自 UE 的挂起消息的 Gn/Gp-SGSN 遵循 3GPP TS 23.060 执行挂起过程。接收到来自 UE 的挂起消息的 S4-SGSN 遵循 3GPP TS 23.060 执行挂起过程。S4-SGSN 遵循 3GPP TS 23.060 中的"MS 和 SGSN 发起的承载去激活"过程，向 S-GW 和 P-GW 发起 GBR 承载去激活，并向 S-GW 发送挂起通知（Suspend Notification）消息，以保存与挂起 non-GBR 承载。如果建立有直接隧道，S-GW 释放所有 RNC 相关的 UE 信息（地址和 TEID），并向 P-GW 发送挂起通知（Suspend Notification）消息。SGSN 将 UE 置为已挂起状态，S-GW 和 P-GW 将所有保存的 non-GBR 承载被标记为已挂起状态，P-GW 应该丢弃处于已挂起状态 UE 的分组数据包。

④a 如果新小区的 LAI 不同于 UE 所存储的，则 UE 应该根据不同网络运行模式（NMO）发起位置更新过程。如果网络运行模式为 NMO-I，UE 应该在发起 RAU 过程之前发起单独的 LAU 过程，而不是联合 RAU/LAU 过程，这样能够加速 CSFB 过程。如果网络运行模式为 NMO-II 或 NMO-III，UE 必须在发起用于 PS 切换的 RAU 过程之前发起 LAU 过程。

UE 必须在 LAU Request 消息中设置"CSMT"标记，"CSMT"标记的目的是避免漫游重试情形下丢失 MTC 呼叫。然后继续按照 3GPP TS 23.060 的 RAU 过程执行。

在 UE 切换到目标小区时，即 UE 接收到 LAI 或 NMO 信息之前，立即发起 LAU 过程。

当 MSC 接收到 LAU Request 消息时，必须检查正在等待处理的 MTC 呼叫，如果设置有"CSMT"标记，在 LAU 过程之后要维持 CS 信令连接，以用于待处理 MTC 呼叫。

④b 如果 UE 没有发起 LAU 过程，必须用寻呼响应（Paging Response）消息回应 MSC，具体如下所述。

如果目标 RAT 是 UTRAN 或 GERAN Iu 模式，UE 建立一个 RRC 连接，并按照 3GPP TS 25.331 发送 RRC 寻呼响应消息。初始直传消息中的"CN 域指示符"设置为"CS"。

如果目标 RAT 是 GERAN A/Gb 模式，UE 建立一个无线信令连接，并按照 3GPP TS 44.018 执行寻呼响应，即 UE 请求并指派了一个专用信道，在该信道上发送包含寻呼响应消息的 SABM 消息给 BSS，BSS 向 UE 回应 UA 消息。一接收到包含有寻呼响应消息的 SABM 消息，BSS 就向 MSC 发送 COMPLETE LAYER 3 INFORMATION 消息（包含寻呼响应消息），指示 GERAN 小区已经分配了 CS 资源。如果 UE 和目标小区支持 DTM 下的增强 CS 建立特性（在 HO from E-UTRAN Command 消息中包含有 GERAN System Information，该系统信息指示有增强 CS 建立特性），可以建立一个 RR 连接，同时处于分组传输模式下不释放分组域资源。具体参见 3GPP TS 43.055。在建立了主信令链路之后，UE 进入 DTM 模式或 DM 模式，至此 CS 呼叫建立完成。

即使 BSS 没有发送寻呼请求消息，也要准备接收寻呼响应。

⑤a 在执行了 LAU 过程之后，或者在接收到寻呼响应消息之后，如果允许 UE 在这个 LA 接入，MSC 必须建立 CS 呼叫。

⑤b 如果 UE 还没有在接收到寻呼响应的 MSC 上注册，或者在这个 LA 区域中不允许该 UE 接入，则 MSC 通过释放 UTRAN 的 Iu-CS 连接或 GERAN 的 A 接口连接拒绝寻呼响应消息。BSC/RNC 也会释放 UTRAN/GERAN CS 域信令连接。信令连接释放会触发 UE 获得 LAI 标识，UE 会根据不同网络运行模式（NMO）执行 LAU 或者联合的 LAU/RAU 过程，具体参见 3GPP TS 23.060。

⑥ UE 按照 3GPP TS 23.401 执行 E-UTRAN 到 UTRAN/GERAN 的 RAT 间的切换过程的剩余步骤。

除上面的①a和①c外，要根据 GERAN/UTRAN 小区上接收到 3GPP TS 24.008 信令，执行呼叫转移过程（Call Forwarding）。

如果 UE 在 CS 话音呼叫终止后仍然驻留在 UTRAN/GERAN 中，则 UE 执行正常的移动性管理过程。

15.4 SGs 接口短消息流程

15.4.1 空闲模式下用户发起的短消息（MO SMS）过程

图 15-5 为空闲模式下用户发起的短消息（MO SMS）过程。

① UE 之前已经执行了联合的 EPS/IMSI 附着过程。

② MS/UE 处于空闲状态，触发终端发起短消息。MS/UE 发起服务请求过程，UE 在 RRC 信令中指示自己的 S-TMSI 标识。

③ MS/UE 构造要发送的 SMS 消息，SMS 消息由 CP-DATA/RP-DATA/TPDU/ SMS-SUBMIT 几部分组成。在激活无线承载之后，SMS 短消息封装在 NAS 消息中发送给 MME。

④ MME 通过上行链路单元数据（Uplink Unitdata）消息转发 SMS 短消息给 MSC/VLR。

④a MSC/VLR 向 UE 应答 SMS 已接收到。

⑤~⑧ 在 MSC 与短消息中心（SC）之间进行 SMS 的传输。短消息中心返回传输报告消息。

⑨ MSC/VLR 使用下行链路单元数据（Downlink Unitdata）消息转发所接收到的传输报告给 MME。

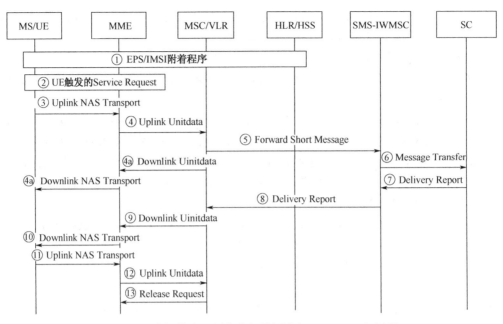

图 15-5　空闲模式下用户发起的短消息（MO SMS）过程

⑩ MME 在 NAS 消息中封装所接收到的传输报告，并发送给 MS/UE。

⑪～⑫ UE 向 MSC/VLR 应答传输报告已接收到。

⑬ MSC/VLR 向 MME 指示不再需要 NAS 消息隧道封装资源。

15.4.2　激活模式下用户发起的短消息（MO SMS）过程

激活模式的用户发起短消息（MO SMS）过程继续采用空闲模式下用户发起短消息（MO SMS）过程，但是，有区别的是，此处是在 MS/UE 与 MME 之间的已建立的信令连接上传送短消息和传输报告，跳过了 UE 触发的服务请求过程。

15.4.3　空闲模式下终止于用户的短消息（MT SMS）过程

图 15-6 为空闲模式下终止于用户的短消息（MT SMS）过程。

① UE 之前已经执行了联合 EPS/IMSI 附着过程。

②～④ 短消息中心（SC）发起终止于终端的 SMS 传输过程，请求 HLR 获取 SMS 业务的路由信息，然后将 SMS 消息转发给用户 CS 附着到的 MSC/VLR。

⑤ MSC/VLR 发送寻呼消息给 MME，其消息中包含有 IMSI、VLR TMSI、位置信息和 SMS 指示符。

⑥ MME 向 UE 所注册 TA 区域内的每一个 eNodeB 发起寻呼过程，并使用 S-TMSI

标识进行寻呼。

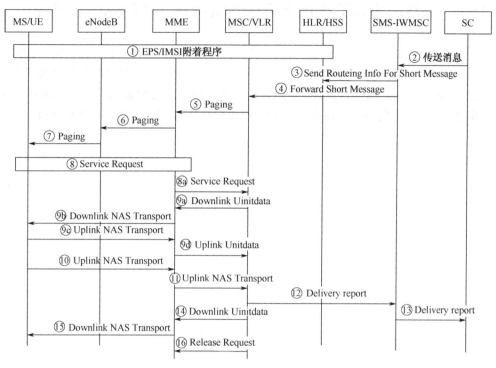

图 15-6　空闲模式下终止于用户的短消息（MT SMS）过程

⑦　eNodeB 寻呼 MS/UE。

⑧　UE 发送服务请求给 MME，UE 在 RRC 信令中指示自己的 S-TMSI；MME 发送 A1-AP Initial Context Setup Request 消息给 eNodeB，eNodeB 建立无线承载。

⑧ⓐ　MME 发送服务请求（SGs Service Request）消息给 MSC。

⑨ⓐ　MSC/VLR 构造 SMS 消息，即 SMS 消息由 CP-DATA/RP-DATA/TPDU/SMS-DELIVER 几部分组成。MSC/VLR 使用下行链路单元数据（Downlink Unitdata）消息转发 SMS 消息给 MME。

⑨ⓑ　MME 使用 NAS 消息封装 SMS 消息，并发送该消息给 MS/UE。

⑨ⓒ～⑨ⓓ　MS/UE 向 MSC/VLR 应答短消息已收到。

⑩　MS/UE 返回传输报告，该传输报告封装在 NAS 消息中发送给 MME。

⑪　MME 使用上行链路单元数据（Uplink Unitdata）消息转发传输报告给 MSC/VLR。

⑫～⑬　执行 MSC/VLR 与 SC 之间的 SMS 传输报告。

⑭～⑮　与步骤⑫～⑬并行，MSC/VLR 向 MS/UE 应答传输报告已接收到。

⑯　MSC/VLR 向 MME 指示不再需要用 NAS 消息隧道封装传输消息。

15.4.4 激活模式下终止于用户的短消息（MT-SMS）过程

继续使用空闲模式下终止于用户的短消息过程，进行激活模式下终止于用户的短消息传输，但是，有区别的是，MME 不必要在（空闲模式下终止于用户的短消息过程）步骤⑤之后执行寻呼过程，而应该直接跳到步骤⑧ₐ（向 MSC 发送 SGs Service Request），并立即向 UE 发送包含短消息的 NAS 信令。MME 还应在步骤⑧d中包含 E-CGI 和 TAI。

第 16 章　VoLTE

16.1　VoLTE 架构

16.1.1　VoLTE 系统架构图

VoLTE 网络对应的网络基本系统结构如图 16-1 所示，由 IMS 核心网、分组域核心网、电路域核心网（eMSC）、PCC 网络、用户数据库、无线网络（E-UTRAN）组成。

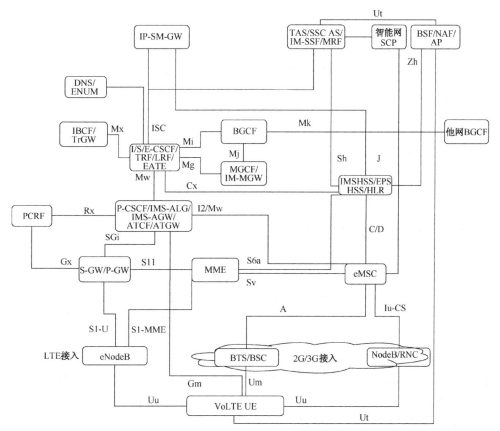

图 16-1　VoLTE 系统架构图

（1）IMS 核心网

IMS 核心网由 P-CSCF/IMS-ALG/IMS-AGW、ATCF/ATGW、S-CSCF、I-CSCF、HSS、TAS、SCC AS、IM-SSF、MRF、MGCF/IM-MGW、BGCF、BSF/NAF/AP、IBCF/TrGW、TRF、E-CSCF、LRF、EATF、IP-SM-GW、ENUM、DNS 等功能单元组成。

（2）分组域核心网

分组域核心网由 MME、P-GW、S-GW 等功能单元组成。

（3）电路域核心网

电路域核心网由功能增强的 eMSC 等功能单元组成。

（4）PCC 网络

PCC 网络由 PCRF、PCEF（对应于 VoLTE 网络中的 P-GW）、AF（对应于 VoLTE 网络中的 P-CSCF）等功能单元组成。

（5）用户数据库

用户数据库由 HLR、EPS HSS、IMS HSS 等功能单元组成。

（6）无线网络

无线网（E-UTRAN）由 eNodeB 组成，信令面通过 S1-MME 接口接入到 MME，用户面通过 S1-U 接口接入到 S-GW。

当 VoLTE 语音切换至 2G 网络时，需 2G 无线网络 BTS/BSC 支持；语音切换至 3G 网络时，需 3G 无线网络 NodeB 支持。

16.1.2　新增设备功能

（1）ATCF/ATGW

ATCF（Access Transfer Control Function）/ATGW（Access Transfer Gate Way）是 VoLTE 用户在当前所在网络的信令面和媒体面的锚定点，在发生 eSRVCC 时，将 VoLTE 用户接入侧的媒体面从 LTE 切换到电路域，并保持媒体面的连接。

ATCF 位于用户当前所在网络（漫游时位于拜访网络，非漫游时位于归属网络），提供会话信令锚定和媒体面切换控制功能。ATCF 可能与服务网络中现有的某网元合设（如 P-CSCF 或 IBCF）。

ATGW 与 ATCF 位于同一网络内，由 ATCF 控制提供媒体面锚定和媒体面切换功能。ATGW 可提供编解码转换功能。根据 ATCF 的位置，可能对应不同的物理节点，如

IMS-AGW 或 TrGW。

（2）SCC AS（Service Centralization and Continuity Application Server）

SCC AS 提供语音业务的连续性，即当 VoLTE 用户在通话过程中离开 LTE 覆盖区进入 2G/3G 覆盖区时，能够将通话从 LTE 无缝切换至 2G/3G，保证当前通话不中断且通话状态保持不变。SCC AS 支持 eSRVCC、aSRVCC、mid-call SRVCC 相关功能。

SCC AS 提供被叫域选择功能 T-ADS，即根据被叫用户的注册状态和网络是否支持 VoLTE 语音的能力等信息选择用户所在网络域并进行正确路由。

SCC AS 支持业务域选择功能，可以将所有使用电路域的主、被叫会话锚定到 IMS 域。

SCC AS 使用 ISC 接口与 S-CSCF 交互，使用 Sh 接口与 HSS 交互，执行下列 SRVCC 相关功能。

- 分析接入切换所需的信息，选择需要执行的接入切换场景，拒绝与运营商策略不符的接入切换请求；
- 第三方注册后，从 HSS 获取与 IMS 私有用户标识绑定的 C-MSISDN，该 C-MSISDN 储存在 HSS 上的用户配置信息中；
- 使用收到的 SIP INVITE 消息中的信息，将接入切换请求与锚定的会话相关联；
- 将 ATCF 发送的接入切换请求消息创建的接入支路与远端支路相关联；
- 收到第三方注册（由 UE 执行的注册触发）后，判断该第三方注册与 SRVCC 的联系地址相关，则清除之前设置的 STN-SR 并向 HSS 提供：
- 归属网络配置的 STN-SR（如果收到的第三方注册中没有 STN-SR）；
- 在第三方注册消息中收到的 STN-SR（如果该 STN-SR 与当前 HSS 中设置的不同）；
- 根据运营商策略，向 HSS 查询当前注册的 SRVCC 用户正在使用的 UE 类型，即 UE SRVCC 能力；
- 当使用 ATCF 时，处理 IMS 注册后，向 ATCF 提供 C-MSISDN 和一个可路由的用于接入切换更新的会话切换标识（ATU-STI）；
- 在不同接入网之间执行 IMS 会话切换；
- 提供被叫域选择（T-ADS）；
- 在会话建立过程中实现第三方呼叫控制功能（3pcc）；
- 提供就介入切换相关的计费数据；
- 根据不同的业务连续性相关的因素，决策是否更新配置的运营商接入切换策略。

（3）EATF

EATF 紧急接入切换功能，作为信令锚定点，支持提供紧急呼叫的 SRVCC。

（4）IP-SM-GW

IP-SM-GW 负责从 SM-over-IP 发送方到 SC 的短消息提交、从 SC 到 SM-over-IP 接收方的短消息发送的协议互连，以及从 SC 到 SM-over-IP 接收方的 SMS 状态报告（SMS-Status Report）。

16.1.3　新增接口

● 　Sv 接口

Sv 接口用于 MME 和 eMSC 之间，SRVCC 时使用该接口。Sv 接口基于 GTP 协议，采用 IP 方式承载，在 3GPP TS 29.280 中进行定义。

16.1.4　VoLTE 的 QoS 保障

为了支持 VoLTE 的 QoS 保障，eNodeB 需要提供下面的功能。

（1）鲁棒性报头压缩

基站应支持鲁棒性报头压缩（ROHC）功能，基站应对语音分组的报头进行压缩，并至少支持针对 RTP 报文的"RTP/UDP/IP"协议框架和针对 RTCP 报文的"UDP/IP"协议框架。

ROHC 功能应支持对 IPv4 和 IPv6 报头的压缩。

（2）无线承载

eNodeB 应支持 VoLTE 的无线承载组合如下。
● 　语音业务：SRB1 + SRB2 + 2 x AM DRB + 1 x UM DRB，其中，2 个 AM DRB 分别用于 QCI=5 和 QCI=8 或 9 的 EPS 承载，1 个 UM DRB 用于 QCI=1 的 EPS 承载；
● 　视频+语音业务：SRB1 + SRB2 + 2 x AM DRB + 2 x UM DRB，其中，2 个 AM DRB 分别用于 QCI=5 和 QCI=8 或 9 的 EPS 承载，1 个 UM DRB 用于 QCI=1 的 EPS 承载，另 1 个 UM DRB 用于 non-GBR 承载或 QCI=2 的 EPS 承载。

（3）RLC 配置

RLC 按照如下要求配置。
● 　Unacknowledged Mode (UM) for EPS bearers with QCI = 1；
● 　Acknowledged Mode (AM) for EPS bearers with QCI = 5；
● 　Acknowledged Mode (AM) for EPS bearers with QCI = 8/9。

（4）DRX

为减少 UE 的耗电，基站应支持 LTE 非连续接收（DRX），基站还应支持长周期 DRX，可支持短周期 DRX。

（5）准入控制和 QoS 保障

基站应支持针对 VoLTE 业务的准入控制功能和 GBR Monitoring 功能，以及基于 QoS 的资源调度。

（6）半静态调度

eNodeB 应支持半静态调度 SPS。对于 TD-LTE 基站，使用 DVRB 资源分配的半静态调度和波束赋形不同时使用。

（7）TTI Bundling

eNodeB 应支持 TTI Bundling。对于 TD-LTE 基站，TTI Bundling 只适用于 TDD configuration 0/1/6 上下行时隙配置，TTI Bundling 不可与 SPS 同时使用。

16.1.5　IMS APN

为了实现 IMS 漫游，IMS 语音业务要使用统一的 IMS APN。基于运营商的策略，终端可以在初始附着的时提供 APN，也可以在建立其他 PDN 连接时提供 APN。若终端在初始附着不提供 IMS APN，并且 IMS APN 不是默认 APN，则终端需要在后续的 PDN 连接中，建立到 IMS APN 的连接。

在终端创建用于 IMS 语音的 PDN 连接时必须创建一个默认承载，该承载的 QCI=5，标识承载用于 IMS SIP 信令。

16.2　语音呼叫连续性（VCC）

16.2.1　VCC 简介

VCC（Voice Call Continuity，语音呼叫连续性）是指用户在网络切换情况下保持语音业务的连续性，为用户提供无缝移动的用户体验。当 UE 在支持 VoIP 业务的网络和不支持 VoIP 业务的网络之间移动时，如何保持语音业务的连续性，就是 VCC 技术要解决的问题。

3GPP 标准从 R5 开始在核心网增加了 IMS 域（IP 多媒体子系统），以在 PS 承载上支持 VoIP 业务；R6 中增加了 WLAN 接入方式；R7 中增加了固定宽带接入方式，如 xDSL 和 Cable 等。R8 开展了 LTE 和 SAE 标准化项目，核心网为 EPC 分组域，没有电路域，语音业务通过 IMS 实现 VoIP。

3GPP 在 R7 协议版本中制定了 VCC 架构，实现 WiFi 和 GERAN/UTRAN 接入间切换时的语音连续性控制。3GPP 在 R8 阶段针对 LTE 的需求，在 R7 VCC 基础上进一步制定了 SRVCC（Single Radio Voice Continuity Control）的语音业务切换控制标准。

根据终端同时接收不同无线信号的数量，可将 VCC 分为双射频（Dual Radio，DR）和单射频（Single Radio，SR）两种模式。双射频模式是指 UE 在 VCC 切换的过程中，UE 能同时在源网络和目标网络接收和发送数据（如在 WLAN 和 2G/3G 网络之间）。3GPP R7 的 VCC 标准（TS23.206）就是一种典型的 DRVCC 方案。单射频模式是指在 VCC 切换过程中，UE 在一个时间点只能接收一个载频的无线信号，R8 版本的 VCC 标准（TS23.216）就是典型的 SRVCC 方案。

在 R8 版本 SRVCC 系统方案中，UE 不能同时驻留在 E-UTRAN 和 GERAN/UTRAN 网络中。目前，在 R8 版本的 3GPP 规范中，只定义了由 E-UTRAN 至 GERAN/UTRAN 方向的单向切换流程。因为目前 2G/3G 网络的覆盖远远大于 EPC 网络建设，原有 2G/3G 电路域语音业务不需要切换到 LTE 来完成。而当 LTE 覆盖不足时，需要通过将 EPC 网络中的 IMS 语音业务切换到 2G/3G 电路域来保证业务的连续性。

在 R10 又对其进行了增强，包括：

- MSC Server 辅助的呼叫中业务功能——保持 LTE 向 CS 迁移过程中的呼叫中业务（不活动的会话或电话会议业务的会话），此功能无须终端使用 ICS 能力；
- 振铃过程中的呼叫迁移功能；
- 减小语音中断时延的增强方案。

16.2.2　R8 SRVCC

1. SRVCC 系统架构

图 16-2 为从 EUTRAN 向 UTRAN/GERAN 切换的 SRVCC 系统架构。MME 与 MSC Server 间通过 Sv 接口完成 SRVCC 语音业务切换过程，采用 GTPv2 控制信令。

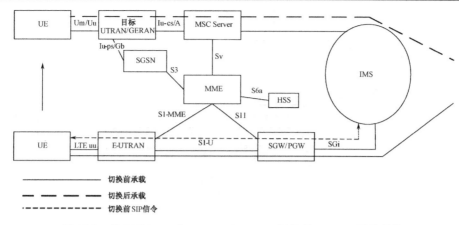

图 16-2　从 EUTRAN 向 UTRAN/GERAN 切换的 SRVCC 系统架构

（1）2G/3G MSC Server 支持 SRVCC 需要增加的功能

● 当接收到 MME 通过 Sv 接口发送的 SRVCC 请求时，MSC 发起切换准备。
● 发起并与 IMS SCC（Service Continuity Control）AS 配合进行语音会话的跨域转接。

（2）MME 需要新增加的功能

● 区分 VoIP 承载和非 VoIP 承载，执行 PS 承载的划分。
● 在 Inter-RAT 切换过程中实现非 VoIP PS 承载的切换。
● 通过 Sv 接口向电路域发起语音业务的 SRVCC 切换流程。
● 当 SRVCC 切换和 PS 切换同时执行时，协调两个切换过程。
● 对于业务受限的终端，MME 需要将设备标识传送给 MSC。

（3）HSS 新增加的功能

● 对用户增加存储一个特殊参数的功能，该参数是 STN-SR（Session Transfer Number for SR VCC，会话迁移号码）。
● 在 UE 附着过程中，HSS 会通过插入签约用户数据消息将 STN-SR 参数传递给 MME，在执行 SRVCC 切换过程中，MME 转发 STN-SR 至 MSC。

SRVCC 已经扩展到 HSPA 网络与 2G/3G 接入之间的切换，这时，只是将 MME 相应的功能改为 SGSN 执行。

2. SRVCC 切换流程简介

图 16-3 为从 E-UTRAN 到 UTRAN/GERAN 的 SRVCC 切换流程。首先 UE 已经附着到 E-UTRAN 网络，且正在进行 IMS 语音业务。

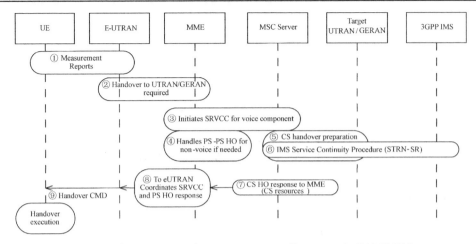

图 16-3　从 E-UTRAN 到 UTRAN/GERAN 的 SRVCC 切换流程概述

① E-UTRAN 执行测量。

② E-UTRAN（eNodeB）根据测量报告，决定将该 UE 切换到 GERAN/UTRAN 网络，向 MME 发送切换请求。

③ MME 根据 E-UTRAN 的切换指示，向 GERAN/UTRAN 网络的 MSC Server 发起 SRVCC 切换流程。

④ 如果当前存在承载 IMS 语音之外的一般 PS 业务的承载，MME 应能够区分 IMS 语音承载和非语音承载。这时，根据目标网络是否支持 DTM（Dual Transfer Mode，双传输模式，即同时支持 CS 和 PS 业务），分为以下两种情况。

● 如果目标网络支持 DTM，则 MME 除了向目标网络的 MSC Server 发起切换流程外，还向目标网络中的 SGSN 发起 PS 切换流程。

● 如果目标网络不支持 DTM，则 MME 只切换语音的承载。当终端切换到目标网络中后，需要通知目标网络 SGSN 向 EPC 发起非语音承载的保留。

⑤ MSC Server 收到 MME 发送的 SR-VCC 切换指示后，执行 CS 切换流程，要求目标的 GERAN/UTRAN 的基站为即将切换的 CS 语音准备资源。

⑥ MSC Server 向 IMS 网络发起 IMS Service Continuity 过程，携带 STN-SR 标识。IMS 网络收到域切换指示后，IMS 域的 SCC AS 将 IMS 信令和语音流从 E-UTRAN 网络切换到 GERAN/UTRAN 网络中。

⑦ MSC Server 执行完 CS 切换准备流程后，向 MME 发送 CS 切换响应。

⑧ MME 收到 MSC Server 和 SGSN 发送的切换响应消息后，指示 E-UTRAN 网络发起切换流程。

⑨ E-UTRAN 向 UE 送切换命令，UE 根据该切换命令执行切换流程，完成到 GERAN/UTRAN 的切换，从而完成 SRVCC 切换处理。

16.2.3　R10 SRVCC

R10 中增强的 SRVCC 架构中引入了 ATCF 和 ATGW 功能，E-UTRAN 到 GERAN/UTRAN 的增强 SRVCC 架构如图 16-4 所示。ATCF 作为 SIP 信令的锚定点，位于 P-CSCF 和 S-CSCF 之间。ATCF 和 ATGW 都在当前的服务网络中。ATCF 负责控制 ATGW，ATGW 是媒体平面的锚定点。在会话建立时，应把媒体面的锚定点选在 ATGW。在会话迁移的过程中，ATCF 负责和 SCC AS 建立新的会话代替 ATCF 和 SCC AS 之前的旧会话。ATCF 和 ATGW 保证了 MSC Server 发出的会话迁移请求不会被路由到归属 PLMN，这样就不需要更新远端的媒体路径。

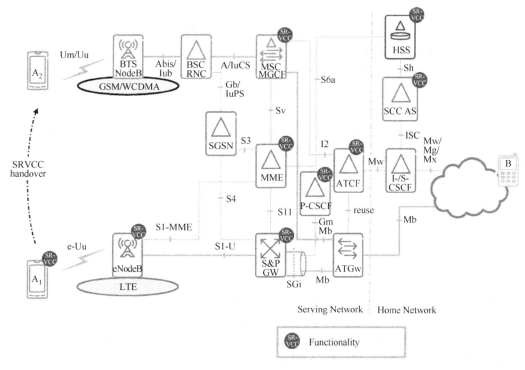

图 16-4　E-UTRAN 到 GERAN/UTRAN 的增强 SRVCC 架构

在进行 SRVCC 之前，所有始呼和终呼的 E-UTRAN 会话都会被锚定在 SCC AS。成功切换到 CS 接入后，被迁移的会话仍然驻留在 SCC AS，新的始呼和终呼的会话都被锚定在 SCC AS。对于终呼会话，需要通过 T-ADS 选择合适的域。

对于 MSC Server 辅助的呼叫中功能，位于归属网络的 SCC AS 负责提供会话状态信息，并继续处理 T-ADS 相关的功能。

MSC Server 辅助的呼叫中功能要求 SRVCC 支持迁移单一挂起的呼叫、一个激活的和一个挂起的呼叫、包含参加者的电话会议会话状态（电话会议既可以是激活的也可以是挂起的）。

MSC Server 辅助的呼叫中功能只有终端、MSC Server 和 SCC AS 都支持才能实现。

振铃状态中的呼叫的 SRVCC 要求 SRVCC 支持迁移振铃状态中的单一呼叫、已有建好的会话的处在振铃状态中的呼叫。建好的会话可以是激活的或者是挂起的，也可以是电话会议的会话。

16.3　SRVCC 相关流程

16.3.1　与 SRVCC 相关的 E-UTRAN 附着过程

SRVCC UE 在标准附着（Attach）过程之外，还需支持以下功能。

- SRVCC UE 将 SRVCC Capability Indication 作为 "MS Network Capability" 信元的一部分包含在 Attach Request 和 TAU 中，MME 保存这一信息用于 SRVCC 操作。
- SRVCC UE 在 Attach Request 和非周期的 TAU 消息中包含 GERAN MS Classmark 3 （UE 支持 GERAN Access）、MS Classmark 2 （UE 支持 GERAN access 或 UTRAN access 或两者都支持）和 Supported Codecs IE （UE 支持 GERAN access 或 UTRAN access 或两者都支持）。
- HSS 在签约数据中包含 SRVCC STN-SR 和 C-MSISDN 并发送给 MME。SRVCC STN-SR 指示 UE 签约了 SRVCC。如果漫游用户的 HPMMN 不允许在 VPLMN 中使用 SRVCC，HSS 则不会在签约数据中包含 SRVCC STN-SR 和 C-MSISDN。
- MME 在发向 eNodeB 的 S1 AP Initial Context Setup Request 消息中携带 "SRVCC Operation Possible" 指示，用来说明 UE 和 MME 都是支持 SRVCC 机制的。

16.3.2　与 SRVCC 相关的业务请求过程

SRVCC UE 在标准业务请求（Service Request）过程之外，还需支持以下功能。

- MME 在发向 eNodeB 的 S1 AP Initial Context Setup Request 消息中携带 "SRVCC Operation Possible" 指示，用来说明 UE 和 MME 都是支持 SRVCC 机制的。

16.3.3　与 SRVCC 相关的 PS 域切换流程

SRVCC UE 除执行 S1 的 E-UTRAN 切换和 E-UTRAN 到 UTRAN（HSPA）Iu 模式的跨 RAT 切换过程外，还需要支持以下功能。

- 如果存在，源 MME 向目标 MME/SGSN 发送 MS Classmark 2、MS Classmark 3、STN-SR、C-MSISDN、ICS Indicator 以及 Supported Codec IE。

- 目标 MME 在发向 eNodeB 的 S1 AP Handover Request 消息中携带 "SRVCC Operation Possible" 指示，用来说明 UE 和目标 MME 都是支持 SRVCC 机制的。
- 目标 SGSN 在发向 RNC 的 RANAP Common ID 消息中携带 "SRVCC Operation Possible" 指示，用来说明 UE 和目标 SGSN 都是支持 SRVCC 机制的。

对基于 X2 的切换，源 eNodeB 在发向目标 eNodeB 的 X2-AP Handover Request 消息中携带 "SRVCC Operation Possible" 指示。

16.3.4　E-UTRAN 发起的 SRVCC 过程

图 16-5 描述的是从 E-UTRAN 到 UTRAN 或 GERAN 且支持 DTM HO 的 SRVCC 流程，其中包含了非语音成分的控制。该流程要求 eNodeB 能够进行下述的判决：目标是支持 PS HO 的 UTRAN 或者目标是支持 DTM 的 GERAN 以及 UE 支持 DTM。

① UE 向 E-UTRAN 发送测量报告。

② 基于 UE 的测量报告，源 E-UTRAN 决定发起到 GERAN/UTRAN 的 SRVCC 切换过程。

③ 如果目标是 UTRAN，则 E-UTRAN 向源 MME 发送 Handover Required（Target ID, Source to Target Transparent Container，SRVCC HO Indication）消息。SRVCC HO Indication 向 MME 指明该过程是 CS 和 PS 联合切换。

如果 E-UTRAN 使用 SRVCC HO Indication 来指明目标能够支持 CS 和 PS 联合切换以及本请求是 CS 和 PS 联合切换请求，则源 MME 将收到的单一透明容器同时发送给目标 CS 域和目标 PS 域。

如果目标是 GERAN，则源 E-UTRAN 向源 MME 发送 Handover Required（Target ID, generic Source to Target Transparent Container, additional Source to Target Transparent Container，SRVCC HO Indication）消息。E-UTRAN 将用于 CS 域的信元 "old BSS to new BSS information IE" 填入 "additional Source to Target Transparent Container" 中。这样，MME 就可以从收到的 SRVCC HO Indication 来判断出当前的请求是否是 CS 和 PS 联合切换请求。

④ 根据语音承载对应的 QCI（QCI=1）和 SRVCC HO Indication，源 MME 将语音承载从其他 PS 承载中分离出来，并分别发起指向 MSC Server 和指向 SGSN 的重定位过程。

⑤a 源 MME 通过向 MSC Server 发送 SRVCC PS to CS Request（IMSI, Target ID, STN-SR, C-MSISDN, Source to Target Transparent Container, MM Context, Emergency Indication）消息来发起语音承载的 PS-CS 切换过程。如果正在进行的会话是紧急会话，则应携带 Emergency Indication。在 UE 处于受限业务状态时，MME 在消息中包含设备标识。若存在可用的已认证 IMSI 和 C-MSISDN，则 MME 也应在消息中携带这两个标识，消息仅携带了 CS 域相关的信息。在 E-UTRAN 附着过程中，MME 在 HSS 下载的用户数据中接收到已认证 IMSI 和 C-MSISDN。MM 上下文中携带安全相关信息。MME 从 E-UTRAN/EPS 域安全密钥中推演出 CS 安全密钥，CS 安全密钥在 MM 上下文中发送。

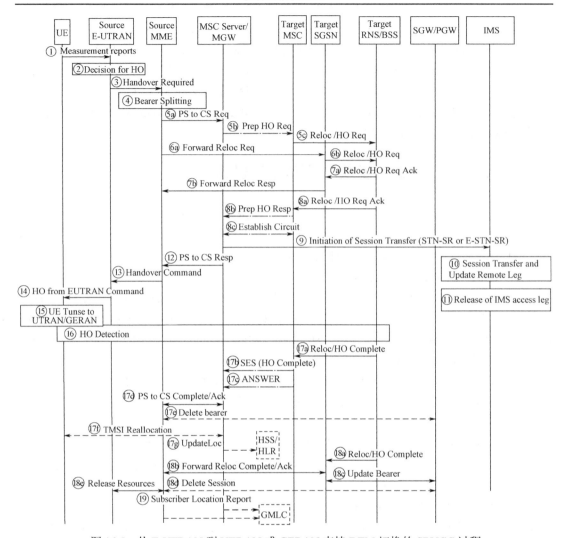

图 16-5　从 E-UTRAN 到 UTRAN 或 GERAN 支持 DTM 切换的 SRVCC 过程

⑤b MSC Server 收到 MME 的 PS-CS handover request 消息后，通过向目标 MSC 发送 Prepare Handover Request 消息来发起 CS 域 MSC 间的切换请求过程。如果目标系统是 GERAN，则 MSC Server 分配一个 SAI 作为指向目标 BSS 接口上的 Source ID，而且使用 BSSMAP 封装 Prepare Handover Request 消息。如果目标系统是 UTRAN，MSC Server 用 RANAP 封装 Prepare Handover Request 消息。

默认 SAI 的取值配置在 MSC 中，使得 R8 及以后的 BSC 能够识别 SRVCC HO 过程的源是 E-UTRAN。为了保证目标 BSS 能够正确进行统计，默认 SAI 应当不同于 UTRAN 中使用的 SAI 值。

⑤c 目标 MSC 向目标 RNS/BSS 发送 Relocation Request/Handover Request (additional

Source to Target Transparent Container）消息来请求 CS 重定位的资源分配。

⑥ 并行于上面一步，源 MME 发起 PS 承载的重定位过程并执行下述步骤。

⑥ⓐ 源 MME 向目标 SGSN 发送 Forward Relocation Request（generic Source to Target Transparent Container, MM Context, PDN Connections）消息。如果目标 SGSN 基于 S4 与 S-GW/P-GW 交互，PDN Connection 消息单元中应包括除语音承载外的所有承载。

在指向 Gn/Gp SGSN 切换场景下，Forward Relocation Request 消息中将以 PDP Contex 来替代 PDN Connections，而且对于语音承载，此场景下将 MBR 参数设置为 0 以代替 PS-to-CS Indication 来指明面向 CS 域的切换。

⑥ⓑ 目标 SGSN 向目标 RNS/BSS 发送 Relocation Request/Handover Request（Source to Target Transparent Container）消息来请求 PS 重定位的资源分配。

⑦ 目标 RNS/BSS 收到 CS relocation/handover request 消息和 PS relocation/handover request 消息后，目标 RNS/BSS 分配适当的 CS 和 PS 资源。并执行⑦ⓐ和⑦ⓑ。

⑦ⓐ 目标 RNS/BSS 向目标 SGSN 发送 Relocation Request Acknowledge/Handover Request Acknowledge（Target to Source Transparent Container）消息来确认 PS Relocation/Handover 已经准备就绪。

⑦ⓑ 目标 SGSN 向源 MME 发送 Forward Relocation Response（Target to Source Transparent Container）消息。

⑧ ⑧ⓐ～⑧ⓒ与上一步并行实施。

⑧ⓐ 目标 RNS/BSS 向目标 MSC 发送 Relocation Request Acknowledge/Handover Request Acknowledge（Target to Source Transparent Container）消息来向目标 MSC 确认 CS Relocation/Handover 过程准备完毕。

⑧ⓑ 目标 MSC 向 MSC Server 发送 Prepare Handover Response（Target to Source Transparent Container）消息。

⑧ⓒ 建立目标 MSC 与 MSC Server 关联 MGW 之间的电路连接，如使用 ISUP IAM 和 ACM 消息。

⑦ⓐ中发向目标 SGSN 的"Target to Source Transparent Container"和⑧ⓐ中发向目标 MSC 的"Target to Source Transparent Container"中携带相同的 CS 和 PS 资源配置。如目标 BSS 在两个容器中携带相同的 DTM Handover Command。

⑨ 对于非紧急会话，MSC Server 使用 STN-SR 进行会话转移过程（Session Transfer），如向 IMS 发送 ISUP IAM (STN-SR) 消息。对于紧急会话，MSC Server 基于本地配置的 E-STN-SR 发起会话转移过程。参见 3GPP TS 23.237，执行会话转移时使用标准的 IMS 业务连续性和紧急 IMS 业务连续性过程。

本步骤可以紧接在⑧ⓑ后开始。如果 MSC Server 正在使用 ISUP 接口，如果用户数据包含的 CAMEL 触发器不能先于 HO 过程生效，则非紧急会话的会话转移的发起过程可能失败。

⑩ 在执行会话转移（Session Transfer）的过程中，使用 CS 接入分支的 SDP 信息进行远端的更新，此时 VoIP 分组的下行流已经转接至 CS 接入分支。

⑪ 释放源 IMS 接入分支。

⑩和⑪独立于⑫。

⑫ MSC Server 向源 MME 发送 SRVCC PS to CS Response（Target to Source Transparent Container）消息。

⑬ 源 MME 同步两个域的已准备就绪的 Relocation 过程，并向源 E-UTRAN 发送 Handover Command（Target to Source Transparent Container）消息。

当目标小区是 GERAN 小区时，则 MME 从 MSC Server 和 SGSN 收到两个不同的 Target to Source Transparent Container。如从 MSC Server 处收到 New BSS to Old BSS Information；从 SGSN 处收到 Target BSS to Source BSS Transparent Container。

⑭ E-UTRAN 向 UE 发送 Handover from E-UTRAN Command 消息。

⑮ UE 切换至目标 UTRAN/GERAN 小区。

⑯ 目标 RNS/BSS 实施 Handover Detection，UE 通过目标 RNS/BSS 向目标 MSC 发送 Handover Complete 消息。如果目标 MSC 不是 MSC Server，则目标 MSC 向 MSC Server 发送 SES（Handover Complete）消息。

⑰ CS Relocation/Handover 过程完成，相关步骤 ⑰ⓐ～⑰ⓖ 所述。

⑰ⓐ 目标 RNS/BSS 向目标 MSC 发送 Relocation Complete/Handover Complete 消息。

⑰ⓑ 目标 MSC 向 MSC Server 发送 SES (Handover Complete)消息，语音电路通过 MSC Server/MGW 连通。

⑰ⓒ 使用指向 MSC Server 的 ISUP Answer 消息完成建立过程。

⑰ⓓ MSC Server 向源 MME 发送 SRVCC PS to CS Complete Notification 消息，源 MME 以 SRVCC PS to CS Complete Acknowledge 消息进行确认。

⑰ⓔ 源 MME 去激活到 S-GW/P-GW 的语音承载，并设置 Delete Bearer Command 消息中的 "PS-to-CS 切换" 标识。如果部署了动态 PCC，P-GW 与 PCRF 进行交互。

⑰ⓕ 如果 HLR 要更新，比如，IMSI 已认证，但在 VLR 中是未知的，那么，MSC Server 会用自己非广播的 LAI 给 UE 重新分配一个 TMSI；而如果多个 MSC/VLR 服务于同一 LAI，MSC Server 使用自身网络资源标识（NRI）为非广播 LAI 发起 TMSI 重分配过程。

TMSI 重分配是由目标 MSC 来执行的。

⑰ⓖ 如果 MSC Server 执行了⑰ⓕ的 TMSI 重分配过程，并且该重分配过程成功，那么无须 UE 触发，MSC Server 就会执行到 HSS/HLR 的 MAP Update Location 过程。

这里的 Update Location 过程并不是由 UE 发起的。

⑱ PS Relocation/Handover 过程与上一步过程并行完成，步骤如下所述。

⑱ⓐ 目标 RNS/BSS 向目标 SGSN 发送 Relocation Complete/Handover Complete 消息。

⑱ⓑ 目标 SGSN 向源 MME 发送 Forward Relocation Complete 消息，在完成⑰ⓒ之后，源

MME 以 Forward Relocation Complete Acknowledge 向目标 SGSN 进行确认。

⑱ 目标 SGSN 更新 S-GW 和 P-GW 的相关承载。

⑱ MME 发送 Delete Session Request 消息给 S-GW。

⑲ 对于紧急业务会话，在切换完成之后，源 MME 或 MSC Server 可以向与源侧或目标侧关联的 GMLC 发送携带 MSC Server 标识的用户位置报告（Subscriber Location Report）。

注释：在更新 GMLC 的过程中，源 MME 和 MSC Server 之间选择过程的任何配置均需要确保当源 / 目标侧使用控制面定位解决方案时，仅有一个更新过程从上述实体之一发出。

如果 MME 确定只有 Voice Bearer 切换成功，而没有 PS Bearer 切换成功，MME 在⑫从 MSC Server 收到 SRVCC PS to CS Response 消息后执行⑬。

16.4 SMS 和 IM 互通

16.4.1 SMS 和 IM 互通简介

短信业务（Short Message Service，SMS）在传统的蜂窝网络中已经取得了很大的成功，即时消息（Instant Message，IM）在 IP 网中的应用已经日益广泛，并且 IM 也是 IMS 网络中的基础性业务，SMS 和 IM 互通的需求日渐强烈。

图 16-6 为 SMS 和 IM 互通的体系架构，SMS 在 CS 电路域实现，IM 在 IMS 网络域实现。SMS 用户与 IM 用户在进行交换短信时需要 SM-GW 即短信网关支持。从短信业务中心的角度看，SM-GW 扮演的角色是 MSC；而从 S-CSCF 和 HSS/HLR 的角度看，SM-GW 扮演的角色是 SIP AS。此架构需要新增 SM-GW，CS 电路域和 IMS 网络域不需要改动，并且重用了 CS 电路域和 IMS 网络域的机制，沿用了传统的消息存储转发方式，重用 SM-SC（短信业务中心）和 SMC-GMSC（短信中心及关口局），重用 MAP 协议消息。短信传输分为移动发起短信（SM-MO）与移动终止短信（SM-MT），由 SMSC 进行中继。

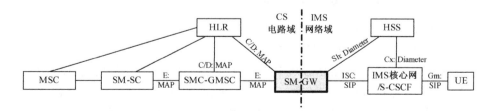

图 16-6 SMS 和 IM 互通架构

SM-GW 主要功能是提供 SMS 和 IM 之间的信令转换、地址映射和信息内容格式转换功能，详细功能包括：

- 在 CS 电路域，SM-GW 相当于 MSC，通过 MAP 协议访问 SMC-GMSC，通过 MAP 协议访问 HLR。
- 在 IMS 网络域，SM-GW 相当于一个应用服务器（AS）。
- 获取并完成 MSISDN、IMSI 和终端 IP 地址的转换，对于 MT 流程，SM-GW 应可以把接收者的 MSISDN/IMSI 地址映射成 TEL URI 地址形式，IMS 核心网负责把 TEL URL 地址映射为 SIP URI 地址。
- 把一条短信转换成 IMS 消息操作，包括把 SMS 短信编码成 IMS 即时信息的文本格式，用即时信息进行传送，把 SMS 段消息压缩成 IMS 即时消息的一部分。

16.4.2　IMS UE 注册流程

图 16-7 为 IMS UE 注册流程。UE 建立到 IMS 的 IP 连接，UE 向 IMS 发起注册，S-CSCF 通过与 HSS 交互（SAR 和 SAA），获得签约数据。S-CSCF 检查初始过滤规则（iFC），路由 Register 消息到应用服务器 SM-GW。SM-GW 相当于 CS 电路域的 MSC，发送 Update Location Request 消息到 HLR，进行位置更新。

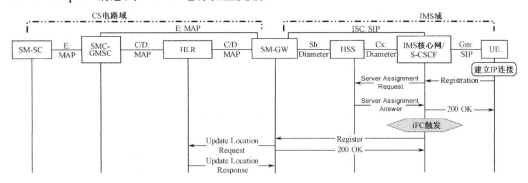

图 16-7　IMS UE 注册流程

16.4.3　IMS UE 发送消息流程

图 16-8 为 IMS UE 发送消息流程。

用户 UE 发送 SIP Message 消息到 IMS 核心网。S-CSCF 对 SIP Message 的被叫标识进行分析，如为 SIP-URI，就直接在 IMS 域中按照 IMS 即时信息传送过程处理；如为 TEL-URI，则访问 ENUM 服务器进行相应的转换，若该标识能转换为 SIP-URI，就把消息当作即时消息在 IMS 域中进行处理，若该标识不能转换为 SIP-URI，则根据消息业务逻辑把消息转发到 SM-GW。

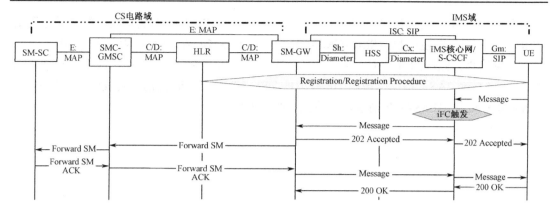

图 16-8　IMS UE 发送消息流程

SM-GW 收到 Message 消息后，回复 SIP 确认消息 202 Accepted 给发送方 IMS UE。
SM-GW 将 Message 消息进行相应的格式转换和地址映射，发送 MAP 消息 Forward SM；
将 SIP IM 消息转化成传统 SMS 消息，通过 SMC-GMSC 转给 SM-SC。SM-SC 存储该短信，
消息发送成功。SM-SC 回送 Forward SM ACK 消息，通过 SMC-GMSC 到 SM-GW。SM-GW
将消息转换成 Message 消息，回送到发送端 UE，通知其发送成功。

16.4.4　IMS UE 接收消息流程

图 16-9 为 IMS UE 接收消息流程。

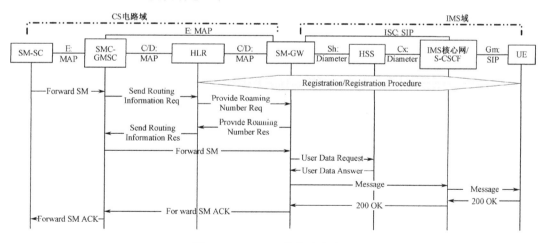

图 16-9　IMS UE 接收消息流程

SM-SC 通过 Forward SM 消息把短信传送到 SMC-GMSC。SMC-GMSC 向 HLR 发送
MAP 消息请求路由信息（Send Routing Information Request），HLR 向 SM-GW 发 MAP 消

息请求漫游号码（Provide Roaming Number Request）。SM-GW 回送接收方的漫游号码给 HLR，HLR 回复路由信息。SMC-GMSC 转发短信到 SM-GW。SM-GW 通过与 HSS 交互获得消息接收方归属的 S-CSCF 地址。SM-GW 进行 SMS 到 IM 的转换，包括消息格式和地址。SM-GW（AS）根据从被叫 UE 获取的 TEL-URI 和 IMSI 把消息转发到 S-CSCF，而后 S-CSCF 转发 MESSAGE 消息，最后到接收方 UE。

第六部分　5G 网络展望

第 17 章　5G 网络及其关键技术

17.1　5G 需求和网络功能映射

5G 愿景定义了更丰富的业务场景和全新的业务指标，5G 系统不再是单纯的空口技术换代和峰值速率提升，需要将需求与能力指标要求向网络侧推演，明确现网挑战和发展方向，通过网络侧的创新提供支撑，如表 17-1 所示。

表 17-1　5G 愿景、现网挑战与架构演进方向映射

指标能力要求	现网挑战	5G 架构方向
1 Gbps 体验速率	• 用户速率从小区中心向边缘下降 • 网间切换不能保持速率稳定	• 灵活的站间组网和资源调度方法 • 高效的多接入协同
毫秒级时延	• 网关中心部署，传输时延百毫秒级 • 实时业务切换中断时间 300 ms	• 业务边缘部署，用户面网关下沉 • 更高效的移动性管理机制
高流量大连接	• 流量重载降低转发传输效率 • 海量连接导致信令风暴和封装开销	• 分布式流量动态调度 • 控制面功能按需重构
运营能效	• 管道化运营 • 刚性硬件平台	• 面向差异化场景快速灵活的服务 • 基于"云"的基础设施平台

指标方面，首先，业务速率随用户移动和覆盖变化而改变是移动通信系统的基础常识，无法提供稳定的体验速率支持，需要改变传统的"终端-基站"一对一传输机制，引入联合多站点协同来平滑和保证速率。其次，毫秒级时延是另一个挑战，当前网关和业务服务器一般部署在网络中心，受限于光传输速率，网内传输时延大多是百毫秒量级，远超 5G 时延要求，需要尽可能将网关和业务服务器下沉到网络边缘，此外，4G 定义的实时业务切换中断时间（<300 ms）也无法满足 5G 高实时性业务要求，这意味着需要引入更高效的切换机制。最后，现网限于中心转发和单一控制的功能机制，在高吞吐量和大连接的背景下会造成更大的拥塞和过载风险，这要求 5G 网络控制功能更灵活，流量分布更均衡。

在运营能效方面，4G 网络主要定位在互联网接入管道，长期形成了重建设、轻运维的定式，简单化的运营手段难以适应 5G 物联网和垂直行业高度差异化的要求。与此同时，基于专用硬件的刚性网络设备平台资源利用率低，不具备动态扩缩容能力。这要求网络侧需要引入互联网灵活快速的服务理念和更弹性的基础设施平台。

17.2　NFV/SDN 概述

　　5G 网络将改变传统基于专用硬件的刚性基础设施平台，引入互联网中云计算、虚拟化和软件定义网络（Software Defined Networking，SDN ）等技术理念，构建跨功能平面统一资源管理架构和多业务承载资源平面，全面解决传输服务质量、资源可扩展性、组网灵活性等基础性问题。

　　网络功能虚拟化（NFV）实现对底层资源的统一"池化管理"，向上提供相互隔离的有资源保证的多租户网络环境，是网络资源管理的核心技术。引入这一技术理念，底层基础设施能为上层租户提供一个充分自控的虚拟专用网络环境，允许用户自定义编址、自定义拓扑、自定义转发以及自定义协议，彻底打开基础网络能力。

　　引入软件定义网络的技术理念，在控制平面，通过对网络、计算和存储资源的统一软件编排和动态调配，在电信网中实现网络资源与编程能力的衔接；在数据平面，通过对网络转发行为的抽象，实现利用高级语言对多种转发平台的灵活转发协议和转发流程定制，实现面向上层应用和性能要求的资源优化配置。

17.2.1　NFV 简介

　　NFV（Network Function Virtualization，网络功能虚拟化）通过使用 x86 等通用性硬件以及虚拟化技术来承载很多功能的软件处理，从而降低网络昂贵的设备成本。可以通过软硬件解耦及功能抽象，使网络设备功能不再依赖于专用硬件，资源可以充分灵活共享，实现新业务的快速开发和部署，并基于实际业务需求进行自动部署、弹性伸缩、故障隔离和自愈等。

　　ETSI NFV 在阶段一发布了 NFV 端到端虚拟化架构，如图 17-1 所示。图中模块从功能上来划分，可以分为三种类型：MANO 管理与协同相关模块、VNF 虚拟化的网络实体、网络虚拟化功能基础设施层。

1. MANO（Management and Orchestration）管理与协同相关模块

　　虚拟化实现了底层物理设备与上层操作系统和应用软件的解耦，而管理与协同系统则要提供一个可管、可控、可运营的服务提供环境，使得基础资源可以便捷地提供给应用，其本质是实现部署、调度、运维、管理。虚拟化架构按照网络、网元、资源划分成 3 层，每层均存在管理和协同功能模块。管理与协同层的功能应包括虚拟机生命周期管理、资源监控、虚拟机性能监控、故障管理、虚拟机动态迁移、负载均衡、资源管理、信息维护等。管理与协同层主要包括 OSS（Operations Support System，运营支撑系统）、EMS（Element Management System，网元管理系统）、NFVO（Network Function Virtual Orchestrator）、VNFM

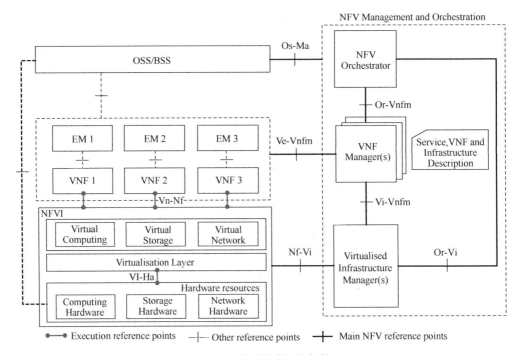

图 17-1　NFV 端到端虚拟化架构

（Virtual Network Function Management）、VIM（Virtual Infrastructure Management）。NFVO 实现统一的资源管理与调度；VNFM 实现虚拟化网元生命周期管理，包括虚拟网元的生成、变更、删除等；VIM 实现对虚拟化资源、硬件资源池的统一管理。

2．VNF（Virtualised Network Function，虚拟化的网络功能）虚拟化的网络实体

对于移动网络来说，网元层的 VNF 是软化后的网元，部署在 VM 上，执行 3GPP 定义的网元功能，功能与接口和非虚拟化时保持一致。网元层的主要功能模块包括 OMU（Operation and Management Unit）和 VNSF（Virtual Network Sub-functions）。

3．网络虚拟化功能基础设施层

NFVI（Network Functions Virtualisation Infrastructure，网络功能虚拟化设施）主要包括物理硬件层和虚拟化层。物理硬件层包括计算、存储、网络三部分，是承担着计算、储和内外部互连互通任务的设备。虚拟化层主要是指虚拟机超级管理员（Hypervisor），Hypervisor 是每个服务器上的虚拟计算、虚拟存储、虚拟网络能力的直接提供者，主流软件有 vMware Esxi、KVM、xen 等。

17.2.2　SDN 简介

SDN（Software Defined Network，软件定义网络）是一种新兴的控制与转发相分离并直接可编程的网络架构，其核心思想是将传统网络设备紧耦合的网络架构解耦成应用、控制、转发三层分离架构，如图 17-2 所示。SDN 通过标准化实现网络的集中管控和网络应用的可编程，从而实现了网络流量的灵活控制，为核心网络及应用的创新提供了良好的平台。

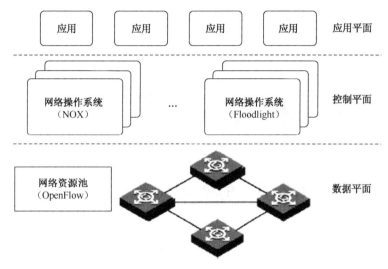

图 17-2　SDN 技术架构

在这一架构下，开放和标准化是核心关键点，表现如下所述。

● 标准化数据面与控制面的接口（又称为南向接口）：屏蔽网络基础设施资源在类型、支持的协议等方面的异构性，使得数据面的网络资源设施能够无障碍地接收控制面的指令，承载网络中的数据转发业务；

● 标准化控制层和应用层的接口（又称为北向接口）：为上层应用提供统一的管理视图和编程接口，使得用户可以通过软件从逻辑上定义网络控制和网络服务。

SDN 的技术架构改变了网络在产业链结构中的价值，实现了从成本中心至核心竞争力的转变。基于 OpenFlow 的 SDN 技术带给企业和用户更加灵活的网络管控、更高效的资源利用率、更弹性的资源调度。

OpenFlow 规范是 SDN 技术架构中控制平面和数据平面间的第一个通信标准。OpenFlow 规范的技术架构如图 17-3 所示，主要定义了交换机的功能模块以及其与控制器之间的通信信道方面的接口。通过该接口，OpenFlow 控制器将制定好的转发策略通过安全通信信道发送给交换机，对交换机处理流的方式进行控制。具体的控制策略是由流表（FlowTable）

和表项来表示的。每个交换机可以有一个或多个流表，每个流表又包含一系列的流表项。在流表项中，可以根据网络分组在 L2、L3、L4 等网络报文头的任意字段进行匹配，如以太网帧的源 MAC 地址、IP 分组的 IP 地址等。

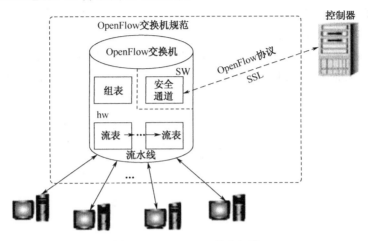

图 17-3　OpenFlow 技术架构

17.2.3　NFV/SDN 架构下的移动核心网

　　NFV/SDN 架构下的移动核心网如图 17-4 所示。移动网络中引入 NFV 和 SDN，实现原 EPC 中承担用户面功能网元（S-GW/P-GW）的控制面和转发面解耦，并且控制面由 SDN controller 集中控制。另外，核心网的网元功能（可包含 S-GW/P-GW 的控制面功能）以软件的方式部署在虚拟机上。从而实现网络设备的控制面和转发面解耦，软件和硬件平台解耦，硬件平台资源共享，使得移动网络的功能增强和新业务能够快速、灵活地部署，网络资源按需调度，流量处理能力按需部署和组合等。

　　图 17-4 中虚拟 EPC 中的网元（如 MME 和 HSS 等）都是 VNF（Virtualized Network Funtion，虚拟网络功能）实例化后运行在虚拟机上的，而且对 S-GW 和 P-GW 已经进行了控制面和转发面的分离，并且转发面 SGW-D 和 PGW-D 受到 SDN 控制器的控制。该 SDN 控制器可以由物理设备实现，也可以运行虚拟机上面。

　　移动核心网网元的控制与转发完全分离，剥离网元的控制功能由 SDN Controller 负责移动性管理和会话管理，转发面不再参与控制管理；软化后的 MME、PGW-C、SGW-C 和 PCRF 等网元控制功能和业务编排功能等可作为 SDN 控制器的应用来实现。由编排器 Orchestrator 根据网络与业务需求，在数据中心通过 MANO 管理按需申请资源，使用 NFV 技术生成相应的虚拟网络功能，通过 SDN 控制器实现网络功能转发链与业务链编排。

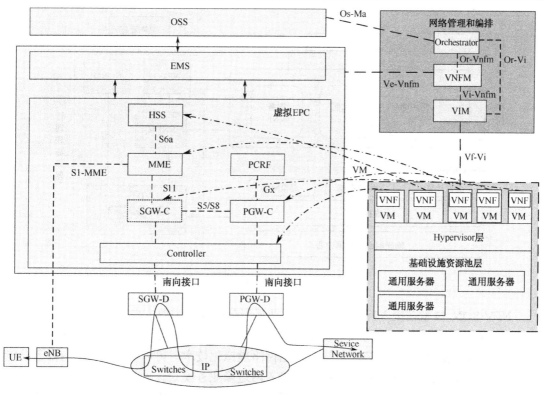

图 17-4　NFV/SDN 架构下的移动核心网

17.3　5G 组网设计

17.3.1　5G 网络平台视图

5G 基础设施平台将更多地选择由基于通用硬件架构的数据中心构成，支持 5G 网络的高性能转发要求和电信级的管理要求，并以网络切片为实例，实现移动网络的定制化部署。

5G 网络平台视图如图 17-5 所示。引入了 SDN/NFV 技术，5G 硬件平台支持虚拟化资源的动态配置和高效调度，在广域网层面，NFV 编排器可实现跨数据中心的功能部署和资源调度，SDN 控制器负责不同层级数据中心之间的广域互连。城域网以下可部署单个数据中心，中心内部使用统一的 NFVI 基础设施层，实现软硬件解耦，利用 SDN 控制器实现数据中心内部的资源调度。

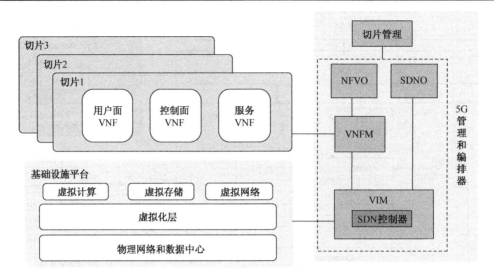

图 17-5　5G 网络平台视图

NFV/SDN 技术在接入网平台的应用是业界聚焦探索的重要方向。利用平台虚拟化技术，可以在同一基站平台上同时承载多个不同类型的无线接入方案，并能完成接入网逻辑实体的实时动态功能迁移和资源伸缩。利用网络虚拟化技术，可以实现 RAN 内部各功能实体动态无缝连接，便于配置客户所需的接入网边缘业务模式。另外，针对 RAN 侧加速器资源配置和虚拟化平台间高速大带宽信息交互能力的特殊要求，虚拟化管理与编排技术需要进行相应的扩展。

SDN/NFV 技术融合将提升 5G 进一步组大网的能力：NFV 技术可实现底层物理资源到虚拟化资源的映射，构造虚拟机（VM），加载网络逻辑功能（VNF）；虚拟化系统可实现对虚拟化基础设施平台的统一管理和资源的动态重配置；SDN 技术则实现虚拟机间的逻辑连接，构建承载信令和数据流的通路，最终实现接入网和核心网功能单元动态连接，配置端到端的业务链，实现灵活组网。

17.3.2　5G 网络组网视图

5G 网络组网视图如图 17-6 所示，5G 组网功能元素可分为以下 4 个层次。

1．中心级

中心级以控制、管理和调度职能为核心，如虚拟化功能编排、广域数据中心互连和 BOSS 系统等，可按需部署于全国节点，实现网络总体的监控和维护。

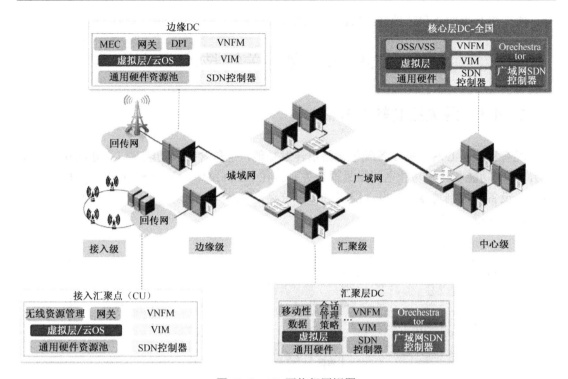

图 17-6 5G 网络组网视图

2. 汇聚级

汇聚级主要包括控制面网络功能，如移动性管理、会话管理、用户数据和策略等。可按需部署于省分一级网络。

3. 区域级

区域级主要功能包括数据面网关功能，重点承载业务数据流，可部署于地市一级。移动边缘计算功能、业务链功能和部分控制面网络功能也可以下沉到这一级。

4. 接入级

接入级包含无线接入网的 CU 和 DU 功能：CU 可部署在回传网络的接入层或汇聚层；DU 部署在用户近端。CU 和 DU 间通过增强的低时延传输网络实现多点协作化功能，支持分离或一体化站点的灵活组网。

借助于模块化的功能设计和高效的 NFV/SDN 平台。在 5G 组网实现中，上述组网功能元素部署位置无须与实际地理位置严格绑定，而是可以根据每个运营商的网络规划、业务需求、流量优化、用户体验和传输成本等因素综合考虑，对不同层级的功能加以灵活整合，实现多数据中心和跨地理区域的功能部署。

17.4　5G 网络关键技术

17.4.1　网关控制转发分离

现有移动核心网网关设备既包含路由转发功能，也包含控制功能（信令处理和业务处理），控制功能和转发功能之间是紧耦合关系。在 5G 网络中，基于 SDN 思想，移动核心网网关设备的控制功能和转发功能将进一步分离，网络向控制功能集中化和转发功能分布化的趋势演进，如图 17-7 所示。

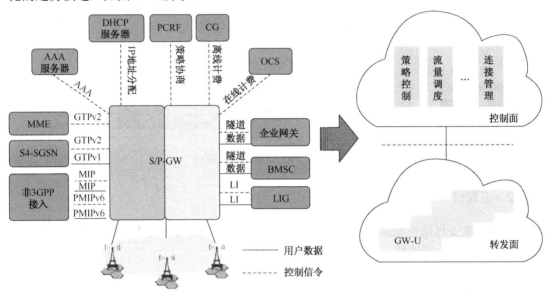

图 17-7　网关控制转发分离

控制和转发功能分离后，转发面将专注于业务数据的路由转发，具有简单、稳定和高性能等特性，以满足未来海量移动流量的转发需求。控制面采用逻辑集中的方式实现统一的策略控制，保证灵活的移动流量调度和连接管理。集中部署的控制面通过移动流控制接口实现对转发面的可编程控制。控制面和转发面的分离，使网络架构更加扁平化，网关设备可采用分布式的部署方式，从而有效降低了业务传输时延。控制面功能和转发面功能能够分别独立演进，从而提升网络整体系统的灵活性和效率。

17.4.2　按需定制的移动网络

与 4G 移动互联网相对单一的应用模式不同，5G 网络的服务对象是海量丰富类型的终端和应用，其报文结构、会话类型、移动规律和安全性需求都不尽相同，网络必须针对不同应用场景的服务需求引入不同的功能设计。因此，网络控制功能按需重构是 5G 网络标志性服务能力之一。

1. 按需的会话管理

按需的会话管理是指 5G 网络会话管理功能可以根据不同终端属性、用户类别和业务特征，灵活配置连接类型、锚点位置和业务连续性能力等参数。例如，4G 中针对互联网应用的"永久在线"连接将成为 5G 会话的一个选项。

用户可以根据业务特征选择连接类型，例如，选择支持互联网业务的 IP 连接；利用信令面通道实现无连接的物联网小数据传输；或为特定业务定制 Non-IP 的专用会话类型。

用户可以根据传输要求选择会话锚点的位置和设置转发路径。对移动性和业务连续性要求高的业务，网络可以选择网络中心位置的锚点和隧道机制，对于实时性要求高的交互类业务则可以选择锚点下沉，就近转发；对转发路径动态性较强的业务则可以引入 SDN 机制，实现连接的灵活编程。

2. 按需的移动性管理

网络侧移动性管理包括在激活态维护会话的连续性和在空闲态保证用户的可达性。通过对激活和空闲两种状态下移动性功能的分级和组合，根据终端的移动模型和其所用业务特征，有针对性地为终端提供相应的移动性管理机制。

例如，针对海量的物联网传感终端无移动性、成本敏感和高节能的要求，网络可选择不检测空闲态传感器终端是否可达，只在终端主动结束休眠和网络联系时才能发送上下行数据，从而有效节约电量。在激活态，网络可以简化状态维护和会话管理机制，大大降低终端的成本。

此外，网络还可以按照条件变化动态调整终端的移动性管理等级。例如，对一些垂直行业应用，在特定工作区域内可以为终端提供高移动性等级，来保证业务连续性和快速寻呼响应；在离开该区域后，网络动态将终端移动性要求调到低水平，提高节能效率。

3. 按需的安全功能

5G 为不同行业提供差异化业务，需要提供满足各项差异化安全要求的完整性、安全性方案。例如，5G 安全需要为移动互联网场景提供高效、统一兼容的移动性安全管理机制，5G 安全需要为 IoT 场景提供更加灵活，开放的认证架构和认证方式，支持新的终端身份管理能力；5G 安全要为网络基础设施提供安全保障，为虚拟化组网、多租户多切片共享等新型网络环境提供安全隔离和防护功能。

4．控制面按需重构

控制面重构重新定义控制面网络功能，实现网络功能模块化，降低网络功能之间交互复杂性，实现自动化的发现和连接，通过网络功能的按需配置和定制，满足业务的多样化需求。

如图 17-8 所示，控制面按需重构具备以下功能特征。

- 接口中立：网络功能之间的接口和消息应该尽量重用，通过相同的接口消息向其他网络功能调用者提供服务，将多个耦合接口转变为单一接口，从而减少了接口数量。网络功能之间的通信应该和网络功能的部署位置无关。
- 融合网络数据库：用户签约数据、网络配置数据和运营商策略等需要集中存储，便于网络功能组件之间实现数据实时共享。网络功能采用统一接口访问融合网络数据库，减少信令交互。
- 控制面交互功能：负责实现与外部网元或者功能间的信息交互。收到外部信令后，该功能模块查找对应的网络功能，并将信令导向这组网络功能的入口，处理完成后，结果将通过交互功能单元回送到外部网元和功能。
- 网络组件集中管理：负责网络功能部署后的网络功能注册、网络功能的发现和网络功能的状态检测等。

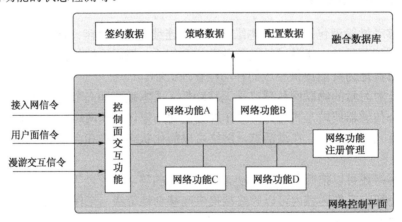

图 17-8　控制面按需重构的功能特征

17.4.3　按需组网和网络切片

多样化的业务场景对 5G 网络提出了多样化的性能要求和功能要求。5G 核心网应具备向业务场景适配的能力，针对每种 5G 业务场景提供恰到好处的网络控制功能和性能保证，实现按需组网的目标。网络切片是实现按需组网的一种实现方式。

网络切片是利用虚拟化技术将 5G 网络物理基础设施资源，根据场景需求虚拟化为多个相互独立、平行的虚拟网络切片。每个网络切片按照业务场景的需要和话务模型进行网络功能的定制剪裁和相应网络资源的编排管理。一个网络切片可视为一个实例化的 5G 核心网架构，在一个网络切片内，运营商可以进一步对虚拟资源进行灵活分割，按需创建子网络。

网络编排功能实现对网络切片的创建、管理和撤销。运营商首先根据业务场景需求生成网络切片模板，切片模板包括该业务场景所需的网络功能模块、各网络功能模块之间的接口，以及这些功能模块所需的网络资源。网络编排功能根据该切片模板申请网络资源，并在申请到的资源上进行实例化，创建虚拟网络功能模块和接口，如图 17-9 所示。

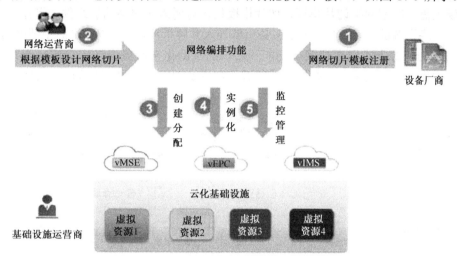

图 17-9　按需组网

网络编排功能模块能够对形成的网络切片进行监控管理，允许根据实际业务量，对上述网络资源的分配进行扩容、缩容动态调整，并在生命周期到期后撤销网络切片。网络切片划分和网络资源分配是否合理可以通过大数据驱动的网络优化来解决，从而实现自动化运维，及时响应业务和网络的变化，保障用户体验和提高网络资源利用率。

按需组网技术具有以下优点。

● 根据业务场景需求对所需的网络功能进行定制剪裁和灵活组网，实现业务流程和数据路由的最优化；

● 根据业务模型对网络资源进行动态分配和调整，提高网络资源利用率；

● 隔离不同业务场景所需的网络资源，提供网络资源保障，增强整体网络健壮性和可靠性。

基于网络切片技术所实现的按需组网改变了传统网络规划、部署和运营维护模式，对网络发展规划和网络运维提出了新的技术要求。

网络切片利用虚拟化技术将通用的网络基础设施资源，根据场景需求虚拟化为多个专用虚拟网络。每个切片都可独立按照业务场景的需要和话务模型进行网络功能的定制剪裁和相应网络资源的编排管理，是 5G 网络架构的实例化。

　　网络切片打通了业务场景、网络功能和基础设施平台间的适配接口。通过网络功能和协议定制，网络切片为不同业务场景提供所匹配的网络功能，如热点高容量场景下的 C-RAN 架构、物联网场景下的轻量化移动性管理和非 IP 承载功能等。同时，网络切片使网络资源与部署位置解耦，支持切片资源动态扩容缩容调整，提高网络服务的灵活性和资源利用率。切片的资源隔离特性增强了整体网络健壮性和可靠性。

　　一个切片的生命周期包括创建、管理和撤销 3 部分。如图 17-10 所示，运营商首先根据业务场景需求匹配网络切片模板，切片模板包含对所需的网络功能组件、组件交互接口以及所需网络资源的描述；上线时由服务引擎导入并解析模板，向资源平面申请网络资源，并在申请到的资源上实现虚拟网络功能和接口的实例化与服务编排，将切片迁移到运行态。网络切片可以实现运行态中快速功能升级和资源调整，在业务下线时及时撤销和回收资源。

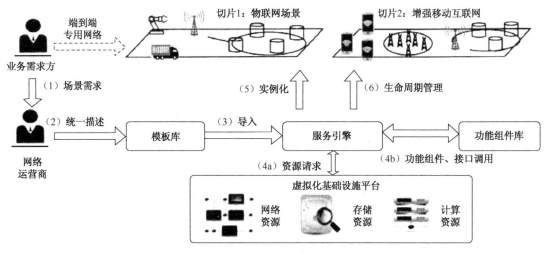

图 17-10　网络切片创建过程

　　针对网络切片的研究主要由 3GPP 和 ETSI NFV 产业推进组进行，3GPP 重点研究网络切片对网络功能（如接入选择、移动性、连接和计费等）的影响，ETSI NFV 产业推进组则主要研究虚拟化网络资源的生命周期管理。当前，通用硬件的性能和虚拟化平台的稳定性仍是网络切片技术全面商用的瓶颈，运营商也正通过概念验证和小范围部署的方法稳步推进技术成熟。

17.4.4　网络能力开放

　　网络能力开放的目的在于实现向第三方应用服务提供商提供所需的网络能力。其基础在于移动网络中各个网元所能提供的网络能力，包括用户位置信息、网元负载信息、网络状态信息和运营商组网资源等，而运营商网络需要将上述信息根据具体的需求适配，提供给第三方使用。

1．网络能力开放的架构

网络能力开放的架构如图 17-11 所示，分为以下三个层次。

（1）应用层

第三方平台和服务器位于最高层，是能力开放的需求方。利用能力层提供的 API 接口来筛选所需的网络信息，调度管道资源，申请增值业务，构建专用的网络切片。

（2）能力层

网络能力层位于资源层与应用层之间，北向与应用层互通，南向与资源层连接。其功能主要包括对资源层网络信息的汇聚和分析，进行网络原子能力的封装和按需组合编排，生成相应的开放 API 接口。

（3）资源层

实现网络能力开放架构与 5G 网络的交互，完成对底层网络资源抽象定义，整合上层信息感知需求，设定网络内部的监控设备位置，上报数据类型和事件门限等策略；将上层制定的能力调用逻辑映射为对网络资源按需编排的控制信令。

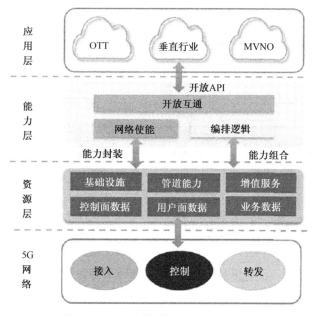

图 17-11　5G 网络能力开放平台架构

2. 网络能力层功能

能力层是 5G 网络能力开放的核心，可以通过服务总线的方式汇聚来自各个实体或虚拟网元的网络能力信息，并通过网络能力使能单元对上述网络能力信息进行编排，完成大数据分析、用户画像等处理，最终封装成 API 供应用层调用。网络能力层功能包含以下三个方面。

（1）网络使能能力

通过能力封装和适配，实现第三方应用需求与网络能力的映射，对外开放基础网络层的控制面、用户面和业务数据信息、增值服务能力、管道控制能力以及基础设施（计算、存储，路由、物理设备等）。

（2）资源编排能力

根据第三方的能力开放业务需求，编排第三方应用所需的新增网络功能、网元功能组件及小型化专用网络信息，包含所需的计算、存储及网络资源信息。

（3）开放互通能力

导入第三方的需求及业务信息，向第三方提供开放的网络能力，实现和第三方应用的交互。

3. 5G 网络能力开放平台架构的主要特性

5G 网络能力开放平台架构的主要特性如图 17-12 所示，评述如下。

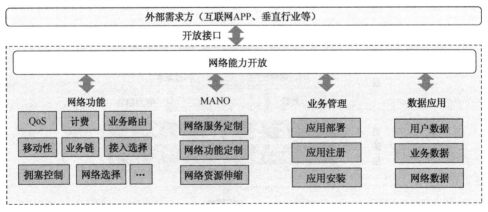

图 17-12　5G 能力开放主要特性

（1）基于控制转发功能分离的架构原则，5G 网络能力开放平台实现了对集中部署的控制面功能的统一调用

4G 网络采用"不同功能、各自开放"的能力开放架构，网元控制功能分布在全网不同网元上，能力开放平台南向需维护多种协议接口，导致支持能力开放的网络结构异常复杂，部署难度大，用户体验不友好。5G 网络控制功能逻辑集中并中心部署，与能力开放平台间实现简单化的统一接口，实现第三方对网络功能如移动性、会话、QoS 和计费等功能的统一调用。

（2）基于虚拟化的基础设施平台，5G 网络能力开放平台优化了基础设施资源的管控和调度能力

现有网络刚性硬件环境和规划部署方式无法满足不同垂直行业对网络功能、资源和组网方式差异化的需求。通过能力开放平台与虚拟化 MANO 功能对接，SG 网络可将虚拟化管理及编排能力等新型网络能力对外开放。调用 NFVO 功能，开放运营商网络规划、网络部署、更新及扩缩容等网络编排能力，允许第三方动态定制的网络；通过 VNFM 提供对虚拟网元生命周期的管理功能，实现网元功能的定制化管理；通过 VIM 开放对基础设施平台虚拟化 CPU / 内存 / 网络资源的管理，可实现网络虚拟化资源与硬件资源的统一调度。

（3）基于网络边缘计算平台，5G 网络能力开放平台提供第三方业务运营的管控能力

5G 网络通过开放业务运营能力，引导第三方将业务逻辑和数据存储部署在运营商网络内更靠近用户的位置，使得第三方在获得高性能（时延保证与连接服务）、高可靠的业务部署环境、降低业务开发门槛的同时，可以更便捷地获取并利用网络运行信息，例如，用户移动轨迹、小区负载等，提升终端用户的服务体验。

最后，也是不容忽视的一点，5G 网络实时产生海量的与用户、业务、网络相关的统计信息和数据，是大数据分析的重要数据来源，能力开放平台与大数据分析中心进行对接与联动，对 5G 网络数据进行更详细的分析，充分发掘其蕴藏的价值。

17.4.5　移动边缘计算

移动边缘内容与计算技术（MECC）在靠近移动用户的位置上提供信息技术服务环境和云计算能力，并将内容分发推送到靠近用户侧（如基站），使应用、服务和内容部署在高度分布的环境中，从而可以更好地支持 5G 网络中低时延和高带宽的业务要求，如图17-13 所示。

图 17-13　移动边缘内容和计算

移动边缘计算（Mobile Edge Computing，MEC）改变了 4G 系统中网络与业务分离的状态，将业务平台下沉到网络边缘，为移动用户就近提供业务计算和数据缓存能力，实现网络从接入管道向信息化服务使能平台的关键跨越，是 5G 的代表性能力。如图 17-14 所示，MEC 核心功能主要包括：

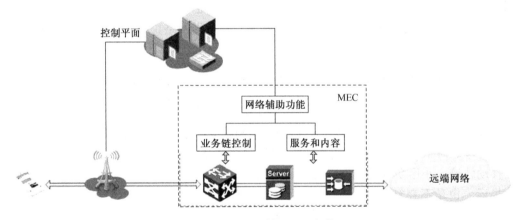

图 17-14　5G 网络 MEC 架构

（1）应用和内容进管道

MEC 可与网关功能联合部署，构建灵活分布的服务体系。特别针对本地化、低时延和高带宽要求的业务，如移动办公、车联网、4K～8K 视频等，提供优化的服务运行环境。

（2）动态业务链功能

MEC 功能并不限于简单的就近缓存和业务服务器下沉，而且随着计算节点与转发节点的融合，在控制面功能的集中调度下，实现动态业务链（Service Chain）技术，灵活控制业务数据流在应用间路由，提供创新的应用网内聚合模式。

（3）控制平面辅助功能

MEC 可以和移动性管理、会话管理等控制功能结合，进一步优化服务能力。例如，随用户移动过程实现应用服务器的迁移和业务链路径重选；获取网络负荷、应用 SLA 和用户等级等参数对本地服务进行灵活的优化控制等。

移动边缘计算功能部署方式非常灵活，即可以选择集中部署，与用户面设备耦合，提供增强型网关功能；也可以分布式地部署在不同位置，通过集中调度实现服务能力。

17.4.6　以用户为中心的无线接入网

5G 无线接入网改变了传统以基站为中心的设计思路，突出"网随人动"新要求，具体能力包括灵活的无线控制、无线智能感知和业务优化、接入网协议定制化部署，如图 17-15 所示。

1．灵活的无线控制

按照"网随人动"的接入网设计理念，通过重新定义信令功能和控制流程实现高效灵活的空口控制和简洁健壮的链路管理机制。

通过将 UE 的上下文和无线通信链路与为该 UE 提供无线传输资源的小区解耦，5G 新型接入网协议栈直接以 UE 为单位管理无线通信链路和上下文，并将该 UE 的服务小区作为一种空口无线资源——小区域，灵活地与时域、频域／码域和空域等进行四维无线资源的系统调度。系统在每次进行资源授权时，在确定 UE 可用的空口传输时间（时域）之后，首先确定 UE 可用的小区（小区域），在确定可用的小区后，再确定 UE 在这些可用的小区内的频率域／码域／功率域，以及天线选择的空间域无线资源。协议栈功能可根据 UE 对空口信道质量的要求，对服务于 UE 的多种不同的物理层空口传输技术进行灵活控制。

2．无线智能感知和业务优化

为了更充分地利用无线信道资源，可以通过引入接入网和应用服务器的双向交互实现无线信道与业务的动态匹配。双向交互体现在，一方面接入网可以向应用服务器提供接入网络状态信息，比如当前服务用户可用的吞吐量信息，从而对应服务器进行速率估计和应用速率适配；另一方面，应用服务器可以向接入网络传递相关应用信息，比如视频加速请求信息，接入网可以提供服务适配，进行服务等级动态升级。通过无线智能感知功能增强，能够提高业务感知和路由决策的效率，能够实现业务的灵活分发和跨网关平滑的业务迁移。

3．接入网协议定制化部署

在无线智能感知的基础上，接入网协议栈可以针对业务需求类型提供差异化配置，即软件定义协议技术。

　　软件定义协议技术通过动态定义的适配不同业务需求的协议栈功能集合，为多样化的业务场景提供差异化服务，使得单个接入网物理节点能充分满足多种业务的接入需求。当业务流到达时，接入网首先对业务流进行识别，并将其导向到相应的协议栈功能集合进行处理。例如，RAN 根据业务的不同场景需求和差异化特性采用不同的协议栈功能集合，针对自动驾驶高实时性 / 移动性要求场景，其协议栈功能集合需要支持专用的移动性管理功能和承载管理功能，同时可以通过简化部分协议栈功能（例如，健壮性包头压缩 ROHC）以减少时延；而针对百万 / kmz 连接密度的固定物联网设备接入场景，移动性管理功能可以裁剪。

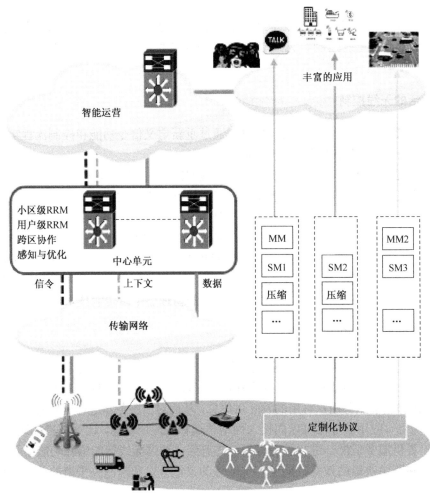

图 17-15　以用户为中心的无线接入网

附录 A 缩 略 语

缩略语	英语解释	中文解释
	A	
AAA	Authentication Authorization and Accounting	鉴权、授权和计费服务器
AAL	ATM Adaptation Layer	ATM 适配层
AF	Application Function	应用功能
AKA	Authentication and Key Agreement	鉴权与密钥协商
ALG	Application Level Gateway	应用层网关
AMBR	Aggregate Maximum Bit Rate	聚合的最大速率
AMR	Adaptive multi Rate	自适应多速率
AP	Wirell Access Point	无线接入点
APN	Access Point Name	接入点名称
APN-AMBR	APN Aggregate Maximum Bit Rate	某个 APN 的聚合最大速率
ARP	Allocation and Retention Priority	分配保留优先级
AS	Application Server	应用服务器
ASME	Acess Security Management Entity	接入安全管理实体
ATCF	Access Transfer Control Function	接入转发控制功能
ATGW	Access Transfer Gateway	接入转发网关
AuC	Authentication Center	鉴权中心
	B	
BG	Border Gateway	边界网关
BICC	Bearer Independent Call Control Protocol	与承载无关的呼叫控制协议
BSC	Base Station Controller	基站控制器
BSS	Base Station Subsystem	基站子系统
BSSAP	Base Station Subsystem Application Part	基站子系统应用部分
	C	
CAMEL	Customized Applications for Mobile network Enhanced Logic	移动网络增强逻辑的客户化应用

CAP	CAMEL Application Part	CAMEL 应用部分
CDR	Call Detail Record	呼叫详细记录
CGI	Cell Global Identification	全球小区识别码
CK	Cipher Key	加密密钥
CN	Core Network	核心网
COPS	Common Open Policy Service	公共开放策略服务
CRF	Charging Rule Function	计费规则／策略功能
CS	Circuit Switched	电路交换
CSFB	CS Fallback	CS 域回落
CSI	CAMEL Subscription Information	CAMEL 签约信息
CSI	Combining of CS and IMS services (Combinational Services)	CS 和 IMS 组合业务

D

DNS	Domain Name System	域名系统
DP	Detection Point	检测点
DSL	Digital Subscriber Line	数字用户线
DTAP	Direct Transfer Application Part	直接传输应用部分
DTM	Dual Transfer Mode	双模传输
DTMF	Dual Tone Multi Frequency	双音多频（收号器）

E

EATF	Emergency Access Transfer Function	紧急接入传送功能
ECM	EPS Connection Management	EPS 连接性管理
EDGE	Enhanced Data rata for GSM Evolution	改进数据率 GSM 服务
EGPRS	Enhanced GPRS	增强通用分组无线业务
EMM	EPS mobility management	EPS 移动性管理
ENUM	E.164 Number	定义 E.164 号码和 URI 间映射
EPC	Evolved Packet Core	演进的分组核心
EPS	Evolved Packet System	演进的分组系统
ESM	EPS session management	EPS 会话管理
E-UTRAN	Evolved UTRAN	演进的全球陆地无线接入网
ETSI	European Telecommunications Standards Institute	欧洲电信标准协会

F

FDMA	Frequency Division Multiple Access	频分多址
FQDN	Fully Qualified Domain Name	完全有效域名

G

GBR	Guaranteed Bit Rate	保证速率
GGSN	Gateway GPRS Support Node	网关 GPRS 支持节点
GMLC	Gateway Mobile Location Center	网关移动位置中心
GMSC	Gateway Mobile Switching Center	关口移动交换中心
GPRS	General Packet Radio Service	通用分组无线业务
GRUU	Global Routable User Agent URI	全球可路由UA统一资源标识符
GSM	Global System for Mobile Communications	全球移动通信系统
GT	Global Title	全球寻址码
GTP	GPRS Tunnel Protocol	GPRS 隧道协议
GUMMEI	Globally Unique MME Identifier	全球唯一 MME 标识符
GUP	Global User Profile	全局用户数据
GUTI	Globally Unique Temporary UE Identity	全球唯一临时 UE 标识

H

HLR	Home Location Register	归属位置寄存器
HPLMN	Home PLMN	归属公用陆地移动网络
HSDPA	High Speed Downlink Packet Access	高速下行链路分组接入技术
HSS	Home Subscriber Server	归属用户服务器
HSUPA	High Speed Uplink Packet Access	高速上行链路分组接入技术

I

iFC	Initial Filter Criteria	初始过滤标准 / 规则
IK	Integrity Key	完整性保护密钥
IKE	Internet Key Exchange	互联网密钥交换机制
IM	Instant Message	即时消息
IMEI	International Mobile Equipment Identity	国际移动设备标识
IMPI	IMS Private User Identity	IMS 私有用户标识
IMPU	IMS Public User Identity	IMS 公有用户标识

IMS	IP Multimedia Core Network Sub-system	IP 多媒体核心网子系统
IMSI	International Mobile Subscriber Identity	国际移动用户识别码
IN	Intelligent Network	智能网
IP	Intelligent Peripherals	智能外设
IP	Internet Protocol	互联网协议
IP-CAN	IP-Connectivity Access Network	IP 连接接入网
ISDN	Integrated Services Digital Network	综合业务数字网
ISIM	IMS Subscriber Identity Module	IMS 用户识别模块
ISR	Idle mode Signalling Reduction	空闲模式下信令缩减
ISUP	ISDN User Part	ISDN 用户部分
IWF	InterWorking Function	网络互通功能

K

| KI | Individual Subscriber Authentication Key | 个人身份鉴权密钥 |

L

LA	Location Area	位置区
LAI	Location Area Identity	位置区号
LCS	Location Services	位置业务
LTE	Long Term Evolution	长期演进

M

M3UA	MTP3 User Adaptation	MTP3 用户适配协议
MAC	Message Authentication Code	消息鉴权码
MANO	Management and Orchestration	管理和编排
MAP	Mobile Application Part	移动应用部分
MBR	Maximum Bit Rate	最大比特速率
MCC	Mobility Country Code	移动国家码
MEC	Mobile Edge Computing	移动边缘计算
MGW	Media Gateway	媒体网关
MGCF	Media Gateway Controller Function	媒体网关控制功能
MIMO	Multiple-Input Multiple-Output	多输入多输出
MM	Mobility Management	移动性管理
MME	Mobility Management Entity	移动管理实体

MNC	Mobility Network Code	移动网络码
MRFC	Media Resource Function Controller	媒体资源控制器
MRFP	Media Resource Function Processor	媒体资源处理器
MS	Mobile Station	移动台（手机）
MSC	Mobile Service Switching Center	移动业务交换中心
MSISDN	Mobile Station International ISDN Number	移动台国际 ISDN 号码
MSRN	Mobile Station Roaming Number	移动台漫游号码
MSRP	Message Session Relay Protocol	消息会话中继协议
MTP	Message Transfer Part	消息传递部分
MVNO	Mobile Virtual Network Operator	移动虚拟运营商

N

NAS	Non Access Stratum	非接入层
NAT	Network Address Translation	网络地址转换
NDS	Network Domain Security	网络域安全
NFV	Network Function Virtualization	网络功能虚拟化
NFVI	Network Functions Virtualisation Infrastructure	网络功能虚拟化设施
NFVO	NFV Orchestration	NFV 编排
NSS	Network SubSystem	网络子系统

O

OCS	Online Charging System	在线计费系统
ODB	Operator Determined Barring	运营商禁止业务
OFDM	Orthogonal Frequency Division Multiplexing	正交频分复用

P

PCM	Pulse-Code Modulation	脉冲编码调制
PCC	Policy and Charging Control	策略计费控制
PCEF	Policy and Charging Enforcement Function	策略及计费执行单元
PCRF	Policy Control and Charging Rules Function	策略控制和计费规则功能
PDN GW	Packet Data Network GW	分组数据网络网关
PDP	Packet Data Protocol	分组数据协议
PLMN	Public Land Mobile Network	公用陆地移动（通信）网
PoC	Push to Talk over Cellar	一键通业务
PS	Packet Switched	分组交换

PSI	Public Service Identity	公共业务标识
PSTN	Public Switched Telephone Network	公共电话交换网

Q

QCI	QoS Class Identifier	QoS 等级标识
QoS	Quality of Service	服务质量

R

RAB	Radio Access Bearer	无线接入承载
RADIUS	Remote Authentication Dial In User Service	远程拨入用户认证服务
RAN	Radio Access Network	无线接入网络
RANAP	Radio Access Network Application Part	无线接入网络应用部分
RAND	RANDom number	随机数
RAT	Radio Access Type	无线接入类型
RAU	Routering Area Update	路由区更新
RES	Response	鉴权响应
RNC	Radio Network Controller	无线网络控制器
RNS	Radio Network Subsystem	无线网络子系统
RoHC	Robust Header Compression	健壮性头压缩协议
RRC	Radio Resource Control	无线资源控制
RSVP	Resource ReSerVation Protocol	资源预留协议
RTCP	Real Time Control Protocol	实时控制协议
RTP	Real-time Transport Protocol	实时传输协议

S

SA	Security Association	安全联盟
SAE	System Architecture Evolution	系统架构演进
SBC	Session Border Controller	会话边界控制器
SBLP	Service Based Local Policy	基于业务的本地策略
SCCP	Signaling Connection Control Part	信令连接控制部分
SCF	Session Charging Function	会话计费功能
SCP	Service Control Point	业务控制点
SCTP	Stream Control Transmission Protocol	流控制传输协议
SDF	Service Data Flow	服务数据流
SDN	Software Defined Network	软件定义网络

SDP	Session Description Protocol	会话描述协议
SEG	Security Gateway	安全网关
SGW	Signaling Gateway	信令网关
S-GW	Serving Gate Way	服务网关
SGSN	Serving GPRS Support Node	服务 GRPRS 支持节点
SIGTRAN	Signaling Transport	信令传输协议
SIM	Subscriber Identity Module	用户识别卡 / SIM 卡
SIP	Session Initiation Protocol	会话初始协议
SLA	Service Level Agreement	服务等级协定 / 契约
SMC	Short Message Center (used for SMS)	短信中心
SMS	Short Message Service	短信服务（业务）
SPR	Subscription Profile Repository	用户签约数据库
SRVCC	Single Radio Voice Continuity Control	单射频接入语音业务连续性

T

TA	Tracking Area	追踪区域
TAI	Tracking Area Identity	追踪区域标识
TAU	Tracking Area Update	跟踪区更新
TCAP	Transaction Capabilities Application Part	事务处理能力应用部分
TCP	Transmission Control Protocol	传输控制协议
TDM	Time Division Multiplexing	时分复用
TEID	Tunnel Endpoint ID	隧道端点标识
TFT	Traffic Flow Template	业务流模板
THIG	Topology Hiding Inter-network Gateway	网间拓扑隐藏网关
TISPAN	Telecom and Internet Converged Services and Protocols for Advanced Networking	高级网络通信和互联网融合业务协议
TMSI	Temporary Mobile Subscriber Identifier	临时移动用户标识符
TrFO	Transcoder Free Operation	免编解码操作
TrGW	Transition Gateway	转换网关
TTI	Transmission Time Interval	传输时间间隔

U

UAC	User Agent Client	用户代理客户端
UAS	User Agent Server	用户代理服务器
UDP	User Datagram Protocol	用户数据报协议

UE	User Equipment	用户设备
UMA	Unlicensed Mobile Access	无授权移动接入
UMTS	Universal Mobile Telecommunication System	通用移动通信系统
URI	Unified Resource Identifier	统一资源定位符
USIM	UMTS Subscriber Identity Module	UMTS 用户识别卡
UTRAN	UMTS Terrestrial Radio Access Network	UMTS 陆地无线接入网

V

VCC	Voice Call Continuity	语音呼叫连续性
VIM	Virtual Infrastructure Manager	虚拟化基础设施管理
VLR	Visitor Location Register	拜访位置寄存器
VMSC	Visited Mobile Switching Center	受访的移动交换中心
VoLTE	Voice over LTE	LTE 语音
VPLMN	Visited Public Land Mobile Network	拜访公共陆地移动通信网
VPN	Virtual Private Network	虚拟专用网
VM	Virtual Machine	虚拟机
VNF	Virtualised Network Function	虚拟化的网络功能

W

WCDMA	Wide(band) Code Division Multiple Access	宽带码分复用
WiMAX	Worldwide Interoperability for Microwave Access	全球微波互联接入

X

XCAP	XML Configuration Access Protocol	XML 配置访问协议
XDM	XML Document Management	XML 文件管理
XDMS	XML Document Management Servers	XML 文档管理服务器
XMAC	eXpected Message Authentication Code	期望的消息鉴权码
XRES	eXpected ResPonse	期望的鉴权响应

参 考 文 献

[1] 庞韶敏，李亚波. 3G UMTS 与 4G LTE 核心网——CS，PS，EPC，IMS. 北京：电子工业出版社，2011.

[2] 庞韶敏，李亚波，沈宇超. 3G 核心网技术揭秘——CS&PS&IMS. 北京：电子工业出版社，2008.

[3] 唐雄燕，庞韶敏. 软交换网络——技术与应用实践. 北京：电子工业出版社，2005.

[4] Pierre Lescuyer，等. 演进分组系统（EPS）：3G UMTS 的长期演进和系统结构演进. 李晓辉，等译. 北京：机械工业出版社，2008.

[5] 姜怡华，许幕鸿，等. 3GPP 系统架构演进（SAE）原理和设计. 北京：人民邮电出版社，2010.

[6] 黄韬，刘韵洁，等. LTE/SAE 移动通信网络技术. 北京：人民邮电出版社，2009.

[7] Mikka Poikselka，等. IMS：移动领域的 IP 多媒体概念和服务. 赵鹏，等译. 北京：机械工业出版社，2005.

[8] 文志成. GPRS 网络技术. 北京：电子工业出版社，2005.

[9] 胡乐明，曹磊，陈洁. IMS 技术原理及应用. 北京：电子工业出版社，2006.

[10] 杨放春，孙其博. 软交换与 IMS 技术. 北京：北京邮电大学出版社，2007.

[11] IMT-2020（5G）推进组. 5G 网络技术架构白皮书，2015.

[12] IMT-2020（5G）推进组. 5G 网络架构设计白皮书，2016.

[13] IETF RFC3261, "Session Initiation Protocol (SIP)".

[14] IETF RFC3262, "Reliability of Provisional Responses in SIP".

[15] IETF RFC3264, "An Offer-Answer Model with SDP".

[16] IETF RFC3265, "SIP Specific Event Notification (Subscriber & Notify)".

[17] IETF RFC3428, "SIP Extension for Instant Messaging".

[18] IETF RFC4975, "MSRP".

[19] IETF RFC3312, "Integration of Resource Management and SIP".

[20] IETF RFC3455, "Private Header (P-Header) Extensions to the SIP for the 3GPP".

[21] draft-ietf-sip-gruu-15.txt.

[22] IETF RFC3320, "Signaling Compression (SigComp)".

[23] 3GPP TS 23.401 v9.1.0, "General Packet Radio Service (GPRS) enhancements for Evolved Universal Terrestrial Radio Access Network (E-UTRAN) access (Release 9)".

[24] 3GPP TS 24.301 v8.2.1, "Non-Access-Stratum (NAS) protocol for Evolved Packet System (EPS)".

[25] 3GPP TS 29.274 v8.0.0, "Tunnelling Protocol for Control plane (GTPv2-C)".

[26] 3GPP TS 36.413 V8.5.1, "E-UTRAN S1 Application Protocol (S1AP)".

[27] 3GPP TS 33.401 V8.2.0, "3GPP System Architecture Evolution (SAE):Security Architecture".

[28] 3GPP TS 36.300 V8.6.0, "Evolved Universal Terrestrial Radio Access (E-UTRA) and Evolved Universal Terrestrial Radio Access Network (E-UTRAN); Overall description;Stage 2 (Release 8)".

[29] 3GPP TS 23.002 V6.9.0, "Network architecture".

[30] 3GPP TS 29.00, "Mobile Application Part (MAP) specification".

[31] 3GPP TS 23.060 v6.9.0, "General Packet Radio Service (GPRS), Service description, Stage 2".

[32] 3GPP TS 23.107, "Quality of Service (QoS) Concept and Architecture".

[33] 3GPP TS 23.203 V11.1.0, "Policy and charging control architecture (Release 11)".

[34] 3GPP TS 23.207 v6.6.0, "End-to-end Quality of Service (QoS) concept and architecture".

[35] 3GPP TS 23.228 v7.0.0, "IP Multimedia Subsystem (IMS) Stage 2".

[36] 3GPP TS 24.228 v5.12.0, "Signalling flows for the IP multimedia call control based on SIP and SDP".

[37] 3GPP TS 24.229 v.7.0.0, "IP multimedia call control protocol based on SIP and SDP".

[38] 3GPP TS 29.163, "Interworking between IMS and CS".

[39] 3GPP TS 29.228 v6.7.0, "IMS Cx and Dx interfaces, Signalling flows and message contents".

[40] 3GPP TS 29.328 v6.5.0, "IMS Sh interface signalling flows and message contents".

[41] 3GPP TS 29.207 v6.5.0, "Policy control over Go interface".

[42] 3GPP TS 29.208 v6.5.0, "End-to-end Quality of Service (QoS) signalling flows".

[43] 3GPP TS 29.209 v6.4.0, "Policy control over Gq interface".

[44] 3GPP TS 31.103 V6.A.0, "ISIM application".

[45] 3GPP TS 32.240 v6.3.0, "Charging management: Charging architecture and principles".

[46] 3GPP TS 32.260 v6.1.0, "IP Multimedia Subsystem (IMS) charging".

[47] 3GPP TS 33.102 V7.0.0, "3G Security: Security architecture".

[48] 3GPP TS 33.203 v7.0.0, "3G security: Access security for IP-based services".

[49] 3GPP TS 33.210 v7.0.0, "3G security: Network Domain Security (NDS) -- IP network layer security".

[50] 3GPP TS 22.250, "IP Multimedia Subsystem (IMS) group management; Stage 1".

[51] 3GPP TS 23.141, "Presence Service; Architecture and functional description".

[52] 3GPP TS 23.279, "Combining Circuit Switched (CS) and IP Multimedia Subsystem (IMS) services; Stage 2".

[53] 3GPP TS 23.272，"Circuit Switched (CS) fallback in Evolved Packet System (EPS);Stage 2 (Release 12)".

[54] 3GPP TS 23.206 v8.3.0, "Voice Call Continuity (VCC) between Circuit Switched (CS) and IMS; Stage 2".

[55] 3GPP TS 23.216 V11.0.0, "Single Radio Voice Call Continuity (SRVCC) Stage 2 (Release 11)".

[56] 3GPP TS 24.206, "Voice Call Continuity between the Circuit-Switched (CS) domain and the IMS; Stage 3".

[57] OMA-AD-XDM-V2_0-20060925-D, "XML Document Management Architecture".

[58] OMA-AD-PoC-V20, "Push to talk over Cellular (PoC) – Architecture".

[59] ETSI TISPAN TS 282.007, "TISPAN IMS Functional Architecture".

反侵权盗版声明

电子工业出版社依法对本作品享有专有出版权。任何未经权利人书面许可，复制、销售或通过信息网络传播本作品的行为；歪曲、篡改、剽窃本作品的行为，均违反《中华人民共和国著作权法》，其行为人应承担相应的民事责任和行政责任，构成犯罪的，将被依法追究刑事责任。

为了维护市场秩序，保护权利人的合法权益，我社将依法查处和打击侵权盗版的单位和个人。欢迎社会各界人士积极举报侵权盗版行为，本社将奖励举报有功人员，并保证举报人的信息不被泄露。

举报电话：（010）88254396；（010）88258888

传　　真：（010）88254397

E-mail：　dbqq@phei.com.cn

通信地址：北京市海淀区万寿路 173 信箱

　　　　　电子工业出版社总编办公室

邮　　编：100036